CUBE CHAIN

블록체인 기술 활용

남상엽 · 강민구 · 민경식 · 이규대 · 안병구 공저

블록체인 기술 정밀분석

"제4차 산업혁명을 이끄는 새로운 기술 블록체인!"

블록체인 기술을 활용하는 방법을 알려주는 지침서!
제 4세대 블록체인 기술 큐브체인은 무엇인가?

도서출판 상학당

欲爲大者 當爲人役

크고자 하거든 남을 섬기라

학습 모듈코드 2001021005_17v2

대분류	중분류	소분류	세분류	능력단위
정보통신/20	정보기술/01	정보기술개발/02	핀테크 엔지지니어링/10	핀테크 보안·인증설계/05

블록체인 기술 활용

머리말

4차 산업혁명을 구현하기 위해 블록체인, 스마트센서, 공장자동화, 로봇, 빅데이터 처리, 스마트물류, 보안 등 여러 요소가 필요하다.

블록체인이 4차 산업혁명 구현을 지원하는 기반기술로 자리매김할 수 있도록 정부에서 '블록체인 산업발전 기본계획'을 마련하였다.

블록체인(Block Chain)은 퍼블릭 혹은 프라이빗 P2P 네트워크에서 발생되는 거래의 정보가 암호화되어 네트워크 참여자들 간에 공유되는 노드 수만큼 복제되어 분산 저장되어 있는 공개 디지털 거래 장부(원장, Ledger)이며 가상 화폐로 거래(Transaction)할 경우에 발생할 수 있는 위, 변조 방지 프로그램을 통하여 정보를 자동적으로 검증하는 방식으로 구현되어 해킹을 막는 기술이다.

즉, 특정 시간 동안에 발생한 네트워크의 참여하는 모든 구성원 노드에 분산되는(Distributed) 장부(원장)은 분산 데이터베이스의 한 형태로, 지속적으로 성장하는 데이터 기록 리스트로서 분산 노드의 운영자에 의한 임의로 변경이 불가능하도록 네트워크의 피어(Peer)간에 이루어지는 자산 교환의 결과 블록 단위로 영구하게 저장되도록 고안되어서 거래의 신뢰성이 높아지고 정보추적이 용이하다.

블록체인의 기술은 네트워크 내의 모든 참여자가 공동으로 거래 정보를 검증하고 기록 · 보관함으로써 공인된 제3자 없이도 거래 기록의 무결성 및 신뢰성을 확보하는 기술로서 해시(Hash)기술, 전자서명(Digital Signature), 암호화(Cryptography) 합의(Consensus)알고리즘(PoW, PoS) 등의 보안 기술을 활용한 분산형 네트워크 인프라를 기반으로 다양한 응용서비스를 구현할 수 있는 구조를 가지고 있다.

비트코인의 핵심기술로써 디지털통화(Digital Currency)의 발행 · 유통 · 거래가 주 기능이었던 기존의 블록체인 1.0은 기존 비트코인의 한계를 극복하고 다양한 영역으로의 확장을 목표로 하는 블록체인 2.0으로 진화 · 발전해 나가고 있다.

큐브체인(Cube Chain)은 기존의 블록체인보다 더욱 빠르고, 정밀한 데이터 처리 및 강화된 보안시스템을 가진 블록체인 플랫폼이다. 큐브체인은 생성된 27개의 블록을 하나의 큐브로 형성하고, 큐브와 큐브를 연결하여 데이터를 보관하는 신개념 블록체인 원천기술이다.

큐브엔진(Cube Engine)은 큐브체인의 코어 기술로서, 블록을 큐브화(Cubing)시키고, 큐브를 이루는 27의 블록 중 3개의 특수한 기능을 가진 블록을 형성하여 기존의 블록체인보다 우수한 성능을 가진다. 또한, 블록화와 큐브화를 거치는 2중 암호화 방식으로 인터넷이라는 신뢰가 형성되지 않은 공간에서 신뢰를 만들어 데이터를 이동시킬 수 있는 혁신적인 암호화 기술이다. 큐빙(Cubing)이 시작됨과 동시에 큐브(Cube) 내에선 3개의 특수 블록이 생성된다. 그것은 각각 색인블록(Indexing Block), 통계블록(Statistics Block), 보호 데이터 블록(Escrow Block)으로 부르며, 고유의 특성을 가진다.

블록체인 관련 국제 표준화를 위한 노력들은 2017년 대표적인 공적 표준화 기구인 ISO 및 ITU-T를 중심으로 개시되고 있으며, ISO는 블록체인 전반에 관하여, ITU-T에서는 특히 SG 17을 중심으로 블록체인 보안에 관한 표준화를 진행하고 있다.

블록체인 활용은 전자상거래, 지급결재, 가상화폐 등의 서비스인 디지털 결재 플랫폼, 디지털 권한과 보증에 사용되는 스마트 계약, 주식 및 채권과 클라우드 펀딩 등의 금융상품에서 사용된다. 그리고 공공, 의료공급망, 저작권보호, 눈 등의 기록유지 분야에서 활발히 활용하고 IoT플랫폼, 분화된 자치조직, 자체 블록체인 기술개발 등의 플랫폼분야에서 활용되고 있다.

국내 블록체인 산업 육성을 위해서는 현행 법제도적 규제를 발견하고 이를 개선하는 조치가 필수적이다. 블록체인 기술은 全산업영역에 적용 · 확산이 가능할 것으로 보여, 블록체인에 대한 최소 규정을 우선적으로 마련하는 가장 시급하다.

최근 비트코인을 비롯한 가상 화폐에 대한 관심이 고조되고 있는 가운데 가상 화폐의 핵심 기술인 블록체인을 이용한 특허 출원이 증가하고 있는 것으로 나타났다.

이 교재는 컴퓨터, 정보통신, 블록체인, 콘텐츠, 핀테크 엔지니어링, 보안 등 관련 공학, 금융 및 경영 분야의 입문자를 대상으로 블록체인 기술 활용에 대한 기본적인 지식이 없어도 단계별 필요지식 및 수행과정을 꾸준히 따라오면 블록체인 기술 활용 관련 지식을 얻어 이해하는 단계로 발전하여 능력향상이라는 숲을 볼 수 있도록 눈높이를 맞추는데 1차적인 목표를 두었다.

이 교재의 주요 구성은 다음과 같다.

학습 1. 4차 산업혁명과 블록체인, 학습 2. 블록체인의 개요, 학습3. 블록체인의 핵심기술, 학습4. 블록체인의 P2P 네트워크 기술, 학습5. 블록체인의 합의 알고리즘 기술, 학습6. 블록체인의 스마트 계약, 학습7. 블록체인의 분산원장 기술, 학습8. 블록체인의 활용 암호화폐, 학습9. 차세대 블록체인, 큐브체인, 학습10. 블록체인의 표준화 동향, 학습 11. 블록체인의 응용기술, 학습12. 블록체인의 법제도와 기술이슈, 학습13. 블록체인의 산업동향과 특허동향으로 구성되어 있다.

특히 각 장에서는 수행 순서에 따른 수행질문에 따라 임의적으로 해법을 제시하여 창의적인 사고를 학생들이 추가로 작성하고 제시된 수행과제를 보다 많은 지식을 상호간 문제점에 대하여 토론하고 확인할 수 있다.

이 교재가 출간되기까지 가장 많은 지원과 아낌없는 격려를 보내주신 도서출판 상학당 남승우 사장님 및 출판할 수 있도록 배려해주신 큐브시스템의 명노문 대표님, 김동오 대표님, 김용운 이사님과 편집의 남상석 차장, 김보라 대리 그리고 양질의 자료제공을 해주신 주호경 과장, 김주연대리, 김병권님, 각장마다 검토 및 자료보완을 해준 전병오,, 강동혁, 김제원, 안정민, 장석진, 김영훈 연구원들께 감사를 전한다.

또한 블록체인 기술 활용 관련 자문 및 논문, 보고서 자료제공을 해주신 관련 교수님, 기업 및 단체에 대하여 지면을 빌려 깊은 감사의 말씀을 전하고, 특히 블록체인 관련 자료를 인터넷 블로그 및 관련 연구소 자료집에 올려주신 저자들 등 관련 관계자 여러분에게 감사의 마음을 전한다.

이 책에서 부족했던 점이나 기타 문의사항과 관련한 자료 제공 및 지원은 상학당을 통해 지속적으로 지원할 계획이며, 수행에 필요한 자료 등, 기타 보충자료 또한 지속적으로 업데이트할 예정이므로 독자 여러분의 따뜻한 질책과 조언을 부탁드린다.

저자 씀

차 례

블록체인 기술 활용 학습 모듈의 위치

대분류	20. 정보통신
중분류	01. 정보기술
소분류	02. 정보기술개발

세분류	능력단위
10. 핀테크 엔지니어링	01. 핀테크 요구사항 분석
	02. 핀테크 인프라 설계
	03. 핀테크 인터페이스 설계
	04. 핀테크 기능 설계
	05. 핀테크 보안 · 인증설계
	06. 핀테크 인터페이스 구현
	07. 핀테크 기능 구현
	08. 핀테크 보안 · 인증 구현
	10. 핀테크 테스트

블록체인 기술 활용 학습 모듈의 개요

1. 학습 모듈의 목표

핀테크 엔지니어링의 보안 및 인증 설계는 혁신적인 금융서비스 제공하기 위하여 금융과 ICT기술을 융합하여 요구사항을 분석설계하고 안전한 핀테크 서비스를 구현하기 위해 보안을 적용하고 정당한 절차로 서비스될 수 있도록 설계하는 능력과 정보보호 암호 인증은 정보를 안정하고 신뢰성 있게 사용하기 위한 "공동 인프라 보안 기술"을 개발, 관리, 검증하는 능력을 습득하기 위하여 최신 암호 기술인 블록체인 기술에 대한 정보수집, 기술동향, 특허정보 및 활용 동향 등을 이해하고 분석하는 데 목표를 두고 있다.

2. 선행 학습

4차 산업혁명 관련 기술지식, Traditioal 핀테크 지식, Emergent 핀테크 지식, 전자금융거래법, 전자금융 감독규정, 개인정보보호법, 전자서명법, 신용정보법, 암호 기술에 대한 이해, 블록체인 관련 국내외 기술동향 보고서, 블록체인 관련 학술지, 블록체인 관련 특허정보 획득절차 및 분석방법, 핀테크 비즈니스 사례분석 능력, 국제 지급결재 표준(ISO/IEC 20022), 국제 표준 정보보호 인증표준(ISO/IEC 27001), 국제 신용카드 데이터보안 인증표준(PCI-DSS), 국내 정보보호 관리체계 인증표준(ISMS)

3. 핵심 용어

4차 산업혁명, 블록체인, 해시기술, P2P 네트워크, 합의 알고리즘, 분산원장, 표준화, 법제도, 산업동향, 암호화기술, 전자서명기술, 스마트계약, 암호화폐, 암호화폐거래소, 큐브체인

4. 교육과정 학점 및 이수시간

학 습	교육과정 학점 및 이수시간	
	학점	이수시간
1. 4차 산업혁명과 블록체인	3	3
2. 블록체인의 개요	3	3
3. 블록체인의 핵심기술	3	3
4. 블록체인의 P2P 네트워크 기술	3	3
5. 블록체인의 합의 알고리즘 기술	3	3
6. 블록체인의 스마트 계약	3	3
7. 블록체인의 분산원장 기술	3	3
8. 블록체인의 활용 암호화폐	3	3
9. 차세대 블록체인, 큐브체인	3	3
10. 블록체인의 표준화 동향	3	3
11. 블록체인의 응용기술	3	3
12. 블록체인의 법제도와 기술이슈	3	3
13. 블록체인의 산업동향과 특허동향	3	3

블록체인 기술 활용 학습 모듈의 명세서

학습명	학습내용명
1. 4차 산업혁명과 블록체인	1-1 4차 산업혁명의 개요 1-2 4차 산업혁명과 블록체인 관계
2. 블록체인의 개요	2-1 블록체인의 정의 2-2 블록체인 플랫폼의 구조 및 특징 2-3 블록체인의 보안성 분석 2-4 블록체인의 형태
3. 블록체인의 핵심기술	3-1 블록체인의 기술구성 3-2 블록체인의 요소기술
4. 블록체인의 P2P 네트워크 기술	4-1 P2P 네트워크의 개념 4-2 P2P 네트워크의 특징
5. 블록체인의 합의 알고리즘 기술	5-1 합의 알고리즘의 개념 5-2 합의 알고리즘의 종류
6. 블록체인의 스마트 계약	6-1 스마트 계약의 개념 6-2 블록체인과 스마트 계약 관계
7. 블록체인의 분산원장 기술	7-1 분산원장 기술의 개념 7-2 분산원장 기술의 장점과 단점 7-3 분상원장기술의 활용
8. 블록체인의 활용 암호화폐	8-1 암호화폐의 이해 8-2 블록체인 1.0 비트코인 8-3 블록체인 2.0 이더리움 8-4 블록체인 3.0
9. 차세대 블록체인, 큐브체인	9-1 큐브체인의 이해 9-2 큐브체인의 차별성 9-3 큐브체인의 노드구성 9-4 큐브체인의 특수블록
10. 블록체인의 표준화 동향	10-1 블록체인의 국제 표준화 동향 10-2 블록체인의 국내 표준화 동향
11. 블록체인의 응용기술	11-1 블록체인 기술의 응용분야 11-2 블록체인의 분야별 활용사례
12. 블록체인의 법제도와 기술이슈	12-1 블록체인의 법제도 동향 12-2 블록체인의 소비자 이슈
13. 블록체인의 산업동향과 특허동향	13-1 블록체인의 산업동향 13-2 블록체인의 특허 현황 및 전망

학습 1 4차 산업혁명과 블록체인

학습 목표

1. 4차 산업혁명과 블록체인을 이해할 수 있다.

1-1 4차 산업혁명의 개요

1. 4차 산업혁명의 정의

[그림 1-1] 4차 산업혁명의 진화

참고 : 다보스포럼 재구성

4차 산업혁명(the Fourth Industrial Revolution : 4IR)은 ICBM(IoT, Cloud, BigData, Mobile) 플랫폼으로 정의할 수 있다.

IoT(사물 인터넷, Internet Of Things)를 기반으로 생산기기와 생산품 간 상호소통 체계를 구축하기 위하여 수집한 데이터 정보를 클라우드에 모으고 이를 빅데이터로 분석하는 과정에서 인공지능 등의 결합인 정보통신기술(ICT)의 융합한 분석 데이터를 모바일로 서비스를 제공한다.

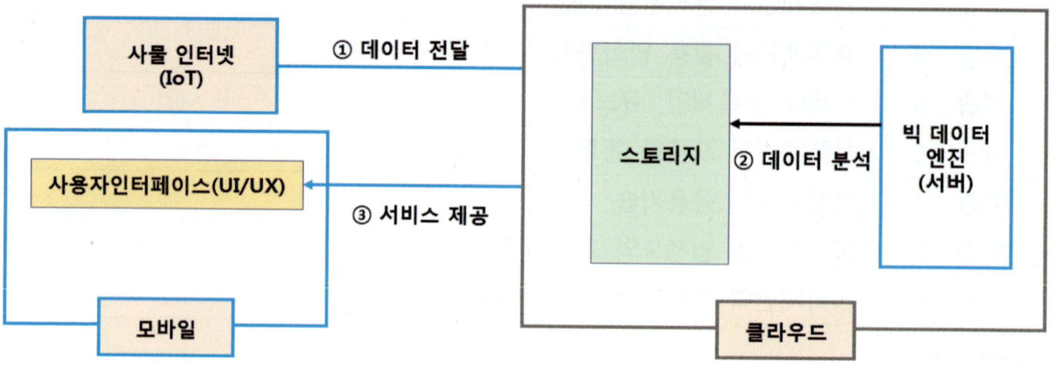

[그림 1-2] ICBM 플랫폼 개념도

1-2 4차 산업혁명과 블록체인 관계

ICBM 플랫폼이 가지는 한계점으로 인해서, 4차 산업혁명에서 4가지 문제점이 있다.

첫째, '보안 취약성' 문제가 있다.

4차 산업혁명은 사물인터넷을 기반으로 한 '초 연결성'이 특징이다. 그런데 이러한 연결이 사이버 보안 솔루션에 취약한 센서 기술인 사물인터넷을 기반으로 하고 있다는 문제가 있다.

둘째, '사생활 침해' 문제가 있다.

모든 정보들이 클라우드에 관리가 되는 것은 사용자에게 편리함을 준다. 사용자 기기에서는 분석할 수 없는 정보들을 빅데이터 분석해서 새로운 서비스를 제공하기 때문이다. 그러나 다른 한편으로는 '사생활 침해' 라는 문제를 야기한다.

현재 개인정보들은 허락 없이 마케팅 용도로 활용되고 있으며, 사용자들도 모르게 본인의 사생활이 특정 용도로 사용되고 있다는 것이다.

셋째, '중앙화' 문제가 있다.

ICBM 플랫폼은 모든 정보를 중앙 센터 클라우드에 모아서 처리한다.

이는 정보 중앙화에 따른 문제가 발생할 수 있다. 정보를 모아서 개인 취향을 아는 중앙 기관은 중앙 기관이 원하는 방법 데로 통제할 수 있고 정보를 악의적으로 위·변조할 수도 있다.

넷째, '클라우드 수용 용량 초과' 문제가 있다.

거의 모든 기기들이 네트워크에 연결되고 있다. 이는 클라우드에서 처리해야 하는 양이 많아지는 것이다. 2020년에는 사물인터넷 기기의 수가 200억 개에 도달할 것이므로 무수히 많아진 사물인터넷 기기를 관리하는 비용 면에서 한계가 있다.

이러한 4가지 문제점은 4차 산업혁명의 한계점으로 인식되어 왔다. 그런데 이러한 한계점을 해결할 기술이 블록체인이다. ICBM 플랫폼은 '중앙형'이라면, 블록체인은 '분산형'이라는 특성을 가지고 있다.

즉 블록체인은 ICBM 플랫폼이 가지고 있는 기술적 한계를 가지고 있지 않기 때문으로 볼 수 있다.

첫째, 사이버 공격에 견고하다.

블록체인은 분산형 원장이다. 이는 블록체인에 기록하고 있는 정보를 위변조 시키는 것을 거의 불가능하게 한다. 블록체인에서 생성한 데이터는 모든 노드에 저장한다. 그리고 노드에 저장한 데이터는 위변조 되었는지 확인하기 위해서 끊임없이 대조를 한다. 이러한 과정에서 저장한 데이터가 노드 사이에서 내용이 불일치가 발생할 경우, 다수 노드가 기록한 데이터 내용에 따라서 불일치를 수정한다.

둘째, 사생활 침헤의 우려기 없다.

블록체인 구조에서는 중앙 관리자가 없기 때문이다. 데이터는 익명으로 모든 기기에 기록된다. 주민번호, 전화번호, IP 등의 주소가 전혀 기록되지 않기 때문이다.

그러므로 블록체인에서 발생한 개인 관련 정보는 안전하게 보관될 뿐만 아니라, 중앙관리 자가 기관의 이익을 목적으로 개인정보를 침해할 일도 없다.

셋째, 민주적이다.

블록체인 발생한 거의 모든 거래 내역은 공유된다. 그렇기 때문에 해킹의 위험이 전혀 없다. 사물인터넷에 블록체인을 적용한 IBM은 블록체인 시대로 인해서 '기기 민주화(Device Democracy)'라고 표현했다.

기존의 중앙 서버 방식은 중앙에서 모든 것을 운용하게 했다. 그러나 블록체인은 분산된 기기에 의해서 자동으로 운용되기 때문이다.

넷째, 중앙센터의 관리비 부담이 없다.

블록체인에서는 중앙 관리자가 없다. 그러므로 중앙센터가 없고, 노드에서 모든 것들이 처리된다. ICBM 방식의 경우 사물인터넷으로 증가하는 기기들을 관리하는 데에 부담이 많았다. 그러나 블록체인은 노드가 늘어나더라도 상관이 없다.

다섯째, 신뢰성이 있다.

조작의 위험도 없고, 모든 정보가 공유되고 있다. 이는 블록체인 기반의 서비스에 신뢰성을 제공한다.

〈표 1-1〉 ICBM의 한계점과 블록체인을 통한 해결방안

기존 문제점(ICBM)	해결방안(블록체인)
낮은 보안성	• 분산형 원장 기술로 해킹에 대해서 참여자끼리 서로 보안 • (비트코인) 공개키 암호화로 중간자 공격 방지
사생활 침해	공개키와 개인키로 본인으로만 증명하기 때문에 사생활 침해 이슈 없음
정보 독점	모든 정보는 중앙 관리자 없이 익명으로 공유되어 정보 독점 현상이 나타나기 어렵다
높은 운영비용	중앙 센터가 없어 센터에서 부담해야 할 운영비용 발생하지 않음

블록체인이 가지고 있는 4가지 특성은 ICBM이 가지고 있는 한계점을 극복해 줄 것으로 보인다.

4차 산업혁명 시대 핵심 인프라 기술로 부상하고 있는 블록체인 기술 육성을 위해 정부는 올해 많은 예산을 투입하고 블록체인이 4차 산업혁명 구현을 지원하는 기반 기술로 자리매김할 수 있도록 정부에서 '블록체인 산업발전 기본계획'을 마련하였다.

블록체인 시범사업으로 실손 보험금 청구 자동화, 세대 간 전력거래 등 4건의 시범사업을 추진하였고 올해는 공공분야 우수사례를 발굴한다는 계획으로 대용량 초고속 데이터 처리기술, 블록체인 간 상호연동 기술 등을 개발할 예정이다.

블록체인 기술은 탈중앙화, 보안성, 투명성의 특징인 디지털 분산형 장부 기술로서 거래 기록을 거래 참가자 모두가 분산해 공유하기 때문에 위변조 등을 막을 수 있고 금융거래, 보안 등에 많이 활용되며 향후 무역이나 물류 등에 활용될 수 있을 것이다.

블록체인은 기술적으로 공개키 알고리즘과 해시(Hash) 암호화 기술, 분산처리 구조에 따른 저비용을 무기로 현재의 중앙 집중식 구조에서 분산원장 구조(Distributed Ledger)로 대체가 가능하다.

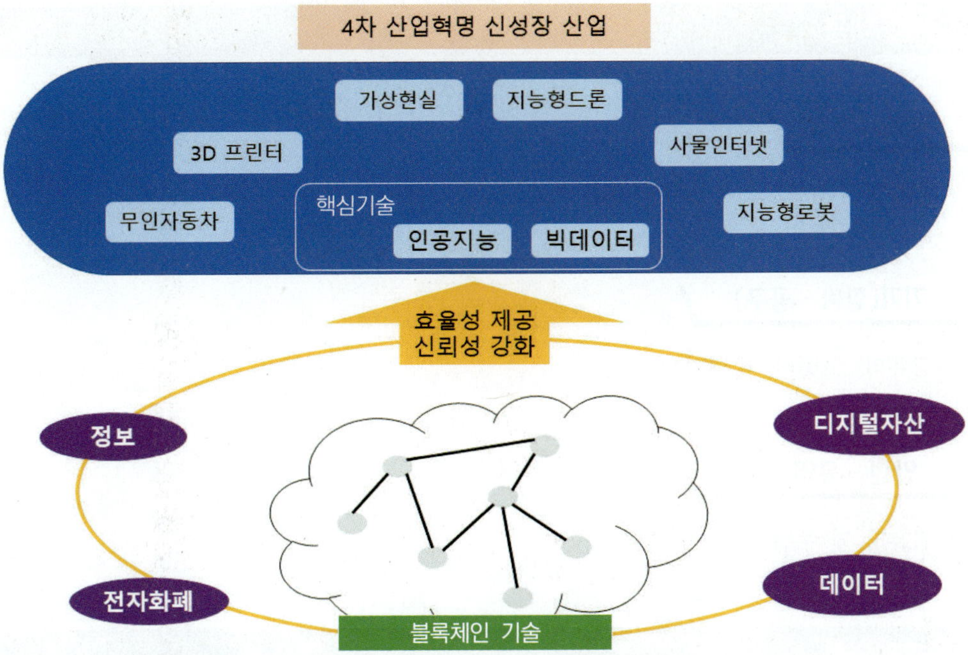

[그림 1-3] 4차 산업혁명의 인프라 기술인 블록체인 기술

블록체인 기술이 지급결제 시스템에서 가장 위협적인 것은 금융회사나 제3자(Trusted Third Party : TTP)의 개입 없이도 인터넷만 가능하다면 당사자 간의 P2P금융거래가 가능하기 때문이다.

최근 IBM, KT, 카카오 등의 정보기술(IT) 기반 기업들이 블록체인을 보안이나 물류 등의 서비스에 적용하고 있다.

수행 내용

재료 · 자료

- 4차 산업 혁명 및 블록체인 관련 자료

기기(장비 · 공구)

- 컴퓨터, 프린터, 주변기기

안전 · 유의사항

- 컴퓨터 및 주변기기의 전원을 관리한다.

수행 순서

01 4차 산업혁명의 개념에 대하여 분석하라.

〈표 1-2〉

출 처	정 의
매일경제 용어사전	기업들이 제조업과 ICT 기술을 융합하여 작업 경쟁력을 제고하는 차세대 산업혁명을 가리키는 말로, '인더스트리 4.0'이라고 정의하였다.
다보스 포럼 (2015.3)	ICT 기술 등에 따른 디지털 혁명에 기반을 두고 물리적 공간, 디지털 공간 및 생물학적 공간의 경계가 희미해지는 기술융합의 시대라고 정의하였다
니콜라스 데이비스 (다보스 포럼, 2016)	기계가 지능이 필요한 작업을 수행하고, 인간 신체에 컴퓨팅 기술이 직접 적용되고, 기업/정부 및 수요자 간의 소통을 새로운 차원으로 향상시키는 등 "기술이 사회에 자리 잡는 방식"이 새로워지는 시대라고 정의하였다.
제이콥 모건 (Forbes, 2016.12)	실제 세계(Real World)와 기술 세계(Technological World)의 구분을 모호하게 만드는 컨셉이라고 정의하였다.

ETRI(2016)	초연결 · 초지능 · 초실감의 ICT 기술과 다양한 과학기술의 융합에 기반한 차세대 산업혁명으로, 인류의 사회경제문화에 걸쳐 새로운 대분기를 초래할 변혁이라고 정의하였다.
KIET(2017.5)	20세기 후반 이후 정보통신기술을 기반으로 한 인터넷 확산과 정보처리 능력의 획기적 발전을 기초로 하며, IoT, 클라우드, 빅데이터 및 인공지능 등의 디지털화를 기반으로 물리적, 생물학적 영역을 포함된 모든 영역의 경계가 없어지고 연결성이 극대화되는 한편, 융합이 가속화되어 기존과 완전히 다른 체계의 생산 소비 패러다임의 디지털 경제를 일컫는 것으로 정의하였다.

02 4차 산업혁명의 주요 특징을 분석하라.

4차 산업혁명은 인류가 전혀 경험하지 못한 빠른 속도의 획기적 기술진보와 파괴적 혁신기술에 의해 전 산업분야가 대대적으로 개편되는 등 3차 산업 혁명과 차별화된다. 생산, 관리, 지배구조 등을 포함한 전체 산업 사회 시스템의 변화를 일으키는 영향력이 매우 클 것으로 전망한다.

4차 산업혁명은 '초연결성', '초지능화' 및 '융합화'의 기반으로 '모든 것이 상호 연결되고 보다 지능화된 사회로의 변화'한다는 특성이 존재한다.

1. 초연결성

ICT를 기반으로 하는 IoT 및 IoE의 진화를 통해 인간-인간, 인간-사물, 사물-사물을 대상으로 한 초연결성이 기하급수적으로 확대될 것이다. 4차 산업혁명은 정보의 공유 방식과 대상에 경계가 사라진다. 사람들은 언제든지 세계와 연결될 수 있고 대상 역시 사람으로 국한되지 않는다.

2020년까지 30억 인터넷 플랫폼 가입자와 500억 개의 스마트 디바이스에 의해 상호간 네트워킹될 것으로 전망이다.

2. 초지능화

인공지능(AI)과 빅데이터의 결합, 연계 기반하여 기술과 산업 구조의 초지능화가 강화될 것이다. 4차 산업혁명에서는 기기들이 서로 네트워크로 정보를 공유하면서 상황에 맞게 좀 더 지능적인 결정을 내릴 수 있게 된다.

구글(Google)의 알파고(AlphaGo), IBM의 왓슨(Watson) 등 기계학습과 딥러닝(Deep Learing : 인공지능 신경망) 및 빅데이터를 기반한 인공지능은 초지능적 제품 생산과 서비스 제공에 기여할 것으로 전망하고 있다.

3. 융합화

'초연결성' 및 '초지능화'에 기반으로 기술간, 산업간, 사물-인간 간의 경계가 사라지는 '대융합'의 시대가 될 것으로 전망하고 있다.

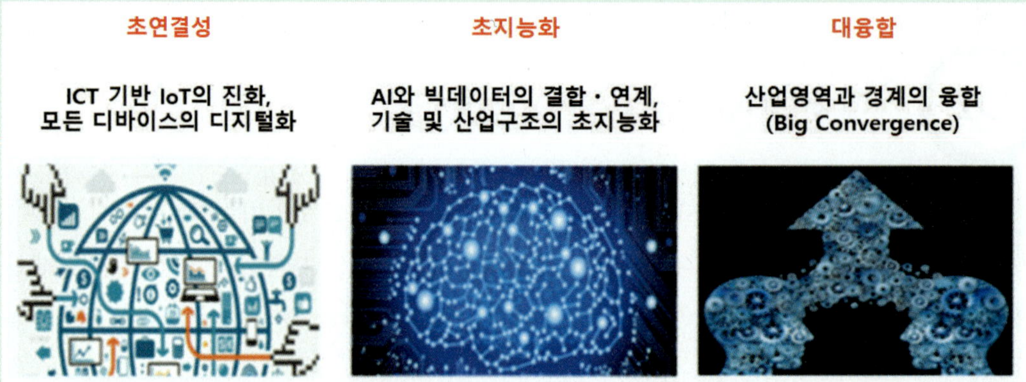

[그림 1-4] 4차 산업혁명의 주요 특징

자료 : 손병호(2016) 재구성

4. 맞춤형 서비스

4차 산업혁명 시대에는 자 동화가 가능해지면서 서비스의 개인 맞춤화가 가능하게 되었다. 사물이 개인들의 사용 패턴 정보를 수집하고 스스로 분석해 서비스 제공이 가능 한 것이다. 스마트 헬스는 걸음 량, 심박도수, 식습관 등의 정보를 수집하고 분석해 개인에 맞는 건강에 대한 조언이 가능하다.

5. 효율성

사용자에게 능동형 정보를 제공함으로서, 사용자는 좀 더 합리적인 의사결정을 할 수 있다. 이는 효율성을 더 향상시킨다. 그 뿐만 아니라 사물이 스스로 학습하고 판단하는 자동화 과정 또한 효율성을 향상시키는 역할을 한다.

03 4차 산업혁명의 ICBM 한계점과 블록체인과의 대두를 예를 들어 한계점에 대한 문제점을 분석하라.

1. 보안의 취약성

센서에 보안 솔루션을 적용 하는 데에 한계점이 있다. 일반적으로 해커가 사물인터넷을 공격할 수 있는 방법은 '중간자 공격'과 '직접 공격'하는 방법이 있다.

중간자 공격은 네트워크 통신 시에, 해커가 중간에 가로채어 통신내용을 엿보거나 위 변조해서 공격하는 수법이다. 대응 방법으로 통신 내용을 암호화 하는 것 이다. 암호화 수준은 암호 코드 길이가 길수록 강력하다. 해커는 암호 내용을 복호화 해야 하기 때문인데, 이는 로그인 비밀번호 길이가 길면 해킹에 안전한 것과 같은 논리이다.

직접 공격하는 방법은 말 그대로 센서를 직접 공격하는 것이다. 컴퓨터처럼 백신 설치가 불가능하기 때문에 센서를 대상으로 사이버 공격을 하면 당할 수밖에 없다. 2016년 10월 미국에서 발생한 디도스 공격은, 사물인터넷의 보안 취약점을 가장 잘 보여 주는 사례로 볼 수 있다. 2016년 10월 미국에서는, 대규모 디도스(서비스 분산 공격) 공격이 있었다.

피해기관은 아마존, 트위터, 넷플릭스, 뉴욕타임즈 등 미국의 주요 기관들의 웹 사이트이다. 다른 디도스 공격과 별반 다른 게 없다. 그러나 좀비 기기 대상이 일반 컴퓨터가 아닌, 사물인터넷 기기를 이용했다는 점에서 사이버 보안 업계에 큰 충격을 줬다. 사물인터넷 기기 10만대 이상을 좀비 기기로 만든 것으로 드러났는데, 더 놀라운 사실은 정교한 공격 기법 없이 단순히 초보적인 방식으로 10만 대가 넘는 사물인터넷 기기를 감염시켰다는 것이다. 이는 사물인터넷이 보안에 얼마나 취약한지를 보여준다.

2. 사생활 침해

현재 개인정보들은 허락 없이 마케팅 용도로 활용되고 있으며, 이러한 정보들이 구체적으로 어떻게 사용되는지를 알고 있는 사람의 아예 없을 것이다. 다시 말해 사용자들도 모르게 본인의 사생활이 특정 용도로 사용되고 있다는 것이 다. 거의 모든 시스템이 클라우드 방식으로 운됨에 따라 사생활 침해 문제는 앞으로 더욱더 심각해질 것으로 보인다. 중앙기관에서는 사용자 몰래 얼마든지 사생활 정보를 훔쳐볼 여지가 높기 때문이다.

2017년 3월 7일에 위키리크스(WikiLeaks)는 CIA(미국 국가정보 기관)가 애플, 마이크로소프트 등의 기기들을 해킹 시도했다는 사실이 알려지면서 큰 파문이 있었다. 특히 삼성전자 스마트 TV를 도청 해킹 도구로 활용한다는 사실은 큰 충격을 주었다. 이는 클라우드 방식이 확산될 시에, 중앙기관들이 사생활 침해할 여지가 충분히 있음을 보여준다.

3. 중앙화 문제

정보가 중앙에 모이는 것 자체에는 큰 문제는 없다. 문제는 이를 악용할 때이다. 중앙기관에서 모든 정보를 수집함으로써 개인 관리가 용이해질 수 있다. 전자투표를 예를 들면, 투표자들이 입력한 투표내용은 개인에게 저장되는 것이 아니라 중앙 데이터베이스에 기록된다. 본인이 투표한 것에 대해서는 알고 있지만 다른 사람이 투표한 내용은 알 수 없다. 결국 정보를 가지고 있는 중앙기관이 투표결과를 왜곡할 수도 있다.

4. 클라우드 수용 용량 초과 문제

2020년 사물인터넷 기기의 수는 200억 개에 도달할 것으로 전망했다. 이는 전 세계 인구의 2배가 넘는 숫자이다. 사물인터넷이 보편화됨에 따라 사물인터넷 기기는 200억 개보다 더 많은 숫자로 늘어날 것으로 보인다. 중앙에서만 무수히 많아진 사물인터넷 기기를 관리하는 것은 비용 측면에서 무리가 있다.

04 4차 산업혁명 시대의 대표적인 기술인 IoT, 빅데이터, AI, 로봇 등을 통한 파급효과에 대하여 분석하라.

4차 산업혁명이란, IoT(사물인터넷), 빅데이터 분석, AI(인공지능), 로봇 등의 기술들이 가져온 사회와 산업의 변혁을 의미한다.

이들 4가지 기술의 조합으로 ① IoT를 통해 데이터를 수집함과 동시에 ②빅데이터 분석에 의한 유의한 정보를 추출하고, ③ 이를 바탕으로 AI가 최적의 행동을 판단한 후에, ④로봇이 자동으로 실행하여 종래 인간이 수행해오던 업무 프로세스를 자동적으로 최적화하는 것이 가능해졌다.

다양한 데이터의 수집과 활용, 인간 노동의 보조 및 대체, 그리고 산업 프로세스의 자율적 최적화가 가능해짐에 따라 제4차 산업혁명 후의 세계에서는 사회와 산업의 양상이 종래와는 달라지고 있다.

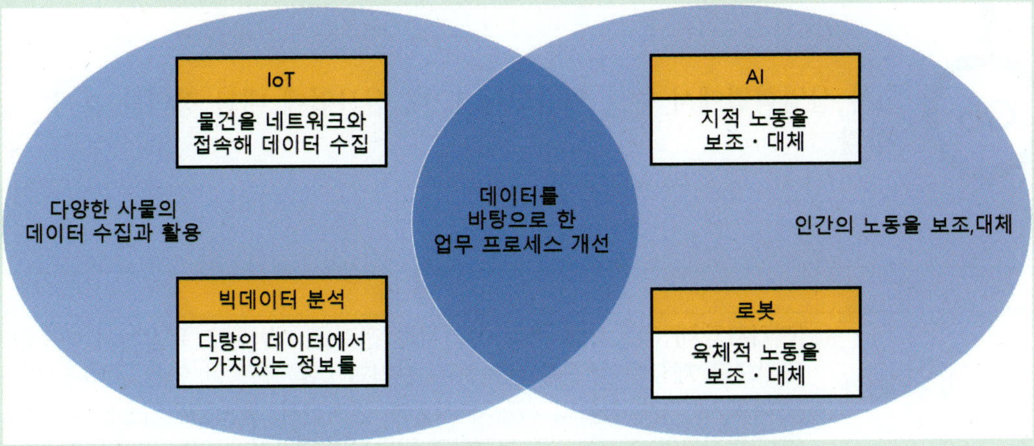

[그림 1-5] 4차 산업혁명 시대 4가지 기술의 파급효과

참고 : 미츠비시 도쿄 UGJ은행

05 4차 산업혁명의 시기별 영향에 대하여 분석하라.

4차 산업혁명으로 IoT, 빅데이터, AI 등 ICT기술이 제조공정에 적용되면서 온디맨드(On-Demand) 환경에 적합한 디지털 제조공정이 마련되어 3D 프린팅 등 첨단 제조업에서 혁신이 일어나고 있다. 2018~20년에는 첨단 로봇공학과 자율주행차량, 인공지능(AI)과 기계학습(Machine Learning), 첨단소재, 생명공학기술과 유전체학(Genomics)분야가 신성장산업의 주류를 형성할 것으로 예상된다.

〈표 1-3〉

항 목	2015~2017	2018~2020
• 모바일 인터넷과 클라우드 기술 • 컴퓨터의 처리 능력과 빅데이터의 확대 • 클라우드 소싱, 공유경제와 개인간(P2P) 플랫폼 • 신흥시장 증산층, 청년층 부상 • 급격한 도시화 • 작업환경의 변화와 노동 유연화 • 기후변화, 자연자원의 제약과 녹색경제로의 이행	• 신에너지 공급과 기술 • 사물인터넷(IoT) • 첨단 제조업과 3D 프린팅 • 평균수명 증가와 고령화 사회 • 윤리와 프라이버스 문제에 대한 소비자의 우려 증가 • 여성의 사회적 열망과 경제력 상승	• 첨단 로봇공학과 자율주행 차량 • 인공지능(AI)과 기계학수 (machine learning) • 첨단소재, 생명공학기술과 유전체학(genomics)

06 4차 산업혁명에서 주로 언급되는 12대 신산업에 대한 정의를 분석하라.

〈표 1-4〉

구 분	정 의
① 전기 · 자율차	**(전기자동차)** 자동차의 구동 에너지를 전력을 기반으로 육상에서 이동할 목적으로 제작된 용구를 생산하는 산업과 이를 활용한 연관 서비스산업 **(스마트카)** 기계 중심의 자동차 기술에 전기전자, 정보통신기술을 융합하여 교통사고를 획기적으로 저감하고 탑승자의 만족을 높이는 미래형 자동차
② 스마트 선박	고압 천연가스 연료 공급장치 및 추진엔진을 탑재한 친환경 선박과 Wibro 무선통신망을 기반으로 현장 동시 연결과 건조 선박 운항 연계 서비스(e-Navigation)이 가능한 스마트 선박
③ IoT가전	주거환경에 IT를 융합하여 국민의 편익과 복지증진, 안전한 생활이 가능하도록 하는 인간 중심적인 스마트 라이프 환경
④ 로봇	외부환경을 스스로 인식해 상황을 판단하여 자율적으로 동작하는 기계장치
⑤ 바이오헬스	**(바이오의약)** 바이오기술 기반으로 생물체의 기능 및 정보를 활용하여 질병치료 등에 활용 되는 의약품을 개발 · 생산하는 바이오산업 **(스마트 헬스케어)** 바이오기술이 IT, NT 등과 융합하여 신개념의 건강관리와 보건의료 제품 및 서비스 시장을 형성하는 분야
⑥ 항공 · 드론	**(항공 · 우주)** 항공기, 우주비행체, 관련 부속기기류 또는 관련 소재류를 제작 · 가공 · 생산 · 개조 및 수리하는 모든 생산활동으로 기술집약적인 고부가가치산업 **(드론)** 조종사가 탑승하지 아니하고 원격 조종 또는 자율적으로 비행하며, 임무장비 및 화물 등을 탑재한 동력 비행체
⑦ 프리미엄 소비재	인체를 청결 · 미화하여 매력을 더하고 용모를 밝게 변화시키거나 피부 · 모발의 건강을 유지 또는 증진하기 위하여 인체에 바르고 문지르거나 뿌리는 등 이와 유사한 방법으로 사용되는 물품으로서 인체에 대한 작용이 경미한 것으로 의약품은 제외
⑧ 에너지 신산업	**(에너지저장장치, ESS)** 생산된 전기를 저장장치(배터리 등)에 저장했다가 전력이 필요 할 때 공급하여 전력 사용 효율 향상 **(태양광)** 태양의 빛에너지를 변환시켜 전기를 생산하는 설비를 생산하는 산업으로, 폴리 실리콘 등 소재 · 부품에서 태양전지 셀 · 모듈 등 완제품을 생산하는 일련의 밸류 체인을 모두 포함 **(스마트 그리드)** 기존 전력망에 정보 · 통신기술을 접목하여, 공급자와 수요자가 양방향으로 실시간 정보를 교환함으로써 지능형 수요관리, 신재생에너지 연계, 전기차 충전 등으로 에너지 효율을 최적화하는 지능형 차세대 전력 인프라

⑨ 첨단 신소재	**(탄소섬유)** 석유화학제품인 아크릴로니트릴, 석유 또는 석탄 부산물, 펄프 등을 원료로 최고 3,000℃ 내외의 열처리과정을 거쳐 탄화시킨 섬유
⑩ AR · VR	**(VR, Virtual Reality)** 컴퓨터 등을 사용한 인공적인 기술로 만들어낸 실제와 유사하지만 실제가 아닌 어떤 특정한 환경이나 상황 혹은 그 기술 (Augmented Reality : AR) 현실의 이미지나 배경에 3차원 가상 이미지를 겹쳐서 하나의 영상으로 보여주는 기술
⑪ 차세대 디스플레이	**(OLED, 유기발광 다이오드)** 형광성 유기 화합물에 전류가 흐르면 빛을 내는 자체발광 현상을 이용하여 만든 디스플레이로, 화질 반응속도가 초박막 액정표시장치(TFT-LCD)에 비해 1,000배 이상 빨라 동영상을 구현할 때 잔상이 거의 나타나지 않는 차세대 평판 디스플레이
⑫ 차세대 반도체	**(시스템 반도체)** 메모리 · 프로세서 · 소프트웨어 등 개별 반도체를 하나로 통합해 전자기기 시스템을 제어 · 운용하는 반도체로 연산과 멀티미디어 기능 등 핵심 기능을 담당해 모바일 기기, 디지털가전, 자동차, 첨단의료기기 등에서 광범위하게 이용이 가능한 반도체

07 4차 산업혁명에서 10대 미래유망기술에 대하여 분석하라.

1. 인공지능 분야 = 웹기반 빅데이터 수집 분석 패키지 기술

방대한 데이터를 웹기반 시스템 내에서 수집하고 분석하여 비즈니스 인 사이트를 도출하는 기술이다. 확보해야 할 기반기술로는 데이터 전송제어 기술과 데이터 오류 검출을 위한 연산 시퀀스 기술 등이 있다.

2. 사물인터넷 분야 = 스마트의류 기술

특수소재나 컴퓨터 칩을 사용해 전기 신호나 데이터를 교환하거나 외부 스마트 기기와 연결된 의류를 가리킨다. 이 기술은 입력기술과 출력기술의 수준에 따라 품질이 좌우되는데, 입력기술로는 인체정보 측정기술과 환경정보 측정기술이 필요하고, 출력기술로는 시 · 청각 기술과 촉각기술 등이 필요하다.

3. 무인 운송수단 분야 = 지능형 자동차 레이더센서 기술

전자기파를 송신하고 표적에 의한 반사 신호를 수신하여 표적의 위치 및 이동속도를 측정하는 센서 기술이다. 확보해야 할 기술로는 주행상황을 인지하고 대처하는 기술과 차량궤적을 추적하는 기술 등이 꼽힌다.

4. 3D 프린팅 분야=3D 수리모델링 소프트웨어 기술

3차원 모델을 효율적으로 표현하기 위한 물리적 환경이나 실세계의 물체를 묘사하기 위해 사용하는 소프트웨어다. 이 기술을 개발하기 위해서는 공간정보를 활용한 데이터 처리와 빌딩정보모델(BIM)을 이용한 건물시공 및 운영시스템 등의 기반기술이 확보되어야 한다.

5. 바이오프린팅 분야(1)=바이오잉크 기술

약물 스크리닝 플랫폼이나 바이오칩 또는 인공조직 프린팅에 필요한 탈세포화된 바이오 소재를 의미한다. 이를 위해서는 혈관재생을 위한 바이오잉크 기술을 비롯하여 세포농도와 세포생존력 등에 대한 정보 등이 필요하다.

6. 바이오프린팅 분야(2)=3D 바이오프린팅으로 제작된 인공장기와 조직 기술

바이오프린팅 소재를 이용하여 원하는 형상을 쌓아 만든 인공조직이나 장기 등을 말한다. 이 기술을 개발하기 위해서는 '이종(異種) 장기생산 기술'과 '면역조절 기술', 그리고 '생체조직 공학기술' 등이 축적되어 있어야 한다.

7. 첨단 로봇공학 분야(1)=착용형 보조로봇 개발기술

기계화된 로봇 팔이나 다리를 인체운동과 일치시켜 기동성과 힘을 증폭시키면서도 착용이 가능한 보조로봇을 말한다. 이런 외골격 로봇을 제작하기 위해서는 동작예측 기술과 형상 가변형 장치기술, 그리고 구동장치에 대한 제어시스템이 확보되어야 한다.

8. 첨단 로봇공학 분야(2)=고령자 돌보미 로봇 개발기술

고령자나 초고령자를 대상으로 대화를 하거나 인지보조, 또는 낙상방지 및 간병 서비스를 제공하는 로봇을 가리킨다. 말이 어눌한 노인들을 위한 로봇인 만큼, 동작과 자세인식 기술이 필요하고 이외에도 생체신호에 대한 상황판단 기술 등이 갖춰져야 한다.

9. 유전학 분야(1)=휴먼 마이크로바이옴(Microbiome) 분석기술

개인의 몸속에 살고 있는 미생물군의 정보 및 이들의 유전정보를 분석하는 기술이다. 대사질환과 장내 미생물군의 상관관계 및 염증성 피부질환 및 항암면역성 등에 대한 미생물군의 상관관계 관련 다양한 정보가 축적되어 있어야 한다.

10. 유전학 분야(2) = 개인 유전자 분석 서비스 기술

인체 염색체의 광범위한 유전체 부위를 스캔하고 분석하여 유전자의 이상 유무를 검사하는 분석 서비스를 의미한다. 이를 위해서는 유전정보 처리에 대한 분석기술과 보안기술, 그리고 온라인 기반의 정보처리기술 등을 확보해야 한다.

08 4차 산업혁명에 따른 미래 변화에 대하여 기술 및 산업 측면, 고용 구조 측면, 직무역량 측면으로 구분하여 분석하라.

1. 기술 및 산업 측면

① 정보통신기술(ICT)과 기존 기술 및 산업과의 융합으로 산업구조의 변화와 새로운 스마트 비즈니스 모델이 창출할 것이다.

② '초연결성'과 '초지능화'는 사이버 물리시스템(Cyber Physical System : CPS)에 기반한 스마트팩토리 등 새로운 산업구조 생태계를 구축할 것으로 전망한다.

③ 미국, 독일 등은 CPS 기반의 스마트 팩토리 구축을 통해 제조업분야에서의 경쟁력 강화를 추진하고 있고, 이로 인해 리쇼어링 현상이 나타나는 등 산업생태계의 변화가 시작하였다.

④ 사물인터넷, 클라우드 시스템 등 '초연결성' 기반의 플랫폼 발전은 O2O(Online-To-Offline) 등에 기반한 새로운 '스마트 비즈니스' 모델의 등장을 야기하고 있다.

⑤ 공유경제 및 온디맨드경제(On Demand Economy)의 부상은 소비자 경험 및 데이터 중심의 서비스, 새로운 형태의 협업 등으로 이어져 새로운 스마트 비즈니스 모델이 등장할 것으로 전망하고 있다.

⑥ 제4차 산업혁명의 주요기술 분야인 블록체인, 빅데이터, IoT, AI 및 자율주행자동차 등의 기술개발 수준 및 주기를 고려할 때 향후 본격적 상용화로 인한 새로운 시장이 나타날 것으로 예상하고 있다.

⑦ 모든 것이 연결되는 '초연결성'과 '대융합'의 특징에 따라 개방형 R&D혁신과 융,복합형 R&D가 더욱 강조되고, 급속한 환경변화에 따른 신속한 대응을 위해 보다 유연하고 개방적인 R&D시스템으로 요구될 것으로 전망하고 있다.

⑧ 인공지능(AI) 등을 활용한 R&D 관리시스템의 지능화와 함께, 창의성과 문제해결 역량을 갖춘 전문가 중심의 R&D 기획 · 평가 시스템 혁신에 대한 요구도 급증할 것으로 예상한다.

2. 고용구조 측면

① 제4차 산업혁명에 따른 기술 산업 변화는 고용구조(일자리 지형)에도 영향을 미칠 것으로 예상되는데, 노동대체 기술 및 컴퓨터 연산능력 향상 등으로 인해 단순, 반복적 사무, 행정직 및 저숙련 업무의 고용률이 감소될 것으로 전망한다.

② 자동화 등으로 인해 현재직업의 47%가 20년 내 사라질 가능성이 높을 것으로 전망하고, 특히 텔레마케터, 도서관 사서, 회계사 및 택시기사 등이 사라질 것으로 전망하고 있다.

③ 노동대체 기술로 인해 독일 내 제조업의 생산(120,000개)/품질관리(20,000개)/ 유지(10,000개) 부문 등 단순반복형 업무와 관련된 일자리가 사라질 것으로 예상하고 있다.

④ 제4차 산업혁명 관련 기술 직군 및 산업분야에서 새로운 일자리가 등장하고, 고숙련 노동자에 대한 수요도 증가할 것이다.

⑤ 인공지능, 3D 프린팅, 빅데이터 및 산업로봇 등으로 인해 200만개의 새로운 일자리가 창출되고, 그 중 65%는 신생직업이 될 것으로 예상된다.

⑥ 전문지식을 보유하였거나 기계가 대체할 수 없는 고숙련 노동자는 2030년까지 380만~400만 명 정도(전체 고숙련 노동자의 13%)가 부족할 것으로 예상된다.

⑦ 한편, 국내 '제조업' 및 '전문, 과학 및 기술서비스업' 내 300개 대기업 및 중소기업을 대상으로 한 설문조사에서도 '전문가 및 관련종사자', '판매종사자'의 고용은 증가할 것으로 전망된 반면, '사무종사자' 및 '단순노무 종사자' 직군 등의 고용은 감소할 것으로 전망된다. '서비스종사자' 등의 직군은 큰 변화가 없는 것으로 전망된다.

⑧ 최근 OECD는 기존 '직업' 기준의 일자리 지형 변화 전망에 대해 과대추정의 오류를 지적하며 '직무' 기준의 일자리 지형 변화를 전망된다.

⑨ 직업기준으로는 자동화로 대체될 위험이 높지만, 직무를 기준으로 할 경우 '대면업무' 등 컴퓨터로 대체하기 어려운 부문이 많아 자동화로 대체될 확률이 70%가 넘는 직업은 9%에 불과할 것으로 전망된다.

3. 직무역량 측면

① 제4차 산업혁명으로 인한 고용구조의 변화는 고용 인력의 직무역량에 직접적으로 영향을 미칠 것으로 전망된다.

② '컴퓨터/IT' 및 'STEM' 분야의 지식과 더불어 '복합문제해결능력' 및 '소프트 스킬' 등의 직무역량이 필요할 것으로 판단된다.

③ 소프트스킬(Soft Skills) : 변화에 대한 유연성 및 다양한 기술의 활용능력 또는 조직 내 커뮤니케이션, 협상, 팀워크, 리더십 등을 활성화 할 수 있는 능력이다. 또한 기술, 기계로 인해 노동력이 대체되더라도 창의성 및 혁신성 등 인간의 주요능력 및 영역은 자동화되지 않을 것으로 전망된다.

④ 미국 800개 직업 중 단지 5%만이 자동화 기술로 대체되고, 800개 직업 내 2,000개 업무활동 중 45%만이 자동화 될 것으로 분석된다. 또한 인간이 하는 업무 중 창의력을 요구하는 업무(전체업무의 4%) 및 감정을 인지하는 업무(전체업무의 29%)는 자동화되기 어려울 것으로 분석된다.

⑤ 국내의 경우에도 현재시점 대비 미래시점에서의 직무역량 변화정도를 분석한 결과, '복합문제해결능력'이 미래시점에서 가장 중요한 직무역량인 것으로 도출한다.

⑥ 현재시점에서는 '업무처리능력'이 가장 중요한 직무역량인 것으로 도출되었고 미래시점에서는 '복합문제해결능력'이 가장 중요한 직무역량인 것으로 분석된다.

⑦ 직무역량별 현재시점 대비 미래시점에서의 중요도 변화 폭이 높은 역량으로 '복합문제해결능력' 및 '시스템 능력' 등이 도출되어, 해당 직무역량의 중요도가 미래시점에 많이 높아질 것으로 전망된다.

09 4차 산업혁명에 대응하여 주요국(미국, 독일, 일본, 중국 등)의 정책 동향을 분석하라.

미국, 독일 일본, 중국 등 주요국은 제4차 산업혁명에 따른 미래사회 변화의 주도권 확보를 위해 국가차원의 혁신 정책을 수립 · 추진 중이다.

1. 미국

민간 주도의 '산업 인터넷(Industrial Internet)' 전략과 첨단제조업 진흥을 위한 국가전략 '첨단제조 파트너 십' 추진 중이다.

1) 산업인터넷

제너럴 일렉트로닉스(GE) 등 산업계가 중심이 되어 IIC(Industry Internet Consortium)

설립하고, 산업전반에 사물인터넷(IoT)을 활용하는 전략을 추진하고 있다. IIC는 2014년에 설립되어 GE, AT&T, 시스코, 인텔, IBM 등 163개사가 참여하고 있다.

비용절감과 새로운 부가가치 창출을 핵심비전으로 제시하고, 미국 주도의 산업 플랫폼과 표준화를 추진하고 있다. 산업계 주요부문에서 효율 1%만 개선해도 연간 200억 달러 이익 창출 가능하다.

2) 첨단제조 파트너십

스마트제조, 디지털제조 등 첨단제조업 진흥을 위해 R&D투자, 인프라 확충, 민 · 관 협의체 구성 등 추진 중이다. 제조업혁신센터를 신설하고 이들을 연결하여 국가제조혁신네트워크(NNMI) 구축 중이다.

2. 독일

'하이테크 2020'전략에서 제조업 생산 체계와 ICT 융합을 통한 제조업 고도화 프로젝트인 '인더스트리 4.0' 추진하고 있다.

다양한 ICT 기술이 융합 적용되는 스마트 공장을 구축하여 제조 분야와 관련된 모든 산업에 활용하는 것이 목표로 하고 있다.

사물/서비스 간 인터넷 기반 위에 최적의 제품을 제조하는 제조플랫폼인 사이버-물리 시스템(CPS) 구축을 핵심요소로 추진하고 있다.

① 대기업-중소/중견기업 간 협업 생태계 구축

② IoT/CPS 기반의 제조업 혁신,

③ 제품개발 및 생산 공정 관리의 최적화와 플랫폼 표준화 등을 추구하고 있다.

원활한 추진과 다양한 분야의 관계자가 참여할 수 있는 환경 마련을 위해 '인더스트리 4.0 플랫폼'을 출범하였다.

3. 일본

범부처 전략인 '신산업구조 비전' 수립, 추진과 '초 스마트 사회(Society 5.0)' 구현을 위해 노력하고 있다.

1) 신산업구조 비전

4차 산업혁명에 따른 사회 변화 및 산업구조 재편에 대응하기 위한 범부처 전략으로 수립하고 있다.

① 데이터 활용 촉진을 위한 환경정비
② 인재육성
③ 혁신 및 기술개발 가속화
④ 금융조달 강화
⑤ 산업구조 전환
⑥ 지역사회 IoT 기술보급
⑦ 사회시스템 고도화 등 7대 전략을 제시

인공지능, 로봇 등 기술혁신에 대응하지 않을 경우 2030년까지 735만 명의 고용이 감소하나, 산업구조 개혁, 혁신, 규제개선 및 산업간 융합, 제휴 등 선제적 대응을 통해 고용감소가 161만 명으로 축소될 것으로 예측하고 있다.

2) Society 5.0

'5기 과학기술기본계획'에서 사이버 공간과 물리적 공간이 고도로 융합된 '초 스마트 사회'를 미래 모습으로 제시하고 있다.

공통 플랫폼(서비스 플랫폼) 구축에 필요한 기술(IoT시스템 구축, 빅데이터 해석, AI, 기계장치, 사이버 안전 등)과 새로운 가치 창출을 강점기술(로봇, 센서, 바이오기술, 소재 · 나노기술, 양자 · 광학 등)을 전략적으로 개발하고 있다.

4. 중국

'제조 2025 전략 '을 통한 제조업 고도화와 '인터넷 플러스' 추진하고 있다.

1) 제조 2025

13차 5개년 계획(2016~20)의 제조업 정책에 해당하며 IT와의 융합을 통한 제조업 고도화가 핵심 전략이다.

모든 제조업 분야의 ① 혁신역량 제고, ② 품질제고, ③ IT 제조업 융합, ④ 녹색성장 등 4개의 공통 과제 언급하고 있다.

2) 인터넷 플러스

인터넷, ICT 기술과 경제, 사회 각 분야의 융합을 통한 신성장 동력 창출을 목표로 제시하고 있다.

모바일인터넷, 클라우드, 빅데이터 등 ICT 기술과 제조업의 결합, 전자상거래, 핀테크 등을 통해 세계 시장 개척을 추진하고 있다.

학습활동.1 교수 · 학습 방법

교수 방법

- 4차 산업혁명과 블록체인에 대한 관련 용어, 구성, 방식 이해 정도를 파악한 후 수업을 진행한다.
- 교수자의 주도로 4차 산업혁명과 블록체인 등의 내용을 PPT 자료로 제시한 후 설명한다.
- 가능하면 사전에 개인별 학습 자료를 준비하여 모든 학생이 참여할 수 있는 문제 해결식 수업, 협력 수업이 가능하도록 한다.
- 4차 산업혁명과 블록체인 전 과정을 작업의 순서에 따라 단계적으로 실습이 이루어질 수 있도록 지도한다.
- 교재를 통해 수업을 준비하는데 있어서 필요한 모든 정보나 팁, 힌트 등 도움이 될 만한 내용들을 확인할 수 있다.
- 학생들이 만들게 될 각 모델들은 수업시간에 중점적으로 다뤄질 부분과 어휘, 질문, 답을 포함하고 있으며 또한 탐구할만한 추가적인 아이디어들도 포함하고 있다.

학습 방법

- 4차 산업혁명과 블록체인에 대한 관련 용어를 숙지하고, 4차 산업혁명과 블록체인에 대해 이해한다.
- 4차 산업혁명과 블록체인의 각 단계별 중점 사항을 체계적으로 학습한다.
- 4차 산업혁명과 블록체인의 수행순서의 전 과정을 실습한다.
- 4차 산업혁명과 블록체인의 내용을 이해한다.
- 4차 산업혁명과 블록체인을 이해하고 숙달이 될 때까지 학습한다.

학습활동.1 평가 및 피드백

평가 준거

- 평가자는 피평가자가 수행 준거 및 평가 내용에 제시되어 있는 내용을 성공적으로 수행할 수 있는 지를 평가해야 한다.

학습내용	평가항목	성취수준		
		상	중	하
4차 산업혁명과 블록체인	4차 산업혁명과 블록체인을 이해할 수 있다.			

학습 1

평가 방법

• 작업 포트폴리오

학습내용	평가항목	성취수준		
		상	중	하
4차 산업혁명과 블록체인	4차 산업혁명과 블록체인을 이해할 수 있다.			

• 필기시험

학습내용	평가항목	성취수준		
		상	중	하
4차 산업혁명과 블록체인	4차 산업혁명과 블록체인을 이해할 수 있다.			

• 체크리스트를 통한 관찰

학습내용	평가항목	성취수준		
		상	중	하
4차 산업혁명과 블록체인	4차 산업혁명과 블록체인을 이해할 수 있다.			

• 피드백

1. 작업 포트폴리오
   – 제출한 보고서를 평가한 후 주요 사항에 대하여 표시하여 돌려준다.
2. 필기시험
   – 평가 결과 성적이 저조한 학생은 보고서 제출 기회를 부여한다.
3. 체크리스트를 통한 관찰
   – 실습 과정에서 평가한 후 개선해야 할 사항 등을 정리하여 돌려둔다.

참고자료

1. 김태원, "블록체인은 4차 산업혁명 핵심 경쟁력", http://www.ekn.kr/news/article.html?no=337257
2. 문병기, 이도형, "4차 산업혁명시대 신성장산업의 수출동향과 경쟁력 분석", 2017.10 무역협회
3. 산업통상자원부 보도자료, "민관 공동으로 신산업 창출을 위한 정책과제 제시", 2016.12. 4.
   신산업 민관협의회, "4차 산업혁명 시대 신산업 창출을 위한 정책과제", 제4차 신산업 민관협의회, 2016.12
5. 이은민, "4차 산업혁명과 산업구조의 변화", 정보통신방송정책 제28권 15호 통권 629호, 정보통신정책연구원, 2010.8.
6. 이준희, "4차 산업혁명과 중소 · 중견기업 정책 혁신" 『정책과 이슈』, 중소기업청, 2016.12. 7.
   주원 외, "한국형 4차 산업혁명을 통한 경제 강국 도약" 『VIP리포트』 117-6(통권 679호) 현대경제연구원, 2017.3
8. 최계원, "4차 산업혁명 시대의 변화상과 정책 시사점", Premium Report, 정보 통신정책연구원, 2016.4
9. 해외경제연구소, "ICT산업 동향 및 경쟁력 강화 방안", 한국수출입은행
10. 손병호, 김진하, 최동혁, "4차 산업혁명 대응을 위한 주요 과학기술혁신 정책과제",한국과학기술기획평가원
11. 김윤종(2016), 4차 산업혁명 시대의 R&D 혁신방안, 국민경제자문회의 지원단 간담회 발표자료
12. 김이경 외(2016), 대학 연구자의 행정부담 측정과 정책적 시사점, KISTEP 이슈페이퍼
13. 김진용(2017), 2016 HRST Scoreboard, KISTEP 연구보고 2017-52
14. 김진하(2016), 4차 산업혁명시대, 미래사회 변화에 대한 전략적 대응 방안 모색, KISTEP InI(2016.10)
15. 김진하(2017), 과학기술분야 미래일자리 지형변화 전망연구, KISTEP 연구보고 2017-049
16. 미래창조과학부/정보통신기술진흥센터(IITP)(2016), 2015년도 ICT 기술수준 조사 보고서
17. 미래창조과학부/한국과학기술연구원(KIST)(2014), 2014년도 국가 융합기술 수준조사
18. 미래창조과학부/한국과학기획평가원(KISTEP)(2017), 2016년 기술 수준평가
19. 손병호(2016), 과학기술분야 미래 일자리 지형변화와 대응방향, 서비스 강국 특별세미나 발표자료(2016.4.28)
20. 손병호 외(2017), 고용 있는 성장을 위한 산업혁신 생태계 구축방안 연구, KISTEP 연구보고 2017-39
21. 송종국 외(2003), 새로운 국가연구개발사업의 기획을 위한 연구, 과학기술부
22. 삼성증권(2016), Global Market Strategy
23. 중장기전략위원회(2017), 4차 산업혁명 대응을 위한 중장기 정책과제
24. 최동혁 외(2017), 국가 연구개발의 개방성 확대 방안 연구, 미래창조과학부
25. 한국과학기술기획평가원(2016), 미래를 열어갈 혁신의 길,
26. 한국경제연구원(2015), 성장동력 정책의 현황과 정책적 시사점, 2015.8
27. 한국은행(2016), 국제경제리뷰 2016-24호
28. Boston Consulting Group(2015), Man and Machine in Industry 4.0
29. General Electronics(GE)(2016), The workforce of the future

30. IPPR(2015), Technology, Globalisation and The Future of Work in Europe
31. Mckinsey & Company(2012), The world at work; Jobs, pay and skills for 3.5 billion people
32. Mckinsey & Company(2015), Four Fundamentals of Workplace Automation
33. OECD(2015), Review of Innovation Policies : Industry and Technology Policy in Korea
34. OECD(2016), The Risk of Automation for Jobs
35. Oxford University(2013), The Future of Employment : How suspectible are jobs to computerization?
36. Oxford University(2016), Technology at work v2.0
37. UBS(2016), Extreme Automation and Connectivity : The Global, Regional and --- Investment Implications of the Fourth Industrial Revolution
38. World Economic Forum(WEF)(2016), The Future of Jobs
39. Executive Briefing, Vol. 2016-33, 2016.11
40. 대한무역투자진흥공사, http://www.kotra.or.kr/
41. 미래창조과학부, http://www.msip.go.kr
42. 산업연구원, http://www.kiet.re.kr/
43. 산업통상자원부, http://www.motie.go.kr/
44. 중소기업진흥공단, http://www.sbc.or.kr/
45. 중소기업청, http://www.smba.go.kr/
46. 통계청, http://kostat.go.kr/
47. 한국개발연구원, http://www.kdi.re.kr
48. 한국과학기술기획평가원, http://www.kistep.re.kr
49. 한국무역협회, http://www.kita.net/
50. 한국수출입은행, http://www.koreaexim.go.kr/
51. 현대경제연구원, http://www.hri.co.kr
52. IMF, http://www.imf.org/
53. OECD, http://www.oecd.org/
54. UN Comtrade, http://comtrade.un.org/
55. World Bank, http://www.worldbank.org/
56. 유승민, 블록체인으로 인한 서비스 플랫폼의 변화, 한국정보화진흥원(NIA). 지능화 연구 시리즈

학습 1	4차 산업혁명과 블록체인
학습 2	**블록체인의 개요**
학습 3	블록체인의 핵심기술
학습 4	블록체인의 P2P 네트워크 기술
학습 5	블록체인의 합의 알고리즘 기술
학습 6	블록체인의 스마트 계약
학습 7	블록체인의 분산원장 기술
학습 8	블록체인의 활용 암화화폐
학습 9	차세대 블록체인, 큐브체인
학습 10	블록체인의 표준화 동양
학습 11	블록체인의 응용기술
학습 12	블록체인의 법제도와 기술이슈
학습 13	블록체인 산업동향과 특허동향

학습 목표	2. 블록체인의 개요를 이해할 수 있다.

2-1 블록체인의 정의

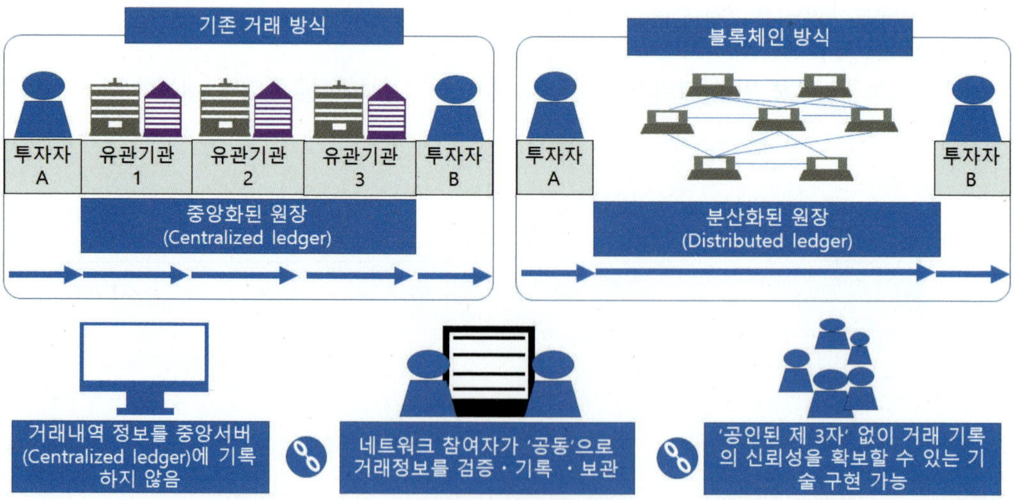

[그림 2-1] 기존 거래방식과 블록체인 방식의 차이

블록체인(Block Chain)은 퍼블릭 혹은 프라이빗 P2P 네트워크에서 발생되는 거래의 정보가 암호화되어 네트워크 참여자들 간에 공유되는 노드 수만큼 복제되어 분산 저장되어 있는 공개 디지털 거래장부(원장, Ledger)이며 가상 화폐로 거래(Transaction) 할 경우에 발생할 수 있는 위, 변조 방지 프로그램을 통하여 정보를 자동적으로 검증하는 방식으로 구현되어 해킹을 막는 기술이다.

즉 특정 시간 동안에 발생한 네트워크의 참여하는 모든 구성원 노드에 분산되는(Distributed) 장부(원장)는 분산 데이터베이스의 한 형태로, 지속적으로 성장하는 데이터 기록 리스트로서 분산 노드의 운영자에 의한 임의로 변경이 불가능하도록 네트워크의 피어(Peer)간에 이루어지는 자산 교환의 결과 블록 단위로 영구하게 저장되도록 고안되어서 거래의 신뢰성이 높아지고 정보추적이 용이하다.

학습 2

2-2 블록체인 플랫폼의 구조 및 특징

블록체인 플랫폼의 구조는 기술 계층과 서비스 계층으로 나눈다. 기술계층은 블록체인 기술을 제공하는 계층이고 서비스 계층은 기술 계층을 기반으로 서비스를 제공하는 계층이다. 기술계층은 블록체인 계층과 코어 어플리케이션(Core Application)으로 나눈다. 그리고 서비스 계층은 사이드 체인과 유저 어플리케이션으로 구분한다.

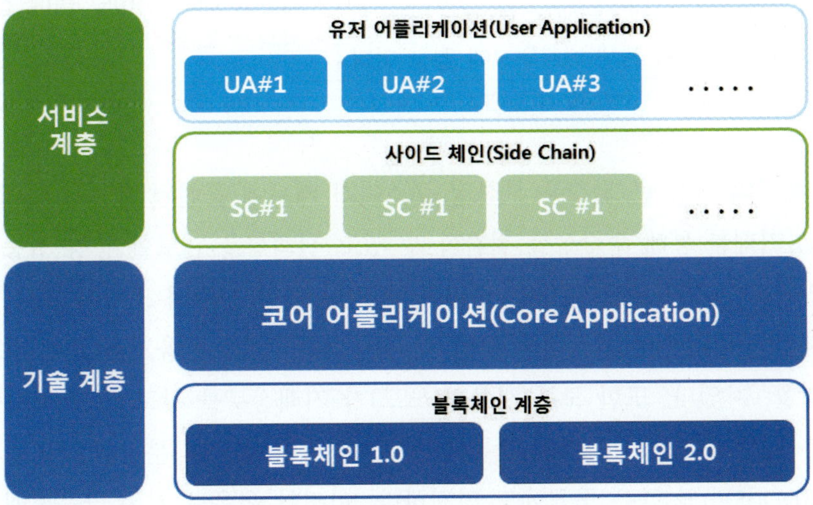

[그림 2-2] 블록체인 플랫폼의 구조

블록체인 플랫폼이란 블록체인 서비스를 개발, 테스트할 수 있도록 블록체인 시스템의 구성요소(분산 네트워크, 통신 프로토콜 등) 및 필요기능(거래정보 검증, 합의, 노드관리 기능 등)을 제공하는 환경이다. 블록체인 서비스 개발 시 플랫폼을 활용함으로써 개발 편의성과 서비스 간 상호 호환성, 안정성을 확보할 수 있다.

〈표 2-1〉 블록체인 기술의 특징

특징	장점	단점
익명성	• 개인정보를 요구하지 않음 • 은행계좌, 신용카드 등 기존 지급 수단에 비해 높은 익명성 제공	불법 거래대금 결제, 비자금 조성, 탈세를 가능하게 함
P2P	• 공인된 제3자 없이 P2P 거래 가능 • 불필요한 수수료 절감	문제 발생 시 책임소재가 모호
확장성	• 공개된 소스에 의해 쉽게 구축 · 연결 · 확장 가능 • IT 구축비용 절감	결제처리 가능 거래건수가 실제 경제 내 거래규모 대비 미미
투명성	• 모든 거래기록에 공개적 접근 가능 • 거래 양성화 및 규제 비용 절감	• 거래 내역이 공개되어 있어 원칙적으로는 모든 거래가 추적 가능 • 완벽한 익명성 보장이 어려울 수 있으며 조합에 의한 재식별이 가능
보안성	• 장부를 공동으로 소유(무결성) • 보안관련 비용 절감	• 개인키의 해킹, 분실 등의 경우 일반적으로 해결방법 없음 • 기밀성 제공하지 않음
시스템 안정성	• 단일 실패점이 존재하지 않음 • 일부 참가 시스템에 오류 또는 성능저하 발생 시 전체 네트워크에 영향 미미	• 채굴이 대형 마이닝 풀에 집중 • 실시간, 대용량 처리의 어려움

참고 : 블록체인 기술 금융분야 도입방안을 위한 연구

블록체인의 가장 큰 특징은 분산형 구조이기 때문에 공인된 제 3자 없이 P2P(Peer to Peer) 거래를 통해 수수료를 절감할 수 있고 신뢰성을 담보할 중앙 집중적 조직이나 공인된 제 3자가 필요 없다는 점이다. 이러한 중앙 집중적 조직이 필요 없기 때문에 현재의 중앙집중형 시스템의 운영 및 유지보수, 보안, 금융거래 등에 필요한 비용을 절감할 수 있다. 또한 모든 사용자(노드)가 거래장부를 갖고 있기 때문에 네트워크 일부에 문제가 생겨도 전체 블록체인에는 영향이 없으며 분산된 구조이기 때문에 디도스(DDoS)6)와 같은 공격에도 안전하다. 이러한 이유로 기존 금융거래보다 투명하고 추적이 용이하다는 장점도 가지고 있다.

2-3 블록체인의 보안성 분석

학습 2

블록체인 보안수준을 이해하기 위해서는 보안성 요구사항 7가지인 기밀성, 무결성, 가용성, 익명성, 인증, 부인방지, 접근제어에 대하여 알아야 한다.

〈표 2-2〉 블록체인 보안 수준

항 목	보안수준	상세내용
기 밀 성	높음	• 정의 : 제3자가 암호화해서 정보를 읽을 수 없는지 여부 • 제공 : 블록체인은 공개키 암호화로 제 3자가 개인키 없이는 정보를 읽을 수 없음
무 결 성	높음	• 정의 : 통신과 기록정보의 위변조를 방지하는지 여부 • 제공 : SHA256으로 통신 위변조를 방지 • 분산형 원장으로 기록정보 위변조 방지
가 용 성	높음	• 정의 : 사용자의 서비스 접근을 보장하는지 여부 • 제공 : 중앙 서버가 없기 때문에, 높은 가용성 보장(그러나 거래소, 개인기기 문제로 가용성 문제가 발생할 수 있음.)
익 명 성	높음	• 정의 : 개인 사생활 보호 여부 • 제공 : 주민번호, 주소, IP 등 개인정보를 요구하지 않음
인 증	중간	• 정의 : 비권한자가 서비스에 함부로 침입하는 것을 막는지에 대한 여부 • 제공 : 공개키 암호화로 개인키가 있어야지 서비스 이용. 그러나 개인키가 유출될 수 있음(보안 취약점)
부인방지	높음	• 정의 : 송신자가 서비스를 제공받은 것에 대한 부인을 방지 하는 요구사항 • 제공 : 분산형 원장과 공개키 암호화는 이러한 부인을 방지
접근제어		• 정의 : 권한에 따라 서비스 접근 제한 여부 • 제공 : 블록체인은 투명성을 특징이기 때문에 모든 정보가 공개돼 있음. 해당 항목은 맞지 않음

블록체인 시스템 자체는 보안 수준이 높다. 그래서 안전하다. 그러나 블록체인의 보안성에 대해서 의문을 제기하는 사람들이 있다. 이는 블록체인 시스템 자체 문제라기보다는 거래소 및 개인의 보안 관리 문제로 발생한 것이지 결코 시스템 자체의 낮은 보안 때문은 아니다.

2-4 블록체인의 형태

블록체인은 참여 네트워크의 성격, 범위 등에 따라 여러 가지 형태가 존재하고 사용용도에 맞게 응용이 가능하다. 블록체인은 퍼블릭 블록체인, 프라이빗 블록체인 및 컨소시엄 블록체인으로 형태별로 분류한다.

1. 퍼블릭 블록체인

퍼블릭 블록체인(Public Blockchain)은 비트코인, 이더리움 등 암호화폐와 같이 누구나 참여할 수 있는 네트워크 블록체인이다. 퍼블릭은 익명성을 기반이기 때문에 추적이나 규제가 어려운 '무허가 방식'을 가지고 있으며, 네트워크 공격이나 해킹을 통한 이중송금에 위험성이 존재한다. 그러나 여러 PC에 블록단위로 데이터베이스를 분산한 시스템으로 이론상 해킹은 가능하지만, 실제는 매우 어렵다고 볼 수 있다.

퍼블릭 블록체인 기술을 활용한 가장 대표적인 디지털 통화 시스템은 2009년 '사토시 나카모토'라는 익명의 프로그래머가 개발한 비트코인과 이더리움이 있다. 이 방식은 최초로 정한 규칙을 바꾸기가 어렵고 유지하기 위해서는 채굴이라는 과정을 거치기 때문에 비용이 많이 들어가는 단점이 있다. 그러나 기관을 통한 별도의 승인 과정 없는 참여가 자유로운 것이 장점이다.

2. 프라이빗 블록체인

프라이빗 블록체인(Private Blockchain)은 하나의 중앙 기관에서 독자적으로 사용하여 읽기, 쓰기, 사용 과정을 관리할 수 있는 시스템이다. 따라서 참여자를 미리 정하고 필요에 따라 추가하거나 삭제할 수 있는 권한을 가지고 있다.

퍼블릭 방식과는 다르게 채굴 과정을 통한 해시파워 경쟁은 없지만, 여러 서버에 분산 데이터를 저장함으로써 보안을 강화시킬 수 있는 장점이 있다. 또 데이터 처리 비용이 적고 네트워크 속도가 빠른 장점이 있어 기업형 솔루션으로 적합한 블록체인 기술이다.

최근 프라이빗 블록체인을 기술을 시험 서비스하고 있는 기업들도 생겨나고 있는 추세이다. 그 중에서도 세계 최대 유통 기업인 월마트는 식재료의 생산과 유통 과정 전체에 블록체인 기술을 적용하여 실시간으로 위생 상태를 점검할 수 있는 데이터 저장 방식을 도입한다.

해운 회사 머스는 블록체인을 이용한 선박 물류 시스템을 개발하여 서류 없이 물건을 옮기고 주문하고 보관, 세관 신고를 처리할 수 있는 물류시스템을 시험 서비스하고 있다.

국내는 삼성 SDS가 중고차 시장에 위조가 불가능한 프라이빗 블록체인 기술을 적용하여 차량의 수리, 사고 상태를 한 눈에 확인하고 구입할 수 있는 중고차 이력 서비스를 진행 중이다. 이렇게 글로벌 기업들이 관리 편의성, 효율성, 신뢰도, 안정성을 높이기 위해 관심을 가지는 것은 프라이빗 블록체인 방식이 많다.

학습 2

3. 컨소시엄 블록체인

컨소시엄 블록체인(Consortium Blockchain)은 여러 기관들이 그룹을 이뤄 참여하는 블록체인 기술이다. 컨소시엄은 모두가 동등한 권한을 갖고 거래에 참여 할 수 있어서 금융권 기업들이 많이 사용하고 있다.

〈표 2-3〉 블록체인의 형태

	퍼블릭 블록체인	컨소시엄 블록체인	프라이빗 블록체인
관리주체	모든 거래 참여자(탈중앙화)	컨소시엄에 소속된 참여자	한 중앙기관이 모든 권한 보유
거버넌스	한번 정해진 법칙을 바꾸기 매우 어려움	컨소시엄 참여자들의 합의에 따라 상대적으로 용이하게 법칙을 바꿀 수 있음	중앙기관의 의사결정에 따라 용이하게 법칙을 바꿀 수 있음
거래속도	네트워크 확장이 어렵고 거래 속도가 느림	네트워크 확장이 쉽고 거래 속도가 빠름	네트워크 확장이 매우 쉽고 거래 속도가 빠름
데이터 접근	누구나 접근 가능	허가받은 사용자만 접근 가능	허가받은 사용자만 접근 가능
식별성	익명성	식별 가능	식별 가능
거래증명	PoW, PoS와 같은 알고리즘에 따라 거래 증명자가 결정되며, 거래 증명자가 누구인지 사전에 알 수 없음	거래 증명자가 인증을 거쳐 알려진 상태이며, 사전에 합의된 규칙에 따라 거래검증 및 블록생성이 이루어짐	중앙기관에 의하여 거래증명이 이루어짐
장점	안전성, 신뢰성, 익명성, 투명성 보장	• 높은 효율성과 확장성 • 높은 처리속도 • 민감 정보를 처리하는 역할 부여 가능	• 높은 효율성과 확장성 • 높은 처리속도 • 기업별 특징에 따라 특화 가능
단점	• 확장성이 낮음 • 거래 속도가 느림	• 개입이 필요할 수 있음 • 투명성과 보안성이 낮음	보안성이 낮음
활용사례	비트코인, 이더리움	R3 CEV, 하이퍼레저	나스닥의 비상장 주식거래소 플랫폼인 링크(Linq)

참고 : 소프트웨어정책 연구소, 2017, "블록체인 기술의 산업적 · 사회적 활용 전망 및 시사점

수행 내용

재료 · 자료

• 블록체인의 기술 활용 등 관련자료

기기(장비 · 공구)

• 컴퓨터, 프린터, 주변기기

안전 · 유의사항

• 컴퓨터, 주변기기의 전원을 관리한다.

수행 순서

01 블록체인에 대한 기관별 정의에 대하여 분석하라.

비트코인 관련 전문가들은 블록체인 기술은 암호 화폐 구현을 위한 기술 그 자체라고 정의하고 있다.

데이터베이스를 연구하는 전문가들은 블록체인 기술은 또 다른 종류의 데이터 구조일 뿐 비트코인과 블록체인이라는 용어의 인기로 인해 과도하게 부풀려져 있다고 주장하고 있다.

반면, 블록체인 기술을 연구하는 전문가들은 데이터의 진위성을 인증기관을 통하지 않고 해결할 수 있는 유일한 방법으로 파괴적인(Disruptive) 기술이라고 주장하고 있다.

다음은 각 기관별로 정의된 블록체인기술에 대한 주장이다.

〈표 2-4〉 블록체인 기술의 기관별 정의

기관별	정의내용
기관	• 분산장부는 자산의 데이터베이스이며 이는 여러 시스템, 구성원, 기관으로 구성된 하나의 네트워크상에서 공유될 수 있다. • 네트워크의 모든 참여자들은 각자 고유 장부의 사본을 보유하고 있으며, 변경사항 발생 시 모든 장부에 몇 분 내지 몇 초 만에 업데이트 된다.

영국정부	비트코인 혹은 다른 암호화 화폐의 거래가 순차적이고 공개적으로 기획되는 디지털 장부이다.
옥스퍼드 사전	비트코인 혹은 다른 암호화 화폐의 거래가 순차적이고 공개적으로 기획되는 디지털 장부이다.
위키피디아	승인 없는 분산 데이터베이스이다.
한국은행	거래정보를 기록한 원장을 특정기관의 중앙 서버가 아닌 P2P 네트워크에 분산하여 참가자가 공동으로 기록하고 관리하는 기술이다.
딜로이트	서로 알지 못하는 사람들이 공유된 거래기록을 믿을 수 있게 해주는 기술이다.
코빗	원장 변조 증거가 남는 분산 데이터 구조이다.

참고 : 블록체인의 기술적 이해 및 도입을 위한 첫걸음(KORBIT) 수정 인용

02 블록체인의 플랫폼 구조에 대하여 상세히 분석하라.

1. 블록체인 계층

가장 하위에 놓여있는 계층으로 좁은 의미의 블록체인을 말한다. 블록체인 기반 서비스의 가장 기반이 되는 기술이다. 블록체인 계층은 블록체인 1.0과 블록체인 2.0인 두 가지의 서비스로 구분한다.

블록체인 1.0은 우리가 알고 있듯이, 분산형 원장을 제공하는 기술이다.

블록체인 2.0은 블록체인 1.0에서 자동거래가 추가된 기능으로 일명 '스마트 계약(Smart Contract)'라고 한다. 즉 거래내역은 블록체인처럼 분산원장으로 저장되고, 계약 시에 조건이 맞으면 자동으로 거래되는 시스템이다.

스마트 계약 개념은, 컴퓨터 과학자인 닉 사보(Nick Szabo)가 1994년에 처음으로 제안한 개념이다. 그러나 당시에는 개념만 설명했을 뿐 기술적인 구현방안에 대해서는 아무런 언급이 없었다.

스마트 계약은 이더리움 창시자인 비탈릭 부테린(Vitalik Buterin)에 의해서 최초로 구현했다. 부테린은 고등학교 시절부터 비트코인과 블록체인에 대해서 관심이 많았다. 그래서 비트코인과 블록체인에 관해서 많은 글들을 썼었다. 그러나 부테린은 비트코인 기반인 블록체인의 무한 한 가능성을 보았고, 비트코인이 이러한 가능성을 감당하기에는 한계가 있다는 것을 깨달았다. 그래서 2013년에 대학교를 중퇴하고, 닉 사보의 스마트 계약 개념을 기반으로 2015년 7월에 '이더리움'이라는 가상화폐를 처음으로 발행하다. 현재 이더리움은 비트코

인 다음으로 가장 널리 사용되는 가상화폐이다.

이더리움은 비트코인 거래방식과 많이 다르다. 이는 블록체인 1.0과 블록체인 2.0의 차이이기도 하다. 참고로 두 화폐를 스마트 계약을 블록체인 2.0으로 명명했다고 해서 블록체인 2.0이 무조건 더 뛰어난 기술인 것은 아니다. 다만 기존 블록체인의 일반거래를 자동거래로 바꾼 것일 뿐이다. 자동거래를 싫어하는 사용자는 블록체인 1.0 기반의 서비스를 사용하면 된다. 실제로 현재 산업은 자동거래 선호도에 따라서 분류되기도 한다.

스마트 계약(블록체인 2.0) 어떻게 거래가 이뤄지게 할까?

블록체인 1.0은 사용자가 직접 확인하고 인증해야 한다. 비트코인의 경우, 공개키를 직접 주고받으면서 거래가 이루어진다. 일반적인 계약은 서로가 직접 확인 후에 계약을 직접 서명하고 블록체인으로 저장한다. 스마트 계약은 방식이 다르다. 스마트 계약 절차는 [그림 2-3]의 순서도처럼 진행된다.

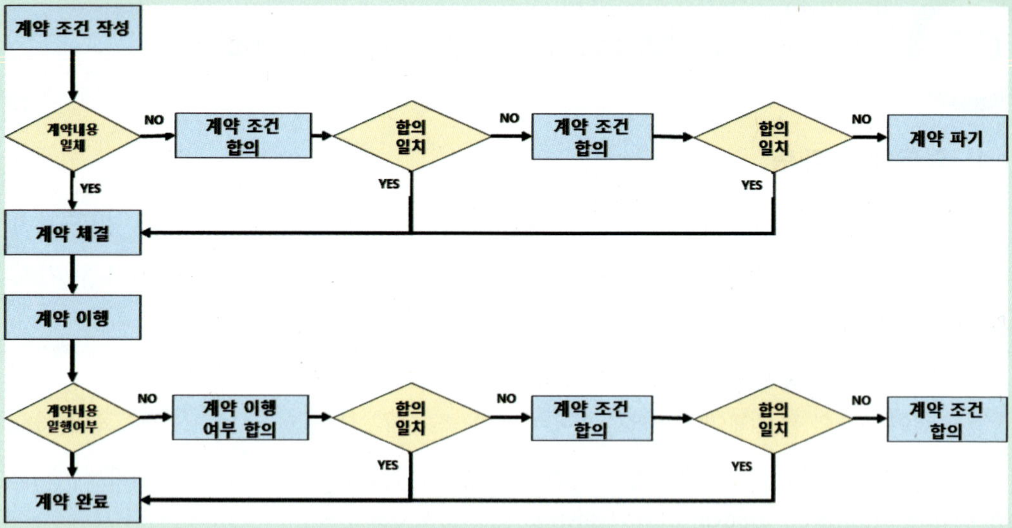

[그림 2-3] 스마트 계약 진행 순서도

첫째, 거래 당사자는 계약 조건을 입력한다. 이 때 거래 당사자는 반드시 2명으로 제한할 필요는 없다. [그림 2-3]은 쉬운 설명을 위해서 2명으로 표시한 것이다.

둘째, 당사자는 계약 내용이 서로에게 합리적인지 확인한다.

셋째, 당사자는 서로에게 합리적이라고 판단하면, 시스템에 계약 내용을 저장해 계약조건을 이행한다.

넷째, 중앙 시스템은 계약조건 이행여부가 확인되면 계약에 따라 당사자가 계약에 명시한 이익을 전달한다. 계약 조건 혹은 계약 이행시 의견에 대해서 충돌이 있다면, 제 3자가 개입해서 중재를 할 수도 있다.

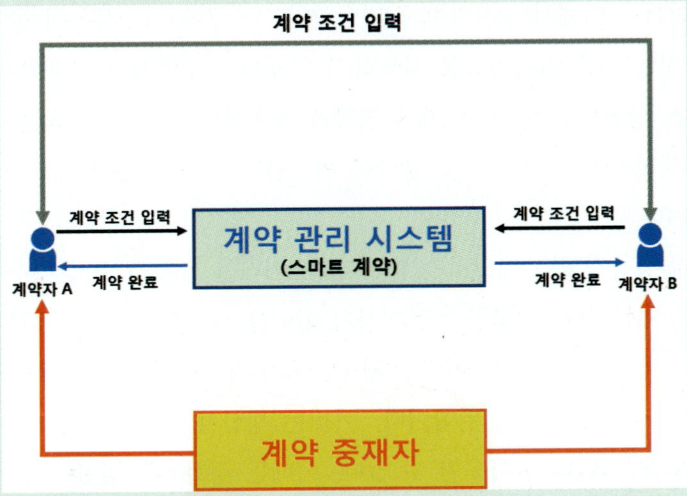

[그림 2-4] 스마트 계약 개념도

당사자 간에 불일치가 없는 한 중재자가 필요 없다. 시스템에서 자체적으로 수행하기 때문이다. 이는 중개 수수료와 중앙에서 처리하는 시간을 줄여준다. 스마트 계약 시스템이 자체적으로 바로 처리하기 때문이다. [그림 2-4]는 스마트 계약에 대한 개념도이다.

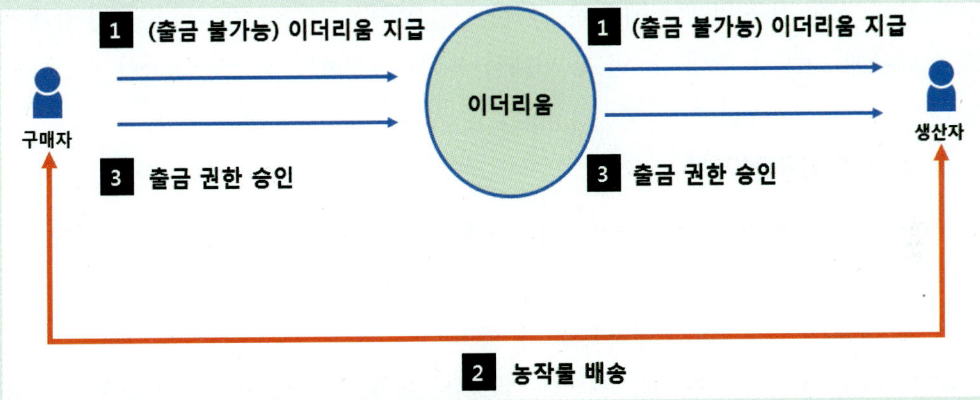

[그림 2-5] 이더리움 기반의 농작물 거래(예시)

그렇다면 스마트 계약 기반의 이더리움은 어떻게 동작하는 것일까?

쉬운 설명을 위해서 농작물 직거래를 예로 들겠다. [그림 2-5]에서 농작물 생산자와 구매자가 원격으로 직거래 한다고 가정해보고 참고로 구매자와 생산자는 멀리 떨어져있기 때문에, 서로 모르는 사이이다. 그렇기 때문에 쇼핑 사이트와 같이 중개기관 없이 직접 거래하기에는 무리가 있다. 구매자 혹은 판매자가 속일 수 있기 때문이다. 다행히 이더리움이 있어서 이러한 문제를 해결해줄 수 있을 것으로 보인다.

블록체인의 장점은 신뢰성을 제공한다.

구매자는 이더를 구매해서 생산자에게 전달한다. 단 구매자는 사용이 불가능하게 설정해서 생산자에게 전달한다. 이더리움을 사용하기 위해서는 구매자가 사용하게끔 권한을 풀어주어야 가능하다. 생산자는 구매자에게 농작물을 배송한다. 농작물을 받은 구매자는 거래내용을 확인하고 생산자에게 이더 사용 잠금을 해지한다. 생산자는 이더를 이제 마음대로 사용할 수 있게 된다.

참고로 생산자가 농작물을 배달하지 않는다면, 이더를 사용할 수 없다. 구매자가 권한을 풀어주지 않았기 때문이다. 그렇지만 구매자가 이더를 사용할 수 있는 것은 아니다. 전달한 이더를 회수할 수 없기 때문이다. 이러한 기능은 구매자가 생산자로부터 농작물을 받고, 이더를 회수하는 사기를 방지하기 위함이다. 어째든 생산자가 농작물을 제공하지 않는다면, 구매자와 생산자 모두 이더를 사용할 수 없다. 이때는 경찰서와 같은 3자 기관에 의뢰해서 해결해야 한다.

혹은 구매자가 이더 사용권한을 승인하지 않을 수도 있다. 농작물 상태가 좋지 않기 때문이다. 이때는 구매자와 생산자 사이의 갈등이 발생하게 된다. 서로 해결할 수 없을 경우에는 제3자(중개기관)가 개입해서 해결해야 한다.

이더리움은 직거래의 신뢰성 문제를 어느 정도 해소해주면서 중개기관 없이 직거래를 가능케 한다. 물론 갈등 발생 시에는 중개기관이 필요하다. 그러나 갈등이 없다면 중개기관이 없기 때문에, 비용을 줄일 수 있고, 거래절차에서 발생하는 시간도 절약할 수 있다.

2. 코어 어플리케이션

이더리움은 블록체인 기반의 코어 어플리케이션(Core Application)의 일종이다. 블록체인 기반 위에 제공하는 기술이기 때문이다. 블록체인을 기반으로 서비스를 제공하는 경우는 두 번째 계층인 코어 어플리케이션을 의미한다.

코어 어플리케이션은 블록체인 계층을 기반으로 해서 제공하는 서비스이다. 혹은 블록체인 기술을 보강해서 만든 기술이다. 〈표 2-5〉은 대표적인 코어 어플리케이션들을 정리한 것이다.

〈표 2-5〉 코어 어플리케이션 현황

어플리케이션	주최자	내 용
비트코인	비트코인 Foundation	• 블록체인 1.0을 기반으로 한 가상화폐 • 공개키 암호화 방식으로 중간자 공격 어려움 • 채굴이라는 시스템을 도입해, 비트코인이 제공하는 암호 내용을 풀면 비트코인 자동 지급 • 총량제한 화폐 : 2140년까지 2100만 비트코인 발행 • 단순한 Script 언어(Turing 불완전성)로 비트코인 구

이더리움	Ethereum Foundation	• 블록체인 2.0을 기반으로 하는 가상화폐 • 필요시에 중앙관리자가 개입할 수 있음 • 화폐단위 : 이더(ETH) Solidity 언어(Turing 완전성)로 스마트계약(Smart Contract) 프로그램 제공 • 분산형 응용프로그램(Dapps) 구축 플랫폼 제공
코다(Corda)	R3 CEV	• 블록체인 2.0 기반으로 금융 서비스를 위해서 만듬 • R3 컨소시엄 주도로 개발된 금융분산 원장 기반 기술 • 합의형성에 초점을 맞추고 있으며, 네트워크 참가자 전원이 모든 데이터를 공유하지 않는 것이 특징
하이퍼레저(Hyperledger)	리눅스 재단	• 다양한 형태의 블록체인 개발 가능 • 프로젝트에 참여해 하이퍼레저를 기반으로 사이드체인을 만들 수 있음 • 하이퍼레저 소스 변경 가능 • 리눅스 재단과 IBM이 주도하는 "Hyperledger" 프로젝트 • 성능과 신뢰성 향상을 위해 고유의 합의 알고리즘과 멤버십 관리 기능을 가짐

3. 사이드 체인(Side Chain)

블록체인이 주목받는 이유는 분산형 원장 때문이다. 그러나 블록체인이 확산될 수 있었던 이유는 사이드 체인 때문이다.

좋은 상품이 판매할 수 있는 유통경로가 없다면 소비자에게 상품은 전달되지 않는다. 블록체인도 마찬가지이다. 블록체인 기술이 좋더라도 서비스 제공 방법이 없으면 사용자들은 블록체인이 주는 혜택을 누릴 수 없다.

전자는 블록체인 계층, 후자가 바로 사이드 체인에 해당 된다. 블록체인을 플랫폼의 플랫폼이다. 이것은 코어 어플리케이션 위에 또 다른 서비스를 제공하기 때문이다. 즉 블록체인 계층을 기반으로 코어 어플리케이션에서는 사용자에게 이미 서비스를 제공하고 있다.

예를 들어 이더리움은 블록체인 2.0 기반으로 이더라는 가상화폐 서비스를 제공하고 있다. 블록체인이 제공하는 서비스가 여기에서 끝났다면 블록체인은 단순히 가상화폐에서 제공하는 중요한 기술 중 일부로 인식되고 끝났을 것이다.

그러나 블록체인 서비스는 여기서 끝나지 않고, 코어 어플리케이션에 다시 한 번 더 플랫폼을 얹어서 새로운 서비스를 제공한다.

이더리움의 경우, 가상화폐인 이더 서비스 위에 새로운 서비스인, 오거(Auger), DAO (Decentralized autonomous organization), EEA(Enterprise Ethereum Alliance), 싱귤러 DTV(Singular DTV) 등 다양한 서비스를 제공한다.

그래서 블록체인 기반 서비스를 플랫폼의 플랫폼으로 정의한 것이다. 사이드 체인의 역할은 코어 어플리케이션 서비스를 기반으로 해서 서비스를 제공하게 하는 역할이다.

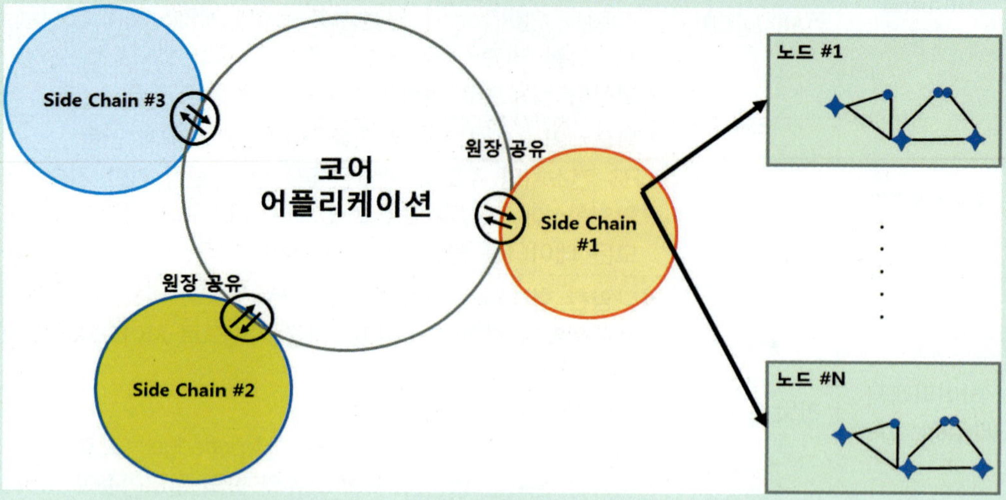

[그림 2-6] 코어 어플리케이션과 사이드 체인 관계도

4. 사용자 어플리케이션

사용자 어플리케이션은 사이드 체인 위에서 최종적으로 구현된 서비스이다. 기업에서 블록체인 기반의 서비스라고 말하는 경우는 이 때 서비스에 해당하는 부분이 사용자 어플리케이션이다 .오거, DAO, 싱귤러 DTV 등이 이에 해당된다.

03 블록체인의 보안 수준 분석을 위하여 비트코인을 예를 들어서 7가지 보안요구사항별로 상세히 분석하라.

블록체인 보안 해킹사고를 살펴보고, 명확한 정의를 위해서 보안 수준 평가 항목인 보안 요구사항을 정의하고 블록체인 보안수준에 대해서 평가 분석한다.

1. 비트코인과 이더리움 해킹 사고

1 비트코인 가격은 2011년 상반기만 해도 1달러를 겨우 넘기는 수준이었다. 그러나 2017년 6월 이후, 1 비트코인 가격은 무려 2,700 달러에 이르게 된다. 다시 말해 6년 만에 비트코인 가격이 2,700배나 오른 것이다. 비트코인은 해커들의 해킹 대상이 되어 왔다. 가장

대표적인 사례가 바로 '마운트 곡스' 파산 사건이다. 마운트 곡스는 비트코인 거래와 지갑을 운하는 곳으로, 2014년 전까지 세계에서 가장 큰 비트코인 거래소다. 비트코인의 가장 큰 거래소던 마운트 곡스가 2014년 2월 28일에 갑자기 파산을 신청하게 된다. 보유 중인 85만 개의 비트코인이 도난당했기 때문이다. 당시 가치로는 4억 5천만 달러(한 화로 약 5천 3백억 원)이나 되는 금액이 도난당한 것이다. 참고로 올해 7월 기준으로 가치를 환산하면 무려 23억 달러(약 2.5조 원)이나 된다.

비트코인 도난 사고는 국내에도 여러 차례 발생했었다. 올해 4월에도 비트코인 도난 사고가 발생했었다. 4월 국내 비트코인 거래소 '야피존'은 3,831비트코인이 도난당했다. 해킹 당시 기준으로 피해액은 55억 원이었고, 7월 기준으로는 약 115억 원이나 된다.

마운트 곡스와 야피존 해킹 피해 원인은 바로 비트코인 소유주를 인증하는 '개인키'가 도난당했기 때문이다. 지금까지 알려진 비트코인 해킹 사건 모두 개인키 도난으로 발생했다.

이더리움도 여러 차례 해킹을 당했다. 이더리움도 비트코인처럼 지갑을 도난당해 피해가 발생했는데, 올해 7월 이더리움 네트워크 브라우저를 제 공하는 '페리티(Parity)'가 해킹을 당한 것이다. 약 38만 개 이더리움이 도난당했는데, 사건 당시 기준으로 환산화면 약 855억 원이나 된다. 다행히 그 중 23만개 이더리움을 회수해서, 피해액을 360억 원으로 줄인 것으로 조사됐다.

이외에도 이더리움 기반 서비스가 해킹 당한 사례도 있다. 2016년 6월 DAO는 해커의 취약점 공격으로 손실을 입었다. 무려 360만개의 이더리움이 도난당한 것이다. 당시 시세로 640억 원에 해당하는 규모이다. DAO는 이더리움 기반의 서비스로 사용자 어플리케이션 계층에 해당된다. 해커는 DAO의 취약점을 이용해서 이더를 인출하다. 다행히 DAO의 취약점을 공격해서 인출한 이더는 바로 사용할 수 없었는데 48일 이후에 가능했다.

2016년 7월 20일 비탈릭 부테린은 지금의 이더리움 시스템을 닫고 세로운 이더리움 체계로 옮겨가는 '하드포크(Hardfork)'를 감행하기로 결정했다. 이러한 조치는 피해를 입은 사용자를 최소화 하고, 해커가 부당한 이득을 취할 수 없게 하기 위함이었다.

새로운 이더리움이 채택되면서 기존 이더리움은 버려지는 것처럼 보다. 그러나 2016년 7월 24일 기존 이더리움이 복구된 체로 기습적으로 이더리움 클래식(Ethereum Classic)이라는 이름으로 가상화폐 거래기관인 폴로닉스(Poloniex)에 나타나게 된다. 비록 기존 사용자에게 큰 피해는 없었지만 기존 이더리움이 복구되면서 해커는 부당 이득을 취할 수 있게 되었다.

비트코인과 이더리움은 금적전이 가치가 높기 때문에 사례에서 살펴보듯이 해킹 피해 사례는 많이 있다. 그래서 블록체인 보안의 안정성에 의 문을 제기하는 사람들이 많다. 그럼에도 불구하고 블록체인은 안전하다고 주장하는 경우가 많다. 블록체인의 장점 중 하나를 해킹에 대한 보안성으로 꼽았다. 블록체인 피해는 있는데 왜 안전한 것일까?

2. 보안 요구사항

블록체인 보안수준을 분석하기 위해서는 보안성을 위한 요구사항을 알아야 한다. 일반적으로 7가지 측면에서 보안이 이뤄질 것을 요구한다. 기성, 무결성, 가용성, 익명성 인증, 부인방지 그리고 접근제어가 이에 해당된다. 블록체인 보안성을 분석하기 전에, 우선 보안 요구사항 7가지에 대해서 알아보자.

1) 기밀성

권한이 없는 사용자가 정보를 읽을 수 없도록 암호화해 정보유출을 못하도록 막는 요구사항이다.

예를 들어 스마트미터기는 사용자의 전력정보를 측정하는 센서이다. 그런데 해커는 스마트미터기를 해킹해 정보를 유출할 수 있다. 기밀성은 이러한 정보들을 암호화해서 유출을 방지하도록 하는 요구사항이다. 참고로 기밀성은 정보의 중요성이 높을수록 기밀성 항목 점수가 높다.

2) 무결성

송신자가 전송한 원래의 메시지의 내용이 위변조 되지 않도록 하는 보안요구 사항이다. 위변조 범위는 정보전달에 있어서 담고 있는 내용만의 대상이 아니다.

예를 들어 해커는 사용자가 은행에 돈을 입금 시 돈을 입금 받는 계좌정보를 해커계좌로 위변조 할 수 있다. 무결성은 이러한 정보가 위변조 되는 것을 방지하도록 한다. 또 다른 사례로 스마트 카를 들어보겠다. 해커는 스마트 카에서 주고받는 명령 내용을 위변조 할 수 있다.

사용자는 A 지역을 목표로 설정해 가도록 스마트 카에 명령했지만 해 커는 위변조로 B로 목적지를 바꿀 수 있다. 혹은 A로 가는 동안 명령체계를 마음대로 위변조해 탑승객의 안전을 위협할 수 있다.

3) 가용성

권한이 부여된 사용자가 서비스에 접근을 보장하는 요구사항이다. 가용성을 위협하는 대표적인 공격은 '서비스 거부 공격(디도스)'이다. 이러한 공격의 대표적인 사례로는 7.7 서비스 분산 거부 공격이 있다. 이 공격은 해커가 2009년 7월 7일을 기점으로 대한민국과 미국의 주요 정부기관, 포털 사이트, 은행 사이트 등의 서비스를 제공하지 못하도록 서버에 서비스 거부 공격한 사건이다. 드론의 경우 가용성 부분이 많이 취약해 발전이 요구되는 부분인데 '재밍'과 같은 공격이 드론의 가용성을 위협하는 공격유형이다.

4) 익명성

익명성은 사용자의 개인 사생활 침해를 방지하기 위해서 요구하는 보안 항목이다. 엄히 말하면 기밀성에 속한다. 그러나 최근 국내에서는 개인정보에 따른 이슈가 많아짐에 따라서 개인정보 보호를 강조하고 있는 상황이다. 개인정보 보호를 지켰는지 여부를 정부에서 점검하러 나올 정도이다. 그래서 기밀성에 속하는 개념이지만 중요한 요소이기 때문에 익명성을 별도의 보안 요구사항을 만들어서 준수하는 기업들이 많다.

5) 인증

사용자 및 기기들이 서비스 접근에 인증되었는지 여부를 판단하도록 하는 요구사항이다. 인증은 비권한자가 서비스에 함부로 접근하지 못하는지를 묻는 요구사항이다. 대표적인 기능으로는 로그인이 있다. 로그인은 아이디와 비밀번호를 아는 권한자만 서비스 접근에 허용해 인증 요구사항을 충족한다. 그러나 로그인이 해킹될 시 인증 요구사항은 무너지게 된다. 참고로 아이디와 비번밀호는 중요 정보이다. 그렇기 때문에 로그인 정보가 누출되었다는 것은 기밀성이 깨졌다는 것을 의미한다. 그 뿐만 아니라 해 커가 로그인 정보를 탈취하면 서비스를 마음대로 이용할 수 있다. 그렇기 때문에 다른 보안 요구사항을 무너뜨리게 할 수 있다. 그러므로 인증은 보안에서 가장 중요한 요소라고 할 수 있다.

6) 부인방지

전자서명이나 공개키 등을 이용해 송수신 사실을 부인할 수 없도록 하는 요구사항이다. 서비스를 제공받았음에도 제공받지 않았다고 부인할 수 없게 하는 요구사항인 셈이다. 해커는 은행 거래 시 사이버공격으로 은행으로부터 받은 돈을 부인할 수 있는데 부인방지는 이러한 사기유형을 방지해준다.

7) 접근제어

사용자 및 기기의 특성에 따라 서비스 접근가능성을 권한에 따라서 보호하는 요구 사항이다. 인증과 유사해 보일 수 있으나 인증과는 엄히 다르다. 인증은 해당 서비스의 소유자가 맞는지를 묻는 것을 말한다. 반면에 접근제어는 권한에 따라 서비스 접근 가능성을 요구하는 항목이다. 예를 들어 회사 시스템의 경우, 직급, 부서에 따라서 접근할 수 있는 정보가 다를 것이다. 이는 회사가 접근제어 항목을 준수했기 때문이다.

3. 블록체인 보안성 분석

블록체인 보안성 분석의 대상을 비트코인으로 선택한 이유는 세 가지이다.

학습 2

첫째, 블록체인을 가장 잘 대표하는 기술이기 때문이다.

둘째, 비트코인 해킹사례가 많아서 분석이 용이하기 때문이다.

셋째, 일반사람들이 블록체인 해킹에 걱정하는 경우가 많은데 대부분 살펴보면 비트코인 보안을 걱정하는 경우이기 때문이다.

1) 기밀성

블록체인 기밀성 수준은 높다. 블록체인은 공개키 암호화를 이용하고 있다. 다시 말해 블록체인의 모든 중요 정보는 SHA256으로 암호화된다. 그리고 다시 한 번 BASE58Check에서 문자로 변환시킨다. 이를 풀기위해서는 개인키가 있어야 한다. 개인키가 없다면 역순으로 해킹하기란 무척 어렵다. SHA256의 경우만 하더라도, 이론상 2의 256승만큼 시도를 해야 하기 때문이다.

2) 무결성

무결성에서 측정해야 항목은 두 가지이다. 정보를 송수신할 때의 무결성 여부와 보관하고 있는 정보의 무결성 여부이다. 전자의 경우는 공개키 암호화로 안전하다. 해커가 정보를 위변조하기 위해서는 '개인키'가 있어야 한다. 없을 시에는 SHA 256으로 암호화 된 값을 해킹해야 하는데, 어렵다. 그래서 정보를 송수신 할 때의 무결성 수준은 높다.

두 번째로 정보 기록의 무결성이다. 블록체인의 최대 장점은 기록된 정보의 높은 무결성이다. 블록체인 매우 높은 수준의 정보 무결성을 제공한다. 이는 블록체인이 가진 가장 큰 장점이자, 정부가 블록체인에 주목케 하는 이유라고 볼 수 있다. 블록체인의 정보 무결성이 높은 이유는 '분산형 원장'의 원리로 정보를 기록하기 때문이다.

블록체인에서 발생한 모든 정보는 모든 노드에 기록된다. 그리고 노드에서는 저장한 데이터는 위변조 되었는지 확인하기 위해서 끊임없이 대조를 한다. 이러한 과정에서 저장한 데이터가 노드 사이에서 내용이 불일치가 발생할 경우 다수 노드가 기록한 데이터 내용에 따라서 불일치를 수정한다. 이는 해커가 전체 노드 중에서 과반수 계정을 해킹해야 하는 것을 의미하고, 거대 IT 기업만이 보유할 수 있는 슈퍼컴퓨터로 동시에 노드의 계정을 해킹해야 함을 의미한다. 이론상으로 가능하나 현실적으로 매우 어렵다.

3) 가용성

비트코인의 블록체인은 '서비스 분산 공격'처럼 가용성을 위배하는 공격을 당할 일이 없다. 개인이 이러한 공격을 당해 피해를 입을 수 있겠지 만 비트코인 블록체인 시스템 자체가 이런 공격에 당할 일이 없다. 중앙 시스템이 없기 때문이다. 그럼에도 불구하고 비트코인이 서비스 분산 공격 피해를 입었다는 기사를 접하게 된다. 이는 오해의 소지가 있는 기사 이다. 기사를 살펴보면 비트코인 자체가 서비스 분산 공격을 당한 것이 아니라, 비트코인의 거래를 담당하는 거래소가 서비스 분산 공격에 당한 것임을 알 수 있다. 아울러 개인도 당할 수 있다. 개인 컴퓨터가 서비스 분산 공격을 당해서 전원을 켤 수 없을 수도 있다.

4) 익명성

비트코인의 익명성 수준은 매우 높다. 비트코인 활용 시에 개인정보과 관련한 어떤 정보도 요구하지 않기 때문이다. 비트코인 이용 시에 주민번호, 전화번호 등 개인과 관련한 정보를 전혀 묻지 않는다. 딥넷(Deep Net)처럼 IP 주소도 기록되지 않는다. 이러한 이유로 해커들은 다크 넷(Darknet)에서 거래 시에 비트코인을 이용한다.

개인정보가 전혀 남지 않기 때문이다. 최근 랜섬웨어의 금전 대가로 비트코인을 많이 이용 하는 경우가 있는데, 사이버 수사대의 추적을 피하기 위해서이다.

참고로 랜섬웨어는 가용성을 위협하는 해킹 공격으로 서비스 접근 권한을 차단하고 이를 인질로 해서 사용자에게 금전적인 것을 요구하는 공격이다.

2017년에는 워너크라이(WannaCry), 페티야(Petya)와 같은 공격이 발생했었다.

비트코인은 가상화폐이기 때문에 정부 통제가 거의 불가능하다. 이를 악용해서 불법자금뿐만 아니라 세금을 피하기 위한 용도로도 활용 되고 있다. 비트코인의 높은 익명성으로 인해서 오히려 지하경제에서 활용 되는 부작용을 낳았다.

5) 인증

거래를 하기 위해서는 개인키가 있어야 한다. 개인키는 비트코인 소유를 인증하는 수단이기 때문이다. 그래서 개인키를 도난당했다는 의미는 개인키에서 보유하고 있는 비트코인을 잃어버린 것과 같다.

비유하면 개인키는 지갑인 셈이다. 비트코인 보안 취약점은 바로 '개인키'이다. 비트코인에서는 별도로 개인키 관리를 위해서 특별한 보안 솔루션을 제공하지 않는다. 개인이 관리해야 한다. 이는 비트코인이 도난당하는 불상사를 발생하게 한다. 야피존을 비롯해서 여러 비트코인 해킹 사례는 개인키 도난과 관련 되어 있는 것이다.

비트코인 시스템의 인증 자체는 공개키 암호화를 사용하기 때문에 높다. 공개키로 암호화하고 개인키로 인증하기 때문이다. 그러나 비트코인 개인키가 도난당할 수 있는 위험이 있기 때문에 인증의 보안 요구사항은 낮다.

6) 부인방지

블록체인은 분산형 원장 방식으로 기록한다. 그렇기 때문에 서비스를 제공받은 사람이 서비스 제공 사실을 부인할 수 없다.

A가 B에게 비트코인을 송금한다고 가정하자. B는 A에게 B의 개인키로 변형한 공개키를 보낼 것이다. A는 B의 공개키로 비트코인을 입금한다. 그러면 B는 본인의 개인키로 인증해서 비트코인을 받는다. 이 때 B가 비트코인을 받았다는 사실이 A에게 전송된다. A뿐만이 아니다. 비트코인의 모든 노드로 전송 된다. 비트코인 참여자 모두가 증인인 셈이다. 그렇기 때문에 비트코인을 받지 않았다고 부인하기가 어렵다. 부인내용도 조작할 수 없다. 과반수 사용자 계정을 해킹하고 슈퍼컴퓨터를 이용해 기록 정보를 위변조 해야 한다. 이는 언론에 공개된 사실을 지우려고 노력하는 것과 같다고 보면 된다. 정리하면 블록체인 부인방지 수준은 매우 높다.

7) 접근제어

블록체인의 접근제어는 '개인키'가 핵심이다. 모든 참여자에게 정보가 공개돼 있기 때문에 사용자에 따라서 정보공개정보를 다르게 할 필요가 없다. 즉 이 항목은 블록체인의 보안성을 평가하기에는 적절하지 않다.

보안 요구사항 7가지 관점에서 분석한 결과 비트코인의 블록체인은 4가지 요구사항을 완벽히 충족하는 것으로 드러났다. 가용성의 경우 블록체인 보안성 수준이 낮다고 생각하는 사람도 있다. 거래소가 서비스 분산 공격을 받을 수 있기 때문일 것이다. 그러나 블록체인과는 전혀 관련 없다. 단지 가상화폐를 거래를 제공하는 거래소 자체의 문제로 발생한 것이지 블록체인과는 전혀 관련 없다. 그래서 가용성 관점에서 블록체인 보안성은 높다고 볼 수 있다.

충족하지 않은 2가지의 경우에도 블록체인 시스템 자체가 결함이 있는 것이 아니다. 인증의 경우 블록체인은 공개키 암호화를 제공하기 때문에 인증 수준이 매우 높다. 그러나 비트코인 소유권을 증명하는 개인키에 대한 보안을 제공하지 않기 때문에 블록체인과는 전혀 무관하다고 보기는 어렵다. 그래서 보통 수준으로 평가했다. 접근제어의 경우 블록체인 보안 취약해서 제공하지 않는 것이기 보다는 블록체인 특성상 접근제어를 할 필요가 없기 때문이다. 그래서 이 부분에 대한 보안수준은 평가하지 않았다.

보안성이 높다고 해서 해킹에 100% 견고하다는 뜻은 아니다. 세상에는 '완벽함'이란 없듯이, 보안에서도 완벽함이란 없다. 그렇기 때문에 해커들은 취약점을 찾아서 끊임없이 공격한다. 그리고 가끔 뚫리기도 한다. 2010년 7월 이란의 원자력 발전소가 해킹된 사건이 있다. 이 때 이란은 해킹 위협으로부터 보호하기 위해서 중앙시스템의 네트워크는 외부와 차단되어 있었다. 한 마디로 취약점이라고는 찾을 수 없었다. 그러나 해커는 사이버 공격에 성공했고, 1,000대가 넘는 원심분리기를 파괴시켰다. 보안수준이 높다는 것은 좀 더 안전하다는 것을 의미할 뿐이다.

더욱이 시대의 변화로 보안수준을 충족한 사항이, 이제는 취약점이 되는 사례도 있다. 대표적인 것이 바로 SHA256 이다. 컴퓨팅 파워 속도가 올라가면 SHA 256은 안전하지 않은 알고리즘이 될 수 있다. 고속 컴퓨터로 해킹하면, 금방 암호내용을 풀 수도 있기 때문이다.

블록체인의 보안 취약점은 '개인키 관리'에 있다. 비트코인 개인키 관리에 대해서 조언을 하자면, 피해 예방과 피해 최소화로 나눠서 대응해야 한다. 피해 예방은 말 그대로 비트코인 도난을 예방하는 것이다. 개인이 예방할 수 있는 방법은 크게 없다. 단지 개인키를 안전한 외장하드에 담아야 한다. 그리고 함부로 외부에서 외장하드를 다른 기기와 연결해서는 안 된다는 것이다. 기기가 악성코드에 감염돼 있을 수도 있기 때문이다. 아울러 본인 기기와 연결할 때에도 그전에 먼저 백신을 실행시켜서 악성감염 여부를 확인하는 것이 좋다.

피해 최소화 방법은 비트코인 도난 피해를 최소화하는 방법이다. 개인키를 여러 개 만들어서 비트코인을 분산화해서 보관하는 것이다. 그런데 여러 개 개인키를 별도로 보관해야지 모든 개인키를 같은 곳에 보관하면 개인키를 여러 개 만든 의미가 없다. USB에 모든 개인키를 담았는데 해커가 USB의 정보를 빼 갔다고 생각해보자. 비록 여러 개 만들었지만 USB 정보 유출로 모든 개인키를 훔쳐갔다. 한 개의 개인키를 생성하고 도난당한 것과 여러 개 생성한 개인키를 한 번에 도난당한 것과 별반 차이가 없다.

04 블록체인이 확산되고 있는 이유에 대하여 분석하라.

블록체인이 확산되고 있는 이유는 다음 3가지로 요약하였다.

① 블록체인은 자본, 정보, 활동의 흐름을 중앙집중식 데이터베이스나 중재기관 없이 관리하는 새로운 인프라 창출이 가능함으로써 이 기술이 확산되고 있다.
블록체인 기술에 기반하여 분산된 시스템에서 상호운용이 가능하며, 데이터를 수집하거나 열람하지 않고서도 데이터 확인 가능하고 특정 조건이 충족되면 데이터를 자동으로 거래할 수 있는 스마트 계약을 지원할 수 있다. 데이터의 진위 여부를 판단하는 공개원장을 제공하는 반면, 암호화된 가상 계정을 통해 스스로 데이터를 통제하고 사생활 보호가 가능하다. 블록체인의 이러한 기술적 특징으로 인해, 가상화폐뿐만 아니

라 계약, 다양한 금융상품 공공 및 의료 분야, 제조 및 유통분야, 저작권 보호 분야 등에 폭넓게 확장이 가능하다.

② 블록체인은 여러 분야에서 사용이 가능하나, 참여자 네트워크의 개방 여부에 따라 크게 공개(Public) 블록체인과 비공개(Private) 블록체인으로 구분할 수 있으므로 폭 넓게 확산되고 있는 이유이다.

공개/비공개 블록체인 모두 블록체인 기술의 본지적인 특징은 모두 포함하고 있으나, 해당 네트워크의 참여 범위, 무결성을 유지하기 위한 경제적인 인센티브 등 블록체인의 유지와 활용측면에서 차이가 있다.

퍼블릭 블록체인은 우리가 흔히 알고 있는 비트코인, 이더리움 라이트코인과 같이 참여에 제한이 없으나 신뢰성 유지를 위해 채굴과정과 같은 경제적 인센티브가 필요하다. 반면 프라이빗 블록체인은 특정한 기관, 업체들이 자신들의 목적과 특성에 맞게 설계한 블록체인으로 네트워크 참여하는 기준, 범위, 공개 등에 제한이 가능하다.

③ 블록체인의 확장성을 기반으로 적용 목적에 따라 디지털 경제, 스마트계약, 금융상품, 기록유지, 플렛폼 등의 다양한 분야의 활용이 가능함으로써 확산되고 있는 이유이다.

05 블록체인 기술을 왜 파괴적 혁신 기술이라고 부르는 이유가 무엇인가.

일반적으로 보안, 인증, 안전 등의 이슈에 있어서 사람들은 어떠한 형태로든 중재자(Intermediary)에 의존하고 있다. 자물쇠 제작자가 만든 열쇠로 문단속을 하고, 개인정보를 보유한 인터넷 서비스를 신뢰하고, 안전 검사를 받은 제품은 안전하다고 믿고 제품을 구입하는 등 대부분의 경우 중재기관에 의지하고 있다.

그러나 중재자에 의준하는 전통적인 프로세스는 당연한 것이며 문제가 있을 것이라 의심조차 하지 않는다. 중개기관은 수수료를 요구하며, 안전도 향상을 위한 투자의 대가로 수수료는 지속적으로 상승하고 있다. 중개기관에 대한 신뢰가 저하될 경우 이용자는 피해에서 자유로울 수 없으며, 또 다른 중개기관을 선택해 지속적인 문제를 보유하고 있다. 중재자에 비용을 지불하면서도 위험에서 자유롭지 않은 현 프로세스를 개선할 수 있다면, 대부분의 경우 이러한 프로세스를 의심하고 이용하지 않을 것이다.

디지털 데이터도 마찬가지로, 데이터 관리의 핵심 이슈 중 하나는 네트워크를 통해 전송받은 데이터의 진위여부를 검증하는 것이다. 디지털 데이터는 한 시스템에서 복사되어 네트워크를 통해 다른 시스템으로 전송되며, 디지털 데이터의 손쉬운 복사/전송 특징으로 인해 원본과 가본을 검증하는 것이 중요한 문제이다.

지금까지 대부분의 경우 제3의 인증기관을 통한 중앙 집중적 검증방식으로 디지털 데이터의 진위여부를 검증하고 있다. 중앙 집중적 방식은 데이터베이스에 연결된 다양한 주체들이 동시에 데이터를 수정할 경우, 데이터의 진위여부는 단 하나의 수정이력을 통해 검증이 가능하며, 이를 위해 전체 데이터베이스를 동시에 제어할 수 있는 중앙기관을 도입하는 것으로 해결해왔고, 금융 분야의 경우 공인인증을 담당하는 공공기관, 증권거래소, 시중은행 등이 이러한 역할을 수행하고 있다. 금융 분야뿐만 아니라 인터넷 상거래 서비스의 개인 인증, 각종 증명서 발급을 위한 전자정부서비스 등 인터넷 기반 서비스는 인증기관을 통한 중앙 집중적 데이터 관리 체계를 이용한다.

이러한 중앙 집중적 구조 하에서 사용자들은 위변조에 대한 부담을 어느 정도 인증기관에 전가할 수 있으나, 여러 가지 부작용이 내포하고 있다. 동시에 발생하는 중복된 수정내용 문제를 해결할 수 있지만 인증기관은 비용을 요구하고, 정직하게 활동한다는 신뢰를 구축해야 한다는 문제가 발생하고 있다.

서비스를 이용하는 개인은 여전히 보안 위협에 노출되어 있으며, 관리자 또는 관리회사가 유능하며 도덕적일 것이고, 해커의 공격에 안전할 곳이라 가정해야하며, 개인정보를 부당한 요구에서 지켜줄 것이라 믿어야한다. 그러나 완벽한 보안을 자신해온 국내와 인터넷 서비스 기업이 해킹으로 개인정보를 유출한다거나, 내부자의 부도덕성으로 인해 개인정보를 사적인 용도로 판매하는 여러 사례를 경험하고 있다.

블록체인 기술은 '개인 정보의 통제권을 개인에게 제공' 한다는 점에서 기존체계를 파괴할 수 있는 잠재력을 보유하고 있다.

블록체인 기술은 네트워크상에서 다른 사람을 신뢰하지 않더라도 독립적으로 데이터의 진위성을 검증할 수 있다.

신뢰를 분산시킴으로써 중재자 없이 직거래가 가능하고 임의로 조작할 수 없는 디지털 플랫폼을 제공하고 있다.

또한, 기업에 있어서는 시스템간의 데이터 동기화 필요성을 제거함으로써 기존 시스템 구조에 효율성을 배가된다.

이러한 효과 때문에 블록체인 기술은 아주 다양한 방법으로 사회 모든 분야에 영향을 줄 수 있는 잠재력을 가지고 있다.

06 블록체인 기술의 잠재력과 파괴적 영향력에 대하여 분석하라.

〈표 2-6〉 블록체인기술의 잠재력과 파괴적 영향력의 분석비교

구 분	내 용
진정한 P2P 거래	• 모든 종류의 중재자를 배제한 P2P거래가 가능 • 이용자는 블록체인 상에 자신의 식별정보로부터 금융자산, 디지털 자산 등을 등록 해놓고 자신의 통제 하에 타인과 거래할 수 있음 • 미래 마켓플레이스는 아마존, 이베이와 같은 특정 기업이 제공하는 형태에서 탈피될 것으로 전망
거래마찰 (비효율성) 감소	• 현재 '계약→거래→실행→정산' 등 각 프로세스가 분리돼 단계별로 비용/마찰 발생 최소화 • 주식거래 시 체결과 동시에 정산이 이뤄질 수 있음 • 과다한 거래비용으로 활성화되지 못한 글로벌 소액결제도 블록체인 기술을 도입해 활성화 가능
디지털 회소성	• 블록체인에 등록된 디지털 콘텐츠는 소유자가 소유권을 다른 사람에게 넘겼을 경우 복제되지 않고 소유권이 이전됨 • 이러한 특성은 음악 산업 등 콘텐츠 산업의 비즈니스 구조를 획기적으로 변화시킬 수 있음
조건부 (프로그램) 거래	• 블록체인 상거래는 일반장부처럼 중앙기관이 숫자를 더하고 빼는 식으로 장부에 기입되는 것이 아니라 파일 포맷 형태로 존재 • 개별거래에 스크립트 형태의 조건문을 프로그래밍해서 넣을 수 있으며, 이를 통해 금융기관을 통하지 않는 개인 간 옵션거래, 공증, 신탁 등 다양한 서비스가 손쉽게 가능

참고 : 블록체인 진정한 P2P시대 여는 인터넷의 미래 수정 인용(김진화)

07 블록체인 기술이 가져올 4가지 새로운 변화와 혁신에 대하여 분석하라.

블록체인 기술이 불러올 근본적인 변화는 디지털 환경에서 신뢰 프로세스를 완벽하게 재정립한다는 것이다. 블록체인은 네트워크 상 참여자를 신뢰할 필요 없이 완전히 분산된 방식으로 자신의 정보를 보호할 수 있는 새로운 구조의 디지털 신뢰 방식을 설계하였다.

모든 정보가 수집되고 검증을 관리하는 중재자를 제거함으로써 블록체인은 디지털 세상에

서 사회적, 경제적 활동을 더욱 민주화된 것으로 발전시킬 수 있는 기술을 제공한다. 알 수 없는 상대방을 신뢰하는 것이 어려운 디지털 공간에서 타인과 거래하는 것이 쉬운 디지털 세상으로 변화하면서 더 직접적이고 분권화된 경제 활동이라는 새로운 트렌트에 기대가 된다.

1. 탈(脫) 중재자 및 중재기관

블록체인 기술은 상대방에 대한 신뢰가 필요 없는 솔루션을 제공함으로써 중개기관의 필요성을 약화되고 있다. 결과적으로 인증, 안전 등의 중재자뿐만 아니라 거래를 연결해주는 플랫폼 등 관련 비즈니스에 충격이 예상된다.

2. 공급사슬의 민주화

지금까지 공급사슬(Supply Chain) 내 대부분의 정보는 제품 생산 기업 또는 물류 담당기업이 보유하고 있으며 이로 인해 고객들은 원산지, 원가 등 제품에 대한 정확하고 빠른 정보 습득이 어려웠다. 블록체인 기술로 공급사슬 내 정보가 공급사슬 참여자 모두에게 공유 가능하며 고객들은 자신의 상품과 서비스에 대한 더 자세한 정보를 요구할 수 있으며 또한, 고객들은 판매 회사의 카탈로그에서 표준화된 제품을 고르는 것 대신 생산 업체나 제조업체와 바로 거래함으로써 원하는 제품의 생산을 요청할 수 있다.

3. 인공지능 경제로의 변화

블록체인 기반의 계약은 기존 거래 비용을 줄일 수 있을 뿐만 아니라 기계 대 인간, 기계 대 기계 계약을 가능케 하였다. 기계 및 부품 등이 블록체인 네트워크로 연결되고 결제시스템과 결합되어 다양한 부품으로 구성된 기계가 기계간, 부품간 거래를 통해 유지보수, 교체 등의 의사결정을 하고 이를 통해 기계 자체적으로 부를 축적할 수 있는 상황이 가능하다.

4. 규제 시스템의 재설계

지금까지 온라인 기반의 상거래, 금융 등의 비즈니스는 제3의 신뢰기관의 중재를 기반으로 규제가 만들어졌으나 블록체인 기술의 확산 영향에 따라 기존 규제 시스템의 변화가 요구될 것이다.

또한 에버 렛저(Ever Ledger)와 같은 자산 추적 데이터베이스를 이용하여 국가간 이동하는 상품을 자동으로 추적할 수 있고 세금 자동납부 및 공제를 위한 혁신 도구로 사용아 가능하다.

08 블록체인 기술의 활용가능 분야를 분석하라.

1. 디지털 정보의 저장

1) 디지털 정보의 보관

① 네트워크 참여자들이 공동으로 거래 정보를 검증하고 이를 기록 및 보관 가능하다.

② 분산원장 기술의 장점 중 하나로 향후 개별 거래와 관련된 정보 추적이 용이하다.

2) 개인정보에 기반한 디지털 인증

① 주소, 전화번호 등 기존의 개인정보뿐만 아니라 사용자의 생체 정보도 추가한 디지털 신분증으로 더욱 간편하고 안전한 인증이 가능하다.

② 대학, 기업, 정부 등 개인이 아닌 제3자가 인증한 정보도 블록체인에 등록함으로써 신원 도용, 자금 세탁, 금융사기 및 테러 자금 조달 방지가 가능하다.

2. 디지털 자산의 거래

1) 결제 및 해외송금

① 시장 변동성에 민감한 각종 금융자산(예 기업대출, 주식, 파생상품 등)의 거래 후 정산 과정의 속도와 효율성을 높여 자산거래의 변동성 위험을 낮출 수 있다.

② 블록체인 해외송금서비스는 기존의 중개은행을 거치는 방식인 SWIFT망에 비해 보안성은 높고 송금수수료는 낮을 것으로 예상된다.

③ SWIFT는 국제은행 간 통신협회로 현재 전 세계 약 200개 국, 1만1천여 개 금융기관이 매일 SWIFT망을 통해 돈을 지불하거나 무역대금을 결제 또한 디지털 화폐로 해외 송금 시 환전할 필요 없이 중개인을 거치지 않고 당사자 간 직접 거래가 가능하다는 장점이 존재한다.

2) 유 · 무형 자산에 대한 소유권 거래

① 현 시스템 하에서는 물리적 자산을 거래할 때마다 발생하는 복잡한 조사와 검증과정으로 인해 계약 체결에 소요되는 비용과 시간이 늘어나고 있는 상황이다.

② 주택, 자동차와 같은 유형자산뿐만 아니라 주식, 채권, 특허 등 무형자산의 소유권을 블록체인에 기록함으로써 온라인 장부상에서 쉽게 소유권 이전이 가능하다.

3) 디지털 화폐의 거래

① 최근 중앙은행의 지원과 통제를 받지 않고 독립적으로 운용되는 다양한 암호 화폐(Crypto Currency)가 실제 거래에서 사용되고 있다(예 비트코인, 이더리움, 리플 등).

② 단순히 기존 은행계좌나 신용카드에 연결시키는 것을 아닌 디지털 지갑(Digital Wallet) 생성을 통해 암호 화폐 거래의 인증과 이행이 이루어지고 있다.

③ 예시 : 비트코인 거래의 경우 각 사용자들은 고유주소를 가진 디지털 지갑을 다운받고 공개키(Public Key)와 비밀키(Private Key)를 통해 거래에 대한 전자서명을 하고 수령인 주소로 소유권을 이전한다.

④ 해외의 일부 중앙은행(중국, 영국, 남아공, 네덜란드 등)에서는 정부가 직접 운용하는 디지털 신용화폐의 발행을 실험하고 있는 단계이다.

3. 효율적인 계약 자동화

1) 블록체인 기술에 기반한 '스마트 계약(Smart Contract)'의 실현한다.

① 스마트 계약이란 컴퓨터 코드로 입력된 계약 내용에 적혀진 특정한 조건들이 충족된 경우 자동적으로 계약이 진행되는 법적효력을 지닌 계약을 의미한다.

② 이러한 스마트 계약의 내용과 실행 조건 등을 사전에 분산원장에 저장하여 향후 자동적인 계약 진행을 위한 시스템 개발이 가능하다.

2) 계약이 성립되기까지 걸리는 시간의 획기적인 단축이 가능하다.

① 디지털 인증 기술과 디지털 자산 거래의 발달로 소유권 이전에 소요되는 시간을 단축한다.

② 글로벌 지급 시스템에서 보다 빠른 결제처리가 가능하다.

③ 예시 : 무역금융의 경우 판매자와 구매자, 은행, 신용기관 등 다양한 이해관계자들이 거래 진행과정에 개입하게 되는데, 분산원장 기술을 통해 정보흐름을 디지털화해서 빠르고 정확한 계약처리가 가능하다.

3) 다양한 규제와 긴 거래 사이클 특징을 지니는 글로벌 지급 · 결제 시장에서 블록체인 기술로 규제 준수 비용을 절감할 수 있다.

① 스마트 계약 내에서는 설정된 조건 충족 시에만 거래가 이행되므로 제3자에 의한 사기 피해나 계약서 위 · 변조 등의 부정행위를 미연에 방지할 수 있다.

② 특히 외환시장에서 국가 간 자금이동 시 스마트 계약 설정을 통해 거래 중개인들 사이에서의 자금 흐름을 원활히 할 수 있을 것으로 기대된다.

09 블록체인의 5가지 문제점인 미흡한 기술과 미흡한 SW, 데이터의 저장문제, 안전성, 확장성과 신뢰성 확보, 스마트 계약의 과장에 대하여 분석하라.

블록체인 기술은 여러 산업 분야에서 신뢰 모델과 비즈니스 프로세스를 혁신적으로 바꾸어 놓을 수 있는 잠재력을 지니고 있다. 그러나 이 기술은 아직까지 초기 단계에 있으며, 블록체인 기술에 사용되는 분산 원장 기술 역시 적절한 모니터링이나 점검을 받지 않고 있다.

이처럼 잠재력이 큰 기술임에도 불구하고, CIO 및 비즈니스 리더들은 블록체인 기술을 도입할 때 발생할 수 있는 소프트웨어 버그나 양자 컴퓨팅 기술로 인한 리스크 등 다양한 위험 요소들을 생각해 봐야만 한다.

또한, 블록체인 기술이 일부 비즈니스 프로세스에는 적합하지 않을 수 있다는 전문가와 애널리스트들의 지적도 있다.

예를 들어, 블록체인 기술이 중앙 집권화된 관계형 데이터베이스와 같은 기존의 거래 기술에 비해 더 비싸고 도입 시간도 오래 걸린다. "블록체인은 효율성을 버리고 자율성을 얻는 시스템"이다.

① 새로운 블록이 블록체인이 추가되기 위해서는 모든 블록의 암호화 확인 절차가 요구된다. 이 때문에 빠른 거래가 필수인 비즈니스 분야에 적용되기에는 효율적이지 못하다.

② "블록체인은 말 그대로 '체인' 형태이기 때문에 블록 삽입이 직렬화가 되어야 한다. 때문에 업데이트 속도가 병렬적인 업데이트를 하는 전통적인 데이터베이스보다 느리다.

2018년에도 블록체인 열풍이 계속될 것이라고 예측한다. 그러나 현실에서 블록체인 기술의 확산은 느리고 꾸준한 페이스로 이어질 것이며, 대기업보다는 틈새시장에서 훨씬 많이 활용될 것이다.

블록체인의 5가지 문제점에 대해 알아보자.

1. 미숙한 기술과 더 미흡한 소프트웨어

2008년 블록체인의 개념을 처음 제시한 것은 '사토시 나카모토'이고 이 기술이 실제 사례에 적용되기 시작한 것은 불과 몇 년 전이다. 오늘날 블록체인 기술은 주로 암호화 화폐나 가상 금융 거래에서 분산 원장을 만드는 데 사용되고 있다.

가장 잘 알려진 블록체인 플랫폼인 하이퍼레저(Hyperledger)와 이더리움마저도 아직까지 미숙한 단계이기 때문에, 이 기술의 도입 과정에는 예기치 못한 문제가 발생할 수 있다.

따라서 블록체인 기술 도입 과정에서 심각한 소프트웨어 버그가 발견되거나, 심지어는 프로젝트를 엎고 처음부터 다시 시작할 리스크도 있다.

예를 들어, 스마트 계약(Smart Contract)을 이행하는 이더리움 스크립트인 솔리디티(Solidity)는 소수점 사용을 지원하지 않는데, 이를 위해서는 우회로를 만들거나 모든 것을 다시 시작해야하기 때문이다.

코딩 취약성으로 인해 한 사용자가 수억 달러에 달하는 이더리움 암호화 화폐인 이더(Ether)를 동결시키고 최대 3억 달러에 이르는 타 사용자들의 화폐 유동성을 제약하는 사건이 발생했다.

패리티 테크놀로지(Parity Technologies)가 관리하는 이더리움 블록체인이 공공 거래장부 변경을 위한 사용자들의 동의를 얻었어야 하는데, 코딩 상의 문제로 인해 한 개인 사용자가 '우연히' 체인 상의 모든 암호화 화폐 지갑에 대한 통제권을 갖게 된 것이다.

2. 블록체인, 데이터 저장에 적합하지 않을 때도 있다.

블록체인 기술의 최대 장점은 한 번의 데이터 생성으로 많은 이들에게 이를 공유할 수 있다는 것이다. 웹상의 각기 다른 노드들에 손쉽게 도입할 수 있으면서도 각 기록이 자체적인 해시를 간직하고 있기 때문에 조작이 불가능하다.

블록체인 기반 네트워크를 통한 분산 원장은 그래서 내부 시스템과 블랙리스트에 기반한 선택적 기록보다 훨씬 더 풍부하고 포괄적인 거래 기록을 남길 수 있다.

하지만 그렇다고 해서 거래 관련 데이터가 반드시 블록체인의 일부가 되어야 하는 것은 아니다.

예를 들어, 블록체인 사용자가 거래 기록의 일부로 이미지를 첨부할 경우, 데이터 용량은 급증하고, 시간이 흐르며 일방적인 추가만 가능한 상황에서 데이터 용량이 커짐에 따라, 이는 곧 네트워크 오버헤드로 이어지게 될 것이다. 이 경우 데이터를 분산하는 블록체인의 특성으로 인해 모든 데이터가 체인상의 모든 노드에 복제되어야 한다.

따라서 일부 거래에 대해서는 통제가 어려운 블록체인보다는 별개의 네트워크 스토리지로 운영되는 관계형 데이터베이스를 사용하는 것이 더 낫다.

관계형 데이터베이스만으로도 충분한 상황에서 굳이 블록체인 기반 아키텍처를 도입할 이유는 절대 없다는 사실이다

3. 블록체인은 생각만큼 안전하지 않을 수도 있다.

블록체인에는 크게 2종류가 있다. 퍼블릭 블록체인과 프라이빗 블록체인이다.

퍼블릭 블록체인은 누구나 가담할 수 있다. 화폐 구입을 원하는 누구나 체인에 가담할

수 있게 열어 놓은 비트코인이 바로 퍼블릭 블록체인의 대표적인 예다. 퍼블릭 블록체인은 개방되어 있고 투명하기 때문에, 체인 상의 모든 사용자가 모든 거래 내역을 투명하게 볼 수 있다.

반면, 프라이빗 플록체인은 중앙 권위 체에서 단독으로 관리하며 가입을 위해서는 승인이 필요하다. 단일 기업이나 파트너 기업들 간에 주로 사용되는 형태로, 승인된 사용자들만이 체인에 가담할 수 있다.

퍼블릭이건 프라이빗이건, 블록체인은 기본적으로는 조작이 불가능하다. 각 거래 기록 또는 '블록'을 임의로 변경할 수 없고, 다른 모든 블록들과 연결되어 있기 때문이다.

따라서 보안을 보장받는다. 이러한 블록체인에 새로운 블록을 추가하려면 다른 사용자들의 동의가 있어야 한다. 얼마만큼의 사용자 동의가 필요한가는 사용되는 블록체인에 따라 다르다. 일부 블록체인의 경우 50%의 동의를 하고 또는 어떤 블록체인은 그보다 더 많은 사용자들의 동의가 필요하다. 이처럼 약간의 차이는 있지만, 기본적으로 블록체인은 거래장부 변경이 불가능하고, 사용자들의 동의를 기반으로 거래가 이루어지기 때문에 그 어떤 네트워킹 기술보다 더 안전하다.

그렇지만 블록체인 기술이 애플리케이션 소프트웨어 및 암호화 기술에 의존하고 있는 것도 사실이며, 오늘날 블록체인 기술을 개발하고, 제공하는 수백 개의 스타트업들 중에는 아직 검증되지 않은 알고리즘을 사용하는 곳들이 적지 않다.

예를 들어, 비트코인의 경우 이미 검증된 알고리즘인 SHA-256을 해시에 사용한다.

그러나 여러 연구 결과에 의하면, 양자 컴퓨팅으로 인해 궁극적으로 이러한 알고리즘이 깨질 것이다. 그나마 다른 블록체인들은 그저 개발자가 안전을 '보장'했기 때문에 믿을 수밖에 없는 알고리즘을 사용하기도 한다.

새로운 암호화 알고리즘이 안전한 것으로 수용되기 위해서는 수년의 시간이 걸린다.

현재까지 블록체인 네트워크가 해킹당한 적은 없으며, 이는 미래에도 마찬가지일 것이라고 말했다. 블록체인 같은 기술은 해킹으로 깨지지 않는다. 그보다는 소프트웨어상의 취약점으로 인해 깨질 확률이 더 높다.

예를 들어, 2016년 분권화된 블록체인 기술을 도입한 벤처 캐피털 다오(The Dao)는 코드 문제로 6,000달러가량의 디지털 화폐 이더를 도둑맞았다.

같은 해 홍콩 기반 암호화 화폐 거래소인 비트피넥스(Bitfinex) 역시 6,800만 달러에 달하는 12만 비트코인을 도둑맞았다. 조사 결과에 따르면, 비트피넥스의 비트코인 월렛 업체인 비트고(BitGo)가 지닌 소프트웨어상의 취약성으로 인해 생긴 문제였다.

4. 가장 큰 두 가지 과제 : 확장성과 신뢰성 확보

블록체인 기술은 기본적으로 수학적 원리에 대한 의존성이 커질수록 더 많은 노드(서버)가 필요하게 되며, 운영 환경에 더욱 연산 집약적이 되고, 그에 따라 비용도 증가하게 된다.

블록체인은 '체인' 형태이기 때문에 블록 삽입이 직렬화되어야 한다. 때문에 업데이트 속도가 병렬적인 업데이트를 하는 전통적인 데이터베이스보다 느리다. "검증되지 않은 불특정 다수의 사람이 참가할 수 있는 글로벌 규모의 네트워크에서는 이처럼 비싼 비용과 느린 속도가 용납이 될 수 있다. 그렇지만 참가자가 엄격히 통제되는 기업 환경에서 딱히 부가적인 이득이라고 할 것도 없는 블록체인 기술에 그토록 많은 에너지와 시간을 쏟을 필요는 없어 보인다.

또한, 가장 널리 사용되는 블록체인 형태이기도 한 퍼블릭 블록체인은 불특정 다수에게 투명하게 오픈되어 있기 때문에 누구나 거래장부를 볼 수 있다. 비트코인이 이런 경우다.

그렇지만 상업적 환경에서 이 기술을 사용할 때는 이와 같은 투명성이 반드시 좋은 것이라고 보기 어렵다.

예를 들어, 만약 블록체인 기술이 주식 거래 플랫폼 상에서 즉각 합의(Instant Settlement) 메커니즘으로 사용된다면 어떨까?

각 참여자가 다른 참여자의 모든 의도와 행동을 읽을 수 있게 되므로 결국 메커니즘 자체가 제대로 기능하지 못할 것이다.

또 다른 예로, 만일 제조업에서 공급업체에 대한 공개 거래장부로써 블록체인 기술을 사용할 경우 일방 계약자가 블록체인상의 다른 모든 하도급 업자들을 볼 수 있게 될 것이다.

블록체인 상에서 특정 거래를 원하는 기업이라고 할지라도, 고객이 모든 하도급 업체를 알게 되는 것은 원하지 않을 수 있다. 결국 기업은 이러한 거래 데이터를 어떻게 하면 비공개로 유지할 수 있을지에 대해 고민하지 않을 수 없다.

블록체인에서도 일부 사용자들만이 중요 데이터나 기밀 데이터를 볼 수 있도록 베타성을 도입하는 방법이 없지 않다.

예를 들어, 리눅스 재단의 오픈소스 블록체인 프로젝트인 하이퍼레저의 경우 '채널'이라 불리는 서브 체인을 이용해 승인된 일부 사용자들만 중요 정보에 접근할 수 있도록 하고 있다.

5. 블록체인의 스마트 계약, 지나치게 과장됐다.

스마트 계약, 또는 자체 이행 계약은 별도의 이행 강제 권위체가 필요 없다는 점에서 블록체인이 가진 가장 매력적인 기능 중 하나라고 할 수 있다.

기본적으로 이는 계약 당사자들이 동의한 거래 조건이 달성될 때 그 대가로 약속된 돈이나 물건이 자동으로 상대방 당사자에게 전달되는 시스템이다.

예를 들어, 보험사에서 허리케인이나 가뭄과 같은 세계 기후 현상에 기반해 보험금을 지불할 수 있을 것이다.

그렇지만 이 스마트 계약이라는 것이 사실 스마트하지도 않으며 법적으로 볼 때 진정한 의미에서의 계약이라고 하기가 어렵다.

개념적으로만 보면 정말 멋진 아이디어다. 이는 일종의 비즈니스 프로세스 자동화라고 할 수 있다. 비즈니스 프로세스 자동화를 위해서는 일단 자동화의 대상이 되는 프로세스가 무엇인가에 동의할 수 있어야 한다. 이 프로세스에 어떤 규칙을 적용할 것인지를 합의하고 나서 이를 코드로 옮겨야 한다. 때문에 이러한 프로세스 자동화는 사람들이 생각하는 것보다 훨씬 복잡하고 어렵다.

그런데 블록체인 스크립팅 언어는 아직까지 이 정도의 자동화가 가능할 만큼 성숙하지 못했으며 프로그래머들 역시 이직까지 이 언어에 대해 배워가는 단계이다.

이러한 이유로 버그나 취약성도 발생할 수 있다.

스마트 거래 당사자들은 또한 거래 운용 방식을 어떻게 준수할 것인가에 대해, 그리고 거래 이행 여부에 대한 분쟁 발생 시 이를 어떻게 해결할 것인가에 대해서도 합의를 해야 한다.

코딩에 실수가 있었다든가 하는 식으로 예기치 못한 상황이 발생할 경우에 대비해, 외부 경로를 통해 코딩을 수정할 수 있어야 한다. 아니면 최소한 양 당사자 모두 원하지 않았던 비상 상황에 대비해 최종 '오프 스위치(계약 파기 방법)'이 마련되어야 한다,

예를 들어, 지난 2010년 어느 한 자동화 상거래 이행 시스템이 순간적으로 장애를 일으키며 전 세계적인 무역 네트워크에 영향을 미친 일이 있었다.

당시 한 대규모 거래 당사자가 거래 플랫폼 상에 주문 정보를 피딩하기로 프로그램 되어 있던 자동화 알고리즘을 통해 판매 프로그램을 실행하려 했다. 이러한 판매 프로그램의 실행은 전례 없는 대규모의 실 변화를 야기했고, 시스템 충돌과 함께 이례적인 수준의 주가 변동성을 가져왔다.

이러한 시스템 충돌을 겪은 규제 당국은 상기 언급한 것과 같은 '오프 스위치'를 만들어냈다. 5분 내로 10% 이상의 주가 변동이 관찰될 경우 개별 주식 거래를 정지시키는 제도를 도입한 것이다.

이러한 사례를 통해 스마트 계약과 조작 불가능성의 개념이 양립 불가능한 경우도 있음을 알 수 있다. 왜냐하면 스마트 계약에서 '조작 불가능'을 인정한다면, 최악의 보안 버그가 존재해도 이를 고칠 수 없게 됨을 뜻하기 때문이다.

블록체인 기술이 발전하면서, 이에 대한 학술 연구도 활발히 진행되고 있다.

특히, 블록체인의 수학적 원리에 대한 연구가 그러하다. 일부 기업들은 자사 블록체인 솔루션의 수학적 분석을 의뢰하였으며, 이러한 경향은 앞으로 더욱 강해질 전망이다.

블록체인이 혁명적인 발상의 전환임에는 동의한다. 새로운 비즈니스 및 거래 신뢰 모델을 제공하기 때문이다. 그럼에도 불구하고 이러한 신뢰 모델이 시장에서 어떤 형태를 띄게 될 것인가는 아직까지 불분명한 상태로 남아있다.

오늘날 기업들의 블록체인 프로젝트들을 살펴보면, 대부분이 기존 프로젝트를 최적화하는 형태를 띠고 있다. 그렇지만 퍼블릭 프로세스를 포함하여, 프로세스 운용 방식을 진정한 의미에서 재탄생시키는 작업은 기술이 보다 정교하고 완성된 미래의 과제로 남아 있다.

새로운 비즈니스 프로세스를 만들어 내기 위해서는 개별 사용자들 간의 비즈니스 프로세스 조건에 대한 동의가 선행되어야 한다. 실제로 블록체인 운용 조건에 대해 사용자들 간 합의가 이루어지지 않아 무산된 프로젝트들도 있다. 블록체인은 IT만큼이나 당사 간 합의나 신뢰가 중요한 분야이기도 하다.

블록체인은 2할이 기술이고 8할은 비즈니스라고 블록체인의 비 기술적 측면을 강조했다.

학습 2

학습활동.2 교수 · 학습 방법

교수 방법

- 블록체인의 개요에 대한 관련 용어, 구성, 방식 이해 정도를 파악한 후 수업을 진행한다.
- 교수자의 주도로 블록체인의 개요 등의 내용을 PPT 자료로 제시한 후 설명한다.
- 가능하면 사전에 개인별 학습 자료를 준비하여 모든 학생이 참여할 수 있는 문제 해결식 수업, 협력 수업이 가능하도록 한다.
- 블록체인의 개요 전 과정을 작업의 순서에 따라 단계적으로 실습이 이루어질 수 있도록 지도한다.
- 교재를 통해 수업을 준비하는데 있어서 필요한 모든 정보나 팁, 힌트 등 도움이 될 만한 내용들을 확인할 수 있다.
- 학생들이 만들게 될 각 모델들은 수업시간에 중점적으로 다뤄질 부분과 어휘, 질문, 답을 포함하고 있으며 또한 탐구할만한 추가적인 아이디어들도 포함하고 있다.

학습 방법

- 블록체인의 개요에 대한 관련 용어를 숙지하고, 블록체인의 개요에 대해 이해한다.
- 블록체인의 개요의 각 단계별 중점 사항을 체계적으로 학습한다.
- 블록체인의 개요의 수행순서의 전 과정을 실습한다.
- 블록체인의 개요의 내용을 이해한다.
- 블록체인의 개요를 이해하고 숙달이 될 때까지 학습한다.

학습활동.2 평가 및 피드백

평가 준거

- 평가자는 피평가자가 수행 준거 및 평가 내용에 제시되어 있는 내용을 성공적으로 수행할 수 있는 지를 평가해야 한다.

학습내용	평가항목	성취수준		
		상	중	하
블록체인의 개요	블록체인의 개요를 이해할 수 있다.			

평가 방법

• 작업 포트폴리오

학습내용	평가항목	성취수준		
		상	중	하
블록체인의 개요	블록체인의 개요를 이해할 수 있다.			

• 필기시험

학습내용	평가항목	성취수준		
		상	중	하
블록체인의 개요	블록체인의 개요를 이해할 수 있다.			

• 체크리스트를 통한 관찰

학습내용	평가항목	성취수준		
		상	중	하
블록체인의 개요	블록체인의 개요를 이해할 수 있다.			

• 피드백

1. 작업 포트폴리오
   – 제출한 보고서를 평가한 후 주요 사항에 대하여 표시하여 돌려준다.
2. 필기시험
   – 평가 결과 성적이 저조한 학생은 보고서 제출 기회를 부여한다.
3. 체크리스트를 통한 관찰
   – 실습 과정에서 평가한 후 개선해야 할 사항 등을 정리하여 돌려준다.

참고자료

1. 홍승필 외, 블록체인 기술 금융분야 도입방안을 위한 연구, 금융위원회, 2016.7
2. Lucas Mearian, '블록체인의 5가지 문제점' Computerworld. 2017.11.14
   http://www.itworld.co.kr/news/107168?page=0,1#csidx30c6c4045bae9808669a69b1f273867
3. 정동훈, "블록체인도 종류가 있다? 알트코인만 블록체인이 아니다!" 2018년 1월 16일
   http://gmanager.co.kr/archives/2355
4. 길성원, 'NIPA 이슈리포트 2017-제19호 블록체인과 가상화폐 시장의 동향 및 시사점' 2017.10.16
5. 블록체인(Blockchain), 기술의 산업적 · 사회적 활용 전망 및 시사점, 소프트웨어정책연구소, 2017
6. 분산원장 기술과 디지털통화의 현황 및 시사점, 한국은행, 2016
7. 비트코인의 현황 및 시사점, 한국은행, 2013
8. 최근 가상화폐시장 주요 이슈 및 평가, KCIF, 2017
9. 해외 주요국 디지털화폐 관련 제도 및 시장 현황, 금융보안원, 2017
10. 금융 분야 블록체인 활용 동향, 금융보안원, 2017
11. 가상화폐와 블록체인 시스템의 유용성 제고 방안 연구, 김정훈, 2016
12. 블록체인(Blockchain) 기술의 산업적 · 사회적 활용 전망 및 시사점, 소프트웨어 정책연구소, 2017
13. 블록체인(Blockchain) 기술동향과 시사점, STEPI, 2017
14. 블록체인(Blockchain) 기술 개요 및 주요 활용 전망, NIPA, 2016
15. 1,100종 넘어선 가상화폐…거품인가, 혁신인가, 중앙일보, 2017.09.14
16. 비트코인, 中 규제에도 한달만에 최고치 4867달러, 조선비즈, 2017.10.10
17. '형님' 비트코인 못지않은 '동생' 가상화폐들, 서울신문, 2017.10.05
18. 이더리움 · 리플 · 라이트코인…1000종이 넘는 가상화폐, 한국경제, 2017.08.14
19. 분산 · 공유 거래시스템으로 비용 낮추고 보안 강화한다, 내일신문, 2017.02.15
20. '제2의 비트코인' 이더리움 38% 폭락…투자 고민된다면?, 머니투데이, 2017.07.01
21. 금융위원회, "전자금융감독규정"
22. 금융위원회, "전자금융거래법"
23. 금융위원회, "국내외 금융분야 블록체인 활용 동향", 2015.11
24. 한국인터넷진흥원, "IT · 금융 융합 규제개선 연구", 2015.12
25. 금융보안원, "블록체인 활용 사례로 알아보는 금융권 적용 고려사항", 전자금융과 금융보안 제3호, 2016.01
26. 금융보안원, "블록체인 및 비트코인 보안 기술", 2015.11
27. 금융보안원, "이더리움 소개 및 특징 분석", 2016.03
28. 금융보안원, "국내외 금융분야 블록체인 활용동향", 2015.11
29. 금융보안원, "블록체인 개요 및 활용사례", 2015.06
30. 금융보안원, "비트코인의 신뢰 구조와 이중지불 위협", 2016.01
31. 한국은행, "2015년도 지급결제보고서", 2015
32. KB금융지주 경영연구소, "블록체인 기술과 금융의 변화", KB지식비타민(15-91호), 2015.11

33. 한국인터넷진흥원, "국내외 핀테크 관련 기술 및 정책동향 분석을 통한 연구분야 발굴", 2016.2
34. 한국인터넷 진흥원, "영국 금융기관 바클레이즈(Barclays), 비트코인(Bitcoin) 활용 위한 블록체인(Blockchain) 기술 도입 검토", KISA Report, 2015.07
35. 한국금융연구원, "국제금융 이슈 비트코인 거래체계의 정비 방향", 주간금융브리프, 23권 11호, 2014
36. IBK 경제 연구소, "금융권 핀테크 동향 : 블록체인, 간력한 보안수단으로 부상", IBK 경제소식지(336호) 2015.11.24
37. 금융동향센터, "비트 진화와 핀테크 산업의 활성화", 국제금융 이슈, 24권 7호, 2015.02; 우리금융경제연구소, "블록체인 기술 도입에 적극적인 일본 미즈호 금융그룹", 월간 금융경제도향(제6권 제5호), 2016.04
38. 우리금융경영연구소, "블록체인 개념과 활용 사례", WFRI 금융경제 포커스, 2016년 제5호, 2016.05
39. 월간 SW중심사회, "블록체인 기술 국내 도입 전망", 2016.03
40. KORBIT, "블록체인의 기술적 이해 및 도입을 위한 첫걸음", 2016.03
41. SPRi 소프트웨어정책연구소, "비트코인2.0-기술 및 산업 전망", 2015.06
42. 한국조세재정연구원, "가상화폐 사용 증대에 따른 과세상 쟁점과 대응방안", 조세재정 BRIEF (제13호) 2015.12.31.
43. 김동섭(금융결제국 결제연구팀), "분산원장 기술과 디지털통화의 현황 및 시사 점", 2016.01
44. 김동섭, "분산원장 기술과 디지털통화의 현황 및 시사점", 한국은행, 금융결제국 결제연구팀, 2016.1
45. 이호, "블록체인 기술 국내 도입 전망", 월간SW중심사회, 소프트웨어정책연구소, 2016.3 KORBIT, "Blockchain Primer 블록체인의 기술적 이해 및 도입을 위한 첫걸음", 2016.03
46. 김진화, "모든 거래 기록된 장부, 블록체인 진정한 P2P시대 여는 인터넷의 미래", DBR, 2015
47. 김종현, "블록체인의 개념 및 국내외 금융회사의 도입사례", 주간 금융경제동향(제5권 27호), 2015.11
48. 김진, "블록체인 기술 도입에 적극적인 일본 미즈호 금융그룹", 주간 금융경제 동향 제6권 제5호 2016.05
49. 김석원, "비트코인 기반기술 블록체인의 원리", 2016.01.20
50. 신상화, "비트코인의 발전 현황과 정책적 시사점", 2015.05
51. 김건우, "비트코인, 화폐 논쟁을 넘어 플랫폼으로서의 잠재력 부상 중", LG Busi ness Insight(Weekly 포커스), 2014.06
52. 전주용 · 여은정, "비트코인의 이해", Korea Business Review, 18(4), 2014
53. 전주용, "비트코인의 이해와 시사점", KISDI Premiun Report, 2013.10
54. 이상춘 외 2명, "비트코인(Bitcoin) 시스템 분석 노트", KT경제경영연구소, 2013.12
55. 김윤정, "핀테크 활성화를 위한 제도 개선방안" 과학기술과 법 6(2015) : 149-192, 2015; 신다혜 이종협, "핀테크를 위한 스마트 컨트랙트 보안" 정보처리학회지 22.5(201 5) : 54-62, 2015
56. 김석훈 · 곽하민, "금융 보안에 최적화된 Fin-Tech 대응기술 연구" 중소기업융합학회 논문지 (구 중소기업정보기술융합학회 논문지) 5.4(2015) : 25-30, 2015
57. 정혜경((주)코인플러그,), "블록체인 기술을 이용한 코인플러그 개인인증서", 2015
58. (주)블록체인 OS, "Blockchain OS(Blockchain Operating System)"

59. Satoshi Nakamoto, "Bitcoin : A Peer-to-Peer Electronic Cash System"
60. NEM, "NEM Technical Reference", 2015.05
61. Vitalik Buterin, "Ethereum White Paper : A NEXT GENERATION SMART C ONTRACT & DECENTRALIZED APPLICATION PLATFORM", 2015.1
62. UK Goverment Chief Scientific Adviser, "Distributed Ledger Technology : bey ond block chain", 2016
63. EN(Economic and Monetary Affairs), "DRAFT REPORT on virtual currencies", 2016.02
64. SWIFT INSTITUTE, "THE IMPACT AND POTENTIAL OF BLOCKCHAIN ON THE SECURITIES TRANSACTION LIFECYCLE", 2015
65. Sutardja Center for Entrepreneurship&Technology, "Blockchain Technology Bey ond Bitcoin", 2016.05
66. PwCFinTech, "Whta is blockchain", 2016.01
67. Barclays Bank PLC, "Blockchain understanding the potential", 2015
68. Slock.it UG, "For a Universal Sharing Network, the Ethereum Computer Refere nce Design and its Ecosystem of Applications", 2016.04
69. Kevin Delmolino, Mitchell Arnett, "A Programmer's Guide to Ethereum and Se rpent", 2015. 05
70. KAYE SCHOLER, "An Introductionto Bitcoin andBlockchainTechnology", 2016.02
71. BBVA U.S. Economic Watch, "Blockchain Technology : The Ultimate Disruption inthe Financial System", 2015.07
72. Dr Gideon Greenspan, Founder and CEO, Coin Sciences Ltd, "MultiChain Priv ate Blockchain — White Paper", 2015.07
73. Ittay Eyal Adem Efe Gencer Emin G¨un Sirer Robbert van Renesse Cornell Un iversity "Bitcoin-NG : A Scalable Blockchain Protocol", 2015.09
74. Capgemini, "Blockchain : A Fundamental Shift for Financial Services Institutions", 2015.09
75. IBM, "BANKING ON BLOCKCHAIN : CHARTING THE PROGRESS OF DIST RIBUTED LEDGER TECHNOLOGY IN FINANCIAL SERVICES", A FINEXTRA WHITE PAPERPRODUCED IN ASSOCIATION WITH IBM 2016.01
76. IBM, "DEVICE DEMOCRACY", IBM Institute for Business Value, 2015
77. BitFury Group, "Digital Assets on Public Blockchains White Paper", 2016.03
78. TDL(Trust in Digital Life), "Multiple Views on Blockchain : Technology, Use Ca ses, Economics, and Policies", 2016.06
79. BNA's Banking Report, "Blockchain Technology and Legal Implications of 'Cry pto 2.0'", 2015
80. Mizuho Bank, "Mizuho Bank and Fujitsu Trial Blockchain to Streamline CrossBorder Securities Transaction Settlements", 2016.08
81. Andreas M. Antonopoulos, "Mastering Bitcoin", O'Reilly, 2015
82. Harsh Patel, "A block chain based decentralized exchange", 2015
83. Marko Vukoli´c, "The Quest for Scalable Blockchain Fabric : roof-of-Work vs. B FT Replication", 2015
84. Aanchal Anand, Matthew McKibbin, Frank Pichel, "Colored Coins : Bitcoin, Blo ckchain, and Land Administration", 2014.03

85. Frost & Sullivan, "Blockchain - What You Need to Know", 2015.12
86. Nomura Research Institute, "Survey on Blockchain Technologies and Related Services", 2016.03
87. KOSBA, Ahmed, et al. Hawk : "The blockchain model of cryptography and pri vacy-preserving smart contracts". University of Maryland and Cornell Universi ty, 2015
88. Swan, Melanie. Blockchain : Blueprint for a new economy. "O'Reilly Media, In c." 2015
89. Swan, Melanie. Blockchain : Blueprint for a new economy. "O'Reilly Media, In c." 2015
90. Lewenberg, Yoad, Yonatan Sompolinsky, and Aviv Zohar. "Inclusive block cha in protocols". International Conference on Financial Cryptography and Data Se curity. Springer Berlin Heidelberg, 2015
91. WOOD, Gavin. "Ethereum : A secure decentralized transaction ledger". 2014
92. De Filippi, Primavera, and Raffaele Mauro. "Ethereum : the decentralised platfo rm that might displace today's institutions." Internet Policy Review 25, 2014
93. GRINBERG, Reuben. Bitcoin : An innovative alternative digital currency. Hastin gs Sci. & Tech. LJ, 4 : 159, 2012
94. Kaplanov, Nikolei. "Nerdy money : Bitcoin, the private digital currency, and th e case against its regulation". Loy. Consumer L. Rev. 25(2012) : 111. 2012
95. Chuen, David Lee Kuo, ed. Handbook of digital currency : Bitcoin, innovation, financial instruments, and big data. Academic Press, 2015
96. Delmolino, Kevin, et al. "Step by Step Towards Creating a Safe Smart Contrac t : Lessons and Insights from a Cryptocurrency Lab." IACR Cryptology ePrint Archive 2015(2015) : 460, 2015
97. Alex Mizrahi, "A blockchain based property ownership recording system"
98. Yoad Lewenberg, Yonatan Sompolinsky, Aviv Zoha , "Inclusive Block Chain Protocols"
99. Johann Palychata, "Bitcoin and blockchain What you didn't know but always want to ask"
100. Evan Duffield, Daniel Diaz, "Dash : A Privacy-Centric Crypto-Currency", http s://www.dash.org/
101. 유승민, 블록체인으로 인한 서비스 플랫폼의 변화, 한국정보화진흥원(NIA). 지능화 연구 시리즈

학습 1	4차 산업혁명과 블록체인
학습 2	블록체인의 개요
학습 3	**블록체인의 핵심기술**
학습 4	블록체인의 P2P 네트워크 기술
학습 5	블록체인의 합의 알고리즘 기술
학습 6	블록체인의 스마트 계약
학습 7	블록체인의 분산원장 기술
학습 8	블록체인의 활용 암화화폐
학습 9	차세대 블록체인 큐브체인
학습 10	블록체인의 표준화 동향
학습 11	블록체인의 응용기술
학습 12	블록체인의 법제도와 기술이슈
학습 13	블록체인의 산업동향과 특허동향

학습 목표

3. 블록체인의 핵심기술을 이해할 수 있다.

3-1 블록체인의 기술구성

블록체인의 기술은 P2P 네트워크 내의 모든 참여자가 공동으로 거래 정보를 검증하고 기록·보관함으로써 공인된 제3자 없이도 거래 기록의 무결성 및 신뢰성을 확보하는 기술로서 [그림 3-1]처럼 해시(Hash)기술, 전자서명(Digital Signature), 암호화(Cryptography) 합의(Consensus)알고리즘(PoW, PoS) 등의 보안 기술을 활용한 분산형 네트워크 인프라를 기반으로 다양한 응용서비스를 구현할 수 있는 구조를 가지고 있다.

이러한 블록체인 기술은 비트코인(Bitcoin)이라는 전자화폐를 안전하게 저장하고 사용하기 위하여 고안된 보안 기술이었다.

비트코인의 핵심기술로써 디지털통화(Digital Currency)의 발행·유통·거래가 주 기능이었던 기존의 블록체인 1.0은 기존 비트코인의 한계를 극복하고 다양한 영역으로의 확장을 목표로 하는 블록체인 2.0으로 진화·발전해 나가고 있다.

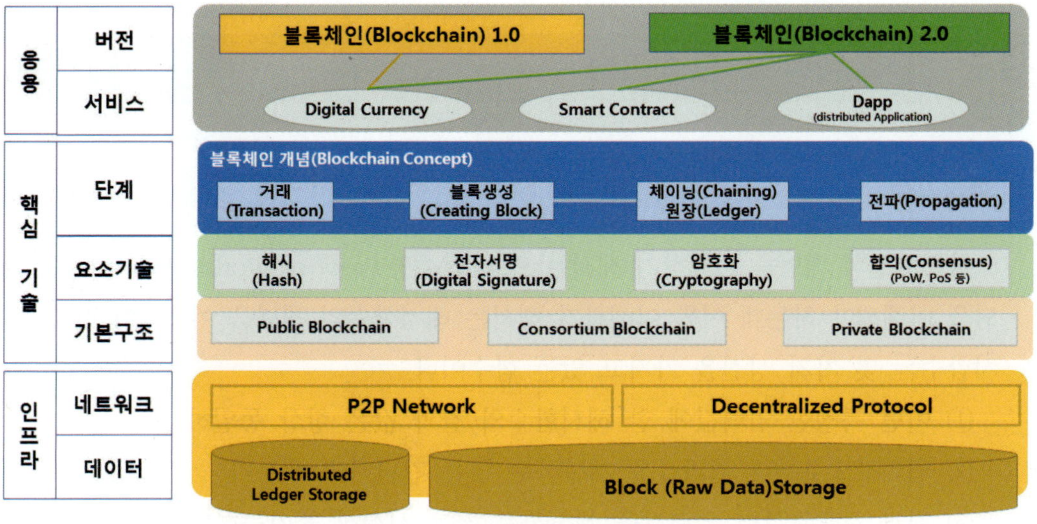

[그림 3-1] 블록체인의 기술 구성

참조 : 홍승필, 블록체인 금융분야 도입연구

블록체인 1.0의 대표적인 기술인 비트코인의 거래(Transaction) 순서는 〈표 3-1〉처럼 되어 있다. 그러므로 누구든지 비트코인 클라이언트에 인터넷으로 접속하여 비트코인을 송금, 채굴 등이 가능하고 물론 거래소를 통하여 법정화폐로 환전도 가능하다.

〈표 3-1〉 비트코인 거래의 흐름도

거래순서	거래 내용
① 계정(계좌)생성	전자지갑(Wallet)생성(개인키, 공개키 자동생성)
② 거래 생성	비트코인 전송
③ 거래 검증	P2P 네트워크에서 거래 전송
④ 블록 생성	노드(Node)에서 거래들로 블록 생성
⑤ 채굴 및 보상	블록의 정당성 확보를 위한 채굴(PoW)
⑥ 블록 검증	P2P 네트워크 전파 및 각 노드의 블록 검증
⑦ 블록체인 생성	블록체인 생성(the Longest chain)
⑧ 작업 난이도 재설정	14일마다 블록 생성 주기 변경

블록체인 2.0의 대표적인 기술로는 이더리움(Ethereum)이 있으며, 디지털통화의 기능과 더불어 비트코인의 거래스크립트를 다양한 형태로 프로그램 가능하게 만든 스마트 계약(Smart Contract)을 구현하였으며 블록체인 기반 위에서 부동산 계약, 온라인 투표 등 다양한 분산 어플리케이션을 개발하고 구동할 수 있는 플랫폼으로 확장되었다.

3-2 블록체인의 요소기술

1. 해시기술

블록체인의 개념을 이해하기 해서는 먼 작업증명(Proof of Work : PoW)이라는 개념을 이해해야 하는데 이를 이해하기 해서는 해시함수의 개념을 이해해야 한다. 해시함수는 몇 가지 성질을 가지고 있는 함수이다.

① 어떤 특정한 입력값에 한 해시함수의 결과 값은 항상 동일하다

② 입력값으로부터 결과값을 계산하는 것은 간단하고 빠르다

③ 결과 값으로부터 입력값을 계산하는 것은 사실상 불가능하다(irreversible).

해시(Hash)기술은 임의의 길이의 입력 메시지를 고정된 길이의 출력값으로 압축시키는 기술로 데이터의 무결성 검증 및 메시지 인증에 사용된다. 암호학이나 블록체인에서 해시는 매우 중요한 요소이다.

해시함수는 역산이 불가능 하다. 즉 해시함수는 A → B로 변환은 가능하지만 B → A는 성립이 안 된다. 하지만 C → B, D → B ......는 가능하다. 즉 다른 정보를 넣어서 같은 B가 나올 수 있다. 이렇게 다른 정보를 넣었을 때 같은 해시값이 나오는 것을 해시 충돌이라 한다. 그리고 해시 충돌이 나올 수 있는 경우의 수도 무한하다. 이런 현상이 나오는 것은 의도적으로 정보를 누락시켰기 때문이다.

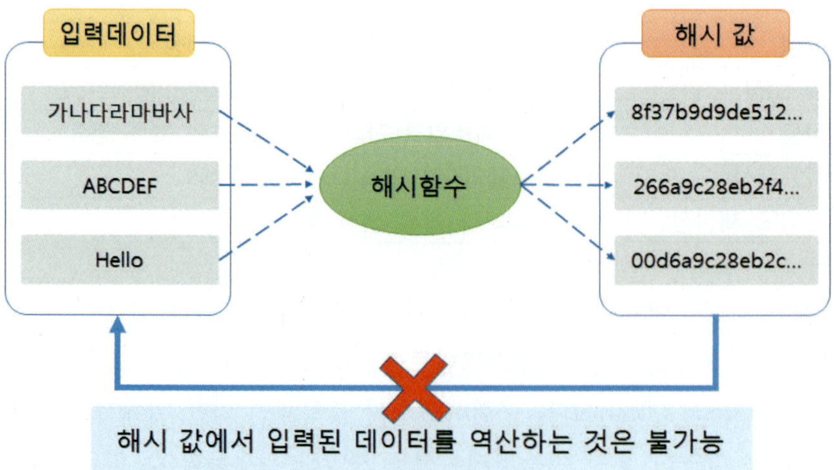

[그림 3-2] 해시함수의 출력이미지

해시의 RSA는 개인키 공개키 암호화 방식으로 소인수 분해를 기반으로 하고 있다. 매우 큰 숫자는 컴퓨터로도 소인수분해가 굉장히 힘들다 이 소인수 분해 연산이 양자 컴퓨터로 가속화가 가능하기 때문에 생기는 문제인데 이에 비해 해시함수는 전혀 다른 문제가 된다.

비트코인은 해시함수 덕분에 익명성, 투명성을 가지고 있어서 누군가에 의하여 통제되지 않고 신뢰할 수 있는 네트워크 시스템이다. 비트코인 시스템에서 채택한 암호화 해시함수는 SHA-256이다. SHA-256은 사용자의 password를 안전하게 암호화하여 저장하고 관리하는 방법으로 암호화 모듈이다.

2. 전자서명

전자서명(Digital Signature)은 작성자로 기재된 자가 그 전자문서를 작성하였다는 사실과 작성내용이 송·수신 과정에서 위변조되지 않았다는 사실을 증명하는 기술이다.

전자서명은 우리가 일상생활에서 신원을 확인하거나 거래를 하려고 할 때 주민등록증이나 인감 날인 또는 서명 등이 필요하듯이, 인터넷 상에서도 이를 확실히 보장해 주는 수단이 바로 전자서명이다. 즉 전자서명은 인증서 형태로 발급되는 자신만의 디지털 인감이며 서명인 것이다. 결국 전자서명은 어떤 사람이 그 문서를 작성했다는 것을 증명하는 방법이므로 전자서명을 하기 위해서는 어떤 문서에 그 문서를 자신의 개인키로 암호화해서 첨부하는 것이다.

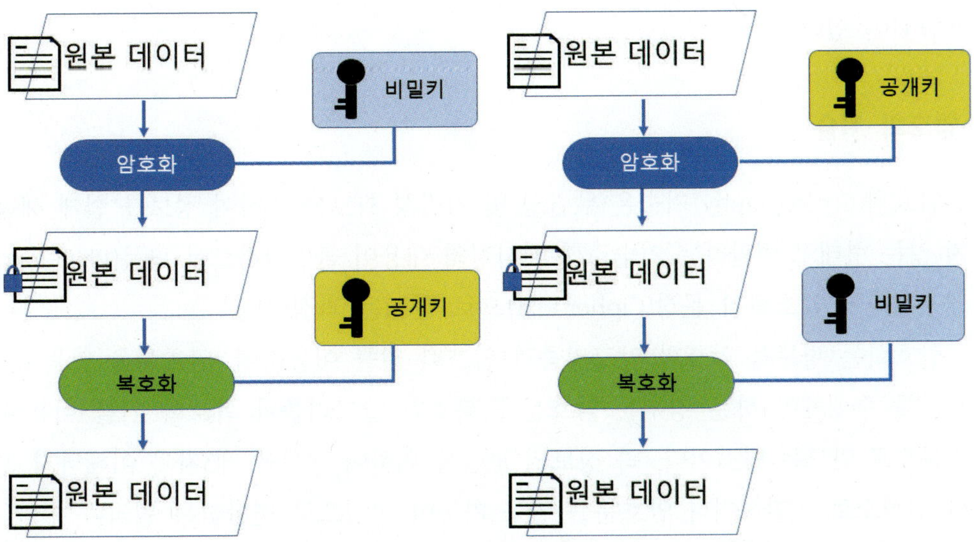

[그림 3-3] 전자서명 및 암호와 공개키 암호화 이미지

이렇게 암호화된 것은 공개키에 의해서 복호화되어서 원문과 비교될 수 있다. 그러므로 이 방법을 사용하면 어떠한 사람이 서명했다는 것을 증명할 수 있다.

전자서명은 DSA(Digital Signature Algorithm), RSA Signature, ECDSA(Elliptic Curve Digital Signature Algorithm)이 주로 사용된다.

DSA는 미국 연방 표준 FIPS 186에 명시되어 있으며 1,024~15,360 사이의 키 사이즈를 가지며 메시지 다이제스트 함수인 SHA-256/384/512 등을 이용하여 구성된다.

RSA 서명은 ANSI X9.31 또는 PKCS#1 v1.5 이상의 문서에 명시되어 있으며 키 사이즈는 1,024비트부터 256비트씩 증가하고, 두 개의 표준은 다른 포맷을 가진다.

ECDSA는 미국 연방 표준 FIPS 186인 DSA를 타원 곡선에 적용한 것으로 ANSI X9.62로 표준화되어 있으며 국제적으로 가장 널리 사용되고 있다. 국내에서도 기존의 전자서명 표준인 KCDSA의 타원 곡선 변형을 EC-KCDSA라는 이름으로 2006년 TTA 표준으로 제정한 바 있다. 또한 미 연방 정부 표준이 FIPS 186-2에서는 X9.62 표준을 그대로 따르되, 다만 연방 정부용으로 사용하기 위한 권장 곡선을 추가로 제공하고 있으며 최소 160비트 이상의 키 사이즈를 가진다.

PKCS는 미국의 RSA사가 개발한 암호 작성 시스템으로 이는 애플, 마이크로소프트, DEC, 로터스, 선, MIT 등 컨소시엄 공동으로 개발한 것이다. PKCS는 인터넷 상에서 안전한 정보 교환을 이루기 위해 산업계 내부에서 사용되는 일련의 비공식 표준 프로토콜이며, PKCS 표준은 PKCS#1부터 PKCS#15까지 있다. 여기에는 RSA 암호화, 패스워드 기반의 암호화, 확장된 인증서 구문법, 이메일 보안용으로 RSA가 제안한 S/MIME를 위한 암호 메시지 구문법, 안전이 보장된 전자 우편을 위한 표준 등이 포함되어 있다.

3. 암호화 기술

암호화(Cryptography)기술은 무결성 및 기밀성 확보를 위하여 정보를 쉽게 해독되지 않는 형태로 변환하는 기술로써 메시지의 내용이 불명확하도록 평문(Plain-text)을 재구성하여 암호화된 문장(Cipher-text)으로 만드는 과정이다.

암호화는 평문을 암호화 알고리즘과 암호화 키를 이용하여, 암호문을 만들고, 복호화를 수행해야 하는 경우는 암호문을 복호화 알고리즘과 복호화 키를 이용하여, 평문으로 만드는 방식이다. 즉 정보의 보안을 위하여 평문을 제3자가 이해하기 곤란한 형식으로 변환하거나 암호문을 판독 가능한 형식으로 변환하는 원리나 수단, 방법 등을 다루는 기술 또는 학문 분야, 컴퓨터 보안에서 송신된 데이터가 제 3자에게 누설되거나 제 3자에 의해 조작되는 것을 방지하기 위한 데이터의 암호화 및 복호화의 원리나 수단 또는 방법이다.

4. 합의 알고리즘 기술

합의(Consensus)알고리즘은 P2P 네트워크와 같은 분산 네트워크에서 합의형성을 수행하기 위한 알고리즘이다. 블록체인은 각 노드(Peer를 의미)에서 만든 블록의 정당성을 검토하고 네트워크 전체에서 공유하는 블록체인에 반영하기 위해 이 합의 알고리즘을 사용한다. 블록체인에서 사용되고 있는 대표적인 합의 알고리즘은 퍼블릭 블록체인에서 사용하는 PoW, PoS, PoI와 컨소시엄 블록체인에서 사용하는 동의에 의한 합의(Consensus-by-bet) 등이 있다.

〈표 3-2〉 대표적인 합의 알고리즘

합의 알고리즘	채택 시스템
POW(작업증명 : Proof of Work)	비트코인 코어(Bitcoin Core) 이더리움 등
POS(소유증명 : Proof of Stake)	이더리움 미진(Ethereum mijin)
POI(공헌도증명 : Proof of Importance)	NEM
PoET(Proof of Elapsed Time)	CPU의 확장 명령어 세트를 이용
Paxos	Google Chubby
Raft	RAM Cloud
PBFT(Practical Byzantine Fabric Tolerance)	Hyperledger Fabric
Sieve	Hyperledger Fabric

1) PoW

PoW(Proof of Work)는 직업증명으로 불리는 방식으로 비트코인을 시작으로 많은 블록체인 기반 기술이 채택하고 있는 합의 알고리즘이다. 블록을 만들어 배포한 후 많은 참가자가 사용하는 것을 올바른 블록으로 정의하기 때문에 참가자의 수에 영향을 받지 않고 얼마든지 참가자를 늘릴 수 있다. 반면 네트워크 상태에 따라 일부분에 불일치가 생긴 경우, 결과가 불확실하게 되는 점이나 성능이 나오지 않는다는 단점이 있다.

2) PoS

PoS(Proof of Stake)는 소유증명으로 불리는 방식으로 이더리움이 채택한 알고리즘이다.

화폐량을 더 많이 소유하고 있는 승인자가 우선하여 블록을 생성할 수 있는 특징이 있다. 이것은 '대량 통화를 소유하고 있는 참가자는 그 통화 가치를 지키기 위해 시스템의 신뢰성을 손실하지 않을 것이다'라는 전제를 바탕으로 하고 있다. 기본적인 구조는 PoW와 다르지 않지만 화폐량에 따라 해시 계산의 난이도가 낮아지기 때문에 PoW와 비교하여 자원 소비가 작아지는 장점이 있다.

3) PoI

PoI(Proof of Importance)는 디지털통화인 NEM에서 처음 제안 되었으며 네트워크 공헌도로 높은 노드에 권한을 부여로 인하여 평가등급이 결정된다. PoI는 구글의 검색 알고리즘이었던 Page Rank 알고리즘을 용용하여 개발되었으며, PoS와 유사하지만 계정의 잔액규모에만 의존하지 않는다는 점이 다르다고 할 수 있으며 PoS에서 제기되었던 빈익빈 부익부 현상을 막고자 계정의 잔액규모가 아니라 많은 양의 코인을 빈번하게 거래할수록 더 많은 보상을 갖게 된다.

4) 동의에 의한 합의

동의에 의한 합의(Consensus-by-bet)는 앞서 기술적 방법으로 거래를 승인하고 위변조를 방지하는 PoW와 PoS, PoI와는 달리 참여자의 동의를 통해서 블록체인의 거래를 승인하는 방식이다. 동의를 통한 승인 구조는 어느 한 사람이나 단체가 네트워크를 독점하기 어렵기 때문에 독점에 대한 우려를 덜어준다.

동의에 의한 합의에서는 보증금을 걸고 승인에 참여하게 되는데 올바른 블록에 승인을 해줄 경우 보상을 해주고 그렇지 않은 경우 보증금을 돌려받지 못하는 패널티를 줌으로서 참가자가 올바른 블록을 승인할 수 있도록 한다. 또한 올바른 블록을 많이 승인한 참가자일수록 신뢰할 수 있는 참가자로 간주함으로써 거래의 타당성을 보장할 수 있게 된다.

수행 내용

재료 · 자료

- 블록체인의 핵심기술 관련자료

기기(장비 · 공구)

- 컴퓨터, 프린터, 주변기기

안전 · 유의사항

- 컴퓨터, 주변기기의 전원을 관리한다.

수행 순서

01 블록체인을 이용한 대표적인 사례인 비트코인 거래방식에 대하여 설명하라.

1. 계정(계좌) 생성

은행 계좌와 동일한 역할을 하는 계좌를 생성한다. 비트코인을 거래하는 계좌는 다수 개를 생성할 수 있다. 계좌를 생성하면 개인키와 공개키가 자동으로 생성되는데 여기서 개인키는 비트코인을 송금할 때 전자서명 하도록 할 수 있는 중요한 키 역할을 한다.

2. 거래생성

전자지갑에서 수신자의 공개키를 계좌번호로 이용하여 비트코인을 전송할 수 있다. 여기서 공개키는 송 · 수신시 활용되는 계좌번호 역할을 한다. 전자 서명은 거래(Transaction)의 타당성을 증명하는 것인데, 거래 데이터를 송신하는 사람이 서명을 생성하고 수신하는 사람이 그 서명을 송신자의 공개키로 검증해 타인에 의한 위 · 변조의 존재 유무를 확인할 수 있다.

학습 3

3. 거래 검증

거래가 생성되면 P2P Network(이하 Bitcoin Network)을 통해서 이웃 노드(전자지갑, 채굴 등을 하는 컴퓨터)로 전달되며 결국 전체의 비트코인 네트워크(Bitcoin Network)로 전달된다. 이웃 노드로 순식간에 브로드캐스팅하기 전에 송신된 거래에 대해 "거래 검증 리스트"에 따라 검증을 먼저하고 그 거래가 적정하면 지속적으로 비트코인 네트워크로 전달되고, 적정하지 않으면 해당 노드에서 그 거래를 버린다.

4. 블록생성

비트코인 노드(Bitcoin Node)는 전송받은 거래(트랜잭션)에 대해 검증을 한 후 그 트랜잭션을 Transaction Pool(Memory Pool)에 계속 추가 한다. 트랜잭션 풀에 있는 거래들은 채굴(마이닝)이 되어 거래 확정을 기다리게 된다.

5. 채굴 및 보상

사토시가 논문으로 기술한 것 중 가장 중요한 발명은 분산 합의에 의한 분산 메커니즘이다. 합의 알고리즘이란 P2P network와 같이 정보 도달에 시간차가 있는 네크워크에서 참가자가 수행한 결과에 대한 합의를 얻기 위한 알고리즘이다. 비트코인은 Proof of Work(작업증명, 이후 PoW)라는 합의 알고리즘을 사용해 처음으로 P2P 네트워크를 통해 누구나 참가 가능한 전자화폐 시스템을 실현 했다.

노드에서 후보 블록(Candidate Block)을 생성하고 그것으로 채굴(Mining)을 시작한다. 비트코인의 경우는 10분마다 새로운 블록이 생성되도록 프로그램 되어 있는데, 후보블록에서는 헤더에 version, pre_block hash, merkle_hash root, timestamps, bits 값은 결정되어 있고, 변경이 가능한 난스 "nonce" 값을 초기 0부터 시작해서 1씩 증가하면서 블록 헤더의 해시값이 특정 숫자보다 작은 값을 찾으면 채굴이 성공된다. 다만, 거의 1초안에 모든 경우의 난스(Nonce) 값이 적용되므로 timesamps 값이 변경되는 시점마다 난스값을 초기 0부터 다시 증가시키면서 목표값보다 작은 해시값을 찾게 된다. 여기서 특정 숫자는 난이도 목표(Difficulty Target)라고 해서 bits값으로 프로그램에서 특정 목표값을 제시한다. 난스값은 6가지의 헤더에서 유일하게 변경할 수 있는 항목으로 무차별 대입에 의한 해시로 난이도 목표값보다 작은 값을 구하면 채굴이 되는 것이다.

특정한 사용자가 목표값에 해당하는 해시값을 찾는데 성공하면, '블록'을 발행하게 된다. 이들은 블록을 발행하고 이를 네트워크에 전파하면서 동시에 블록발행 보상인 '비트코인'과 해당 블록안에 포함되어 있는 '이체 수수료(Transaction Fee)'를 받게 된다. '비트코인 지급'이라는 경제적 보상이 채굴자들이 해싱작업에 참여하는 동기가 된다. 채굴행위는 근본적으로 끊임없는 해싱작업이며, 많은 컴퓨팅 파워를 가지고 있을수록 빠른 속도의 해싱이 가능하다. 즉 컴퓨팅 파워를 많이 투입할수록 다른 경쟁자들보다 비트코인을 많이 받게 되는 구조이다. 블록발행 확률(목표값 경쟁 승리 확률)과 네트워크상에서 자신이 차지하는 컴퓨팅파워 비율은 정확히 비례하며, 만일 누군가가 전체 투입 컴퓨팅 파워 중 30%를 점유하고 있다면, 수학적으로 블록생성 확률도 정확히 30%에 수렴한다.

학습 3

6. 블록 검증

비트코인의 합의 메커니즘 중 하나로서 비트코인 네트워크에 연결된 노드는 각각 새로 탄생된 블록에 대해서 독립적으로 검증을 하는 것이다. 새로 탄생된 블록 데이터 구조가 적정한지, 블록헤더 해시값이 난이도 목표값보다 작은지, 블록 사이즈가 시스템에서 정의된 1Mbytes보다 작은지 등을 검증하는 것이다.

7. 블록체인 생성

새로운 블록을 전달받은 각 노드들은 검증을 완료한 후 이 블록을 기존의 블록체인에 연결한다. 블록체인이 분산된 데이터 구조이기 때문에 채굴된 블록이 동시에 서로 다른 노드에서 탄생될 수 있으며, 수 천, 수만 개의 노드들은 먼저 전달받은 새로운 블록을 기존의 블록체인에 연결하는 블록체인 분기(Blockchain Forks)라는 현상이 발생 될 수 있다. Fork(분기)가 발생할 경우 작업증명을 많이 수행한 즉 난이도(Difficulty)가 높은 블록이 우선시 된다. 또한 시간이 지남에 따라서 가장 긴 블록체인이 살아남게 되고, 짧은 블록체인은 스스로 사라진다. 실제로 개발자들이 블록체인 분기(Blockchain Forks)가 발생한 후 6개 블록을 추가로 연장된 것을 지켜본 후에 가장 긴 블록을 확정한 사례가 있다.

분기한 블록의 채굴 대가인 '비트코인'과 '이체 수수료'는 무효가 된다. 그러나 이더리움의 경우 분기한 블록(Uncle Block)의 경우도 채굴한 대가를 받게 받는 구조이다.

8. 작업난이도 재설정

난이도 목표값은 2016블록마다 난이도 목표가 변경된다. 만약 10분마다 새로운 블록이 탄생해야 하는데 채굴이 5분마다 일찍 된다면 난이도 목표값(Bits)을 변경해서 10분마다 새로운 블록이 탄생되도록 프로그램에서 자동 변경된다.

02 해시함수에 대하여 간단히 설명하라.

해시 함수(Hash Function)는 임의의 길이를 갖는 메시지를 입력 받아 고정된 길이의 해시값을 출력하는 함수이다.

해시함수에서 입력값으로부터 결과 값을 계산하는 것은 간단하고 빠르지만, 결과 값으로부터 입력값을 계산하는 것은 사실상 불가능하기 때문에, 결과 값을 알고 있을 때 이 결과 값을 이용하여 입력값을 알아내기 위해서는 모든 입력값을 대입해 보는 방법을 택해야 한다.

이러한 해시함수의 종류는 많이 알려져 있으며 해시 캐시(Hash Cash)에서는 160비트인 SHA-1 해시함수를 사용하고 비트코인에서는 256비트(=32바이트)인 SHA256(혹은 SHA-2라 부름) 해시함수를 사용한다. 즉 SHA-1 해시함수의 입력값으로 넣으면 출력값 160비트 중 상위 20비트는 모두 0이 되는 입력값을 찾는 작업을 수행했다는 자체가 어느 정도 신뢰를 할 수 있다는 것을 의미하고 이러한 관점에서 작업증명(proof of work)이라는 용어를 사용하게 된다.

암호 알고리즘에는 키가 사용되지만, 해시 함수는 키를 사용하지 않으므로 같은 입력에 대해서는 항상 같은 출력이 나오게 된다. 이러한 함수를 사용하는 목적은 입력 메시지에 대한 변경할 수 없는 증거 값을 뽑아냄으로써 메시지의 오류나 변조를 탐지할 수 있는 무결성을 제공하는 목적으로 주로 사용된다.

해시 함수는 전자서명과 함께 사용되어 효율적인 서명 생성을 가능하게 한다. 긴 메시지에 대해 서명을 하는 경우, 전체 메시지에 대해 직접 서명을 하는 것이 아니고 짧은 해시값을 계산해 이것에 대해 서명을 하게 된다. 공개키 연산은 많은 계산량을 필요로 하기 때문에 전체 메시지를 공개키 길이의 블록 단위로 나누어 모든 블록에 대해 서명을 하는 것은 매우 비효율적이다. 그러므로 먼저 메시지를 입력 받아 짧은 해시값을 계산하고, 이것에 대해 한 번의 서명 연산을 하는 것이다. 이 계산 값은 원래의 메시지에 대한 서명으로 인정된다.

해시값에 대한 서명이 원 메시지에 대한 서명으로 인정되기 위해서는 같은 해시값을 갖는 또 다른 메시지를 찾아내기가 계산적으로 어려워야 한다.

해시 함수는 임의의 길이의 입력으로부터 짧은 길이의 해시값을 출력하므로 입력은 서로 다르지만 같은 출력을 내는 충돌이 반드시 존재한다. 만일 같은 해시값을 갖는 다른 메시지를 찾아내기가 쉽다면, 서명자는 자신의 서명에 대해 다른 메시지에 대한 서명이라고 우길 수 있을 것이다. 이것이 가능하다면, 전자서명에 대한 신뢰가 불가능하고 전자 거래에 사용할 수 없게 될 것이다. 그러므로 안전한 해시 함수로 사용될 수 있기 위해서는 충돌을 찾아내기 어렵다는 특성을 가져야 한다.

한편, 해시 함수는 전자서명에 사용된다고 했는데, 이것은 서명자가 특정 문서에 자신의 개인키를 이용하여 연산함으로서 데이터의 무결성과 서명자의 인증성을 함께 제공하는 방식이다. 메시지 전체에 대해 직접 서명하는 것은 공개키 연산을 모든 메시지 블록마다 반복해야 하기 때문에 매우 비효율적이다. 따라서 메시지에 대한 해시값을 계산한 후, 이것에 대해 서명함으로서 매우 효율적으로 전자서명을 생성할 수 있다. 서명자는 메시지 자체가 아니라 해시값에 대해 서명을 하였지만 같은 해시값을 갖는 다른 메시지를 찾아내는 것이 어렵기 때문에, 이 서명은 메시지에 대한 서명이라고 인정된다.

송신자의 신분에 대한 인증이 필요 없고, 데이터가 통신 중 변조되지 않았다는 무결성만이 필요한 경우에는 해시 함수를 메시지인증코드(Message Authentication Code : MAC)라는 형태로 사용할 수 있다. 송신자와 수신자가 비밀키를 공유하고 있는 경우, 송신자는 메시지와 공유된 비밀키를 입력으로 하여 해시값을 계산하면 메시지인증코드가 된다. 메시지와 함께 메시지인증코드를 함께 보내면 수신자는 메시지가 통신 도중 변조되지 않았다는 확신을 가질 수 있다.

대표적인 해시 함수는 다음과 같다.

1. SHA(Secure Hash Algorithm)

최조의 알고리즘은 1993년 미국 국가 안전 보장국(NSA)이 설계하였으며, 미국 표준 기술 연구소(NIST)에 의해 SHS(Secure Hash Standard, FIPS PUB 180)으로 출판되었으며, 다른 함수들과 구별하기 위해 보통 SHA-0으로 불린다. 2년 후 SHA-0의 입축 함수에 비트 회전 연산을 하나 추가한 SHA-1(FIPS PUB 180-1)이 발표되었으며, 그 후에 4종류의 변형, 즉 SHA-224, SHA-256, SHA-384, SHA-512(FIPS PUB 180-2)가 추가로 발표되었다. 이들을 통칭해서 SHA-2라고 하기도 한다. SHA-1은 SHA 함수들 중 가장 많이 쓰이며, TLS, SSL, PGP, SSH, IPSec 등 많은 보안 프로토콜과 프로그램에서 사용되고 있다. 하지만 최근 SHA-0과 SHA-1에 대한 분석 결과가 발표됨에 따라 SHA-2를 사용할 것이 권장되고 있다.

SHA(Secure Hash Algorithm)는 인터넷 뱅킹, 전자서명, 메시지 인증 코드, 키 교환 알고리즘, 키 생성 알고리즘 등 다양한 분야의 보안 프로토콜에 사용이 된다. SHA 해시함수는 단방향 암호화로서 암호화된 값을 복호화 하지 못한다.

SHA-256은 Node.js에서 인증을 구현할 때 사용자의 Password를 안전하게 암호화하여 저장하고 관리하는 방법으로 암호화 모듈(md5, sha256(sha512), pbkdf2 등) 중 하나이다.

2. HAS-160

국내에서 개발된 대표적인 해시 함수인 HAS-160[은 2000년 12월 국내 해시 함수 표준(TTAS.KO-12.0011/R1)으로 채택되었다. HAS-160의 설계 원리는 SHA-1의 설계 사상이 유사하지만, 메시지 확장 과정이 기존의 MD계열 해시 함수와는 차이가 있어, 최근 제안된 다양한 해시 함수 분석 기법에 대하여 아직까지는 안전성을 갖고 있다.

03 해시와 전자서명의 차이점을 분석하라.

해시는 데이터로부터 생성되는 값이다. 전자서명과의 차이점은 생성된 해시는 다시 원래 데이터로 변환할 수 없다는 것이다. 데이터로부터 해시를 만들 수는 있지만 해시로부터 원본 데이터를 만들어내는 것은 불가능하다.

04 대칭키 암호방식에 대하여 분석하라.

대칭키 암호(Symmetric-Key Cryptosystem) 방식에서는 암호화에 사용되는 암호화키와 복호화에 사용되는 복호화키가 동일하다는 특징이 있으며, 이 키를 송신자와 수신자 이외에는 노출되지 않도록 비밀히 관리해야 한다.

우리가 일반적으로 사용하는 암호라는 의미로 '관용 암호'라고도 하며 키를 비밀히 보관해야 한다는 의미로 '비밀키 암호(Secret-Key Cryptosystem)'라고도 한다. 이 방식은 고대 암호로부터 연결된 오랜 역사를 가지고 있다. 대칭키 암호는 암호화 연산 속도가 빨라서 효율적인 암호 시스템을 구축할 수 있다.

이 암호 방식은 알고리즘의 내부 구조가 간단한 치환과 전치의 조합으로 되어 있어서 알고리즘을 쉽게 개발할 수 있고 컴퓨터 시스템에서 빠르게 동작한다. 그러나 송 · 수신자 간에 동일한 키를 공유해야 하므로 많은 사람들과의 정보 교환 시 많은 키를 생성 · 유지 · 관리해야 하는 어려움이 있다.

이러한 대칭키 암호 방식은 데이터를 변환하는 방법에 따라 블록 암호와 스트림 암호로 구분된다.

1. 블록 암호

블록 암호(Block cipher)는 고정된 크기의 블록 단위로 암 · 복호화 연산을 수행하며 각 블록의 연산에는 동일한 키가 이용된다. Shannon의 암호 이론에 의하면 전치와 환자를 반복시켜 암호화하면 평문의 통계적 성질이나 암호 키와의 관계가 나타나지 않아 안전한 암호를 구성할 수 있다. 이러한 성질을 이용하여 Feistel은 전치와 환자를 반복 적용한 Feistel Network 방식의 암호 알고리즘을 설계하였는데, DES 알고리즘이 대표적인 예이다.

대표적인 블록 암호 알고리즘은 다음과 같다.

1) DES

DES(Data Encryption Standard)는 대칭키 암호 중 하나인 64-비트 블록 암호이며 56-비트 비밀키를 사용한다. 1977년에 미국 NBS(National Bureau of Standards, 현 NIST)에서 이 알고리즘을 미국 표준 블록 암호 알고리즘으로 채택하였다. DES는 ANSI X3.92와 X3.106 표준 및 미국 연방 정부 FIPS 46과 81 표준에 정의되어 있다.

1997년 2월에 RSA사에서는 DES Challenge I를 개최하였는데, 78,000대의 컴퓨터를 병렬 연결하여 96일 만에 DES의 키를 찾는데 성공하였다. 1998년 7월에 열린 DES Challenge II에서는 250,000달러의 전용 칩 EFF를 이용하여 56시간 만에 해독이 되었고, 1999년 1월에 열린 DES Challenge III에서는 10,000대의 컴퓨터를 병렬연결하고 EFF 칩을 이용하여 22시간 15분 만에 DES의 해독이 가능함을 보였다. 이러한 DES Challenge의 결과들은 NIST에게 DES가 표준 블록 암호 알고리즘으로서의 생명이 끝나간다는 위기감을 심어주기에 충분하였고, 이것은 새로운 블록 암호 표준 AES의 개발 사업으로 이어지게 되었다.

2) AES

AES(Advanced Encryption Standard)는 미국 표준 블록 암호였던 DES의 안전성에 문제가 제기됨에 따라 2000년 새로운 미국 표준 블록 암호로 채택된 128-비트 블록 암호이다. 이 알고리즘은 128/192/256-비트 키 길이를 제공하고, 라운드 수는 키 길이에 따라 각각 10, 12, 14이다. AES는 미국 표준 블록 암호라는 이름에 걸맞게 전 세계 암호 학자들로부터 많은 관심을 받아왔으며, 알고리즘이 소개된 이후 거의 매년 연구 결과가 발표되고 있다.

3) SEED

SEED는 전자 상거래, 금융, 무선 통신 등에서 전송되는 개인 정보와 같은 중요한 정보를 보호하기 위해 1999년 2월 한국인터넷진흥원과 국내 암호 전문가들이 순수 국내 기술로 개발한 128-비트 블록 암호이다. 1999년에는 128-비트 비밀키를 지원하는 SEED 128이 개발되었으며, 암호 알고리즘 활용성 강화를 위해 2009년 256-비트 비밀키를 지원하는 SEED 256이 개발되었다. SEED 128은 1999년 9월 정보통신단체표준(TTA)으로 제정되었으며, 2005년에는 국제 표준화 기구인 ISO/IEC 국제 블록 암호, IETF 표준으로 제정되었다.

4) HIGHT

HIGHT(HIGh security and light weigHT)는 RFID, USN 등과 같이 저전력 · 경량화를 요구하는 컴퓨팅 환경에서 기밀성을 제공하기 위해 2005년 KISA, ETRI 부설 연구소 및 고려대가 공동으로 개발한 64-비트 블록 암호이다. 이 알고리즘은 2006년 12월 정보통신단체표준(TTA)으로 제정되었으며, 2010년 ISO/IEC 국제 블록 암호 표준으로 제정되었다.

2. 스트림 암호

스트림 암호(Stream Cipher)는 블록 단위로 암 · 복호화되는 블록 암호와는 달리 이진화된 평문 스트림과 이진 키스트림 수열의 XOR 연산으로 암호문을 생성하는 방식이다. 이러한 스트림 암호는 키스트림 수열이 평문과 관계없이 생성되어 동기식으로 사용해야만 하는 '동기식 스트림암호'와 키스트림 수열이 평문 혹은 암호문으로부터의 함수 관계에 의해 생성되기 때문에 복호화 시 동기가 흐트러졌더라도 스스로 동기화가 이루어져서 복호화가 가능한 '자기 동기식 스트림 암호'가 있다. 1970년대부터 유럽을 중심으로 발달한 스트림 암호는 주기, 선형 복잡도 등 안전성과 관련된 수학적 분석이 가능하고 알고리즘 구현이 쉬운 특징이 있으며, 군사 및 외교용으로 많이 사용되고 있다. 스트림 암호는 구현 여건이 제약되는 이동 통신 환경에서도 구현이 용이하여 이동 통신 등의 무선 데이터 보호에 많이 사용된다.

대표적인 스트림 암호 알고리즘은 A5/1, A5/2, A5/3이. GSM(Global System for Mobile Communication)은 유럽 국가를 기준으로 하여 중국, 러시아, 인도 등 전 세계적으로 널리 채택되어 2004년 세계 이동 통신 가입자 중 70% 이상이 사용하는 이동 통신 방식이다.

A5/1, A5/2, A5/3는 GSM에서 데이터를 암 · 복호화할 때 사용되는 스트림 암호이다. A5/1은 OECD에 가입된 유럽 국가에서만 사용되는 알고리즘이고, A5/2는 OECD에 가입되지 않은 국가에서 사용되는 알고리즘이다. A5/3는 A5/1과 A5/2의 안전성이 취약한 것으로 드러나면서, 이들을 대신하여 사용하기 위해 개발된 알고리즘이다.

05 비대칭키의 공개키 암호방식에 대하여 분석하라.

공개키 암호(Public Key Cryptosystem)는 비대칭키 암호방식으로 비밀키 암호와 달리 송신자와 수신자가 다른 키를 사용하여 비밀 통신을 수행한다. 송신자는 수신자의 공개키에 해당하는 정보를 사용하여 데이터를 암호화하여 네트워크를 통해 전송한다. 수신자는 자신의 공개키에 해당하는 비밀키로 암호화된 데이터를 복호화하여 평문을 복원한다.

공개키 암호는 다른 유저와 키를 공유하지 않더라도 암호를 통한 안전한 통신을 한다는 장점을 갖는다. 각 사용자는 자신에게 전송하기 위해 사용될 키를 공개하고, 공개된 키 정보로 암호화된 정보를 복호화할 수 있는 키를 비밀로 보유하고 있음으로써 누구나 암호화할 수 있지만 공개키에 대응되는 비밀키를 가진 당사자만 복호화할 수 있는 특징을 가진다.

n명의 사용자로 구성된 네트워크를 고려하면 각 사용자는 공개키와 비밀키 두 개를 보유하고 있으므로 네트워크 전체적으로 2n개의 키가 요구된다. 그리고 각 유저는 2개의 키만 보유하고 있으면 된다.

공개키 암호는 수학적인 난제를 기반으로 설계되어 있고, 암호화나 복호화를 수행하기 위한 연산이 복잡한 수학 연산을 기반으로 구성되기 때문에 효율성은 비밀키 암호에 비해 높지 않다. 공개키 암호의 경우에는 모두가 확인할 수 있는 공개키에 대응되는 비밀키가 각 사용자만 알고 있는 정보이기 때문에 광범위한 인증 기능이 제공된다.

대표적인 공개키 암호 알고리즘은 RSA(Rivest, Shamir and Adleman), ElGamal, ECC(Elliptic Curve Cryptosystem, 타원 곡선 암호 시스템), 전자서명(Digital signature) 등이다.

06 RSA 공개키 암호 방식에 대하여 간단히 설명하라.

RSA 공개키 암호 방식(RSA Public Key Crypto system)은 1978년에 MIT 공과 대학의 Rivest, Shamir, Adleman 등 3인이 공동 개발한 RSA법(RSA scheme)이라는 암호화 알고리즘을 사용하는 공개키 암호 방식이다. 큰 수의 소인수 분해에는 많은 시간이 소요되지만 소인수 분해의 결과를 알면 원래의 수는 곱셈에 의해 간단히 구해지는 사실에 바탕을 두었다.

학습 3

키의 길이는 수백 비트가 필요하다.

RSA는 공개키 암호 시스템으로 암호화와 인증에 사용된다. RSA는 일반 정수론적인 면에서 정의되었다. 이 시스템은 큰 수의 인수분해의 어려움에 안전성을 두고 있다. 전자서명의 길이는 RSA 시스템에서의 키 길이와 같다. RSA 시스템을 깨는 문제가 인수분해 문제로 귀결된다는 완전한 수학적 증명의 부족과 인수분해 문제가 NP-hard임에도 불구하고, RSA는 수많은 국제기구의 표준일 뿐만 아니라 산업 표준으로 권장되고 있다.

07 암호화와 복호화의 차이점을 분석하라.

암호학을 이용하여 보호해야 할 메시지를 평문(Plaintext)이라고 하며, 평문을 암호학적 방법으로 변환한 것을 암호문(Ciphertext)이라고 한다. 이때 평문을 암호문으로 변환하는 과정을 암호화(暗號化, Encryption)라고 하며, 암호문을 다시 평문으로 변환하는 과정을 복호화(復號化, Decryption)라고 한다.

08 암호의 긍극적인 목표와 특징을 분석하라.

암호의 목표에는 다음과 같다.

① **기밀성**(機密性, Confidentiality) : 부적절한 노출 방지. 허가받은 사용자가 아니면 내용에 접근할 수 없어야 한다.

② **무결성**(無缺性, Integrity) : 부적절한 변경 방지. 허가받은 사용자가 아니면 내용을 변경할 수 없어야 한다.

③ **가용성**(可用性, Availability) : 부적절한 서비스 거부 방지한다.

④ **부인봉쇄**(否認封鎖, Non-repudiation) : 메시지를 전달하거나 전달받은 사람이 메시지를 전달하거나 전달받았다는 사실을 부인할 수 없어야 한다.

09 비트코인에서 해시 이용과정을 분석하라.

비트코인에서 블록은 '블록 헤더+트랜잭션 정보(복수)'로 만들어지면 블록 헤더는 '이전 블록 헤더의 해시값(Previous Block Hash)+ 난스(Nonce)+트랜잭션의 해시값'으로 구성된다.

학습 3

1. 이전 블록 해시

이전 블록(Previous Block)이 다르면, 그 해시함수의 결과 값, 즉 이전 블록 해시값이 다르기 때문에, 이전 블록 해시값이 주어진다면, 그 블록의 이전 블록(Previous Block)을 유일하게 식별할 수 있다.

따라서 이전 블록 해시는 이전 블록에 대한 인터로도 볼 수 있다.

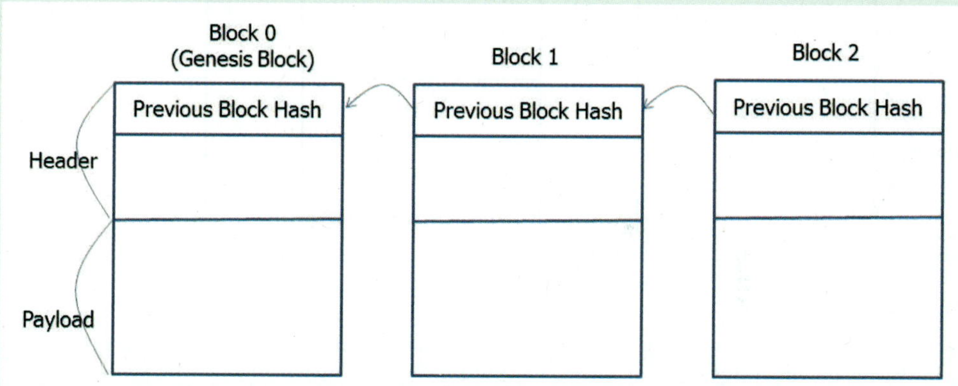

[그림 3-4] 이전 블록 해시(Previous Block Hash)

[그림 3-4]에서 블록 2의 이전 블록 해시가 블록 1을 가리키는 것으로 표시하였는데, 이는 이러한 이유에서이다.

따라서 블록체인은 블록들이 일렬로 연결된 구조로 볼 수 있으며 이러한 연결은 이전 블록 해시를 통하여 이루어진다.

또한 하나의 블록은 크게 헤더(Header)와 페이로드(Payload)로 구성되는데, 페이로드(Payload)에 데이터가 저장된다.

2. 난스

블록체인은 블록들이 연결된 구조이므로, 새로운 블록을 기존의 블록체인에 연결하는 형식으로, 블록체인의 크기를 성장시킨다. 새로운 블록을 생성할 때 위변조를 어렵게 하는 방법으로 작업증명(Proof of Work)의 개념을 이용하는데, 이를 위하여 사용하는 필드가 난스(Nonce)이다.

기존의 블록체인에 추가할 새로운 블록을 생성하려고 하는 경우 페이로드(Payload)에는 데이터를 채우고, 헤더(Header)에 필요한 값들을 채우면 된다. 이전 블록 해시는, 앞에서 설명한 대로 이전 블록(Previous Block)을 입력값으로 하여 해시 함수에 적용한 출력값으로 쉽게 구할 수 있다.

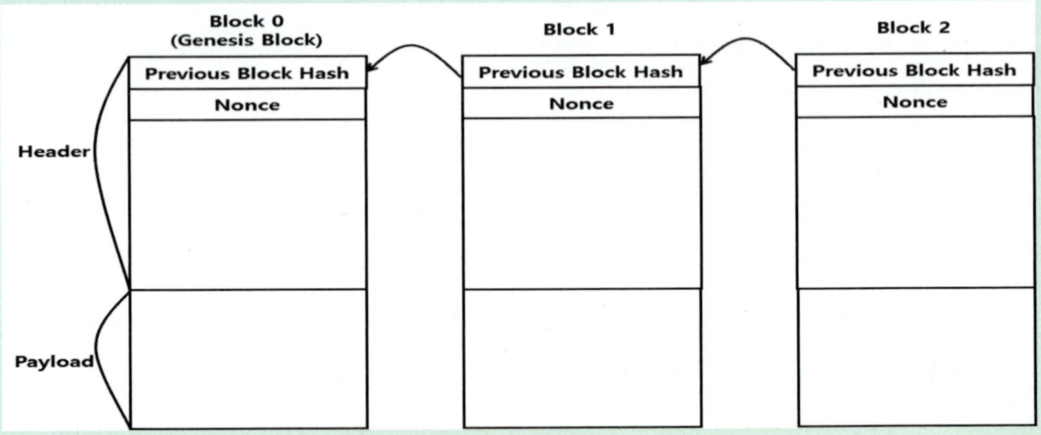

[그림 3-5] 난스

블록 내 다른 필드를 다 채운 후, 마지막으로 채우는 필드가 난스필드이다. 새로운 블록을 만든 후, 다른 값들을 다 채운 후, 이 블록을 입력값으로 했을 때 SHA-2(x)의 출력값의 상위 n비트가 0이 되도록 하는 난스값을 찾아야 한다.

이는 난스값을 0부터 1씩 증가시키면서, 해시함수를 계산하고, 그 결과 값의 상위 n비트가 0인지 판단하고, 그 결과 값의 상위 n비트가 0이 될 때까지 계속된다.

이러한 의미에서 난스를 찾는 작업이 작업증명(Proof of Work)이 된다. 비트코인의 경우, 이 작업은 최상의 컴퓨터에서 평균적으로 10분 정도 소요되도록 난이도가 정해져 있다. 난스를 찾아야 해당 블록을 완성할 수 있으며, 비트코인에서는 이 작업을 채굴(Mining)이라고 부른다. 비트코인에서 채굴에 성공하면, 일정한 금액의 비트코인이 채굴자에게 지급된다. 이 이익이 크기 때문에, 굳이 블록체인을 해킹하거나 하는 대신, 그 정도의 시간과 비용을 투여하여 채굴작업에 쓰게 되는 것이다. 컴퓨터의 성능이 좋아질수록 난스를 더 빨리 찾을 수 있는 가능성이 발생하는데 이 때문에, 난스를 찾는 난이도가 조정된다. 즉 시간이 흐르면서 컴퓨터의 성능이 좋아질수록 난스를 찾는 난이도는 더 어려워지고 결국 하나의 새로운 블록을 추가하기 위해 필요한 난스를 찾는 작업은 비트코인에서는 약 10분 정도로 유지된다 이 말은 결국 비트코인의 블록체인에 새로운 하나의 블록이 약 10분 정도마다 추가된다는 의미이다.

학습 3

3. 난이도

블록체인에서 난스를 찾아야 해당 블록을 완성할 수 있으며, 새로운 블록을 비트코인에 추가할 수 있다. 새로운 블록을 만든 후 다른 값들을 다 채운 후, 이 블록을 입력값으로 했을 때 SHA-2(x)의 출력값의 상위 n비트가 0이 되도록 하는 난스를 찾아야 한다. 이는 난스를 1씩 증가시키면서 해시함수를 계산하고 그 결과 값의 상위 n비트가 0인지 판단하고 그 결과 값의 상위 n비트가 0이 될 때까지 계속된다. 이러한 의미에서 난스를 찾는 작업이 작업증명이 된다.

그런데, 컴퓨터의 성능이 좋아질수록 난스를 더 빨리 찾을 수 있는 가능성이 발생하는데, 이 때문에, 난스를 찾는 난이도가 조정될 필요가 있다. 즉 시간이 흐르면서, 컴퓨터의 성능이 좋아질수록 난스를 찾는 난이도는 더 어려워지고 결국 하나의 새로운 블록을 추가하기 위해 필요한 난스를 찾는 작업은 일정한 시간 간격으로 유지되도록 해야 한다 이를 위하여 필요한 정보를 저장하는 부분이 난이도(Difficulty Bits)이다.

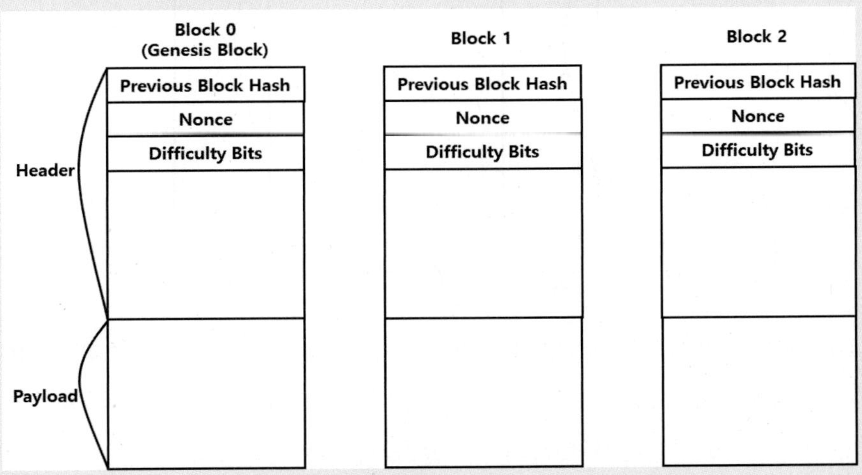

[그림 3-6] 난이도

난이도는 해시 함수의 출력값 중이 되어야 하는 상위 n비트의 크기를 나타낸다. 난이도가 클수록, 새로 생성한 블록을 입력값으로 넣었을 때 난스값을 변경해 가면서) 해시 함수의 출력값 중 상위 n비트의 값 모두가 0이 되도록 하는 난스값을 찾는 것이 더 어려워지고 더 많은 계산을 필요로 하게 된다.

블록체인은 블록체인 네트워크상의 누구나 접근할 수 있는 데이터이므로, 이 블록체인의 성장 속도도 누구나 알 수 있다. 이 블록체인의 성장속도 즉 블록체인에 새로운 블록이 추가되는 속도를 보면서, 이 속도가 빨라지면 상기 난이도(Difficulty Bits)를 높여서 블록체인이 성장하는 속도를 일정하게 유지한다.

4. 페이로드 해시

블록체인에서 블록들을 서로 연결하는 것은 이전 블록 해시(Previous Block Hash)를 통해서 이루어진다. 앞에서, 이전 블록 해시는 이전 블록을 입력값(Input)으로 하고 해시함수를 적용하였을 때 나온 출력값(Output)으로 설명하였다. 그러나 해시함수에 이전 블록의 전체를 입력값으로 사용하는 경우 입력값의 크기가 커지므로 이를 좀 더 간단하게 하는데 사용되는 것이 페이로드 해시(Payload Hash)이다.

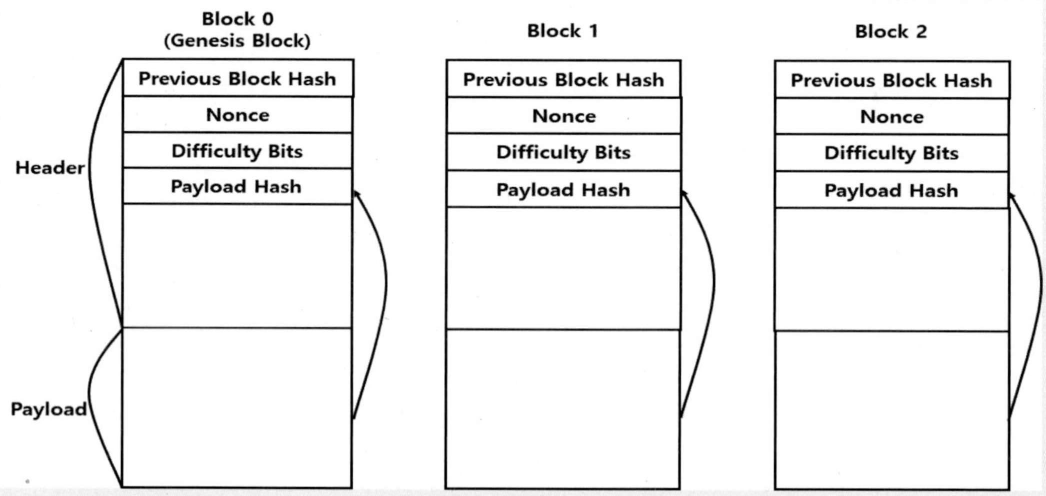

[그림 3-7] 페이로드 해시

페이로드 해시는 페이로드(Payload)에 해시함수를 적용하여 얻어진 결과 값이다. 즉 페이로드를 입력값(input)으로 하고 해시함수(예를 들어, SHA-2(x) 등)를 적용하였을 때 나온 출력값이다. 앞의 그림에서 블록의 페이로드 해시는 블록 1의 페이로드를 입력값으로 하고, 해시함수(예를 들어, SHA-2(x) 등)를 적용하였을 때 나온 출력값이다.

이와 같이, 각 블록의 헤더 내에 페이로드 해시를 포함하면, 이전 블록해시의 값을 계산할 때 이전 블록의 모든 값을 입력값으로 사용하지 않고 이전 블록의 헤더만을 입력값으로 사용할 수도 있다 예를 들어 비트코인에서는 페이로드 해시를 사용하고 이전 블록 해시의 값을 계산할 때 이전 블록의 모든 값을 입력값으로 사용하지 않고, 이전 블록의 헤더만을 입력값으로 사용한다.

이렇게 되면, 모든 장치가 블록체인의 페이로드 모두를 저장할 필요 없이 물론, 어떤 장치들은 여전히 블록체인의 페이로드 모두를 저장하여야 하지만, 블록체인 내 헤더의 체인만을 저장하면 된다. 이는 각 블록체인 노드들이 저장해야 하는 데이터의 양을 엄청나게 줄일 수 있다 왜냐하면 하나의 블록에서 헤더(Header)가 차지하는 크기는, 페이로드가 차지하는 크기에 비해서 매우 작기 때문이다 따라서 페이로드 해시를 이용하면 블록체인을 저장하는 저장 공간(Disk Space)을 줄이게 된다.

페이로드 해시를 사용하고 블록 해시의 값을 계산할 때, 이전 블록의 모든 값을 입력값으로 사용하지 않고 이전 블록의 헤더만을 입력값으로 사용한다고 해도 하나의 블록을 변경하였을 때 그 자손 블록들을 모두 변경해야 한다는 블록체인의 이점은 그대로 유지된다 하나의 블록 내 페이로드의 값 중 한 비트라도 변경하면 그에 따라 그 블록의 페이로드 해시의 값이 변경되고 이에 따라 그 자손 블록들의 이전 블록 해시의 값이 모두 변경되어야 하기 때문이다 이를 위해 모든 블록에 대해 난스를 찾는 작업을 다시 수행해야 하는데 이는 사실상 불가능하기 때문에, 블록의 위변조는 여전히 어렵게 된다.

비트코인에서는 페이로드 해시를 사용하는데 실제로는 해시 함수를 두 번 적용하는 해시 함수를 사용하는데 더블 해시 256(Double Hash 256)을 사용한다. 즉 페이로드를 입력값으로 하고, SHA-2(x)해시함수를 적용하였을 때 나온 출력값을 다시 해시함수의 입력값으로 하여 나온 출력값을 페이로드 해시로 사용한다. 또한 페이로드에 대해서도 머클 트리(Merkle Tree)를 사용한다.

5. 타임스탬프

타임스탬프(Time Stamp)는 블록이 생성한 시간을 나타내는 값이다 시간 정보를 제공하는 타임스탬프 서버(Time Stamp Server)로부터 시간 정보를 가져와서 그 값을 타임스탬프 값으로 저장한다. 이는 그 시간에 그 데이터가 존재하였음을 증명하는 용도로 사용된다. 블록은 최근에 생성되었는데 타임스탬프 값은 매우 오래된 것이라면, 이 블록은 유효하지 않은 블록으로 판단될 수 있다.

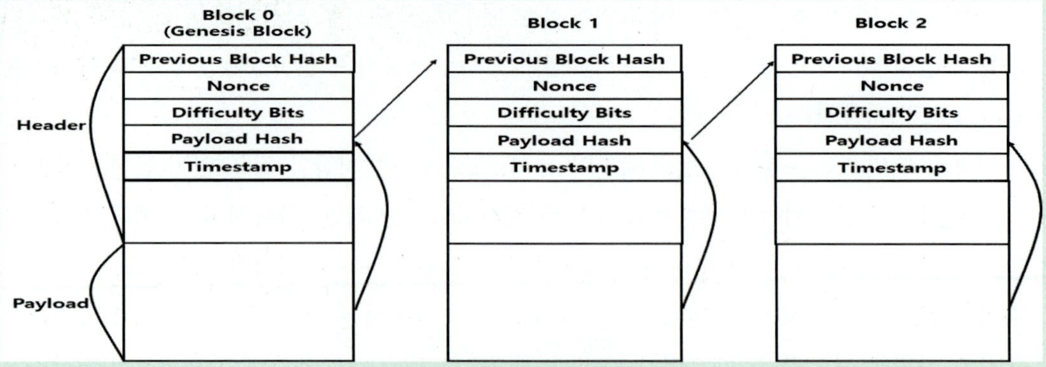

[그림 3-8] 타임스탬프

6. 페이로드

하나의 블록 내에서 페이로드(Payload)는 데이터를 저장하는 필드이다 데이터의 종류는 다양할 수 있다. 비트코인은 블록체인을 구성하는 블록의 페이로드 필드에 거래(Transaction)를 저장한다. 즉 어느 비트코인 주소(Bitcoin Address)로부터 어느 비트코인주소로 얼마의 비트코인을 지불/송금하였는지에 관한 정보를 저장하며 하나의 페이로드에 수백 개의 거래가 저장된다. 결국 비트코인이 생성된 이래 비트코인을 이용한 모든 거래는 비트코인 블록체인에 저장되고, 비트코인 노드들 중 누구라도 접근해서 볼 수 있는 데이터가 되는 것이다.

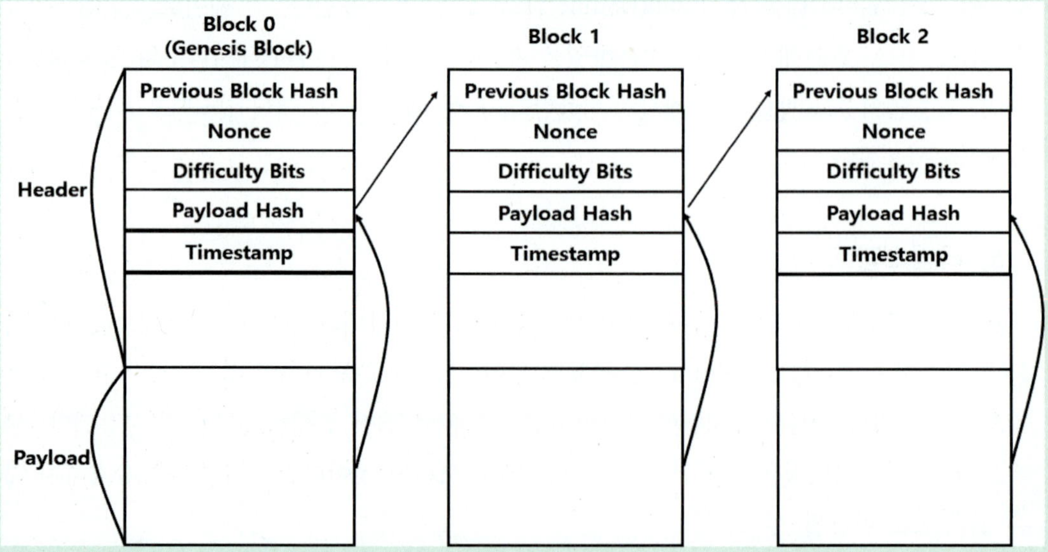

[그림 3-9] 페이로드

〈표 3-3〉 블록의 정보

이름	크기	내용
버전	4Bytes	비트코인에서 사용하는 블록체인 버전을 말한다. 2017년 현재 기준 버전은 2
이전 블록 해시	32Bytes(=256Bits)	N-1번째 블록헤더의 해시
페이노드 해시 (Mukle Root)	32Bytes(=256Bits)	블록에 포함되어있는 모든 거래내역의 약본. 추후 언급
타임스탬프	4Bytes	유닉스시간. 2038년에 만료됨. 그 전에 블록버전이 3이 된다는 걸 예상할 수 있음
난이도(nBits)	4bytes $2^{32}=4,294,967,296$	난이도 목표(약 40억 개)
난스(nonce)	4bytes	변조를 주는 곳. 보통 0x00000000부터시작해서 0xFFFFFFFF까지 감

Nonce의 용량이 4Bytes밖에 안 된다. 여기에 변조를 해보면 기껏해야 $2^{32} = 4,294,967,296$의 경우의 수 밖에 안 나온다(약 40억 개).

SHA-256의 모든 경우의 수인 2^{256}개를 유도해 낼 수 없는 것이다.

1차적인 답은 타임스탬프 값을 바꾸는 것이다. 40억 개를 연산하는 동안 시간은 흐를 테고 흘러간 시간을 반영해 타임스탬프를 변조시킨 뒤 다시 nonce 0x00000000부터 0xFFFFFFFF까지 돌려 보면 된다.

컴퓨터 입장에선 경우의 수가 40억 개 밖에 안 되기 때문에 4GigaHash/s의 연산속도만 넘어가도 1초안에 모든 경우의 수를 시도해 볼 수 있게 된다.

채굴할 때 거래장부를 모아 먼저 Body를 구성하게 되는데 이때 채굴자에게는 12.5BTC(2017년 기준)의 돈을 지기 계좌로 입금함과 동시에 100바이트 정도의 자신만의 문구를 입력할 권리를 준다.

이 문구를 조금 변형시키면 Mukle Root값이 많이 변형되고 또 새로운 경우의 수를 탐색할 수 있게 된다. Mukle Root는 블록의 바디(Body)부분을 증명해주는 해시이다.

Body부분에는 어디서 어디로 얼마만큼의 금액이 이동했는지에 대한 내용이 대충 1000~2000건 정도가 들어있는데 바로 이 부분에 대한 증명이라고 보면 된다. 여기서 도입된 것이 Mukle Tree이다.

10 블록의 분기가 무엇인지 분석하라.

블록체인을 구성하는 각 블록(Block)은 헤더(Header)와 바디(Body)로 구성된다. 10분에 한 번씩 만들어지는 거래 내역 묶음을 '블록'이라 하며, 이 블록이 모여 사슬처럼 엮여 있다고 해서 이 기술을 블록체인이라고 한다.

1. 분기(fork)

블록체인에서 새로운 블록은 채굴자(Miner)에 의하여 생성된다. 채굴자들은 블록체인에 추가될 새로운 블록을 생성하고 이 블록의 페이로드(Payload)에 데이터들을 저장하며(비트코인에서는 거래 데이터들을 이 페이로드에 저장함) 난스를 찾아서 해당 블록을 완성한다.

[그림 3-10] 블록의 구조 헤더와 바디

다수의 채굴자 중 난스를 가장 먼저 발견한 채굴자의 블록이 기존의 블록체인에 추가된다. 또한 이렇게 추가된 블록에 대한 정보는 전체 블록체인에 전파된다.

그런데 블록체인 네트워크가 성장하여 매우 커지면 기존의 블록체인에 추가할 새로운 블록을 채굴자 A가 발견하여 추가하고 이를 전파할 때 다른 채굴자 B도 이 사실을 모른 채 자신이 생성한 블록을 블록체인에 추가하고 이 사실을 블록체인에 전파할 수 있다.

그러면 블록체인 네트워크 내 일부 노드들은 채굴자 A가 추가한 블록이 추가된 블록체인 정보를 가지고 다른 노드들은 채굴자 A가 추가한 블록이 추가된 블록체인 정보를 가지게 된다. 결국 이러한 사실은 전체 블록체인 노드들에게 공유된다.

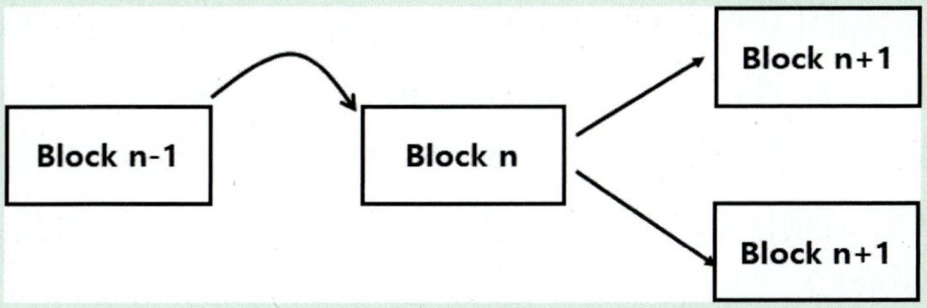

[그림 3-11] 블록의 분기

그러면 [그림 3-11]에서 보는 바와 같이 블록 n의 다음에 2개의 블록이 존재하는 상황이 된다. 이를 분기(Fork)라고 부른다. 그러면 채굴자들은 개의 마지막 블록 중 하나를 선택하여 그 뒤에 추가할 블록을 생성한다. 이렇게 시간이 좀 흐르면 분기된 개의 체인들 중 하나가 더 길어지게 되는데(확률적으로 2개의 체인이 계속 동일한 길이를 유지하는 것은 기대하기 어려우므로), 이때 더 긴 것이 유효한 블록체인으로 선택되고 짧은 체인은 유효하지 않은 것으로 버려진다. 이렇게 함으로써, 블록체인은 결국 하나의 체인으로 유지되게 된다.

11 암호화 기술과 암호 프로토콜 기술에 대하여 분석하라.

구분	분류	알고리즘	사례
암호화 기술	대칭키(비밀키) 알고리즘	블록 암호 알고리즘	DES, AES, SEED
		스트림 암호알고리즘	LFSR
	비대칭키(비밀키) 알고리즘	소인수 분해	RSA
		이산대수	DSA, ECC
		근접벡터	Lattice
암호 프로토콜 기술	기본 암호 프로토콜	개인 식별 및 인증, 전자서명, 키 분배	
	발전된 암호 프로토콜	전자화폐, 전자결제. 전자선거	

1. 공개키와 비밀키

블록체인의 페이로드에 저장되는 데이터는 암호화 없이 그냥 플레인 데이터(Plain Data)로 저장될 수도 있지만 보안 목적으로 암호화될 수도 있다

비트코인에서는 블록체인의 페이로드에 저장되는 데이터가 거래(Transaction) 데이터인

데 이 데이터를 통해서 비트코인을 수신한 사람이 해당 비트코인을 사용할 수 있도록 하기 위하여 공개키 암호화 기법(Public Key Encryption)을 사용한다.

공개키(Public Key) 암호화 기법은 암호화 시에 사용하는 키는 누구나 알 수 있는 공개키를 사용하고 복호화시에는 공개되어 있지 않고 그 사람만이 알고 있는 비밀키(Private Key)를 사용하는 방법이다.

또한, 이는, 암호화 및 복호화시에 사용하는 키가 서로 다르며 공개키를 이용해서 비밀키를 알아 낼 수 없기 때문에 비대칭 암호화 기법으로도 불린다.

12 비잔틴 장군 문제가 무엇인지 분석하라.

비잔틴 장군 문제(Byzantine General Problem)는 분산 컴퓨팅 환경에서 악의적인 노드가 분산 시스템에 정보간의 충돌(중복 사용)에 참여한 상황을 모델링한 문제이다. 비잔틴 장군 문제를 해결한 시스템은 악의적인 노드가 분산 시스템에 참여한 상황에서도 전체 시스템은 신뢰도 있는 서비스를 제공할 수 있다는 것을 보장한다.

비잔틴 장군 문제는 여러 명의 장군들이 각자 병력들을 통솔하여 함께 요새를 공격할 시간에 합의 하고자 할 때 ① 과반수 이상의 장군이 참여할 때만 공격에 성공할 수 있으며 ② 각 장군들은 전령을 통해서만 서로 교신 할 수 있고 ③ 일부 장군들은 악의적으로 거짓 공격 시점을 전달하여 다른 장군에게 피해를 입히고자하는 상황에서 공격 할 시간을 합의하기 위한 절차를 찾는 문제이다

비잔틴 장군 문제에서 일부 장군이 악의적으로 거짓 공격 시점을 전달하게 된다면 과반수 이상의 장군이 공격에 참여 할 수 없으므로 공격에 실패하게 된다.

만약 거짓 공격 시점을 전달하는 것을 막기 위해서 A장군이 B장군에게 메시지를 보낼 때 자신이 작업한 것이라는 것을 증명하는 10분간의 작업을 한다면 B장군은 그 증명작업을 보고 A장군이 보냈다고 확인할 수 있으며 자신도 같은 작업을 하여 C장군에게 보낸다. 이 때, C장군이 거짓 공격 시점으로 위조한 메시지를 보내고자 해도 A장군과 B장군의 증명작업이 필요하기 때문에 불가능하며 이러한 개념을 가지고 제안된 알고리즘이 바로 PoW(Proof of Work)이다. 그 이후 PoW 이외에도 PoS(Proof of Stake), PoI(Proof of Importance), Consensus by bet과 같은 다양한 합의 알고리즘이 제안되었으며 이를 통해 정보의 무결성을 보장할 수 있게 되었다.

13 PoW의 문제점에 대하여 분석하라.

PoW는 확률적으로 해답이 어려운 문제를 가장 빨리 해결한 사람에게 블록을 만들 수 있도록 허가하고 그 보상으로 코인을 준다. 이 방식은 중앙 집권적인 관리자가 없지만 사람들이 보상을 위해 네트워크에 참여하기 때문에 시스템이 자율적으로 운영된다. 그리고 통신이 끊겨 불일치가 발생해 블록이 분기한 경우에도 가장 긴 블록체인을 올바른 것(더 많은 참가자가 승인했다고 간주)으로 함으로써 데이터의 일관성을 보장하고 있다. 이 알고리즘은 운영 개시로부터 8년이 지난 지금까지도 대규모 시스템 장애를 일으킨 적이 없기에 안전성을 입증했다고 할 수 있다. 그러면 PoW의 문제란 무엇일까. 대표적인 것은 다음과 같다.

1. 51% 문제

PoW는 다수결로 결정을 내리는 알고리즘이다. P2P 네트워크에서 블록을 채굴하기 위해 참가자 채굴자(마이너)는 블록 생성에 대한 보상을 받는다. 하지만 특정 마이너가 전체 네트워크의 과반수이상을 점유하게 된다면 다른 마이너가 생성한 블록을 승인하지 않는 등 결과를 자유롭게 조작할 수 있기 때문에 PoW는 정상적으로 가능할 수 없게 된다.

이 문제는 처음부터 지적했던 것이지만 그런 상태가 될 것이라고 생각하지는 않았다, 하지만 실제로 땅값과 전기세가 싼 중국의 참가자가 대거 채굴에 참가해 비트코인의 채굴자의 과반수응 점유하게 됐다. 중국의 참가자가 이미 70~80%에 이른다는 계산도 있다.

2. 확정의 불확실성

PoW는 블록체인이 분기하는 경우 긴 체인을 올바른 것으로 판단한다. 짧은 체인을 사용하고 있던 노드에서는 긴 체인이 채택돼 블록의 전환이 발생하면 다양한 문제가 발생할 수 있다. 예를 들어 계좌 잔액이 변경되거나 거래 자체가 없었던 일이 되는 경우가 발생할 수 있다. 비트코인은 이런 현상을 방지하기 위해 거래가 확장되더라도 6블록 가량 기다리지 않으면 다음 거래를 할 수 없는 등 제한을 설정하고 있는 지갑도 존재한다. 이처럼 확정성(Finalization : 결제완전성=송금 등 결재 처리가 확실하게 집행되는 것)이 불확실한 것이 금융 시스템에 도입되기 힘든 이유 중 하나다.

3. 성능한계

P2P 네트워크에서 단일 정보를 공유하는 구조상 네트워크에 확산되는 시간을 없애는 것은 불가능하다. 또한 여러 노드간 합의를 통해 정보의 신뢰성을 담보하고 있기 때문에 합의에 걸리는 시간도 필요하다. 따라서 성능(응답 시간과 처리량)을 올리는 것은 어려우면 실시간으로 처리해야 하는 업무는 기본적으로 적합하지 않다.

4. 블록체인의 용량

블록체인은 참가자 전원이 거래(트랜잭션) 실행 결과를 검토해 신뢰성을 확보하기 때문에 모든 블록 정보를 각각의 노드가 보유해야 한다.

비트코인은 운영개시부터 축적된 블록체인 정보가 현재 80기가바이트에 달하면 향후에도 계속 증가해 나갈 것이지 때문에 하드 디스크 용량의 압박과 초기 실행 시간의 증가가 우려되고 있다.

이상이 PoW가 가진 대표적인 문제점이다. 이 문제에 대해서는 비트코인 커뮤니티에서도 해결 방안과 대안을 검토하고 있지만 완전한 해결책은 없는 것이 현실이다.

그래서 최근 출시된 새로운 블록체인 기반 기술에서는 다른 합의 알고리즘을 채택해 이런 문제를 해결하려는 모습을 볼 수 있다.

14 합의 알고리즘의 장애 모델별 특징을 분석하라.

합의 알고리즘의 P2P 네트워크에서 발생하는 대표적인 3종류의 장애 모델이다.

장애별 모델		장애모델 내용
모델 1	FAIL STOP 모델	어떤 오류로 인해 중지된 서버는 깨끗이 퇴출하는 모델이다.
모델 2	FAIL RECOVER 모델	한 번 정지한 서버가 부활하는 모델(지연과 중단을 구별하지 않는다.
모델 3	BYZANTINE FAULT 모델	임의 노드가 악의적으로 실수를 일으키는 모델이다.

BYZANTINE FAULT 모델의 장애로 인하여 고려된 모델은 Pow, PoS, PBFT, Seive이다. FAIL STOP 모델과 FAIL RECOVER 모델의 장애를 고려한 모델은 Paxos와 Raft 합의 알고리즘이다.

분산 데이터베이스나 분산 파일 공유 시스템 등에는 기본적으로 사람의 의사가 개입하지 않기 때문에 각 노드가 상태를 보고 제어할 수 있지만, 비트코인과 같이 불특정 다수의 사람이 참개해 스스로의 의사로 거래를 수행하는 구조의 경우에는 사용자가 악의적으로 데이터를 변조하거나 파괴하는 등의 행위를 하는 경우를 고려해야 한다.

학습 3

15 합의 알고리즘의 종류별로 특징을 비교 분석하라.

	Paxos/Raft	PBFT/Sieve	PoW	PoS
대응하는 장애 모델	Fail-Stop, fail-recovers는 대응하지만 Byzantine Fault는 대응하지 않음	Byzantine Fault 대응	Byzantine Fault 대응	Byzantine Fault 대응
통신비용	리더를 중심으로 통신하기 때문에 PBFT보다 통신비용은 낮음, PoW와 PoS와 비교하면 전체적으로 비용은 같지만 리더 1대의 통신비용이 높아짐	각 서버간 통산을 수행하기 때문에 비용은 높음	참가 서버 전체가 아니 로컬 통신망으로 문제없음. 로컬 통신은 비용이 낮음	참가 서버 전체가 아니 로컬 통신망으로 문제없음. 로컬 통신은 비용이 낮음
결함 허용 대수	1/2 미만은 문제없음(정확히 1/2인 경우 대응불가) PBFT보다 적은대수로 가능	1/3미만까지 보증(정확히1/3인 경유 대응 불가)	1대라도 남아있다면 문제없음	1대라도 남아있다면 문제없음
다수결 대신이되는 것	다수결	다수결	CPU 계산량	보유한 자산 크기
CPU 연산 비용	낮음	낮음	높음	중간 정도, PoW보다 낮지만 나름대로의 해시 계산을 수행
권한의 분산	리데에게 강한 권한이 있으나 교체될 수 있음	참가서버 모두가 평등	전기세가 낮은 지역에 집중될 가능성이 있음	일반적으로 화폐 보유는 집중될 가능성이 높음
참가 서버의 조건	신뢰된 서버만 참가	신뢰된 서버만 참가	어떤 서버도 참가 가능	어떤 서버도 참가 가능
비밀보호를 위한 인증	특별히 없음	사전에 서로 신뢰한 공개 암호화 키를 사용	참가시 준비한 공개 암호화 키를 사용	참가시 준비한 공개 암호화 키를 사용

학습활동.3 교수 · 학습 방법

교수 방법

- 블록체인의 핵심기술에 대한 관련 용어, 구성, 방식 이해 정도를 파악한 후 수업을 진행한다.
- 교수자의 주도로 드론의 이해 등의 내용을 PPT 자료로 제시한 후 설명한다.
- 가능하면 사전에 개인별 학습 자료를 준비하여 모든 학생이 참여할 수 있는 문제 해결식 수업, 협력 수업이 가능하도록 한다.
- 블록체인의 핵심기술 전 과정을 작업의 순서에 따라 단계적으로 실습이 이루어질 수 있도록 지도한다.
- 교재를 통해 수업을 준비하는데 있어서 필요한 모든 정보나 팁, 힌트 등 도움이 될 만한 내용들을 확인할 수 있다.
- 학생들이 만들게 될 각 모델들은 수업시간에 중점적으로 다뤄질 부분과 어휘, 질문, 답을 포함하고 있으며 또한 탐구할만한 추가적인 아이디어들도 포함하고 있다.

학습 방법

- 블록체인의 핵심기술에 대한 관련 용어를 숙지하고, 블록체인의 핵심기술에 대해 이해한다.
- 블록체인의 핵심기술의 각 단계별 중점 사항을 체계적으로 학습한다.
- 블록체인의 핵심기술의 수행순서의 전 과정을 실습한다.
- 블록체인의 핵심기술의 내용을 이해한다.
- 블록체인의 핵심기술을 이해하고 숙달이 될 때까지 학습한다.

학습활동.3 평가 및 피드백

평가 준거

- 평가자는 피평가자가 수행 준거 및 평가 내용에 제시되어 있는 내용을 성공적으로 수행할 수 있는 지를 평가해야 한다.

학습내용	평가항목	성취수준		
		상	중	하
블록체인의 핵심기술	블록체인의 핵심기술을 이해할 수 있다.			

평가 방법

• 작업 포트폴리오

학습내용	평가항목	성취수준		
		상	중	하
블록체인의 핵심기술	블록체인의 핵심기술을 이해할 수 있다.			

• 필기시험

학습내용	평가항목	성취수준		
		상	중	하
블록체인의 핵심기술	블록체인의 핵심기술을 이해할 수 있다.			

• 체크리스트를 통한 관찰

학습내용	평가항목	성취수준		
		상	중	하
블록체인의 핵심기술	블록체인의 핵심기술을 이해할 수 있다.			

• 피드백

1. 작업 포트폴리오
   – 제출한 보고서를 평가한 후 주요 사항에 대하여 표시하여 돌려준다.
2. 필기시험
   – 평가 결과 성적이 저조한 학생은 보고서 제출 기회를 부여한다.
3. 체크리스트를 통한 관찰
   – 실습 과정에서 평가한 후 개선해야 할 사항 등을 정리하여 돌려둔다.

학습 3

참고자료

1. https://seed.kisa.or.kr/iwt/ko/int/EgovIntergency.do
2. 블록체인과 개인정보 보호 이슈. 2017.12, 한국인터넷진흥원
3. 일본의 블록체인 주요 동향 및 전망, 일본블록체인 추진협회(BCCC), 히라노 요이치로, 2017. 12.19, 섬유센터
4. 네이버 지식백과, 블록체인, 사시상식사전, 박문각
5. 김태형, 블록체인 개념 및 분야별 활용사례 분석, 전기저널, 487, pp.58~65, 2017.7
4. 블록체인 구조와 이론, 아카하네 요시하루, 양현옮김, 위키북스 p.105.
6. ComputerWorld, IBM Watson, FDA to explore blockchain for secure patient data exchange, 2017.1.11
7. IBM Newsroom, IBM Watson Health Annonces Collaboration to Study the Use of Blockchain Technology for Secure Exchange of Healthcare Data, 2017.1.11
8. The Guardian, Google's DeepMind plans bitcoin-style health record tracking for hospitals, 2017.3.9
9. CCN, Philips Launches Blockchain Lab To Spur Innovation Within Healthcare Industry, 2017.3.8
10. Du, du partners with NMC Hospital to revolutionize Electronic Health Records with Blockchain Technology for 100% data security, 2017.1.3
11. GE Reports, How Renewable Energy Is Taking A Page From Bitcoin, 2016.11.28
12. Asia One, Energo Labs Uses Blockchain to Decentralize Energy in the Philippines, 2017.10.12
13. Huffington Post, Power Ledger : The Aussie Company That's Using Blockchain To Digitise Energy, 2017.10.5
14. LTP, What Is The DAO and Why Is It the Biggest Crowdfunding Project in History?, 2017.5.29
15. Linked In, Starbase - Blockchain Based Crowdfunding / Crowdsourcing Platform : COME and JOIN the BOUNTY CAMPAIGN, 2017.5.9
16. Bitcoin : A peer-to-peer Electronic cash system, 사토시 나카모토, 2008.10.31
17. 블록체인 패러다임과 핀테크 보안, 한국통신학회지, 박성준, pp23-28, 2017.2
18. 블록체인 기술과 보안 고려사항, 금융보안원 보안기술연구팀, 2017.8.17
19. 비트코인 블록체인 개론, https://blog.naver.com/onalja

학습 1	4차 산업혁명과 블록체인
학습 2	블록체인의 개요
학습 3	블록체인의 핵심기술
학습 4	**블록체인의 P2P 네트워크 기술**
학습 5	블록체인의 합의 알고리즘 기술
학습 6	블록체인의 스마트 계약
학습 7	블록체인의 분산원장 기술
학습 8	블록체인의 활용 암화화폐
학습 9	차세대 블록체인 큐브체인
학습 10	블록체인의 표준화 동양
학습 11	블록체인의 응용기술
학습 12	블록체인의 법제도와 기술이슈
학습 13	블록체인의 산업동향과 특허동향

학습 4

학습 목표

4. 블록체인의 P2P 네트워크 기술을 이해할 수 있다.

4-1 P2P 네트워크의 개념

Peer-To-Peer네트워크는 컴퓨터끼리 같은 목적으로 연결해 네트워크를 형성하는 방식이다. 어떤 컴퓨터도 같은 처리를 할 수 있기 때문에 1대가 정지해도 시스템 전체에는 영향을 주지 않는 특징을 가진다.

P2P 네트워크에서 비트코인과 이더리움과 같은 합의 알고리즘에 작업증명(Proof of work)을 채택하고 있는 블록체인 기반의 동작은 다음과 같다.

① 블록체인을 구성하는 P2P 네트워크에서 한 노드(노드 A라 한다)가 거래(Transaction : 트랜잭션)를 보낸다. 아직 이 시점에서 거래 자체는 실행(성립)되지 않은 상태이다.

② 노드 A로부터 P2P 네트워크로 전달된 거래는 네트워크에 참가하는 모든 노드로 전파(브로드캐스팅)된다.

③ 거래를 받은 모든 노드가 채굴(Mining : 마이닝)을 실시해 조건에 맞는 해시값

을 발견하면 기존의 블록체인에 새로운 블록을 추가(마이닝에 성공한 노드를 노드 B라 한다)한다. 이것을 작업증명(PoW)이라 한다.

④ 새로운 블록을 추가한 노드 B는 블록을 P2P 네트워크에 브로드캐스트 한다.

⑤ 블록은 받은 각 노드는 블록이 올바른 것인지 검증하고, 문제가 없다면 해당 블록을 받아들여 자신이 가지고 있는 블록체인을 업데이트 한다. 그리고 이 시점에 거래가 성립된다.

다시 정리하면 P2P(Peer-to-Peer) 네트워크(Network) 혹은 동등 계층 간 통신망은 기존의 전송 네트워크가 중앙집중형으로 서버나 클라이언트의 구조가 아니고 블록체인 네트워크의 분산형 구조로써 상호 연결된 노드(피어)들이 서로 간에 연결되어 거래 내역이 모든 네트워크 참여자에게 공유 및 거래가 되도록 공유하는 네트워크로써 망구성에 참여하는 기계들의 계산과 대역폭 성능에 의존하여 구성되는 통신망이다.

그러므로 블록체인 기술은 P2P 네트워크에서 하나의 DB를 유지하는 기술이므로 P2P네트워크를 사용함으로 제3자의 인증 없이 가능하다. P2P 네트워크 전체는 하나의 블록체인(DB)을 유지하는 기술이고 피어(노드)는 블록체인(DB)복제(Sync)시스템이다.

〈표 4-1〉 Peer와 P2P 네트워크의 개념

항 목	내 용
Peer(피어 : 노드)	• 동등 또는 대등 관계 단위로써 동등한 지위로 동작하는 기능 단위 • 블록체인(DB)복제(Sync)시스템
P2P(Peer-to-Peer)	• 마스터(Master)/ 슬러브(Slave) 또는 Primary / Secondary 개념이 없으며, 채널 상의 모든 국(station)들이 동등한 권한을 갖는 관계를 말한다. • 하나의 DB를 유지하는 기술

P2P 네트워크는 각 컴퓨터(노드)가 서로의 역할을 동시에 담당한다. 즉 각 노드는 서비스를 사용하는 동시에 서비스를 제공하는 기능도 한다.

비트코인이 P2P 네트워크와 하나의 DB유지를 합친 것을 최초 블록체인 기술을 제공하였다.

그러므로 P2P 네트워크의 구성은 권한이 같은 다수의 피어(노드)들이 그 중에서 일부의 피어들이 연결된다.

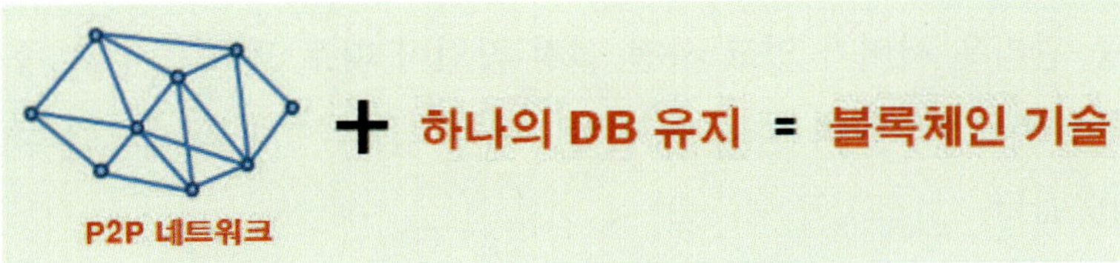

[그림 4-1] 비트코인이 제공한 블록체인 기술

실제로 비트코인은 최대 8개의 피어와 이더리움의 패리티는 25개의 피어와 연결된다. 이와 같이 P2P네트워크에서 다수의 피어들이 하나의 블록체인(DB)을 유지하는 것이 블록체인 기술이다.

학습 4

4-2 P2P 네트워크의 특징

P2P형은 서버를 준비하는 주종의 관계 또는 클라이언트/서버 관계가 아니고 통신의 상대방이 서로 대등한 위치에 서서 상호간에 차이가 없이 참가하는 각 노드의 자원과 네트워크 회선을 이용해 부하를 분산시키며 시스템을 운영한다.

그러나 각 국(Station)들은 미리 결정된 우선순위를 가질 수 있으며 우선순위를 부여하는 방법으로는 토큰 전달(Token-Pass), 반송파 검출(감지) 등이 사용 가능하다. 그렇기 때문에 노드가 증가해도 서비스를 유지할 수 있는 높은 확장성을 가진다.

하지만 다수의 노드가 참여하는 P2P네트워크를 구축하거나 다른 노드를 찾는 기능을 설계하기 위해서는 많은 노력이 필요하다.

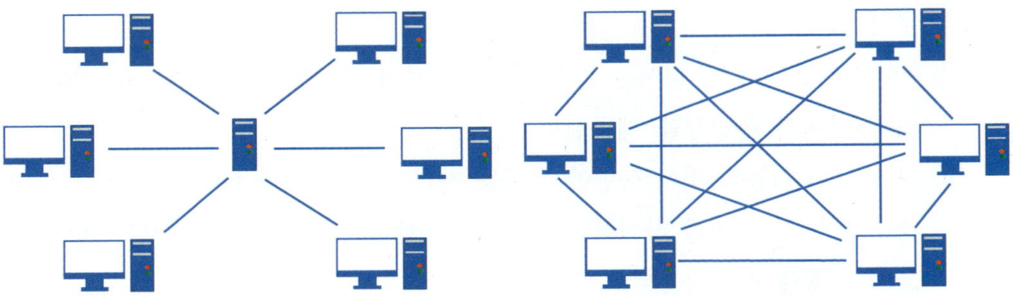

(a) 서버기반 네트워크 (b) Peer to Peer기반 네트워크

[그림 4-2] 중앙집중식 네트워크와 분산형 네트워크의 비교

중앙집중 관리용 서버가 없고 사전 설정 작업이 따로 필요치 않고 즉시 네트워크 구축이 가능하다. 노드들이 서로 데이터와 대역폭을 공유하고 네트워크로의 참여 및 이탈이 자유롭다.

1. 분산 자원 공유 측면

① 관심 대상 자원은 분산된 형태로 이용되며 피어에 가까운 네트워크 종단에 위치한다.

② 피어 집합 내 각 피어는 상대 피어가 제공하는 자원을 이용하며, 대상 자원은 오디오/비디오 데이터, 애플리케이션, 컴퓨팅 파워, 연결성 및 Presence 정보 등이다.

③ 피어는 네트워크로 상호 연결되며, 지구상 전역으로 분산 가능하다.

④ 이동성을 기반으로 하는 유비쿼터스 환경에서 각 피어는 해당 주소가 동적으로 변화하며 상시 네트워크에 연결된다는 보장도 없다. 따라서 주소를 기반으로 하는 데이터 어드레싱은 더 이상 유효하지 않다. 이에 대한 대안으로 P2P 시스템은 콘텐트 기반 라우팅 기능을 제공한다.

2. 분산 자율 조직 측면

① 공유 자원 이용을 위하여 별도의 중앙집중형 제어 또는 중재 없이 피어간 직접 상호 작용한다. 따라서 집중화 구조의 병목 현상은 피하지만 클라이언트-서버 구조에 비하여 종단 시스템의 가용도 감소에 대비해야 한다.

② 성능 측면에서 완전 분산 개념의 P2P 시스템에 집중화 요소를 도입해야 할 경우가 있다.

③ P2P 시스템에서 각 피어는 클라이언트와 서버 역할을 동시에 함으로 기능 가용성 측면에서 유연성을 제공한다.

④ 각 피어는 기능적 역할 측면에서 동등 자격을 갖는다. 각 피어가 보유한 자원인 경우가 있으며, 이를 하이브리드 P2P 시스템이라 한다. 공유 여부는 피어의 자율적 결정에 따른다.

⑤ 시스템은 자율 조직 또는 애드 혹(ad-hoc)방식으로 제어된다.

3. 통신계층모델 관점

계층모델에서 동배간이라는 표현은, 서로 다른 네트워크 노드에 있으나, 같은 계층에 속하는 개체들 간의 관계를 말한다.

① 피어 프로토콜(Peer Protocol)은 같은 계층 간에 상호 관련지어지는 프로토콜을 동배간 프로토콜이다.

② 동배간 계층(Peer Layer)은 같은 계층이라는 의미로는 동배간 계층이다.

③ 동배간 개체(Peer Entity)는 같은 계층 간의 개체들을 동배간 개체이고 동배간 개체 사이에서는 투명성 있는 연결을 이룬다.

④ 프로토콜 사례 : PPP 프로토콜(전형적인 피어 프로토콜의 한 예) 등이다. 링크가 형성된 양단간에 또 다른 대등한 네트워크가 있을 수 있는 등 상호간에 대등한 입장에 서서 통신을 한다.

4. 토폴로지 관점

P2P 구현 네트워크 토폴로지는 링형(Ring Type), 버스형(Bus Type), 망형(Mesh Type) 등이 가능하다.

수행 내용

재료 · 자료

- 블록체인의 P2P 네트워크 기술 및 관련 자료

기기(장비 · 공구)

- 컴퓨터, 프린터, 주변기기

안전 · 유의사항

- 컴퓨터, 주변기기 전원을 관리한다.

수행 순서

01 P2P 네트워크의 분류하여 분석하라.

P2P네트워크를 크게 분류하면 노드 탐색을 위해 인덱스 서버를 활용하는 '하이브리드 P2P'와 노드의 탐색도 포함해 자율 분산적으로 움직이는 '퓨어 P2P' 2가지로 분류할 수 있다.

1. Hybrid P2P방식

하이브리드 P2P는 각 노드가 보유한 데이터의 정보가 인덱스 서버에 기록된다. 기존 Server/Client 모델을 완전히 벗어나지 못한 형태의 P2P이다. 각 노드가 직접 데이터를 주고받는 것은 P2P형태지만 인덱스 서버에 요청하는 부분은 클라이언트 서버형 시스템의 형태이다. 중앙 서버가 존재해 중개 및 검색을 제공하고 데이터 전송은 개인PC들 간에(Peer) 주고받는 방식이다. 우리가 많이 사용하고 접하는 냅스터(Napster), 소리바다 같은 파일공유 프로그램, NateOn 등과 같은 메신저를 통한 파일 전송 등이 있다.

장점으로 중앙서버가 존재해 검색이 빠르다. 반면 네트워크가 커질수록 중앙 서버에 부담이 가며 중앙서버가 죽으면 전체 네트워크가 죽는 단점이 있다.

2. Pure P2P방식

퓨어 P2P는 말 그대로 순수 P2P를 구현하고 있기 때문에 중앙 서버를 사용하지 않는 방식으로 네트워크에 참여하는 모든 컴퓨터는 똑같이 Server/Client 역할을 겸하며 검색, 데이터 전송에 있어서 같은 책임을 지므로 인덱스 서버 없이 자신이 원하는 데이터를 검색하는 기능도 노드그룹에 의해 자율적으로 이루어진다. 데이터 검색은 P2P 네트워크 내의 노드 사이에서 메시지 전송을 통해 이루어진다.

이를 사용한 네트워크로 그누텔라(Gnutella)나 프리넷(Freenet) 등이 있다. 장점으로 전체 네트워크가 죽는 일이 거의 불가능하며, 네트워크 확장성이 매우 높고, 네트워크 증가에 따른 비용이 제로에 가깝다.

또한 전 세계 모든 컴퓨터의 정보 자료를 100% 검색 및 공유가 가능하기도 하고, 제한된 커뮤니티 내에서 파일 정보 공유 네트워크를 구성할 수도 있다. 그리고 이런 각 네트워크끼리 연결하면 커뮤니티 상호간의 정보 공유망 또한 자유롭게 구축할 수 있다.

반면 중앙 서버가 없기 때문에 네트워크를 제어할 수단이 없고, 파일 목록을 검색할 때마다 네트워크의 모든 컴퓨터를 검색해야 하므로 검색 속도가 크게 뒤떨어지며, 과도한 부하, 해킹 위험 등이 있다.

3. Super Peer방식

Super Peer방식은 Hybrid P2P방식과 Pure P2P방식의 장점을 결합해 놓은 방식이다. Hybrid P2P방식과 Pure P2P방식은 중앙 서버의 존재 유무에 따라 각각 장단점이 나타나는데 Super Peer방식은 P2P네트워크에 중앙서버 역할을 하는 Super Peer들을 여러 개 둬서 네트워크를 구성하는 방법이다.

중앙 서버가 존재하므로 검색의 속도가 빠르며, 또한 중앙 서버가 여러 개 존재하므로 인해 하나의 중앙 서버가 죽더라도 다른 중앙 서버를 이용할 수 있는 방식이다.

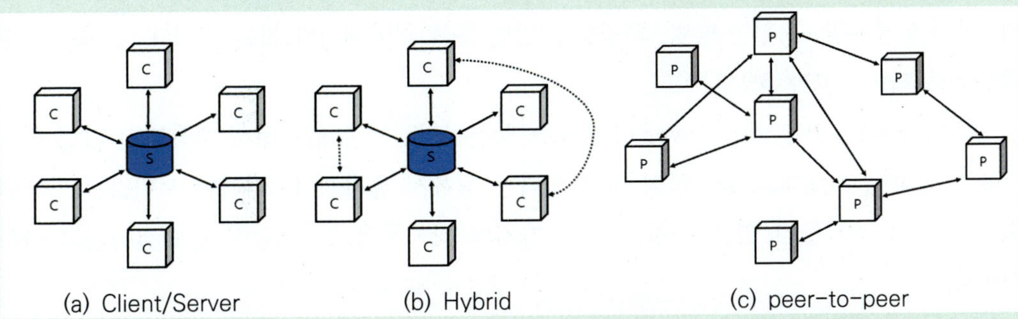

[그림 4-3] 네트워크 방식별 분류

반면 개념 자체만으로는 매우 간단해 보이지만 실제로 Super Peer를 구현하기는 쉽지 않으며 게다가 아직 Super Peer에 대한 최적화된 이론이 정립되지 않은 상태여서 구현 방식에 따라서 천차만별의 성능을 보이는 것이 단점이다.

02 P2P 네트워크의 구조에 대하여 분석하라.

P2P 네트워크 구조는 최근에 인터넷 상에서 멀티미디어 파일을 공유하는 용도로 많이 부각되긴 했지만, 1969년 4월 7일에 제정된 RFC(Request for Comments)란 인터넷 규약의 초기 버전부터 핵심적인 기술로 내제되어 있어 유래가 깊다.

최근의 P2P 서비스는 순수파일 전송 네트워크에서 발달하여 그리드 컴퓨팅 기술로 진화해 웹하드 형태로 서비스되고 있다. 외부적으로 웹하드 형식으로 보이지만 실제로는 각 유저들의 저장장치에 파일이 직접 전송되어 순수 초기 P2P 네트워크와 마찬가지로 유저들의 시스템에 부하를 유발하는 공통점이 있다. 이런 웹하드 형태의 그리드 컴퓨팅 P2P 서비스로는 피디박스, 화일아이, 아이팝 등이 있다.

1. 리소스 기반의 어드레싱

P2P는 인터넷에 연결되어 있는 여러 가지 형태의 리소스(저장 공간, 씨피유 파워, 콘텐츠, 그리고 연결된 컴퓨터를 쓰고 있는 사람 그 자체)를 이용하는 일종의 응용 프로그램이다. 그런데 이들은 고정된 ip 주소도 없고, 연결이 되었다 안 되었다 하는 '불안정한' 형태로 존재하는 분산된 리소스이다. 따라서 P2P 노드는 종래의 DNS '바깥에서' 운용될 수밖에 없으며 강력한 중앙의 서버들의 영향력이 미치지 않는다. 바로 이 점이 P2P를 독보적으로 만드는 핵심이다. P2P 디자이너들은 그런 특징을 활용해서 CPU 싸이클들을 모을 수 있는 방법, 파일을 공유할 수 있는 방법, 채팅하는 방법 등을 찾아내고자 하는 것이다. 문제는 어떤 방향으로 나아가고자 하느냐이다.

냅스터나 ICQ, Popular Power, Freenet 등은 모두 기존에는 전혀 사용되지 않던 리소스를 발굴해서 지렛대로 활용하려 하고 있다는 점에서 유사하다. 이러한 서비스는 다양한 형태로 인터넷에 물려 있는 수천, 수 만 가지의 장치들을 잘 조합하고 연결하려고 하는 것이다.

2. DNS를 우회하는 P2P

1996년 나온 ICQ는 항상 인터넷에 연결되어 있는 서버와는 다른, 접속하다 끊을 수도 있는 개인용 컴퓨터들끼리 서로 접속할 수 있는 길을 처음으로 터 주었다. 모든 것이 점차 휴대화되어 가는 추세를 맞아, ICQ는 DNS를 우회해서 저만의 독자적인 프로토콜 주소 디렉터리(protocol-specific address directory)를 창조해 냈던 것이다.

이를 통해 IP 주소는 실시간으로 업데이트 될 수 있었다. Groove, Napster, Netmeeting 등이 ICQ를 따라 이런 방법을 사용한다(물론 모든 P2P 시스템이 이 트릭을 쓰는 것은 아니다. 그누텔라(Gnutella)나 Freenet의 경우 DNS를 우회하는 것은 이전 방식과 똑같지만 숫자로 표시되는 IP 주소를 활용한다는 점에서 다르다. Popular Power와 SETI@Home은 각 노드가 고정된 주소에 접속할 수 있는 스케줄을 제공해서, 접속 당시의 IP 주소를 전달하는 방식을 택하고 있다).

IP 주소가 처음 뿌리를 내린 1984년 이후 16년 동안 2천3백만 개의 도메인 이름이 만들어졌다. 하지만 냅스터는 혼자서 16개월 만에 2천 3백만 개의 비 DNS 주소를 만들어냈다.

그리고 만약 사용자가 모든 비 DNS 인스턴트 메시징 주소에 가입한다고 하면 동적인 IP 주소에 접근할 수 있는 P2P 주소의 개수는 모두 2억 개를 넘어선다.

평균 DNS 호스트가 10개의 second.first.com 같은 형태의 2차 주소를 갖고 있다고 가정해 보아도, 현재의 P2P 주소의 모든 개수는 불과 4년 뒤엔 DNS 주소의 모든 개수와 같아지게 될 것이며, 오늘날의 DNS 세계보다 훨씬 더 광대한 세계로 성장해 가게 된다는 셈이 된다.

무선 PDA 같은 새로운 종류의 인터넷 접속 장치나 TiVo, Replay 같은 디지털 비디오 레코더가 보급됨에 따라 이들 역시 인터넷의 중요한 일부가 될 것이 확실하다. 하지만 현재로는 PC 그 자체야말로 개척되지 않은 리소스의 절대 다수를 갖고 있다. PC는 인터넷의 다크호스이다. 그리고 그 PC가 갖고 있는 '덜' 사용된 리소스는 P2P 혁명을 더욱 가속화할 것이다.

03 지금까지 P2P 네트워크를 사용하지 않는 이유에 대하여 분석하라.

왜 지금까지 P2P 네트워크를 사용하지 않은 이유는 디지털 복사 문제 때문이다. 즉 P2P 네트워크에서 하나의 DB를 유지하는 문제 때문이다. 디지털 기록은 복사를 하면, 원본과 복사본을 구별하지 못하는 매우 특이한 특징이 있다.

학습 4

[그림 4-4] 디지털 기록의 복사와 붙여넣기

이런 특성은 현실 세계에서는 거의 문제가 되지 않는 특징이며, 예로 현실 세계에서 복사기로 문서를 복사를 하여도 큰 문제를 발생시키지 않는다.

하지만 디지털 기록은 복사를 하면 이를 구분할 수가 없기 때문에 진본이 2개가 존재하는 이상한 경우가 발생한다.

전자화폐에서 이 문제를 '이중지출(double spending) 문제'라고 한다. 즉 DB가 두개가 존재하면, 두 번 사용할 수 있다.

이를 해결하기 위한 기존 방법은 은행과 같은 3자가 DB를 혼자 관리를 하는 것이다. 혼자 하나의 DB를 관리하니깐, 이중지출 문제가 발생하지 않는다. 또한, 은행과 같은 제 3자가 DB를 관리하므로 이를 '3자 문제'라고도 한다.

이런 상황에서 비트코인이 이 디지털 복사 문제를 최초로 해결한 것이 가장 큰 기술적 진보이다.

[그림 4-5] 은행의 하나의 DB관리

04 서버/클라이언트 네트워크의 장단점을 분석하라.

① 서버가 서비스 관리를 집중적으로 수행하기 때문에 시스템의 설계 및 유지가 쉽다.

② 기능 추가, 버그 수정 등 업데이트 및 관리가 쉽다.

③ 서버 장애 등이 발생할 경우 서비스 전체가 중단된다.

05 P2P 네트워크의 장단점을 분석하라

① 서버를 준비할 필요가 없고, 각 노드들이 트래픽과 자원을 할당해 부하를 분산시켜 준다.

② 즉 노드가 증가하더라도 서비스를 유지할 수 있는 높은 확장성을 갖고 있다.

③ 새로운 기능을 추가하거나 업데이트를 할 경우 관리가 어려워진다.

④ 네트워크 전송 시간 때문에 노드간 정보 불일치, 성능 저하가 발생하기 쉽다.

학습 4

〈표 4-2〉

특징	내용
직접적인 비용 관리	• P2P네트워크는 전용서버를 필요하지 않기 때문에 서버에 대한 직접적인 비용(디바이스, 관리자 교육, 운용 및 보수)을 절감할 수 있다. • QoS기 필요한 서비스에는 Node에 대한 관리비용이 증가
문제 발생에 대한 내성	• P2P네트워크에서는 정보의 처리, 축적, 전송을 각 피어가 분담해 처리하기 때문에 네트워크에 접속된 특정 기기에 문제가 일어나도 전체의 네트워크 기능은 유지 • 복수의 피어가 같은 정보를 보관 혹은 유지하기 때문에 정보의 소실, 손상 리스크에도 효과적
확장성	이용자의 PC자원을 이용함으로써 대규모 시스템 투자 없이 이용자 수를 확대할 수 있음
관리의 유연성	정보검색에 센터를 이용하는 히이브리드형 P2P네트워크의 경우에는 유연한 정보 관리가 가능

06 구조화 오버레이와 비구조화 오버레이를 비교분석하라.

1. 구조화 오버레이

구조화 오버레이는 각 노드들이 물리적으로 연결되어 있으며, 그에 따라 네트워크 토폴로지(Topology)도 반영되어 있는 네트워크이다. 각 노드들의 ID가 할당되어 있고, 그에 따라 연결되는 대상들도 이미 정해져 있다.

라우팅(Routing)을 통해 메시지 전송 경로가 선택되어 있다. 따라서 다음과 같은 특징이 있다.

① 메시지를 전송하면 목적지 ID를 향해 효율적으로 전송이 되기 때문에 메시지 도착 가능성이 높다.

② 노드의 확장성이 높다.

③ 노드 수가 증가하더라도 메시지의 전송 횟수는 크게 늘어나지 않는다.

④ 노드 탐색은 네트워크의 물리적인 구조에 영향을 받아 유연함이 떨어진다.

2. 비구조화 오버레이

비구조화 오버레이는 서로 물리적으로 연결되어 있지는 않지만, 논리적으로 연결된 것처럼 사용하는 네트워크이다. 일반적으로 각 가정에서 P2P를 이용하는 경우가 비구조화 오버레이 구조이다.

네트워크 토폴로지가 없으며, 각 노드를 탐색할 때는 탐색 메시지를 브로드캐스트(Broadcast)하여 주변 노드들에게 확산해나가는 방법을 사용한다.

그러다보니 특정 노드를 향해 메시지를 전송할 경우 각 노드들 간 메시지가 전파되면서 중간에 소실되는 경우가 많으며, 노드 수가 증가할수록 메시지의 전송 횟수가 크게 증가하는 문제점이 있다.

① 메시지 전송 시 주변 노드에게 전파시켜 전달하다보니, 특정 노드에 메시지 전달하는 것을 보장할 수 없다.

② 노드 수가 많아지면 메시지 전송 횟수가 크게 증가한다.

③ 물리적 네트워크 구조와 관계없이 주변 노드들을 유연하게 탐색하기 유리하다.

비구조화 오버레이에서 메시지 전송 문제를 해결하기 위해, 중간 중간 슈퍼 노드를 배치하여 메시지 전송을 효율적으로 하려는 개념도 있다.

07 블록체인 별로 P2P네트워크의 종류와 비/구조화 오버레이의 기술을 분류하고 분석하라.

블록체인은 P2P 기술을 이용하고 있다. 다만 블록체인의 종류에 따라서 그 특징이 다르기 때문에 분류 또한 다르다.

〈표 4-3〉

블록체인 종류	P2P 분류	오버레이 구조
비트코인, 이더리움	모든 노드가 동등한 입장에서 네트워크를 형성하기 때문에 퓨어 P2P로 분류 가능하다.	네트워크 토폴로지 역시 정해지지 않았기 때문에 비구조화 오버레이라고 할 수 있다.
하이퍼레저	전용 멤버십(Membership) 서버를 갖고 있어 인덱스 서버 역할을 할 수 있기 때문에 하이브리드 P2P라고 할 수 있다	각 노드마다 그 역할을 다르게 지정할 수 있다. 네트워크 토폴로지가 정해지지 않았기 때문에 비구조화 오버레이이긴 하지만, 각 노드마다 역할을 다르게 하여 슈퍼 노드를 도입할 수 있다.

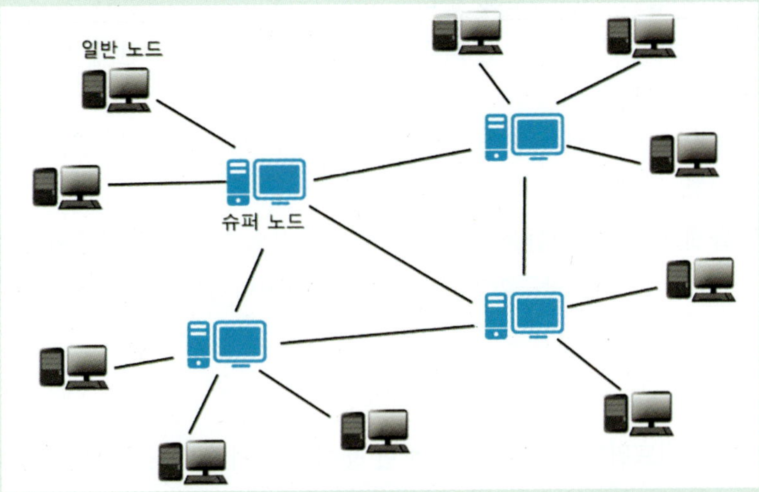

[그림 4-6] 슈퍼 로드가 있는 비구조화 오버레이

08 정보검색방식, 데이터 송수신방식, 망구조나 데이터 제어용 방식 등에 따른 P2P 네트워크의 구분하여 분석하라.

〈표 4-4〉

P2P 구분방식	유형	
정보검색 방식	• Pure P2P형 • Super Node P2P형	• 하이브리드 P2P형
데이터 송수신방식	• Peer 중계형	• Peer P2P형
데이터 유통방식	• 스트리밍, 실시간	• 다운로드
망구조 및 데이터 이용방식	• Mesh망+파일공유 • 혼재형	• 애플리케이션 멀티캐스트

학습활동.4 교수 · 학습 방법

교수 방법

- 블록체인의 P2P 네트워크 기술에 대한 관련 용어, 구성, 방식 이해 정도를 파악한 후 수업을 진행한다.
- 교수자의 주도로 블록체인의 P2P 네트워크 기술 등의 내용을 PPT 자료로 제시한 후 설명한다.
- 가능하면 사전에 개인별 학습 자료를 준비하여 모든 학생이 참여할 수 있는 문제 해결식 수업, 협력 수업이 가능하도록 한다.
- 블록체인의 P2P 네트워크 기술 전 과정을 작업의 순서에 따라 단계적으로 실습이 이루어질 수 있도록 지도한다.
- 교재를 통해 수업을 준비하는데 있어서 필요한 모든 정보나 팁, 힌트 등 도움이 될 만한 내용들을 확인할 수 있다.
- 학생들이 만들게 될 각 모델들은 수업시간에 중점적으로 다뤄질 부분과 어휘, 질문, 답을 포함하고 있으며 또한 탐구할만한 추가적인 아이디어들도 포함하고 있다.

학습 방법

- 블록체인의 P2P 네트워크 기술에 대한 관련 용어를 숙지하고, 블록체인의 P2P 네트워크 기술에 대해 이해한다.
- 블록체인의 P2P 네트워크 기술의 각 단계별 중점 사항을 체계적으로 학습한다.
- 블록체인의 P2P 네트워크 기술의 수행순서의 전 과정을 실습한다.
- 블록체인의 P2P 네트워크 기술의 내용을 이해한다.
- 블록체인의 P2P 네트워크 기술을 이해하고 숙달이 될 때까지 학습한다.

학습활동.4 평가 및 피드백

평가 준거

- 평가자는 피평가자가 수행 준거 및 평가 내용에 제시되어 있는 내용을 성공적으로 수행할 수 있는 지를 평가해야 한다.

학습내용	평가항목	성취수준		
		상	중	하
블록체인의 P2P 네트워크 기술	블록체인의 P2P 네트워크 기술을 이해할 수 있다.			

평가 방법

- 작업 포트폴리오

학습내용	평가항목	성취수준		
		상	중	하
블록체인의 P2P 네트워크 기술	블록체인의 P2P 네트워크 기술을 이해할 수 있다.			

- 필기시험

학습내용	평가항목	성취수준		
		상	중	하
블록체인의 P2P 네트워크 기술	블록체인의 P2P 네트워크 기술을 이해할 수 있다.			

- 체크리스트를 통한 관찰

학습내용	평가항목	성취수준		
		상	중	하
블록체인의 P2P 네트워크 기술	블록체인의 P2P 네트워크 기술을 이해할 수 있다.			

- 피드백

1. 작업 포트폴리오
   - 제출한 보고서를 평가한 후 주요 사항에 대하여 표시하여 돌려준다.
2. 필기시험
   - 평가 결과 성적이 저조한 학생은 보고서 제출 기회를 부여한다.
3. 체크리스트를 통한 관찰
   - 실습 과정에서 평가한 후 개선해야 할 사항 등을 정리하여 돌려둔다.

참고자료

1. 양정환, "P2P의 구현방식과 의미"
2. 애틀러스 리서치앤컨설팅, "p2p의 재조명과 활용사례"
3. http://snowdeer.github.io/blockchain/2017/07/04/blockchain-and-p2p/

학습 1	4차 산업혁명과 블록체인
학습 2	블록체인의 개요
학습 3	블록체인의 핵심기술
학습 4	블록체인의 P2P 네트워크 기술
학습 5	**블록체인의 합의 알고리즘 기술**
학습 6	블록체인의 스마트 계약
학습 7	블록체인의 분산원장 기술
학습 8	블록체인의 활용 암화화폐
학습 9	차세대 블록체인, 큐브체인
학습 10	블록체인의 표준화 동향
학습 11	블록체인의 응용기술
학습 12	블록체인의 법제도와 기술이슈
학습 13	블록체인의 산업동향과 특허동향

학습 5

학습 목표	5. 블록체인의 합의 알고리즘 기술을 이해할 수 있다.

5-1 합의 알고리즘의 개념

1. 합의 알고리즘이 필요성

블록체인에서 합의(Consensus) 알고리즘이 필요한 이유는 블록체인 기술은 다수의 피어가 P2P 네트워크를 구성하고 이들이 합의 알고리즘으로 하나의 DB인 블록체인을 유지하는 기술이므로 이것이 핵심이다. 따라서 블록체인 기술의 핵심은 합의 알고리즘에 있다. 즉 블록체인을 사용에 참여하는 사용자라면 누구나 데이터를 입력, 변경 또는 삭제할 수 있기 때문에 제3의 신뢰기관(Trust Third Party : TTP)없이 신뢰성 있는 거래를 하기 위한 근간기술인 합의 알고리즘의 사용이 반드시 필요하다.

블록체인을 구성하는 데이터의 무결성 및 신뢰성을 보장하기 위해 해시 함수(SHA-256)와 전자서명(ECDSA)을 사용한다. 블록체인을 구성하는 블록은 블록 헤더와 블록바디로 이루어지는데, 블록 헤더에는 이전 블록 헤더의 해시값이 들어있어 일종의 체인처럼 링크드리스트 방식으로 모든 블록이 연결되어 있고, 합의 알고리즘에 이용하는 임의의 난스값과 블록 생성의 난이도를 조정하는 bits 등이 포함되어 있다. 블록 바디에는 지원하는 서비스에 따라 다른 값이 들어갈 수 있다. 예를 들어, 디지털 암호 통화 시스템인 비트코인에서는 10분 동안 발생한 사용들 간의 거래가 블록 바디에 포함된다.

블록체인은 기본적으로 분산 시스템이다. 분산 컴퓨팅으로 이루어진 비행기 예매 시스템에 합의 알고리즘이 없다고 가정해 보자.

손님 A와 손님 B가 같은 자리a를 동시에 예매 하였을 때 합의 알고리즘이 없다면 들어온 시스템에 따라 자리 a를 예매한 사람이 달라진다. 이런 시스템 오류와 무결성을 보장하기 위하여 합의 문제를 해결하는 합의 알고리즘이 생겨났다.

2. 합의 알고리즘의 역할

합의 알고리즘의 역할은 하나의 블록체인을 생성 및 유지하는 역할이고 불변성(Immutability) 제공으로 내용 수정이 불가능하도록 하는 역할을 한다.

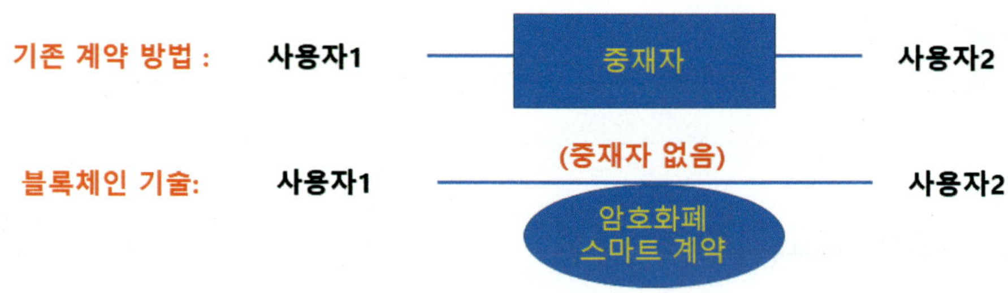

[그림 5-1] 합의 알고리즘의 역할

P2P 네트워크에서 다수의 피어가 존재하고 이 피어들이 하나의 블록체인(DB)을 유지하기 위해서 이 피어들, 더 구체적으로 채굴자들이 합의를 해야 한다.

따라서 블록체인 기술의 핵심은 합의 알고리즘이고, 암호 화폐에서 제일 어려운 부분도 합의 알고리즘이다.

먼저 합의 알고리즘은 채굴자들이 하는 것이라는 것이 중요하다. 즉 이것은 누가 블록을 채굴을 할 것(즉 채굴확률을 어떻게 결정할 것)인지와 어느 체인이 유효한지를 결정한다.

먼저 채굴하는 방법에는 작업증명(Proof of Work, PoW)과 소유지분 증명(Proof of Stake) 등이 있다.

① **작업증명은 작업** : 계산 능력에 따라 채굴 능력, 즉 채굴 확률이 결정된다. 즉

내가 채굴 능력이 1이고, 다른 친구가 2이면, 이들의 채굴확률은 1 : 2로 결정이 된다. 내가 1개 채굴할 때 다른 친구는 확률적으로 2개를 채굴할 수 있는 것이다.

② **소유 지분증명** : 소유지분량, 즉 소유한 코인 개수에 따라 채굴 확률이 결정이 된다.

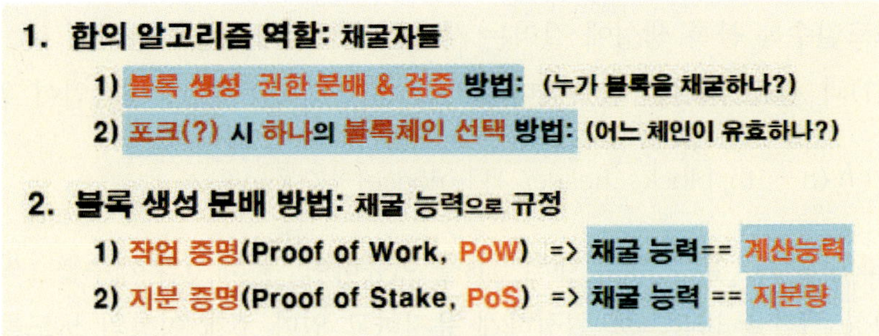

[그림 5-2] 합의 알고리즘의 역할과 블록생성 분배방법

5-2 합의 알고리즘의 종류

블록체인은 각 노드(Peer를 의미)에서 만든 블록의 정당성을 검토하고 네트워크 전체에서 공유하는 블록체인에 반영하기 위해 이 합의 알고리즘을 사용한다. 블록체인에서 사용되고 있는 대표적인 합의 알고리즘인 PoW, PoS와 DPoS에 대하여 상세히 알아보겠다.

1. 작업증명

PoW(Proof of Work)는 작업증명으로 불리는 방식으로 비트코인을 시작으로 많은 블록체인 기반 기술이 채택하고 있는 보편적인 합의 알고리즘이다. 블록을 만들어 배포한 후 많은 참가자가 사용하는 것을 올바른 블록으로 정의하기 때문에 참가자의 수에 영향을 받지 않고 얼마든지 참가자를 늘릴 수 있다. 반면 네트워크 상태에 따라 일부분에 불일치가 생긴 경우, 결과가 불확실하게 되는 점이나 성능이 나오지 않는다는 단점이 있다.

비트코인에서는 10분 단위로 발생한 모든 거래를 하나의 블록으로 묶어 시간 순서에 따라 하나의 체인처럼 연결하여 전체 P2P 네트워크상에 공유한다. 네트워크 내의 노드들은 이전 블록 헤더의 해시값과 nonce를 연접한 값을 해시 연산하여 특정한 x값을 찾는 연산을 수행하게 된다.

nonce는 최초 0부터 시작하여 조건을 만족하는 해시값을 찾을 때까지 1씩 증가하는 32-bits의 수이고, x는 몇 개의 0으로 시작되는 256-bits의 수이다. 해시 연산의 특성상 역연산이 어렵기 때문에 x를 찾기 위해서는 nonce를 변화시키면서 순차적으로 대입하여연산하는 과정이 필수적으로 요구된다. 이러한 과정 때문에 컴퓨팅 파워가 높은 노드일수록 블록 생성에 걸리는 시간은 줄어든다. 해시 연산을 $h(.)$ 로 표시할 때 (1)과 같은 조건을 만족한다면 n번째 블록에 대한 증명작업이 완료된다.

$$h(h(\text{n}-1\text{th block header}) \,||\, \text{nonce}) < x \qquad (1)$$

비트코인에서는 블록 헤더 내의 bits를 이용하여 x 내 0의 개수를 1씩 늘려가며 블록 생성 시간을 10분으로 일정하게 유지하고 있다. 6개 이상의 노드들이 연산을 통해 블록 생성에 대한 위와 같은 증명 작업을 완료하면 그 블록을 공식적으로 인정하여 블록체인에 포함시킨다. 위에서 설명한 PoW 동작 과정을 나타내는 순서도는 [그림 5-3]과 같다.

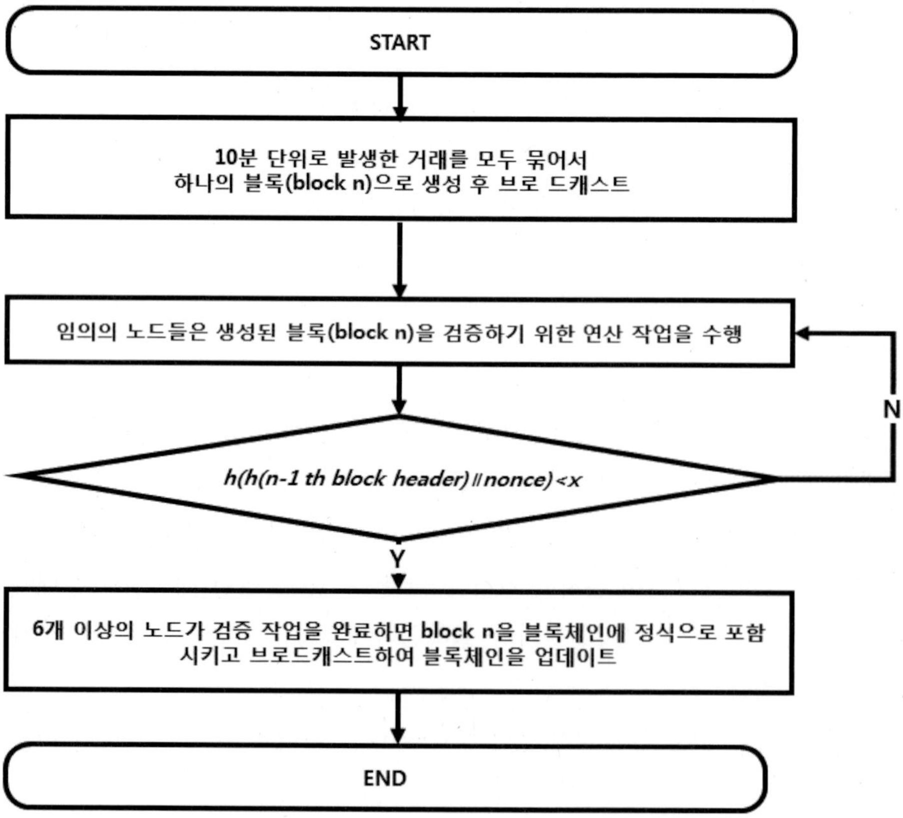

[그림 5-3] 비트코인에서의 PoW 동작 과정

2. 소유 지분증명(PoS)

PoS(Proof of Stake)는 소유 지분증명으로 불리는 방식으로 이더리움이 채택한 알고리즘이다. 화폐량을 더 많이 소유하고 있는 승인자가 우선하여 블록을 생성할 수 있는 특징이 있다. 이것은 '대량 통화를 소유하고 있는 참가자는 그 통화 가치를 지키기 위해 시스템의 신뢰성을 손실하지 않을 것이다'라는 전제를 바탕으로 하고 있다. 기본적인 구조는 PoW와 다르지 않지만 화폐량에 따라 해시 계산의 난이도가 낮아지기 때문에 PoW와 비교하여 자원 소비가 작아지는 장점이 있다.

PoW의 대안으로 제안되어 개발된 PoS에서는 계산능력이 아닌 화폐의 보유량에 따라 각 노드의 합의 결정권이 달라진다. 만약 노드 A가 가진 화폐 보유량이 bal(A), t를 타임스탬프, d를 난이도 조정 값이라고 하면 (2)와 같은 조건을 만족할 때 블록 n에 대한 합의 권한이 노드 A에게 주어진다.

$$h(h(\text{n}-\ \text{1th block header}),\text{t}) \leq h(\text{bal(A)},\text{d}) \qquad (2)$$

일반적으로 블록체인을 공격하기 위해서는 공격자가 네트워크의 51% 이상을 점령해야 하는데 PoS를 사용하면 총 화폐 보유량 중 51% 이상을 가지고 있어야 공격이 가능하므로, PoW를 사용할 때보다 해커 입장에서 공격에 드는 비용이 매우 증가하여 보안성이 같이 높아진다는 장점을 가진다. 이러한 특징 때문에 최근 이더리움에서는 합의 알고리즘을 PoW에서 PoS로 바꾸려는 움직임이 나타나고 있다.

3. 위임된 지분증명

DPoS(Delegated Proof of Stake, 위임된 지분증명)는 PoS가 일정한 지분을 가진 모든 노드에게 블록 생성 권한을 주었던 반면, 비트쉐어에서 사용하는 DPoS에서는 네트워크를 구성하는 모든 노드들의 투표 결과에서의 상위 101 개의 노드에게만 권한을 부여하여 합의에 대한 권리를 위임한다.

투표에 의해 선출된 대표자들의 신뢰를 바탕으로 블록을 생성하기 때문에 합의에 걸리는 시간과 비용이 적게 소요되고, 단위 시간동안 생성되는 블록의 개수도 PoW와 PoS에 비해 상대적으로 많다. 만약 어떠한 블록체인 네트워크에서 노드 A가 대표자가 되기 위해서는 조건(3)을 만족해야 한다. (3)에서 n(Voter A)은 노드 A를 대표자로 선출한 사용자의 수, n(Voter al)은 투표에 참여한 사용자의 수를 의미한다.

$$n(\text{ Voter A }) \rangle$$
$$n(\text{Voter al }) \;/\; 2 \tag{3}$$

대표자들은 매 차수마다 임의로 배정되는 순서에 따라 블록을 만들어 블록체인에 추가할 수 있는 권한을 가진다. 또한, 대표자간의 투표에 의해 악의의 사용자로 선출된 노드는 블록체인 네트워크에서 추방시킬 수 있어 블록체인 네트워크를 유지하는데 도움을 줄 수 있다. 하지만 블록 내의 발신자, 수신자, 잔고 등은 바꿀 수 없다.

수행 내용

재료 · 자료

• 블록체인의 합의 알고리즘 기술 및 관련 자료

기기(장비 · 공구)

• 컴퓨터, 프린터, 주변기기

안전 · 유의사항

• 컴퓨터, 주변기기 전원을 관리한다.

학습 5

수행 순서

01 합의 알고리즘은 왜 필요한가?

P2P 네트워크에서 다수의 피어가 존재하고 이 피어들이 하나의 블록체인(DB)을 유지하기 위해서 이 피어들, 더 구체적으로 채굴자들이 합의를 해야 한다. 따라서 블록체인 기술의 핵심은 합의 알고리즘이고, 임호화페에서 제일 이려운 부분도 합의 알고리즘이다.

먼저 합의 알고리즘은 채굴자들이 하는 것이 중요하다. 즉 이것은 누가 블록을 채굴을 할 것(즉 채굴확률을 어떻게 결정할 것)인지와 어느 체인이 유효한지를 결정한다.

02 채굴하는 방법은 어떤 것들이 있는 짐 분석하라.

채굴하는 방법에는 작업증명(Proof of Work, PoW)와 지분증명(Proof of Stake) 등이 있다. 작업증명은 작업 능력으로써 계산 능력에 따라 채굴 능력을 말하는 것이다. 예를 들어

내가 채굴 능력이 1이고, 친구가 2이면, 이들의 채굴확률은 1:2로 결정이 된다. 내가 1개 채굴할 때 친구는 확률적으로 2개를 채굴할 수 있는 것이다. 따라서 지분 증명은 지분량, 즉 소유한 코인 개수에 따라서 채굴 확률이 결정된다.

03 블록체인 합의 알고리즘의 경쟁방법에 대하여 분석하라.

합의 알고리즘은 경쟁방법과 비경쟁방법으로 구분할 수 있다.

먼저 경쟁방법은 경쟁을 통해서 하나의 DB, 즉 블록체인을 유지하는 방법이다. 이와 달리 비경쟁방법은 블록체인을 구분하는 방법을 사용하며, 구체적으로 블록에 표시를 삽입하여 구분한다.

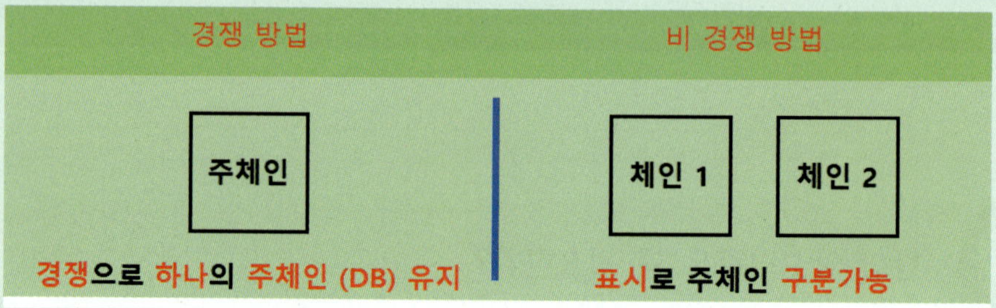

[그림 5-4] 합의 알고리즘의 경쟁방법

1. 경쟁방법

경쟁방법은 비트코인, 라이트코인과 같이 PoW를 사용하는 모든 코인이 해당한다.

이들은 채굴능력의 경쟁을 통해서 하나의 블록체인을 유지한다. 구체적으로는 경제적 원리인 손해를 보지 않기 위해서 행동하기 때문에 하나의 블록체인을 유지하는 것이다.

이 방법의 단점은 경쟁을 하게 되므로 항상 포크(fork)가 발생한다.

2. 비경쟁방법

비경쟁방법은 블록체인을 구분하는 방법을 사용하여 블록에 표시를 삽입하는 예로써 블록에 채굴자의 전자서명 등을 삽입하는 방법 등을 사용하고, 포크의 발생 막는 방법(Finalization)이다.

04 블록체인 합의 알고리즘의 조건과 규모에 대하여 분석하라.

1. 합의 알고리즘의 조건

합의 알고리즘의 조건은 두 가지가 가장 중요하다.

책임성(Accountability)은 채굴자가 공격 혹은 잘못하면, 그에게 경제적 손해를 입혀서 하나의 블록체인을 유지하게 된다.

또한 확정성(Finalization)은 포크가 발생하지 않도록 확정하는 것이다.

PoW은 확정성이 없으며, 비트코인의 경우 확률적으로 6 컨펌(6개 블록의 생성) 이후에 하나의 블록체인을 유지한다고 생각하는 것이다. 이것은 사토시가 자신의 계산으로 임의적으로 정한 규칙이다.

2. 합의 규모

합의 규모는 PoW의 경우 채굴자 전체 또는 일정한 그룹이 되며, 비경쟁방법은 일정한 채굴자들이 투표하는 방법을 사용한다. 채굴자(검증인 혹은 위임인)의 수는 비트코인 경우는 모든 채굴자이고 고정된 채굴자는 채굴자 그룹이 투표하는 방법을 사용한다.

05 합의 알고리즘의 경쟁적 블록생성 방법에 대하여 분석하라.

경쟁적 합의 알고리즘의 블록생성 방법은 특정한 기준을 만족하는 블록해시를 먼저 찾는 게임이다. 비트코인의 PoW를 예를 들면 네트워크에 있는 채굴자들이 독자적으로 블록해시를 계산하고, 이것이 특정 목표 타깃(Target)보다 작거나 같으면, 승리하는 게임이다. 즉 누가 타깃보다 작은 블록해시를 빨리 찾아 가는 게임이다.

먼저 기준에 만족하는 특정 채굴자가 블록해시를 찾으면 이를 네트워크에 전파하고 바로 다음 블록해시를 찾게 되며, 이를 전파 받은 이웃 채굴자들은 이 블록을 검증하여 통고하면, 이를 이웃 채굴자에게 전파한 후 다음 블록해시를 찾게 한다.

동시에 2개 이상의 정성적인 블록 생성이 가능하다. 그러면 포크(Fork)가 발생하여 이중지출이 가능한데 비트코인의 경우에는 6컨펌 후에 지갑에 표시한다.

포크는 다음과 같이 실제 포크를 생각하고 만든 용어이고, [그림 5-6]의 블록체인에서 2a, 2b가 포크 상태였다가 주체인이 2a로 결정되었고, 또한 5a, 6a가 포크가 2블록이 유지되었다가 5b, 6b가 주체인이 된 경우를 보여준다.

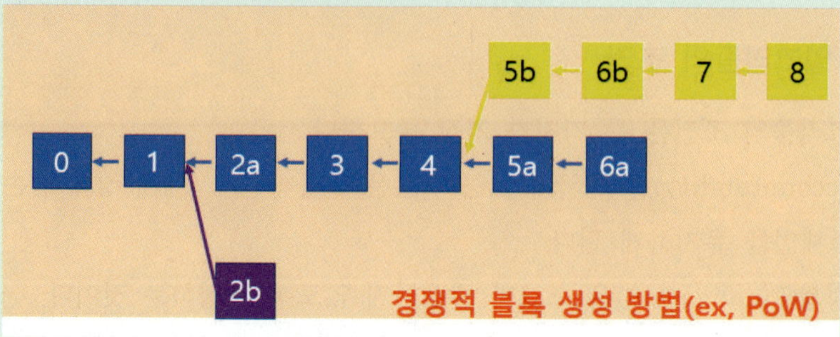

[그림 5-6] PoW의 경쟁적 블록 생성방법

실제 비트코인의 경우 2b와 같이 하나의 블록이 포크가 나는 경우는 하루에 몇 번 있고, 5a, 6a와 같이 두개의 블록이 포크가 난 경우는 일주일에 몇 번이 있다.

하지만 3개의 블록이 포크가 난 경우는 소프트 포크를 하려다가 하드포크가 된 v0.9(?) 인가에서 한번 발생을 했고, 자연적으로 발생한 적은 없다. 그래서 거래소의 경우 3컨펌에 이체를 할 수 있게 해주는 것이다.

06 하나의 블록체인 유지하는 원리에 대하여 분석하라.

작업증명(PoW)에서 하나의 블록체인을 유지하는 원리는 그 바탕에 경제적인 원리가 있다. 즉, 보상과 손해이며, 보상은 P2P 네트워크를 유지하도록 하는 것으로 블록생성을 보상과 거래 수수료로 구성되어 있다. 비트코인의 경우에는 보상으로 12.5BTC와 거래수수료이고 이더리움은 3 ETH와 거래수수료가 보상으로 지급되고 있다. 손해가 하나의 블록체인을 유지하는 원리이다.

그러면, 왜 작업증명(PoW)에서 가장 긴 블록체인(The Longest Blockchain)이 하나의 블록체인을 유지하도록 하는 이유가 있다.

이것은 매우 중요한 것으로, 피어코인과 초기 지분 소유증명(PoS) 합의 알고리즘도 작업증명(PoW)을 따라서 PoW와 같지만, 경쟁을 지분으로 하도록 하는 경쟁적 PoS 합의 알고리즘을 만들었다. 하지만, 이 알고리즘은 포크가 났을 때 하나의 블록체인으로 수렴을 잘

하지를 못한다. 이 문제를 nothing at stake라고 말하며, 포크 시 포크된 두 체인에 모두 베팅을 해도 전혀 손해가 없기 때문에 붙여진 이름이다.

즉, 이것은 포크가 났을 때 채굴자가 두 체인에 모두 베팅을 하여 하나의 블록체인을 유지하기 힘들기 때문이었다. 그렇다면, PoW의 가장 긴 체인은 왜 포크 시 하나의 블록체인으로 유지하는 이유는 두 체인에서 모두 채굴을 하려면 계산 능력을 두 체인으로 나누어 계산을 해야 하기 때문이다.

이 때문에 두 체인 중에서 유리한 체인을 골라서 유리한 체인에 모든 계산 능력을 집중하는 것이 보상에 유리하기 때문이다. 즉, 작업증명(PoW) 합의 알고리즘의 가장 긴 체인은 채굴자가 손해를 보지 않기 위해서 하는 행동이 하나의 블록체인을 유지하는 원리가 되는 것이다.

이 부분은 매우 중요하고 초기 지분소유증명(PoS)합의 알고리즘 개발자도 이해하지 못한 부분이다. 그리고 중요한 것이 합의 알고리즘의 가장 깊은 곳에는 항상 경제적원리가 있고, 하나의 체인을 유지하기 위해서 잘못했을 때 채굴자에게 손해를 입히는 방법을 사용한다는 것이다.

실제 비경쟁적 PoS의 경우, Nothing at Stake를 해결하기 위해서 예치금을 도입하여 채굴자가 예치금을 예치한 후에 채굴을 할 수 있으며, 인출 요구 후 일정기간(예를 들어 1달) 후 인출이 가능하도록 하여서, 공격자가 누구인지를 가린 후 그에게 손해를 입히고 그 후 인출이 가능하도록 하고 있다.

07 Nothing at Stake(무위험)은 무엇인가.

'at Stake'는 '위험에 처한'이라는 의미를 가진다. 따라서 'Nothing at Stake'의 의미는 '전혀 위험하지 않은 것. 즉 무위험'으로 해석할 수 있다.

이것은 블록체인이 포크가 될 때의 문제로서, 포크가 발생하여 노드가 투표를 할 때 두 블록체인에 모두 투표를 해도 이 노드가 전혀 손해보는 것이 없는 것을 말하는 것이다.

즉, PoS에서는 포크 상황에서 두 블록에 모두 투표를 해도 노드가 전혀 손해를 보지 않기 때문에 포크 문제를 해결하기가 어렵다는 것을 Nothing at Stake라고 표현을 하는 것이다.

블록체인은 포크가 발생하지 않으면, 원장(Ledger)인 블록체인이 하나만 존재하므로 이중지출이 생길 수 없다. 따라서 합의 알고리즘은 포크를 발생시키지 않거나, 포크 관리를 잘 해서 바로 해결되도록 하고 방법을 사용하고 있다.

학습 5

PoS는 지분증명이라서 지분의 확률적 비율로 블록을 만든다.

공격자가 몰래 다른 블록을 만들고, 공격자 자신이 블록을 만들 순서가 되었을 때 몰래 만든 블록체인에 새 블록을 만들어 전파해버리면, 포크가 발생한다.

이 시점에 투표를 해야 하는데 두 체인에 모두 투표를 해도 이 노드에게 전혀 불리한 것이 없기 때문에 두 곳에 다 투표를 해서 포크 상황이 쉽게 해결되지 않는 것을 'Nothing at Stake'이라고 한다.

이것은 노드가 나쁜 행위를 해도 이를 제제할 방법이 없기 때문이다. 경제적인 원리에 따라 포크를 만들면 공격자에게 손해를 입히기 위한 예치금 방법을 많이 사용한다.

이것은 포크를 만드는 등의 나쁜 행위를 하면 예치금의 일부를 빼앗는 방법이다.

반면, PoW는 작업(Work)으로 경쟁을 한다. 따라서 모두 타킷보다 작은 블록 해시값을 찾기 위해서 노드가 최대한으로 해시 찾는 일을 하고 이를 찾으면 바로 찾은 블록을 네트워크에 전파한다. 기본적으로 해시 능력 경쟁이라서 가장 긴 블록이 바로 생기게 되어 있다. 비트코인에서 일반적으로 포크가 1 블록에서 생기는 것은 흔하지만 2블록이 유지되는 것은 며칠에 한번 생기고, 3블록까지 포크가 유지되는 것은 거의 없다. 이 때문에 대부분의 거래소는 3컨펌이 되면 입력된 비트코인을 쓸 수 있게 한다. 따라서 PoW는 가장 긴 블록이 이기는 게임이다.

08 비경쟁력 블록생성 방법에 대하여 분석하라.

비경쟁적 합의 알고리즘은 블록체인을 구분하는 방법으로 블록에 표시를 삽입하는 방법을 주로 사용한다. 이 방법은 대부분 투표 시스템인 비잔틴 장애허용(Byzantine Fault Tolerance : BFT)방법을 사용하며, 블록에 찬성을 한 채굴자들의 서명이 포함하는 방법인 하나의 체인만 서명가능(무위험 : nothing at stake), 포크방지 등을 사용한다.

비잔틴 장애허용 방법은 전체 투표자의 2/3 이상이 블록에 동의를 하면, 이 블록체인이 확정(Finalization) 되며, 포크가 불가능해진다. 이것은 투표 방법이므로, 투표인 수는 텐더민트(코스모스 코인)는 초기에 100명이고 steemit는 20명, EOS는 21명으로 고정하였다.

실제 예로 텐더민트 합의 알고리즘은 블록에 채굴자의 서명을 추가하고, 에오스(EOS)의 경우 TaPoS에 의해서 이전 블록해시가 거래에 포함된다. 즉 블록 4b의 거래는 블록 3b의 블록해시를 포함하여서 거래가 어느 체인에 속하는지를 알 수 있다.

09 비잔틴 장애 허용에 대하여 분석하라.

비잔틴 장애 허용(Byzantine Fault Tolerance : BFT)은 여러 대의 노드로 구성되는 분산 환경에서 비정상(Conflict Message)을 보내는 배신자 노드가 존재하는 경우에 정상적으로 작동하도록 하는 기법이다.

비잔틴 장애의 원인은 잠수타는 노드(Flaky Node)나 비정상적인 메시지를 보내는 노드(Malicious Node) 때문이다.

분산컴퓨팅 영역에서 발전하였으며, 최근 블록체인의 핵심요소로 자리잡고 있다. 특히 비공개 블록체인(Private Blockchain)의 경우 BFT 기반의 알고리즘이 주로 사용된다. BFT 법을 사용 하는 경우는 비트코인과 보잉 777, 787 관제 시스템 등에 사용되고 있다.

학습 5

10 텐더민트(코스모스 코인)에 대하여 분석하라.

코스모스는 텐더민트 엔진을 기반으로 만들어질 체인이다.

1988년도에 발표된 IBM과 MIT 공동 논문을 읽다가 아이디어를 얻어서 텐더민트 엔진을 만들었고 이 텐더민트 엔진을 가지고 코스모스 체인을 개발플랜을 내놓았다. 코스모스는 '질서를 가진 측면으로서의 우주'를 뜻한다. 텐더민트 엔진은 독특한 셀프발란싱 트리를 이용해서 강력한 보안을 지닌 라이트클라이언트를 제공해 주는데, 이 라이트클라이언트는 체인을 연결하는 사이드체이닝이 가능하게 해주는 중요한 요소이다.

이더리움(Ethereum)이 모든 Dapp 들이 하나의 블록체인에 올라가고 스케일링은 샤딩을 통한다는 구조라면 코스모스는 각각의 독립 체인들을 연결시키는 기능을 제공하고자 한다.

이 기능을 이용하면 현재 각기 떨어져있는 체인들이 독립성을 유지하면서도 다른 체인과 연결을 해서 시너지 효과를 얻을 수 있다.

이더리움처럼 하나의 블록체인 위에 모든 디앱(Dapp)들이 올라가서 시너지효과를 노리는 것과 상당히 대비되는 모델이다.

이와 같은 페깅 모델을 통해서, 코스모스허브에는 코인들이 몰리게 되고 이는 자연스럽게 분권화 거래소가 탄생할 것이라고 예측하였다. 분권화 거래소는 빗쉐어즈, NXT 등 여러

체인에서 시도했지만 결국 유동성 문제를 해결하지 못해서 다들 개점휴업상태이다.

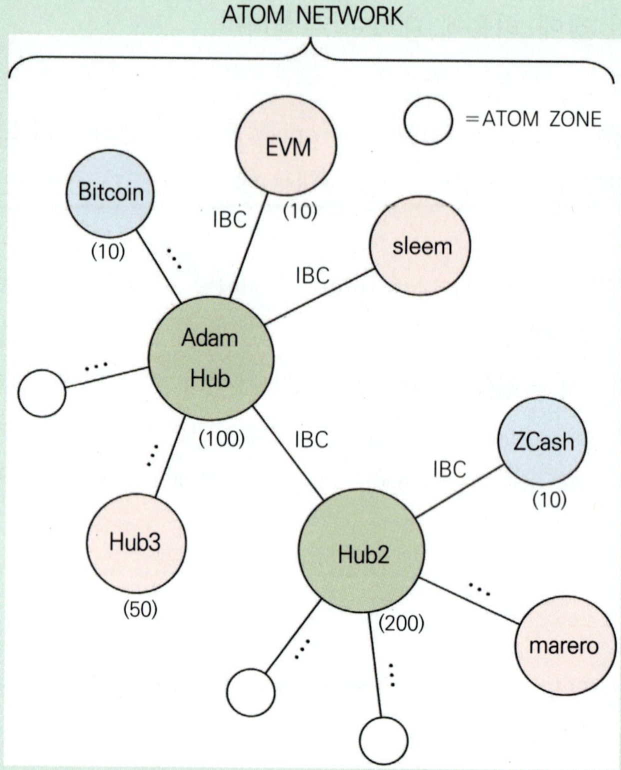

[그림 5-7] 코스모스 네트워크

[그림 5-7]에서 아톰 네트워크(Atom Network)이라고 되어있는데 이는 코스모스 네트워크(Cosmos Network)로 이름이 바뀌기 전 이름이다. 사진에서 각기 체인들을 연결한 도식을 볼 수 있다. 코스모스 체인에서 최초의 허브는 아담허브가 되고 코인을 축적한 개인이나 그룹은 아담허브와 경쟁 혹은 협력하는 새로운 허브를 만들 수도 있다.

학습활동.5 교수 · 학습 방법

교수 방법

- 블록체인의 합의 알고리즘 기술에 대한 관련 용어, 구성, 방식 이해 정도를 파악한 후 수업을 진행한다.
- 교수자의 주도로 블록체인의 합의 알고리즘 기술 등의 내용을 PPT 자료로 제시한 후 설명한다.
- 가능하면 사전에 개인별 학습 자료를 준비하여 모든 학생이 참여할 수 있는 문제 해결식 수업, 협력 수업이 가능하도록 한다.
- 블록체인의 합의 알고리즘 기술 전 과정을 작업의 순서에 따라 단계적으로 실습이 이루어질 수 있도록 지도한다.
- 교재를 통해 수업을 준비하는데 있어서 필요한 모든 정보나 팁, 힌트 등 도움이 될 만한 내용들을 확인할 수 있다.
- 학생들이 만들게 될 각 모델들은 수업시간에 중점적으로 다뤄질 부분과 어휘, 질문, 답을 포함하고 있으며 또한 탐구할만한 추가적인 아이디어들도 포함하고 있다.

학습 방법

- 블록체인의 합의 알고리즘 기술에 대한 관련 용어를 숙지하고, 블록체인의 합의 알고리즘 기술에 대해 이해한다.
- 블록체인의 합의 알고리즘 기술의 각 단계별 중점 사항을 체계적으로 학습한다.
- 블록체인의 합의 알고리즘 기술의 수행순서의 전 과정을 실습한다.
- 블록체인의 합의 알고리즘 기술의 내용을 이해한다.
- 블록체인의 합의 알고리즘 기술을 이해하고 숙달이 될 때까지 학습한다.

학습활동.5 평가 및 피드백

평가 준거

- 평가자는 피평가자가 수행 준거 및 평가 내용에 제시되어 있는 내용을 성공적으로 수행할 수 있는 지를 평가해야 한다.

학습 5

학습내용	평가항목	성취수준		
		상	중	하
블록체인의 합의 알고리즘 기술	블록체인의 합의 알고리즘 기술을 이해할 수 있다.			

평가 방법

• 작업 포트폴리오

학습내용	평가항목	성취수준		
		상	중	하
블록체인의 합의 알고리즘 기술	블록체인의 합의 알고리즘 기술을 이해할 수 있다.			

• 필기시험

학습내용	평가항목	성취수준		
		상	중	하
블록체인의 합의 알고리즘 기술	블록체인의 합의 알고리즘 기술을 이해할 수 있다.			

• 체크리스트를 통한 관찰

학습내용	평가항목	성취수준		
		상	중	하
블록체인의 합의 알고리즘 기술	블록체인의 합의 알고리즘 기술을 이해할 수 있다.			

• 피드백

1. 작업 포트폴리오
   - 제출한 보고서를 평가한 후 주요 사항에 대하여 표시하여 돌려준다.
2. 필기시험
   - 평가 결과 성적이 저조한 학생은 보고서 제출 기회를 부여한다.
3. 체크리스트를 통한 관찰
   - 실습 과정에서 평가한 후 개선해야 할 사항 등을 정리하여 돌려둔다.

참고자료

1. 이부형, 임연주, 이종혁, "블록체인 플랫폼에서의 합의 알고리즘", 한국통신학회 학술대회논문집 386-387, 2017.1
2. Satoshi Nakamoto, "Bitcoin : a peer-to-peer electronic cash system", 2008.
3. Antonopoulos, Andreas M, Mastering Bitcoin : unlocking digital crypto-currencies, OReilly Media, 2014.
4. "Proof of stake versus Proof of work", Bitfury Group Whitepaper, 2015.
5. Ethereum Whitepaper, https://github.com/ethereum/wiki/wiki/White-Paper.
6. Fabian Schuh, Daniel Larimer, "BITSHARES 2.0 : FINANCIAL SMART CONTRACT PLATFORM", 2015.
7. Daniel Larimer, "Delegated Proof-of-Stake(DPoS)", Bitshare whitepaper, 2014.
8. https://steemit.com/kr/@loum/3

학습 목표

6. 블록체인의 스마트 계약을 이해할 수 있다.

6-1 스마트 계약의 개념

1. 스마트 계약의 탄생

역사적으로 계약의 위반에 따른 중재와 벌칙의 시행은 언제나 국가 또는 제도의 테두리 안에서 이루어졌다. 하지만 네트워크 내 모든 참여자가 공동으로 거래 정보를 검증 · 기록 · 보관하는 블록체인 기술은 계약의 권리와 재산권 보호를 위한 새로운 대안을 제시하고 있다.

'이해 당사자간 공유 네트워크를 통하여 계약과 계약의 결과에 대한 신뢰를 쌓아나갈 수 있는 기반 하에 확보된 자동화된 계약처리의 형태'에 대하여 1994년 미국의 프로그래머 닉 자보(Nick Szabo)는 '스마트 계약(Smart Contracts)'이라 이름 붙였다.

스마트 계약은 블록체인 기술을 활용하여 계약, 협상의 실행 및 시행할 수 있는 프로그램 코드를 말한다. 이는 전체 프로세스가 자동화되어 법적 계약을 보완하거나 대체할 수 있다.

즉, 이행 및 검증의 과정이 네트워크로 자동화 되고, 계약실행 조건을 확인하는 사람의 간섭 없이, 그리고 추가 비용 없이 직접 처리하게 만든 것으로 복잡한 사업상의 계약을 적은 비용과 합의에 따른 신뢰를 바탕으로 안전하게 계약을 실행할 수 있게 되었다.

기존 계약서(Contract)는 서면으로 되어있어 계약 조건을 이행하려면 실제 사람이 계약서대로 수행을 해야 하지만 디지털 명령어로 계약을 작성하면 조건에 따라 계약 내용을 자동으로 실행할 수 있다고 주장하였다.

디지털로 된 계약서는 조건에 따른 계약 결과가 명확하고, 계약 내용을 즉각 이행할 수 있다. 각자의 자산이 연결된 디지털로 양자 합의를 하고 계약서를 작성하고 실행하기로 한다면 계약을 이행하는데 복잡한 프로세스를 엄청나게 간소화 될 것이다. 또한 다양한 디지털로 된 자료들은 쉽게 복사되고 조작이 쉬워 1994년에 제안한 스마트 계약은 개념으로만 존재하고 구체적인 서비스에 이용될 수 없었다.

학습 6

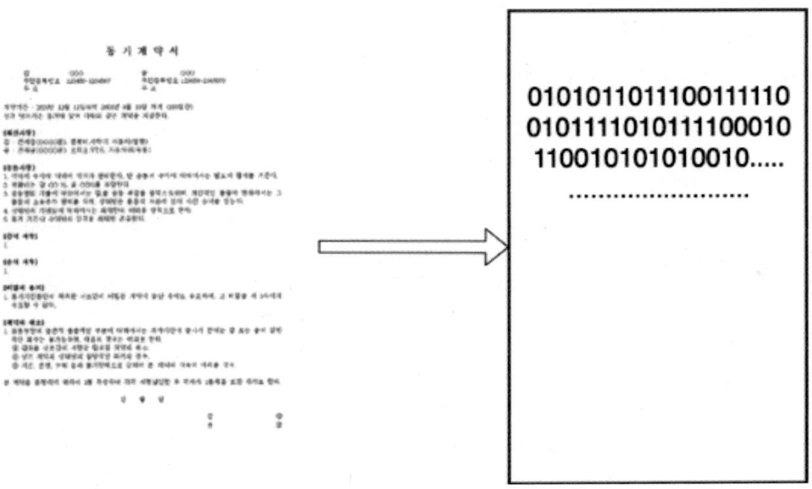

[그림 6-1] 일반 계약서를 스마트 계약으로 전환 관계

2. 스마트 계약의 개념

스마트 계약은 기록된 계약을 보관하고, 이행하고, 집행하는 컴퓨터 프로그램으로서, 컴퓨터 시스템은 판매자의 컴퓨터와 구매자의 컴퓨터 사이에 구조화 데이터를 전송하는 표준을 제공하던 전자데이터교환(Electronic Data Exchange : EDI)과는 구별된다.

EDI는 대금을 지급하거나 금전을 교환하는 기술은 존재하지 않았는데, 스마트 계약은 블록체인 기반의 보안성을 갖추고 있음은 물론 계약의 이행까지 보장된 프로그램이라는 점에서 종전의 EDI와는 확연히 다르다.

비트코인과 블록체인은 이 모든 것을 바꿔 놓았는데, 이를 보다 구체적으로 보면, 계약의 양 당사자들은 조건만 충족되면 계약을 체결하고 비트코인 또는 이더(Ether)와 같은 가상통화를 자동적으로 교환할 수 있게 된다.

스마트 계약의 개념요소를 보면, 블록체인 기술을 활용하여야 한다는 점, 계약의 실행이 자동화되도록 설계되어야 한다는 점, 그 실체는 프로그램 즉 코드라는 점을 들 수 있다. 코드가 실행되면 데이터 단위만큼 가치 단위가 쉽게 이전될 수 있다.

스마트계약의 특징은 결제시스템을 내장한 분산된 기술적 환경 속에서 계약상의 의무를 이행할 수 있다는 점이다. 비트코인의 소유권은 두 가지 요소를 지닌 디지털 주소로 표창된다. 주소로 쓰이는 공개키와 이 주소와 관련된 디지털자산(비트코인 등의 암호화폐 또는 토큰)에 배타적인 접근권한을 부여하는 개인키이다. 소유자는 이러한 개인키를 통해 디지털자산을 소비할 권리가 있음을 증명한다.

요컨대 스마트 계약은 계약의 성립과 이행이 컴퓨터 코드를 통해 전자화 자동화된 계약으로 볼 수 있고, 스마트계약서는 이와 같이 계약의 내용이 컴퓨터 코드를 통해 프로그래밍되어 계약 당사자인 인간이 가독 가능하도록 만들어진 '전자문서'를 의미한다고 볼 수 있다.

이상의 개념적 요소와 특징을 고려하여 스마트 계약을 정의하면, 스마트 계약이란 블록체인 기술을 기반으로 계약의 자동실행이 보장된 컴퓨터 프로그램(코드)을 의미한다.

다만 이는 전통적인 계약이론과 맞지 않으므로 이러한 개념을 논의의 편의상 '협의의 스마트 계약'이라 한다. 일반적으로 스마트 계약이라 하면 바로 협의의 스마트 계약을 의미한다.

다만 협의의 스마트 계약은 상대방을 예상하고 있지만 아직 당사자 특히 상대방의 의사의 합치가 성립한 것은 아니므로 전통적 계약개념과는 구별되며 상대방이 코드가 요구하는 일정한 조건을 실행한 경우에 비로소 전통적 계약과 유사한 구조가 된다. 즉 코드가 상대방의 의사표시와 합치한 경우 이는 청약과 승낙의 구조를 가진 계약과 유사하므로 코드에 따라 상대방의 의사표시가 행해진 것을 논의의 편의상 '광의의 스마트 계약'라 하고, 이는 협의의 스마트 계약을 법적계약 개념으로 포섭하는 과정에 편의상 설정한 개념이다.

블록체인 기반의 스마트 계약은 강제성, 독립성, 자율성의 특징을 가지고 있다.

스마트 계약은 법 집행관이 개입하지 않아도 지정된 조건에 도달하면 강제적으로 계약이 실행된다. 또 계약을 이행할 때 은행이나 제3의 신뢰기관에 의존하지 않기 때문에 독립성의 특성을 가지고 있다. 마지막으로 조건이 성립되면 사람이 개입하지 않아도 자율적으로 계약을 실행할 수 있다.

3. 스마트 계약의 구조

1) 이더리움(Ethereum)

이더리움에서 스마트계약의 내용은 솔리디티(Solidity)와 같은 프로그래밍 언어를 사용하여 작성된다. 이러한 언어를 통하여 작성된 코드는 컴퓨터가 이해할 수 있는 0과 1로 구성된 이진 코드(Binary code)로 변환되어 이더리움 지갑(Wallet) 프로그램 상에 포함된 EVM(Ethereum Virual Machine)에서 수행된다. 솔리디티로 작성된 코드는 EVM에서 동작하기 때문에 자바 가상머신과 같이 운영체제에 종속되지 않는다. EVM은 소프트웨어 개발자의 관점에서 볼 때 네트워크에서 실행할 수 있는 작은 프로그램의 런타임 환경으로 볼 수 있다.

이더리움에서 스마트계약은 계정 간의 계약으로 특정 조건이 충족될 때 이더(Ether)를 전송하는 것이다. 계약이 스마트한 이유는 시스템에 의하여 실행된다는 것이고 이더 또는 토큰(Token)이 자동으로 이동되기 때문이다. 스마트계약은 네트워크가 계속 운영 중일 것이라고 가정하고, 작성된 지 수 백년 후에 시행될 수 있다. 많은 악의적인 행위자가 접촉을 시도하더라도 EVM은 샌드박스(Sandbox)화 되어 있고 간섭으로부터 자유롭다. 다른 네트워크와도 분리되어 당사자가 스마트계약에서 벗어나는 것을 불가능하게 만든다. 실제로 계약 조건이 충족되면 스마트계약이 에스크로우에 자산(이더 또는 토큰)을 보유하고 이동시킬 수 있는 권한이 부여되기 때문이다.

지갑 프로그램은 P2P 네트워크 기반의 블록체인을 구성하는 노드(Node)와 클라이언트(Client) 역할을 한다. 노드는 컴퓨터 운영체제의 백그라운드에서 실행되며 트랜잭션을 승인, 보관, 분산합의를 하고, 클라이언트는 트랜잭션을 생성하고 사용자 인터페이스를 통해 거래내역을 확인할 수 있도록 한다. 이 클라이언트에서는 가상통화인 이더(Ether) 전송을 할 수 있고, 스마트계약 프로그래밍을 한 후 프로그램을 블록체인에 배치할 수 있다.

스마트계약 프로그램은 지갑의 주소를 통해 트랜잭션을 발행해서 다양한 동작을 수행할 수 있는데, 이 주소는 비밀키를 소유하고 트랜잭션을 발행할 수 있는 일반

계좌(Account)의 주소와 스마트계약이 요청을 접수하는 것을 대기하는 계좌(Contract Account)의 주소로 나뉜다.

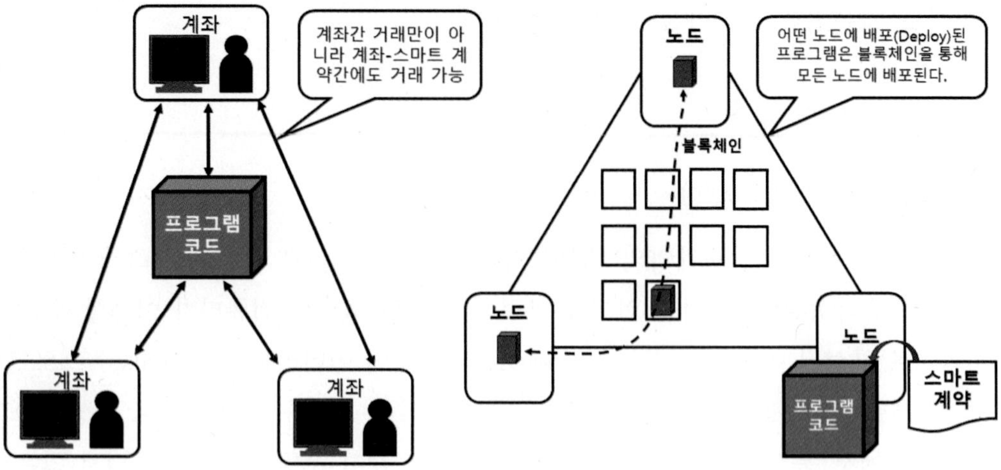

[그림 6-2] 이더리움에서 실행되는 스마트계약 프로그램 실행 구조

스마트 계약에 실행되는 코드와 그 결과는 트랜잭션에 포함하여 체인으로 연결된 블록에 데이터베이스 형태로 저장하여 블록체인에 참여하는 모든 노드들이 같은 데이터를 공유하며 유지하며 수정 없이 추가만 가능한 형태로 구현하고 있다.

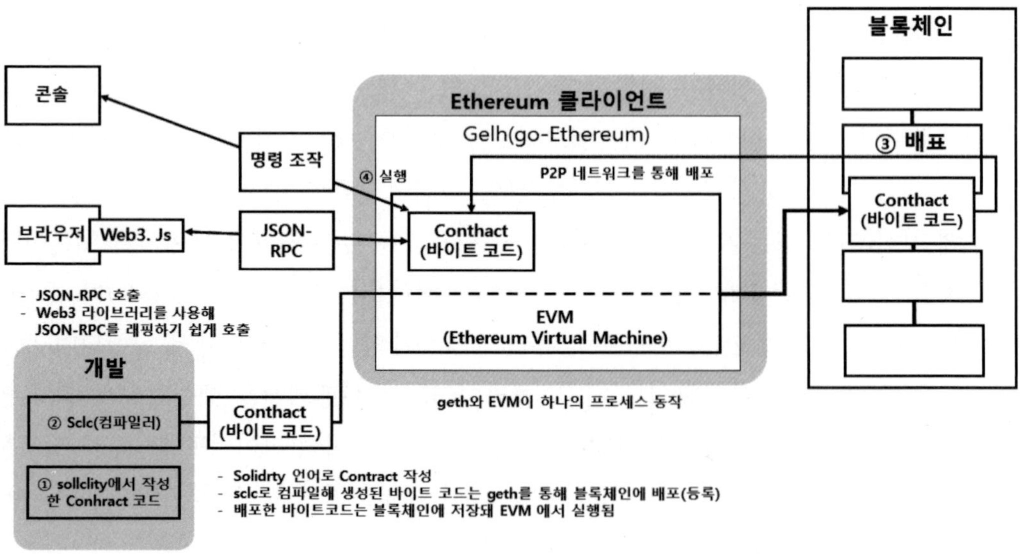

[그림 6-3] 이더리움의 구성

블록체인 상에서 지갑주소(Wallet Address)는 참여자의 신분을 나타낸다. 공개키 암호화 방식으로 만들어진 지갑주소는 블록체인과 상호 작용하여 계약을 체결하고 실행 시 개인키와 함께 전자서명을 하는데 사용된다.

통상적으로 스마트계약을 실행하기 위해서는 다음과 같은 과정을 거친다.

① 스마트계약 프로그래밍 코드를 작성한다.

② 코드를 서명하여 블록체인에 저장한다.

③ 스마트계약 주소(Contract Address)로 메시지를 보내 블록체인에 저장된 코드를 호출한다.

2) Hyperledger Fabric

Hyperledger Fabric은 기업을 대상으로 Hyperledger Project가 개발하고 있는 블록체인 소프트웨어이다. Hyperledger Project는 기업에서의 사용을 감당할 수 있는 분산원장 프레임워크를 개발하기 위한 오픈소스 프로젝트로 2015년 12월, Linux Foundation에서 협업 프로젝트의 하나로 처음 발표하였다. 이 프로젝트의 창립 멤버는 2016년 2월에 발표되었으며 10명의 회원과 관리위원회의 구성이 3월 29일에 발표되었다. 같은 해 5월 19일 Brian Behlendorf가 프로젝트의 전무이사로 임명되었다. IBM, 시스코, 인텔, 아메리칸 익스프레스, JP모건 등의 글로벌 대기업들이 참여하고 있고, 2017년 8월 기준으로 한국에서는 코인플러그, 한국거래소(KRX), 코스콤, 한국예탁결제원, 삼성SDS가 참가하고 있다.

이 프로젝트의 목적은 블록체인 및 분산원장을 개발하여 업계 간 협력을 발전시키는 것이라고 한다. 이러한 시스템의 성능 및 안정성을 향상시키는 데 초점을 맞추어 글로벌 금융 및 공급망 회사의 비스니스 트랜색션을 지원할 수 있다. 이 프로젝드는 자체적인 합의 알고리즘 및 저장 루틴을 가진 블록체인과 엄격한 권한관리, 접근제어 및 스마트 계약을 위한 서비스 등을 포함하고 있다.

초기에 Hyperledger가 자체 비트코인 타입의 암호해독을 개발할 것이라는 혼란이 있었지만, Behlendorf는 Hyperledger 프로젝트 자체가 결코 비트코인 암호 해독성을 만들지 않을 것이라고 명시적으로 언급했다. 2017년 7월 12일 이 프로젝트는 Hyperledger Fabric 1.0을 발표했다.

Hyperledger Fabric은 Hyperledger Project의 인큐베이션 프로젝트 중 하나다. 인큐베이션(incubation)은 배양한다는 의미이며, 아직은 미성숙한 상태라는 의미다.

Hyperledger Project에서는 프로젝트가 제안되고 승인을 받으면 인큐베이션 단계에 들어가고 그 후 해당 프로젝트가 충분히 제 기능을 다한다고 판단되면 인큐베이션을 마치고 성숙(Mature)단계로 들어간다. Hyperledger Fabric은 비트코인이나 이더리움 같은 공개형(Public) 네트워크가 아니라 '권한형 네트워크'를 전제로 하고 있다. 권한(Permissioned)이란 '허가' 또는 '인증'이라는 의미다.

권한형 네트워크는 누구라도 Hyperledger Fabric 네트워크에 참가할 수 있는 것은 아니다. 네트워크에 참가하는 노드나 네트워크에 처리를 요구하는 사용자는 미리 등록해야 한다. Hyperledger Fabric에는 참가자 정보를 관리하기 위한 멤버십 서비스가 있다. 멤버십 서비스는 사용자 등록뿐만 아니라 참여기관 인증서를 증명하기 위한 참가자 인증서 발행, 거래 익명성을 확보하기 위한 거래 인증서 발행, 통신 암호화에 사용하는 TLS인증서 발행을 수행한다.

Hyperledger Fabric의 데이터는 원장(Ledger)이라고 한다. 비트코인이나 이더리움과는 달리 원장에는 블록체인뿐만 아니라 '월드 스테이트'도 포함된다. 월드 스테이트는 키밸류 스토어라는 데이터베이스의 한 종류이며 트랜잭션 처리 결과를 보존한다. Hyperledger Fabric은 어떤 거래가 종료된 시점의 상태를 월드 스테이트에 보존한다. A가 B에 송금한다면 A의 잔고를 줄이고 B의 잔고를 늘려 그 결과를 월드 스테이트에 기록한다.

Hyperledger Fabric은 스마트계약을 구현하기 위해 '체인코드(Chaincode)'라고 하는 프로그램을 사용한다. 비트코인이나 이더리움처럼 코인을 거래하는 기본 처리가 없기 때문에 어떤 거래도 체인코드가 필요하다. 체인코드는 현재 Go 언어 또는 자바로 만들 수 있다.

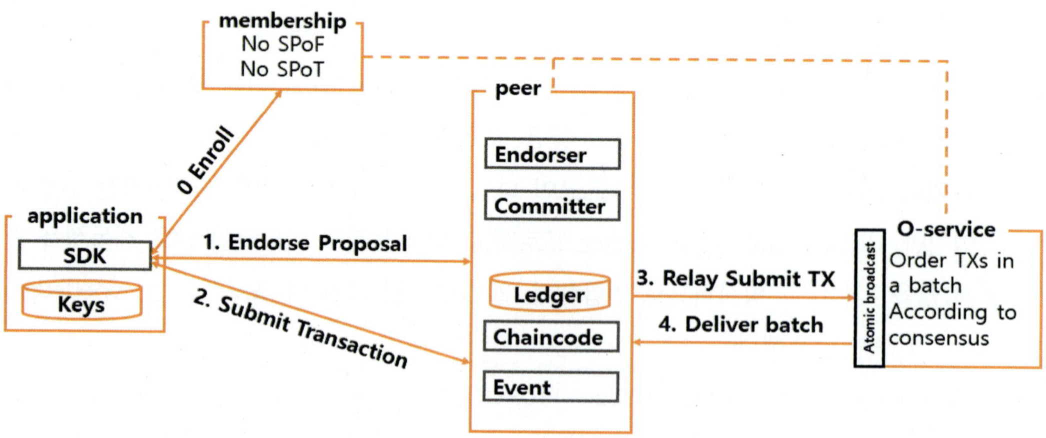

[그림 6-4] Hyperledger Fabric 1.0 아키텍처

체인코드는 Init(초기화), Invoke(거래 실행), Query(조회)의 3가지 처리를 구현한다. 이처리는 https://github.com/hyperledger/fabric/tree/release/core/chaincode/shim 패키지의 Chaincode 인터페이스에 따른다. Init와 Invoke는 월드 스테이트를 갱신한다. 실행 결과는 블록에 기록된다. Query는 월드 스테이트의 상태 등을 참고할 뿐 정보를 갱신하지 않으므로 Query와 관련된 블록은 생성되지 않는다. Hyperledger Fabric 네트워크에서는 여러 체인코드를 배포할 수 있다. 체인코드를 식별하기 위해 트랜잭션을 실행할 때 체인코드 ID를 지정한다. 체인코드 ID는 배포시 발행된다.

6-2 블록체인과 스마트 계약 관계

블록체인을 2가지 단계로 나누고 있다. 첫 번째는 블록체인이 구동되기 위한 필수적인 구성요소들 이다. 거래(트랜잭션) 단위의 신뢰성을 부여하는 암호학, 장부 단위의 신뢰성을 부여하는 합의 알고리즘, 그리고 공유하기 위한 네트워크 기술이다.

두 번째는 스마트 계약 단계이다. 개발자와 비즈니스 사용자로 하여금 데이터를 정의하고, 모든 사람이 지켜야 하는 논리와 행동을 기술하는 것 이다. 부동산 거래를 생각해보면 데이터는 등기 양식이 될 것이며, 논리와 행동은 계약의 범위와 관련 법안들이 될 것이다.

기술적으로 스마트 계약은 이벤트 기반으로 동작하며, 데이터 중심이고 다수의 기관의 이해관계자들이 사용할 수 있는 공용의 자산이 된다.

블록체인 기술은 본래 비트코인(Bitcoin)이라는 스마트 계약을 지원하는 암호화폐를 안전하게 저장하고 사용하기 위하여 고안된 보안 기술이었다. 비트코인의 핵심기술로써 디지털통화(Digital Currency)의 발행 · 유통 · 거래가 주 기능이었던 기존의 블록체인 1.0은 기존 비트코인의 한계를 극복하고 다양한 영역으로의 확장을 목표로 하는 블록체인 2.0으로 발전해나가고 있다. 비트코인은 비트코인 스크립트라는 스택 기반 언어를 가지고 있다. 모든 거래(트랜잭션)에는 비트코인 스크립터 기술된 scriptpubkey가 들어간다. 이것은 컴퓨터 언어로 표현된 거래의 검증코드이다. 이를 이용하면 다양한 형태의 거래 검증 작업을 블록체인 상에서 실행할 수 있다. 즉, 비트코인 스트립트는 금융 이체 거래 계약을 코드로 자동화하고 있기 때문에 이것은 스마트 계약이라 보고 있다.

블록체인 2.0의 대표적인 기술로는 이더리움(Ethereum)이 있으며, 디지털통화의 기능과 더불어 비트코인의 거래스크립트를 다양한 형태로 프로그램 가능하게 만든 스마트 계약(Smart Contract)을 구현하였으며 블록체인 기반 위에서 부동산 계약, 온라인 투표 등 다양한 분산 어플리케이션을 개발하고 구동할 수 있는 플랫폼으로 확장되었다.

향후 블록체인 기술은 금융 분야보다는 정부 · 공공, 의료, 문화 · 예술, 공유경제 등 비 금융 분야에서 더욱 활발히 활용될 것이다.

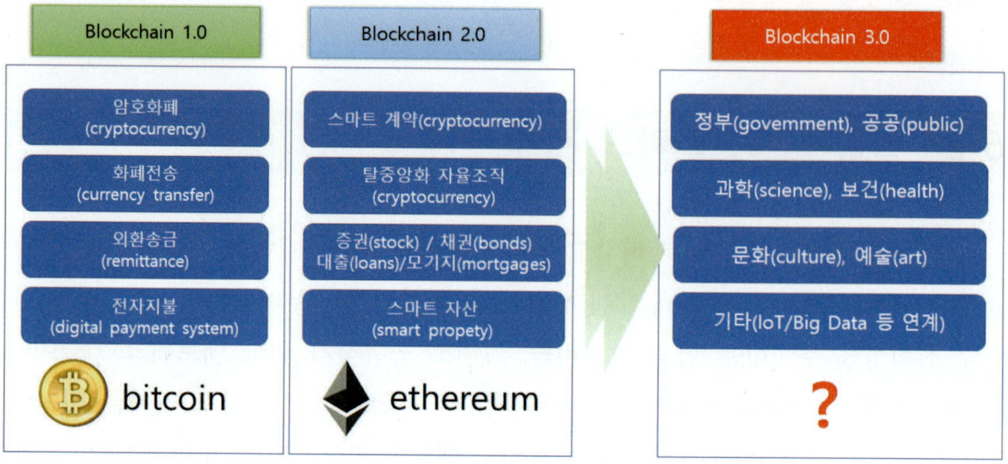

[그림 6-5] 블록체인 패러다임의 진화방향

출처 : 위키미디어 CC-PD

스마트 계약과는 달리 블록체인 네트워크에서 동작하는 프로그램을 가리킨다. 블록체인 기반 기술 중에서 가장 자유도가 높은 프로그램을 만들 수 있다.

기술적으로 보면 스마트 계약 외에는 모두 이미 알려진 기술로 구성돼 있으며 블록체인의 혁신적인 기술 요소는 존재하지 않는 것을 알 수 있다.

스마트 계약은 블록체인 플랫폼의 형태로 발전하고 있어 사실상 적용이 불가능한 기존의 금융 업무 영역은 거의 찾아볼 수 없다고 하여도 과언이 아니다.

기존 비트코인(Bitcoin) 기반의 블록체인에서부터 시발된 통화 및 지급 결제 수단으로서의 본원적 업무 영역은 물론, 유 · 무형 자산을 포괄한 모든 재화에 대한 평가, 가치 Lifecycle 관련 모든 거래가 모두가 스마트 계약 시스템으로 연결될 것으로 보인다.

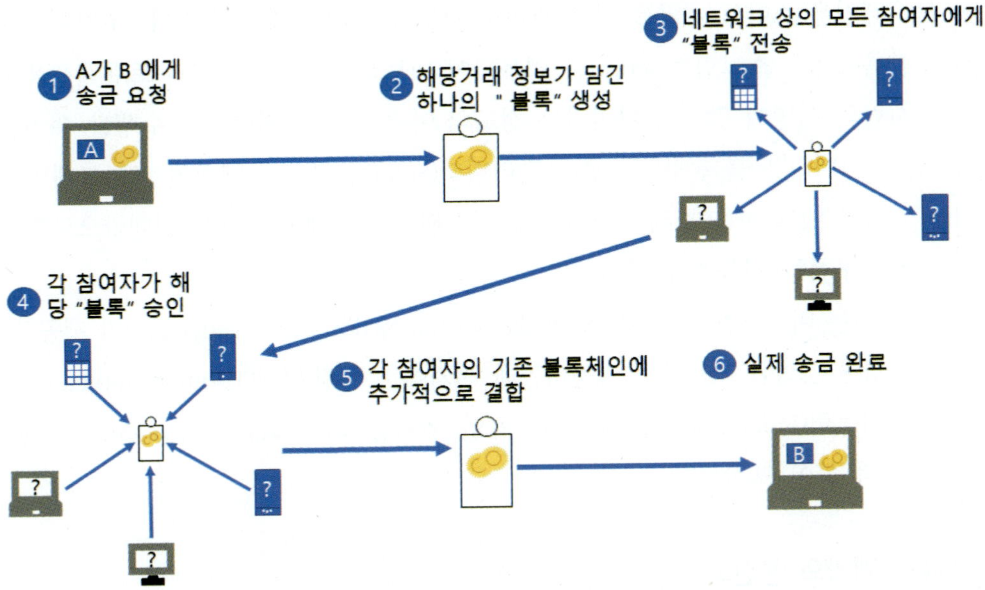

[그림 6-6] 블록체인 기술을 적용한 스마트 계약

학습 6

1. 스마트 계약의 확장성

스마트 계약 블록체인 기술이 확장된 대표적인 응용 사례라고 할 수 있다. 다시 말하면 스마트 계약을 구현하기 위해서는 블록체인이 작동하는 플랫폼을 활용해야 하며 현재와 같은 중앙 집중화된 데이터베이스 관리시스템을 가지고 있는 체제하에서는 구현하기 어렵다. 블록체인은 프로그램된 계약이 멈추지 않고 지속적으로 실행되도록 하고, 외부의 어떠한 관여 없이도 디지털 자산을 직접 이동시킬 수 있도록 계약에 힘을 부여해 준다고 평가될 수 있다.

스마트 계약을 구동하는 대표적인 플랫폼은 이더리움(Ethereum) 이다. 이더리움은 스마트 계약을 위해 만들어진 최초의 블록체인 플랫폼으로 비탈리크 부테린(Vitalik Buterin)이 초기 개발하였고, 스위스에 설립된 이더리움 파운데이션(Ethereum Foundation)을 통해 계속 업데이트 개발이 진행되고 있는 오픈소스 프로젝트이다.

비탈리크 부테린은 가상화폐인 비트코인에 사용된 핵심 기술인 블록체인에 화폐 거래 기록뿐 아니라 계약서 등의 추가 정보를 기록할 수 있다는 점에 착안하여, 전 세계 수많은 사용자들이 보유하고 있는 컴퓨팅 자원을 활용해 분산 네트워크를 구성하고, 이 플랫폼을 이용하여 SNS, 이메일, 전자투표 등 다양한 정보를 기록하는 시스템을 창안했다. 이더리움은 C++, 자바, 파이썬, GO 등 주요 프로그래밍 언어를 지원한다.

비트코인 블록체인이 암호화 화폐에 주안점을 두었다면, 이더리움 플랫폼을 활용한 블록체인은 스마트 계약을 기록 관리하는데 그 초점이 맞춰져 있다. 초기의 비트코인 블록체인은 스크립트(script)를 이용하여 비트코인의 잔고증명과 트랜잭션을 발송한 사람의 서명이 맞는지 확인하는 정도의 아주 간단한 연산만을 수행할 수 있었다. 반면 이더리움 블록체인의 경우 솔리디티(Solidity)라는 자체적인 프로그래밍 언어를 가지고 있고 이를 통해 블록체인에 저장된 소프트웨어 코드를 실행함으로써 프로그램의 구현을 가능하게 한다.

솔리디티는 비트코인 스크립트 언어(Bitcoin transaction Script Language)가 제공하는 것보다 훨씬 강력한 기능들을 제공하는데 여기에는 튜링-완전(Turing-Completeness), 가치 인지능력(Value-AWareness), 블록체인 인지능력(Blockchain-Awareness), 상태(State)개념 등이 포함된다.

2. 스마트 계약의 분산화

현재 진행되고 있는 분산화 어플리케이션(Decentralized Applications : DApps) 프로젝트들은 State of the DAPPS 웹사이트에서 확인이 가능하다. 웹사이트에 게시된 분산화 어플리케이션은 이더리움 블록체인 플랫폼에서 구동되도록 만들어졌다.

사실상 스마트 계약은 탈중앙화된 어플리케이션의 한 종류라고 할 수 있다. 다시 말하면 스마트 계약은 블록체인에 저장되어 미리 결정된 특정 조건이 충족될 때 동의된 사항들이 자동으로 실행되는 탈중앙화 애플리케이션으로 볼 수 있다.

이더리움과 비트코인은 암호화 통화가 내장되어 있다. 그리고 통상적으로 스마트 계약은 최종적인 지불을 위해 이더리움과 비트코인을 사용한다. 스마트 계약은 이더리움이나 비트코인으로 결제하는 대신에 페이팔의 신용카드 같은 전통적인 수단으로도 결제를 작동시킬 수 있다. 그러나 양자의 의미는 결코 같지 않다. 스마트 계약의 진정한 힘은 디지털 자산이 직접적으로 이전될 수 있을 때 나타난다. 왜냐하면 스마트 계약은 한번 구동되면 시스템을 멈추는 것이 거의 가능하지 않기 때문이다.

수행 내용

재료 · 자료

- 블록체인의 스마트 계약 관련 자료

기기(장비 · 공구)

- 컴퓨터, 프린터, 주변기기

안전 · 유의사항

- 컴퓨터, 주변기기 전원을 관리한다.

수행 순서

학습 6

01 스마트 계약이 이끌 새로운 가치 변화에 대한 예를 분석하라.

지급 결제와 송금 수단, IP(지적 재산권), 권리증명, 인증, 공유경제 등에 대한 평가, 가치 Lifecycle 관련 모든 거래가 모두 스마트 계약 시스템으로 연결될 것으로 보인다.

〈표 6-1〉

영역	대상 Value	영향력
지급결제 · 송금	• 동전, 지폐, 수표 등 실물 화폐 • 지급결제 · 송금 중개자, 국내외 지급결제망, 신탁 • 금융 중개 기능	• 전자화폐 · 가상화폐 역할 강화 • VAN/PG, 금융중개망, 청산소, 3자 신탁 등의 기능 축소 • 카드 · 은행의 지급결제, 간접금융 등의 중개 기능 약화
IP (지적 재산권)	• 디지털 음원 저작권 • 특허 관리	• 음원 플랫폼 기능 축소, 저작권 협회, 저작인 협회 등의 중개인 축소 • 중앙에 의한 특허 관리의 등록 및 인증 기능 축소
권리증명	• 부동산 권리 • 동산 등기 및 권리증명	• 중앙에 의한 부동산 등기 및 권리 확인 기능 축소 • 중앙에 의한 주식 예탁결제원, 자동차, 귀금속 등의 등록 및 권리 증명 기능 축소
인증 · 공유경제	• 3자 인증 • 공유경제	• 보안과 관련된 3자 인증(공인인증서 등)의 축소 • 공유경제 및 O2O 서비스들의 예약, 예매 기능들이 자동인증되고 지급결제까지 연결

02 블록체인 기반의 스마트 계약의 장점에 대하여 분석하라.

블록체인 기반의 스마트 계약은 다양한 장점을 제공할 수 있다.

① **빠른 속도와 실시간 업데이트** : 스마트 계약은 일반적으로 수작업을 통해 수행되는 작업들을 소프트웨어 코드를 사용해 자동화할 수 있으므로 다양한 비즈니스 프로세스의 속도를 높일 수 있다.

② **정확성** : 자동화된 거래는 신속할 뿐 아니라 수작업으로 인한 오류에도 덜 취약하다.

③ **낮은 실행 위험** : 계약 실행이 개별 관계자가 아닌 네트워크를 통해 자동으로 관리되기 때문에 분산화된 실행 절차는 조작, 불이행, 오류의 위험을 사실상 제거한다.

④ **중개인의 감소** : 스마트 계약은 제3자 예탁과 같은 '신뢰' 서비스를 제공하는 제3의 중개인에 대한 의존도를 낮추거나 없앤다.

⑤ **비용 절감** : 스마트 계약으로 가능해지는 새로운 프로세스는 사람의 개입과 중개인의 필요성이 적기 때문에 결과적으로 비용이 절감된다.

⑥ **새로운 비즈니스 혹은 운영 모델** : 스마트 계약은 합의에 따른 안정적인 계약의 이행을 보장해주는 저렴한 수단을 제공하기 때문에 개인 간(P2P) 방식의 재생에너지 거래부터 차량 및 저장소에 대한 자동화된 접근권 부여까지 새로운 종류의 비즈니스가 가능해질 수 있다.

03 스마트 계약의 작용 유형별 특징을 분석하라.

1. 적용 유형별 특징

스마트 계약은 사전적으로, 또는 사후적으로 동일 증명 작업을 기반으로 상호 약속된 룰에 따라 예측할 수 있는 정해진 절차에 따라 모두가 신뢰할 수 있는 서비스 업무 영역에서 가장 큰 적용 효과를 발휘할 수 있다.

① 상호 거래 및 검증이 빈번하며, ② Data Ownership 및 보안이 민감하거나, ③ 업무 자동화가 가능하고, ④ IT 시스템의 확장 및 효율화가 가능한 업무가 스마트 계약 적용에 적합한 대표적인 업무 영역이다.

2. 금융 분야에 적용

블록체인 1.0 기준에서는 지급결제를 중심으로 한 중개기관 없이 순수 자금의 이동 · 전환 · 처리에 중점을 두었다면, 블록체인 2.0에서는 거래 관련 이해관계자들 간 자금이동을 포함하여 관련된 계약의 내용을 포괄하는 사전 · 사후 업무처리 범위로 관련 서비스 영역이 확산되어 거래 당사자 간 스마트 계약에 따른 자동 실행을 기반으로 하는 P2P 중심 계약 시스템으로 확산될 전망이다.

3. 지적재산권 분야에 적용

블록체인을 통해 소유권을 관리하고 음원 구입관련 거래 정보를 투명하게 공유하여, 저작권과 같은 지적재산권을 보호하고 불법 복제를 근본적으로 근절하는 데에 기여할 수 있다.

또한 지적재산권에 대한 권리를 스마트 계약으로 등록하여 사용자 대금 지급에 따라 실시간 대금 수령이 이루어지도록 구현하면, 불필요한 중개자가 제거되고 프로세스는 단축되어 보다 효율적인 거래가 가능해진다.

4. 공유경제 분야에 적용

블록체인 기반의 스마트 계약은 공유경제의 한계점인 보완과 신뢰의 문제를 해결하는 열쇠가 될 수 있다. 블록체인에 사용자 차량이나 집을 연동하고 사물인터넷(IoT)과의 결합을 통하여 사물 스스로가 스마트 계약을 실행할 경우, 중개 기업을 거치지 않는 사용자 간 직접 거래가 실현된다. 이와 같이 공유경제에 블록체인 기술이 적용될 경우 간접비를 제외한 모든 수익이 참여자에게 배포될 수 있다.

04 블록체인에서의 스마트 계약에 대하여 분석하라.

1. 비트코인에서의 스마트 계약

비트코인(Bitcoin) 스크립트 언어는 DDoS 등의 해킹 공격에 대비하기 위해 최소한의 처리 과정만 거치며 최신 프로그래밍 언어가 할 수 있는 화려한 작업(for, while 등 순환로직 처리)은 처리하지는 못하게끔 설계된 스택 기반의 실행 언어이다.

하지만 비트코인 생태계의 개발자들은 거래 유연성 및 확장성을 개선하기 위한 노력을 멈추지 않았고, 스마트 계약으로의 발전을 이끈 몇 가지 유의미한 결과물이 등장하였다.

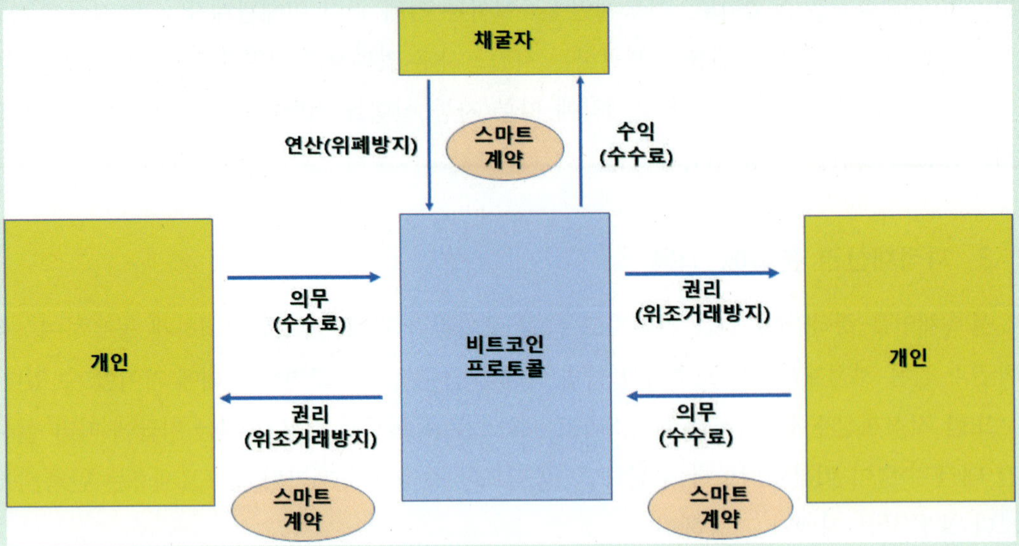

[그림 6-7] 비트코인과 스마트 계약

'컬러드 코인(Colored Coins)'은 블록체인 원천기술을 활용한 가상 화폐로부터 블록체인 기술을 분리하여 다른 분야와의 접목을 통해 다양한 자산거래를 가능하게 하려는 시도이다. 컬러드 코인 형태의 'OAP(Open Asset Protocol)' 방식은 주식발행, 포인트 전환 거래 등 블록체인 기반 새로운 Use Case 발굴을 선도하였다.

또한 '다중서명(Multi-Signature)' 방식은 특정 주소에 보관된 비트코인을 인출하기 위해 다수의 개인키를 적용하여 보통 n개의 개인키가 존재할 때(n보다 작은) m개의 서명이 있어야만 인출이 가능하도록 설정한 기술로, 비트코인 거래의 편의성과 보안성을 개선하는 데에 기여하였다.

2. 이더리움에서의 스마트 계약

블록체인 2.0을 대변하는 대표주자인 이더리움(Ethereum)은 블록체인을 하나의 데이터베이스로 보고, 모든 자산을 올릴 수 있고 각 자산이 구동하거나 거래되는 방식까지 직접 프로그래밍할 수 있는 하나의 '오픈 플랫폼(Open Platform)'으로 구현되었다.

비트코인이 자체적으로 편집된 언어인 스크립트(Script)언어를 지원하는 것과는 달리 이더리움에서는 자체적인 튜링 완전언어인 솔리디티(Solidity)라는 자바 기반의 독립적인 별도 언어를 지원하고 있으며, 사실상 상상 가능한 모든 형태의 거래를 프로그래밍할 수 있어 전혀 다른 차원의 높은 자유도와 효율성을 누릴 수 있다고 할 수 있다.

이더리움 기술을 통해 금융 어플리케이션 개발뿐만 아니라, 준(準)금융 어플리케이션 개발, 나아가 탈중앙화된 형태의 자율 조직/회사를 구현하려는 시도까지 관찰되고 있다.

05 보험과 은행에서의 스마트 계약의 사용 예시에 대하여 분석하라.

1. 보험 분야에서의 스마트계약 예시

보험업의 특성상 손해보험 보상 업무 하나만을 놓고 보더라도 가입자, 보험사, 손해사정, 정비업체, 병원, 사법기관 등 다양한 이해 관계자들 간 확인 및 검증 처리 절차를 위하여 각기 상이한 대외 업무 처리를 통한 복잡한 인터페이스 프로세스에 의존할 수밖에 없어 전체 업무 처리에 소요되는 시간과 비용은 상대적으로 높을 수밖에 없었다.

보상 프로세스 진행과 관련 관련자간 동일한 증빙문서에 대하여 블록체인을 통하여 상호 합의한 처리내용에 대하여 위 · 변조가 불가하면서도 처리 절차를 스마트 계약으로 자동 진행하여 블록체인 기반 연계업무를 누수 없이 신속 정확하게 처리할 수 있다.

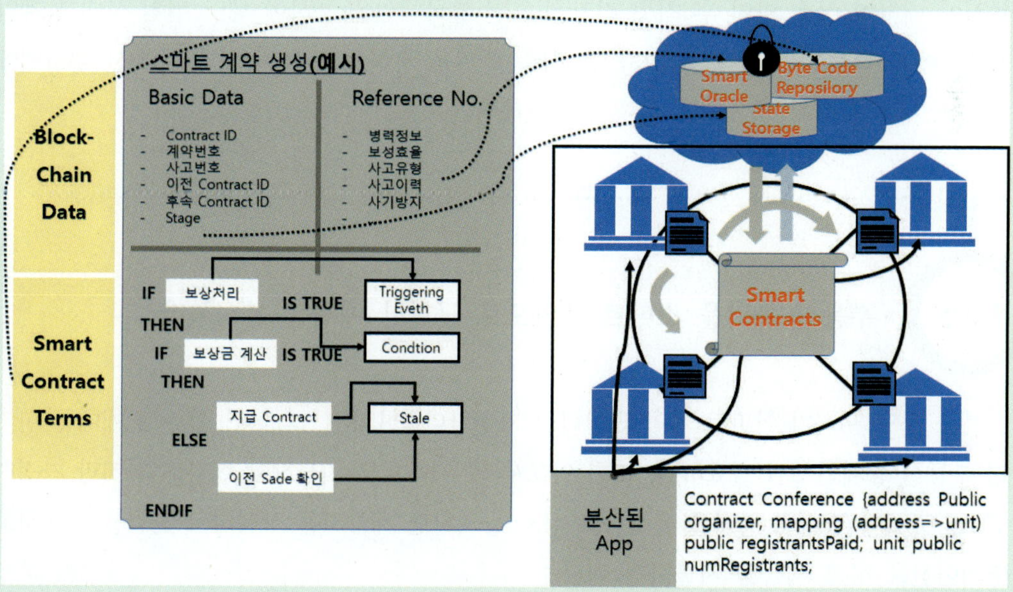

[그림 6-8] 보험 분야에서의 스마트 계약의 예시

학습 6

스마트 계약 원천 소스코드 ID는 블록체인 내 구성되어 자동 실행조건이 만족되면 블록체인 내에서 가상 실행환경을 통하여 안전지대 내 존재하는 참조 파라미터 정보를 활용하여 각 사용자 간섭 없이 자동 실행되고, 그 결과 값은 모든 참여자들에게 실시간으로 공유되어 공동의 블록체인 시스템 생태계가 조성된다고 볼 수 있겠다.

2. 스마트 계약을 은행에서 사용 예시

Barclays 은행은 2016년 4월 영국에서 개최된 'Barclays Accelerator' 행사에서 스마트 계약(Smart Contracts) 기반 블록체인을 활용하여 '국제스왑딜러협회' 기준의 표준계약서를 준용하여 이자율 스왑 거래를 시연한 바 있다.

계약 문서에 대하여 거래 당사자 간 실시간 확인 및 검증을 통하여 해당 스왑 행사일에 스마트 계약이 자동 실행되게 함으로써 은행으로서는 처음 블록체인 기반 스마트 계약의 시발을 알렸다.

주요 용어를 화면에서 정의 후 실행하면 표준 계약서가 자동 작성되어 블록체인에 등록되고, 계약 상대방으로 하여금 실시간 확인 및 컨펌을 통하여 계약 실행에 따른 검증 및 협업 기반을 획기적으로 개선하였을 뿐 아니라 블록체인만이 가지고 있는 문서 및 거래 기록에 대한 신뢰성을 제고할 수 있게 되었다.

계약서 자동 작성 후 블록체인을 통하여 공유된 계약 문서를 근거로 계약 당사자 간 동일 문서에 대하여 상호 확인 후 최종 컨펌을 하면 블록체인을 통하여 해당 컨펌 상태가 계약 상대방에게 즉시 전달된다. 당사자 간 최종 확인을 통하여 컨펌된 거래는 옵션 행사일에 스마트 계약에 따라 자동으로 실행되고 관리된다.

06 부동산 계약을 스마트 계약으로 구현한 예시를 분석하라.

예를 들면 우리가 아파트 계약을 한다고 가정한다. 현재는 A와 B가 아파트 매매를 한다면 부동산 중계인 C가 필요하다. 또한 양도세 및 취득세도 지불해야 한다고 까지만 가정하면 A, B, C가 만나서 가격을 흥정하고 상호 동의하면 계약서를 작성하고 잔금을 지불하고 명의이전을 하고 세금을 지불하면 된다.

이 부동산 거래를 스마트 계약으로 구현하면 다음과 같다.

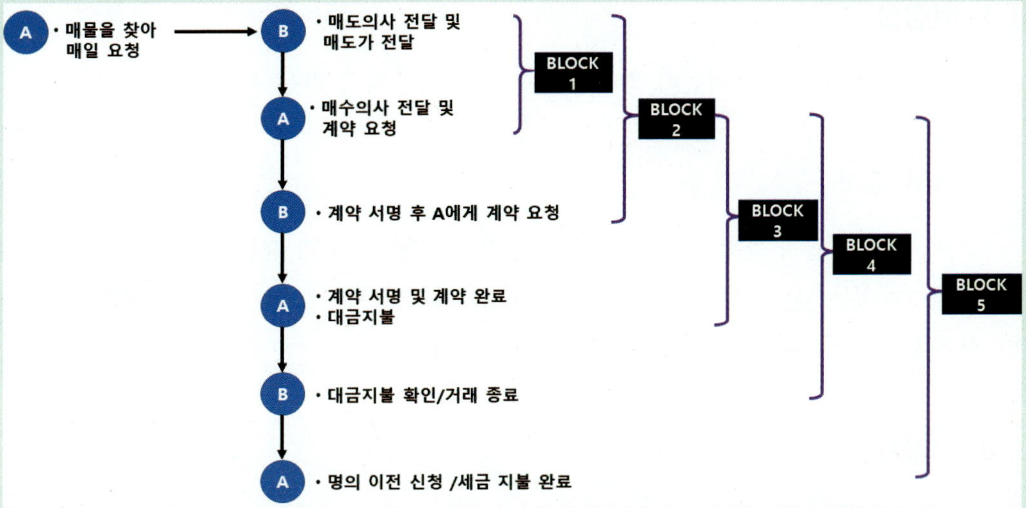

[그림 6-9] 부동산 거래를 스마트 계약 예시

모든 거래과정이 블록체인으로 묶이면서 상호 거래가 성사된다(BLOCK 3).

거래에서 대금지불이 완료되었다는 점(BLOCK 4)

이것들이 모두 블록체인으로 묶이고 이력화되어 있어 상호 부인이 불가능한 상태로 된다(BLOCK 5).

이것의 효과는 명의 이전 시 필요한 서류가 필요 없게 된다. 왜냐하면 (BLOCK 5)의 기록을 추적하면 A와 B의 정상적인 거래에 대한 이력확인이 가능하여 단순이 A라는 사람의 블록체인만으로 명의이전 처리를 해도 문제가 없다는 것이다. 이런 장점을 블록체인의 혁명이라고 표현하는 것일 것이다.

기존 거래 방식과의 차이를 보면 부동산 중계사가 필요 없으며, 상호 거래이력(계약서, 계약내용, 대금 지불)을 누구든 A나 B의 허가만 있다면 즉시 블록체인(BLOCK 5이력)에서 확인이 가능하여 명의변경 및 세금 부과 시 종이서류가 필요 없게 된다.

07 스마트 계약 기술에 대한 우려되는 점에 대하여 분석하라.

스마트 계약의 기술은 여전히 초기 단계에 있다. 기업 및 기술 분야 리더들은 스마트 계약을 둘러싼 기술 및 사업적 전개 현황을 주목해야 할 것이다. 기술 측면에서 볼 때, 특정 분야의 발전이 스마트 계약의 적용과 도입을 확대하는 데 도움을 줄 수 있을 것이다.

1. 확장성

스마트 계약 플랫폼은 여전히 확장성 측면에서 검증되지 않은 것으로 간주된다.

2. 외부 정보

스마트 계약은 단지 블록체인에 있는 정보만을 참조할 수 있기 때문에 정보를 블록체인에 제공해줄 수 있는 '신탁'으로 알려진 신뢰할 만한 데이터 서비스를 필요로 할 것이다. 이러한 신탁을 만들기 위한 시도들은 아직 진행 중이다.

3. 유형자산

스마트 계약을 효과적으로 유형자산과 연결시키는 사용 사례는 아직 극히 초기 단계에 있다.

4. 유연성

블록체인 기반 스마트 계약의 불변성은 개발자들이 계약의 변경이 필요하게 되는 가능한 모든 시나리오를 반드시 예상해야 함을 의미한다.

5. 개인정보 보호

스마트 계약의 내용은 네트워크 내의 모든 관계자들에게 공개되므로 일부 분야에는 적합하지 않을 수 있다.

6. 지연 시간

블록체인은 긴 지연 시간이 문제인데, 거래의 개별 블록을 검증해 장부에 추가하는 시간이 필요하기 때문이다. 스마트 계약 목적으로 가장 인기 있는 블록체인인 이더리움의 경우 블록 하나를 추가하는 데 약 17초가 걸린다. 이는 블록체인을 사용하지 않는 데이터베이스의 밀리초 수준과는 비교가 안 될 정도로 긴 시간이다.

확장성에 있어 새로운 전기를 마련할 수 있는 주요한 시험 사업 혹은 기술 도입, 개인정보 보호나 신뢰할 수 있는 외부 정보 서비스를 가능하게 하는 기술 발전을 주목하라. 이는 기술의 성숙도를 보여주는 지표로 스마트 계약이 더 널리 채용될 단계에 진입했음을 알려줄 것이다.

사업 측면에서는, 스마트 계약에 의해 추진되는 디지털 영역을 넘어선 새로운 역량과 사업모델이 몇 달 안에 등장하기 시작할 것이다. 예를 들어, 이미 스타트업들은 스마트 자물쇠나 자동화된 전기자동차 충전소를 제공하기 위해 스마트 계약과 사물인터넷(IoT) 기기를 결합하기 시작했다. IoT 센서 데이터를 블록체인에 연결하면 수많은 가능성이 열릴 것이다. 이 중에는 시간이 아닌 사용량에 기반을 둔 새로운 사업모델과 자동화된 소액 결제를 활용하는 적용 방안 등이 있다. 스마트 계약을 수용하는 수정된 법안이나 규제당국의 스마트 계약에 대한 인식 또한 스마트 계약의 일부 적용 분야에 있어 매우 중요하다. 이러한 움직임은 이 기술의 더 폭넓은 채용을 가리키는 또 다른 신호가 될 수 있다.

08 스마트 계약의 법적 성질에 대하여 분석하라.

1. 스마트 계약에 의한 거래

스마트 계약은 청약과 승낙의 합치로 성립하는 일반계약과는 달리 일방이 제공하는 프로그램(코드)을 의미하므로 계약의 성질을 가지지 않는다. 스마트 계약을 설계한 자가 제공한 코드에 참여하고자 하는 자는 프로그램에서 요구하는 일정한 조건을 입력하면 프로그램이 자동 실행된다. A가 코드를 작성하여 이를 일반인이 접근할 수 있도록 오픈소스로 공개하고 B가 메시지에서 요구하고 있는 조건에 따라 행동할 경우 자동적으로 토큰 구매가 실현되었다고 볼 수 있다. 위 거래를 구분해서 보면, ① A의 코드작성, ② 코드의 공개, ③ B의 조건성취, ④ 토큰의 이전으로 구분된다.

2. 스마트계약의 유상성

1) 급부의 현실가치

스마트 계약의 급부는 현실의 계약과 달리 급부가 가상세계에서 통용되는 재화가 된다. 예를 들어 A의 급부는 토큰이고 B의 급부는 이더라는 가상화폐인 경우, 결국 스마트 계약은 가상의 재화의 거래행위가 되어서 가상화폐(이더)와 토큰의 가치에 따라 계약의 유상성을 인정할 수 있다.

2) 가상세계의 가치창조

이더리움 플랫폼이라는 가상세계에서 그 끝단은 이더와 통화의 교환이라는 현실세계의 가치와 연결되지만 가상세계 내부에서 가치의 창조와 교환이 이뤄지고 있다. 즉 앞서 든

학습 6

예에서 토큰은 가상세계에서 창조된 재화로서 가상세계에서 그 가치가 증감하면서 일정한 역할을 수행한다.

3) 토큰과 이더의 차이

가상세계에서 특히 이더리움 플랫폼에서 이더는 현실세계의 통화의 역할을 한다. 토큰은 단순히 재화의 역할을 하게 되지만 가상세계에서 다시 토큰이 통용되는 거래계의 범위 내에서 토큰은 다시 작은 통화의 기능을 할 여지가 없지 않다. 이더와의 가장 큰 차이점은 이더는 분산형으로 발생되고 거래소는 거래의 중계 역할을 하는데 반해 토큰은 집중형으로 발행되므로 A의 전자지갑은 거래소의 기능을 하지만 신뢰할 수 있는 제3자(Trusted Third Party)에 해당하게 된다.

4) 토큰(코드 개발자)의 신뢰성

이더리움 플랫폼에서 발행되는 토큰은 그 발행인(코드 개발자, A)의 신뢰에 기반하여 발행되므로 발행인의 신뢰성이 무너지면 가상세계 내에서 교환되는 가치의 불균형이 발행할 수 있다. 따라서 발행인의 신뢰는 다시 보증되어야 하므로 이를 위해 이더에 의한 가상세계 내의 담보제공 등의 수단이 요구된다.

3) 스마트 계약의 다중성

코드는 대체로 이더를 대가로 하는 유상계약의 형태로 입력되지만 경우에 따라 코인을 발행할 경우 합동행위성을 가지는 경우도 부인할 수 없다.

학습활동.6 교수 · 학습 방법

교수 방법

- 블록체인의 스마트 계약에 대한 관련 용어, 구성, 방식 이해 정도를 파악한 후 수업을 진행한다.
- 교수자의 주도로 블록체인의 스마트 계약 등의 내용을 PPT 자료로 제시한 후 설명한다.
- 가능하면 사전에 개인별 학습 자료를 준비하여 모든 학생이 참여할 수 있는 문제 해결식 수업, 협력 수업이 가능하도록 한다.
- 블록체인의 스마트 계약 전 과정을 작업의 순서에 따라 단계적으로 실습이 이루어질 수 있도록 지도한다.
- 교재를 통해 수업을 준비하는데 있어서 필요한 모든 정보나 팁, 힌트 등 도움이 될 만한 내용들을 확인할 수 있다.
- 학생들이 만들게 될 각 모델들은 수업시간에 중점적으로 다뤄질 부분과 어휘, 질문, 답을 포함하고 있으며 또한 탐구할만한 추가적인 아이디어들도 포함하고 있다.

학습 방법

- 블록체인의 스마트 계약에 대한 관련 용어를 숙지하고, 블록체인의 스마트 계약에 대해 이해한다.
- 블록체인의 스마트 계약의 각 단계별 중점 사항을 체계적으로 학습한다.
- 블록체인의 스마트 계약의 수행순서의 전 과정을 실습한다.
- 블록체인의 스마트 계약의 내용을 이해한다.
- 블록체인의 스마트 계약을 이해하고 숙달이 될 때까지 학습한다.

학습활동.6 평가 및 피드백

평가 준거

- 평가자는 피평가자가 수행 준거 및 평가 내용에 제시되어 있는 내용을 성공적으로 수행할 수 있는 지를 평가해야 한다.

학습내용	평가항목	성취수준		
		상	중	하
블록체인의 스마트 계약	블록체인의 스마트 계약을 이해할 수 있다.			

학습 6

평가 방법

• 작업 포트폴리오

학습내용	평가항목	성취수준		
		상	중	하
블록체인의 스마트 계약	블록체인의 스마트 계약을 이해할 수 있다.			

• 필기시험

학습내용	평가항목	성취수준		
		상	중	하
블록체인의 스마트 계약	블록체인의 스마트 계약을 이해할 수 있다.			

• 체크리스트를 통한 관찰

학습내용	평가항목	성취수준		
		상	중	하
블록체인의 스마트 계약	블록체인의 스마트 계약을 이해할 수 있다.			

• 피드백

1. 작업 포트폴리오
   – 제출한 보고서를 평가한 후 주요 사항에 대하여 표시하여 돌려준다.
2. 필기 시험
   – 평가 결과 성적이 저조한 학생은 보고서 제출 기회를 부여한다.
3. 체크리스트를 통한 관찰
   – 실습 과정에서 평가한 후 개선해야 할 사항 등을 정리하여 돌려둔다.

참고자료

1. 현년수, 스마트 계약을 적용한 금융업 혁신방안 고찰. 삼성SDS 2016.7.11.
2. 존 림(John Ream) 외 2인, 블록체인의 업그레이드 현장에서의 스마트 계약 사용 사례
3. 정경영, 백명훈 "블록체인 기반의 스마트계약 관련 법제 연구" 한국법제연구원, 217.8.31
4. 박수민, 홍승필, "P2P 분산 네트워크 환경 내 프라이버시 및 정보보호 방안" 보안공학연구논문지 2017.

학습 목표	7. 블록체인의 분산원장 기술을 이해할 수 있다.

7-1 분산원장 기술의 개념

1. 기존 중앙집중형 시스템

기존 중앙집중형 시스템은 원장(Ledger)을 집중하여 관리하는 신뢰할 수 있는 제3의 기관(Trusted Third Party : TTP)을 설립하고 해당 기관에 대한 신뢰를 확보하는 방식으로 발전해 왔다. 특정 기관이 원장을 조작 또는 개인정보를 유출하지 않을 뿐 아니라 시스템 오류 및 처리속도 저하를 예방하고, 해킹 등 외부로부터의 악의적인 공격 및 조작 시도를 방지할 수 있다는 신뢰가 중요하다.

신뢰할 수 있는 제3의 기관(TTP)을 설립하여 운영하는데 소요되는 높은 사회적 비용은 금융산업 발전의 제약 요인으로 작용할 수 있다. 대규모 조직을 설립·운영하기 위한 비용은 이용자의 높은 수수료 부담으로 전가된다. 한편 규제 및 감독은 진입장벽으로 작용하여 혁신적인 신규 서비스 및 사업자의 진출을 제한되고 있다.

2. 분산 원장 기술

분산 원장기술(Distributed Ledger Technology : DLT)은 거래정보를 기록한 원장을 특정 기관의 중앙 서버가 아닌 P2P(Peer-to-Peer) 네트워크에 분산하여 참가자가 공동으로 기록하고 관리하는 기술을 의미한다.

클라이언트나 서버의 개념 없이 동등한 참가자(Peer Nodes)들이 클라이언트와 서버의 역할을 동시에 수행하며 데이터나 주변 장치 등을 공유하는 방식으로 주로 음악, 영화 등의 파일을 공유하는 서비스 등에도 활용이 가능하다.

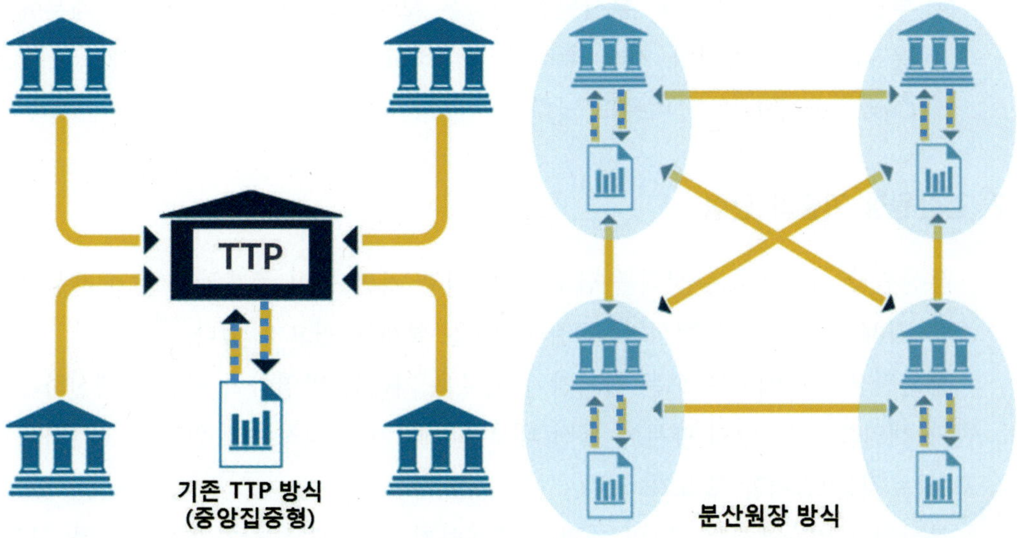

(a) 기존 중앙집중형 시스템 (b) 분산원장 기술

[그림 7-1] 중앙집중형 시스템과 분산원장 기술의 비교

7-2 분산원장 기술의 장점과 단점

1. 분장원장 기술의 장점

분산원장 기술은 모든 기록이 집중된 제3의 기관이 없기 때문에 기존 중앙집중형 시스템에 비해 다음과 같은 장점을 가질 수 있다.

① **효율성**(Efficiency) : 신뢰할 수 있는 제3의 기관을 설립 · 운영하기 위한 인력 및 자원 투입이 불필요하고 시스템 오류 등을 예방하고 해킹 등 보안사고를 방지

하기 위한 인프라 투자비용도 절감이 된다.

② **보안성**(Security) : 모든 정보가 집중된 중앙 서버가 없고 이를 담당하는 조직도 존재하지 않기 때문에 해킹 등 내 · 외부의 악의적인 공격으로부터 안전하다. 원장이 모든 참가자에게 공개되기 때문에 원천적으로 정보 유출 소지가 없다.

③ **시스템 안정성**(Resilience) : 단일 실패점(Single Point of Failure)이 존재하지 않기 때문에 일부 참가 시스템에 오류 또는 성능저하가 발생하더라도 전체 네트워크에 미치는 영향이 미미하다. 제품이나 서비스의 구성요소 중 정상적으로 작동하지 않으면 전체 제품 또는 서비스를 중단시키는 부분을 의미한다.

④ **투명성**(Transparency) : 분산원장 기술은 모든 거래기록을 공개하기 때문에 높은 투명성을 가지며 거래 추적이 용이하고 규제(고객확인의무 : Know Your Customer 등) 준수 비용도 낮다.

2. 분산원장 기술의 단점

분산원장 기술에서는 신뢰를 담보해 줄 외부 기관 등이 존재하지 않기 때문에 시스템 자체에서 신뢰를 형성하는 메커니즘을 설계할 필요가 있다.

분산원장 기술에서는 모든 참가자가 새로운 거래를 반영하여 원장을 갱신하는 권한과 책임을 갖고 있기 때문에 특정 내부 참가자가 악의적으로 원장을 조작하여 배포하는 것을 방지할 필요가 있다.

분산원장 기술에서는 제3의 기관이 존재하지 않고 모든 참가자가 동등한 지위를 갖기 때문에 내부의 조작과 외부의 침입을 구분할 필요가 없다. 최근(비트코인 개발 이전)까지 동 기술을 지급결제시스템 및 여타 금융서비스 등에 실제로 적용하지 못했던 것은 조작 가능성을 차단하면서 원장을 갱신할 수 있는 합의(Consensus) 절차를 마련하지 못했기 때문이다.

비잔틴 장군들의 딜레마(Byzantine generals problem)#의 일종으로 컴퓨터 공학의 난제로 알려졌다.

여러 명의 장군들이 다음과 같은 제약 조건 하에서 각자 병력을 통솔하여 함께 요새를 공격할 시간에 합의하기 위한 절차를 찾는 문제이다. 즉, 과반수이상의 장군이 참여할 때만 공격에 성공할 수 있고 각 장군들은 전령을 통해서만 서로 교신할 수 있고 일부 장군은 악의적으로 거짓 공격시점을 전달하여 다른 장군에게 피해를 입히고자 하는 경우이다.

7-3 분상원장기술의 활용

비트코인의 블록체인을 통해 분산원장 기술의 안전성이 확인됨에 따라 동 기술이 디지털통화와는 별도로 송금, 채권 · 주식 등 증권 발행 및 거래 등 기존 금융서비스 전반에 적용될 가능성이 제기되고 있다. 기존의 비트코인이 사용하는 블록체인은 오픈소스 프로그램으로 높은 확장성을 갖고 있어 데이터나 조건부 지급명령 등을 추가할 수 있다 이를 통해 자산거래, 소유권 확인 등 다양한 목적에 응용하는 기술 개발에 적용이 가능하다.

분산원장 기술이 금융거래의 전반으로 확산되는 경우 소액결제시스템 뿐 아니라 거액결제시스템 등 지급결제제도 및 금융시스템 전반에서 활용 가능성이 큰 것으로 분석되고 있다.

분산원장 기술은 금융거래 이외에도 자산거래, 소유권 확인, 스마트 계약(Smart contract) 등에 적용되어 다방면에서 활용 가능하다.

학습 7

1. 분산원장 기술과 시스템의 구분

분산원장 기술은 계속 진화하고 있고 수많은 가상통화가 유통되고 있는데 이를 구분하는 방업은 참가자의 자격을 제한하는 정도에 따라 퍼블릭과 프라이빗 분산원장 시스템으로 나눈다.

1) 퍼블릭 분산원장 시스템

퍼블릭 분산원장 시스템은 누구나 원하기만 하면 네트워크에 접근하여 거래내역을 읽거나 제출하거나 또는 거래를 검증하고 생성할 수 있도록 한다.

이런 시스템에서의 블록체인은 경제적인 인센티브를 동반하는 작업증명(Proof of Work : PoW)이나 지분증명(PoS Proof of Stake) 등의 수단을 사용한 암호 검증으로 안정성이 보증된다. 일반적으로 퍼블릭 분산원장은 참여자들이 익명으로 참여할 수 있도록 되어있고 거래를 검증하거나 참여자간의 합의를 도출하는 등 블록체인을 유지하기 위해 참여자들에게 통화의 발행이라는 인센티브를 제공한다. 예로는 비트코인, 이더리움 등 암호화통화가 있다.

2) 프라이빗 분산원장 시스템

프라이빗 분산원장에는 개별 기업이 운영하는 분산원장시스템과 컨소시엄이 운영하는 분산원장시스템이 있을 수 있다. 개별기업이 자신의 원장관리를 위해 운영하는 시스템이다. 대표적인 애플리케이션으로는 항공회사의 분산 데이터베이스 관리 시스템이 있다. 항공사는 전세계의 여행사와 연동하여 고객데이터와 탑승 스케줄 등을 관리한다. 일반적으로 특정기업이 사용하는 이러한 분산 시스템은 거래를 하거나 혹은 거래검증을 위한 시스템을 운영하거나 참여자간의 합의 도출하거나 하는 프로세스를 만들거나 내부 화폐를 발행할 필요가 없다. 따라서 우리의 논의에서는 제외한다.

다수의 기업 혹은 컨소시엄이 운영하는 프라이빗 분산원장 시스템은 미리 지정된 개인이나 단체가 참여자간의 합의 프로세스를 검증하는 권한을 갖는다. 예컨대 금융기관의 컨소시엄 등이 운영하는 분산원장 시스템은 참여자가 제한되고 이들의 권한과 접속이 제한되는 형태로 운영된다. 따라서 부분적 탈중앙화된 시스템이다. 이 형태는 특히 금융기관들이 선호하는 시스템으로 사용자들의 아이디는 고객확인제도(흔히 업무파악의무와 고객파악의무로 지칭되는 금융기관의 의무사항)를 따르는 것이 필수 사항이 될 수 있다.

2. 분산원장 기술의 발전단계

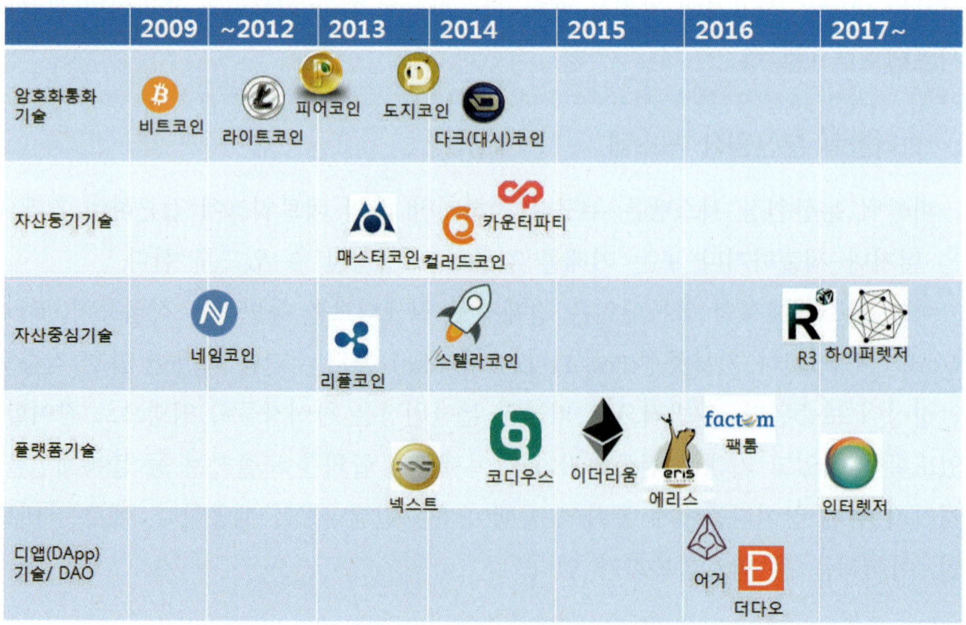

[그림 7-2] 분산원장 기술의 진화단계

1) 암호화 통화 기술(Crypto-currencies Technology)

초기 분산원장 기술은 비트코인을 필두로 라이트코인(LiteCoin), 피어코인(PeerCoin), 도기코인(DogeCoin) 등 암호화 통화의 가치보존과 유통을 위해 설계되었다. 분산원장은 신뢰할 수 없는 익명의 다수가 참여하는 네트워크에서 신뢰할 수 있도록 수학적 알고리즘에 의해 설계되었다. 또한 임의조작이 불가능하도록 고안되었고 암호화되었으므로 지급결제 수단으로서 법정화폐(Fiat Currencies)처럼 안전하게 유통시킬 수 있다. 다만 보통의 법정화폐가 갖는 법적인 지위는 갖지 않지만 동시에 규제와 감독의 대상이 아니라는 점은 장점이자 동시에 단점으로 생각될 수 있다.

아직 암호화 통화의 시장규모는 미미한 정도이고 현재의 비트코인 등에 사용된 블록체인은 법정화폐를 위협할 정도의 사용량은 보이지 않고 있다. 또한 초당 처리할 수 있는 거래건수 등의 확장성 등 내재하는 기술적인 한계로 인하여 지금까지 개발된 암호화통화는 성장가능성이 다소 의문시 되고는 있다. 그러나 지속적으로 진화 발전하고 있는 암호화 통화가 가져오는 혁신은 주목해야 마땅하다.

2) 자산등기 기술

학습 7

자산등기기술(Asset Registry Technology)은 암호화폐인 '코인'을 활용하기 위해 분산원장을 사용하기보다는 자산을 등록하는데 사용한다. 분산원장 상의 작은 거래기록을 통해서 어떤 자산(주식, 자동차, 건물, 도메인이름 등)의 존재에 대한 증거를 남기면 중앙 기관(대부분 정부)에서 관리하는 등기소에 등록할 필요 없이 특정한 자산에 대한 소유권을 증명할 수가 있다. 공공 원장에 존재하는 개인키의 소유자가 그 특정한 자산에 대한 소유주가 되는 것이다. 자산등록기술은 규제와 감사 비용을 줄일 수 있는 개연성이 있다. 예를 들면 매스터코인, 컬러드코인, 네임코인, 카운터파티 등의 자산등록 서비스가 있다.

현재 자산등록은 기존의 분산원장에 추가 데이터를 포함하여 단순 인지하는 테크닉을 쓰고 있다. 즉 새롭게 시스템을 구성하지 않고 기존의 비트코인 블록체인 등을 이용하여 짧은 시간 안에 적은 노력으로 활성화하기에 용이하다. 하지만 기존의 네트워크에 단순히 데이터만 포함하기 때문에 기존의 네트워크 참여자는 그것이 특정 자산을 입증할 목적으로 포함되었다는 중요성을 인지하지 못할 수 있다. 즉 비트코인 블록체인 참여자가 비트코인 이외에 매스터코인이나 컬러드코인의 가치를 보호할 이유는 별로 없다. 게다가 상당량의 추가 데이터가 네트워크의 퍼포먼스에 부정적으로 영향을 줄 수 있고 거래를 입증하기 위해 추가적인 프로세싱 파워가 소비될 수 있다. 만일 원래의 분산원장 네트워크의 퍼포먼스에 걸림돌로 작용할 수 있다는 것은 피명적일 수 있다. 이 현상이 소위 "블록체인 블로우트(Blockchain bloat)"라는 것인데 대량의 금융 데이터와 함께 이 카테고리 상의 애플리케이션들의 확장성에 의문을 제가하게 되는 것이다. 결론적으로 아직은 자산등록 카테고리가 금융산업을 위한 제한된 범위에서의 활용 외에는 확장되기 어렵다.

그럼에도 불구하고 주목을 해도 좋은 것은 많은 플랫폼과 서비스가 출현함에 따라서 자산등록에 집중할 서비스가 많아지고 있다는 점이다.

3) 자산 중심 기술

자산 중심 기술(Asset Centered Technology)은 자산 존재의 디지털표현과 관리에 초점을 맞춘 기술이다. 즉, 자산등록기술과 유사하나 퍼블릭 원장에 데이터를 추가하는 방식이 아닌 고유한 기술과 프러이빗 네트워크나 컨소시엄 네트워크를 구현하여 자산의 거래나 이동을 용이하게 기술을 개발한다. 예컨대, 리플, 스텔라, 하이퍼레저 등의 서비스는 각각 자산(통화, 금속, 주식 채권 등)존재의 디지털 표현과 관리에 집중하고 있다. 이 네트워크에서의 신뢰는 비트코인 식의 블록체인을 통한 채굴이 아닌, 참여자들이 직접 제공하여 만들어낸다.

이런 방식이 성공하기 위해서는 참여자들이 '미화', '위안화', '금', '비트코인' 등의 데이터 자산을 네트워크에 출고하겠다는 약속이 있어야 가능하다. 게다가 동시에 참여자들 중 몇몇은 이러한 자산을 다른 자산으로 바꿀 수 있도록 하는 책임이 있다. 즉, 물리적 세계와 가상세계를 연결하는 게이트웨이 역할을 해야 하는 것이다. 어떤 자산을 다른 자산으로 바꾸기 위하여 마켓 메이커(Market Maker)라는 기능이 이 기술에는 필수적이다. 많은 경우 마켓메이커는 외환거래 기관일 가능성이 높다.

4) 플랫폼 기술

분장원장의 플랫폼 기술(Platform Technology)은 암호화통화 기술을 플랫폼화하여 타 분야에 적용하는 방법을 모색하고자 하는 기술이다. 분산 네트워크상에서 완벽한 애플리케이션의 개발과 실행을 위한 플랫폼 개발이 이들의 주된 목표이다.

이더리움은 완벽한 애플리케이션 개발 플랫폼을 위하여 그들의 분산원장 플랫폼에 "튜링 완전성(Turing Completeness)"을 제공하는 강력한 프로그래밍 툴을 장착했다. "튜링 완전성"이란 수학적 시뮬레이션인 튜링머신의 수준까지 프로그래밍이 가능하다는 것이다. 이는 순차(Sequential) 프로그래밍에서 가능한 모든 기능을 장착하였다는 뜻으로 병렬처리 프로그래밍을 제외한 보통의 컴퓨터에서 실행 가능한 프로그래밍이 모두 가능하도록 설계되었다는 뜻이다.

튜링 완전성을 제공하는 이더리움과 같은 분산원장 기술은 문자 그대로 "무한대의 확장성"을 갖는다. 따라서 분산원장 기술에 전혀 새로운 산업의 지평을 여는 계기가 되고 있다.

프로그래밍 언어를 이용하여 스마트계약을 정교하고 정밀하게 설계하면 과거에는 존재하지 않았던 프로그램에 의해 운영되는 계약형태의 사업영역과 모델이 탄생한다.

따라서 이더리움의 튜링완전성이 가져다주는 확장성을 이용하여 디앱(Distributed Application : Dapp)이라는 새로운 사업 개념과 사업 영역이 탄생하였다. 이에 대한 자세한 설명은 아래 탈 중앙 애플리케이션(Decentralized Apps)기술과 탈 중앙 자율조직(Decentralized Autonomous Organization)에서 설명한다.

5) 디앱 기술과 다오

이더리움과 같은 플랫폼기술이 무한 확장이 가능한 프로그래밍 수준에까지 활용할 수 있도록 프로그래밍이 가능하기 때문에 이를 이용한 스마트계약이 최대한도로 사용될 경우 계약에 의해 실행되는 비즈니스 모델이 탄생할 수 있다. 이 프로그래밍 기능을 이용하여 애플리케이션을 개발하는 것을 디앱(Decentralized Application : Dapp : 탈 중앙 애플리케이션)이라고 부르고 현재 수백 개의 디앱(DApp)이 개발되어 사용되고 있다.

스마트 계약에 의한 애플리케이션은 기업운영의 형태까지도 될 수 있는데 탈 중앙 자율조직(Decentralized Autonomous Organization)이라고 부른다. 이는 법적으로 이선에는 존재하지 않았던 새로운 사업모델의 형태를 이것이 유한책임을 갖는지 무한책임을 갖는지 조차도 불분명하다.

탈 중앙 자율조직의 첫 번째 케이스는 더 다오라는 그룹으로 투자자(Investor)가 직접 운영하는 클라우드 펀딩을 통한 벤처캐피털 펀드를 지향하고 2016년 5월 펀드 모집을 했다.

더 다오(The DAO)는 이더리움 블록체인을 이용한 다수의 계약을 통해 존재하는 조직이라는 점에서 어느 국가에도 속해있지 않은 사업조직이었다.

더 다오는 "프로젝트에 펀드를 나눠주는 허브 역할"을 하려고 했다. 즉, 더 다오는 토큰을 투자자들에게 판매하고 거기서 만들어진 펀드를 투표를 통해 벤처투자를 하려고 했다.

학습 7

더 다오는 완벽하게 투명할 수 있도록 펀드매니저와 펀드디렉터를 없애고 투자자가 직접 벤처투자에 관여하도록 한 것이다.

더 다오는 모든 것이 투명할 뿐만 아니라 모든 것이 프로그램 코드에 의해서 운영되도록 했다. 누구나 자세한 내용을 들여다 볼 수 있게 한 것이다. 아쉽게도 더 다오는 2016년 6월 해킹을 당해 그 운영이 종료되었다.

다오(DAO)와 디앱(DApp)은 개념적으로 많은 시사점이 있고 앞으로 새로운 산업의 기술적 기반이 될 정도로 혁신성이 있으나 아직도 불분명한 부분이 많고 실제적으로 어떻게 사용될 수 있는지 많은 부분이 의문점이 있다. 예를 들어 이더리움은 이 보고서를 작성하는 시점에 서비스 거부(Denial of Service)공격을 받고 있는 중이다.

이렇게 심한 공격을 받는 데에는 여러 가지 원인이 있지만 그 중에서 가장 두드러진 것은 아이러니컬하게도 이더리움이 제공하는 튜링완전성, 즉 프로그래밍의 강력함에 있다.

이더리움이 지향하는 튜링완전성은 컴퓨터 이론으로 보면 비결정작(Undecidable)이다. 즉 참과 거짓을 판단할 수 없는 문제가 있기 때문에 스마트계약을 튜링완전성이 있는 언어로 써야 한다면 비결정적이다. 따라서 이더리움이 지향하는 분산원장에서의 완전성은 불완전하다.

수행 내용

재료 · 자료

- 블록체인의 분산원장 기술 및 관련 자료

기기(장비 · 공구)

- 컴퓨터, 프린터, 주변기기

안전 · 유의사항

- 컴퓨터, 주변기기 전원을 관리한다.

수행 순서

학습 7

01 분산원장 기술에 대한 정의를 분석하라.

분산원장 기술은 여러 곳에 분산, 복제, 공유 및 동기화 된 데이터의 집합으로 블록체인의 핵심기술이다. 즉, 물리적 논리적으로 분산되어 있다는 것을 의미하면 중앙에서 데이터를 관리하는 곳이 없다.

블록체인은 또 다른 말로 '공공 거래장부'라고 불린다. 거래장부는 은행이 고객의 돈을 관리할 때 해당 거래내역의 정당성을 확인하기 위해 사용된다. 이러한 거래장부가 분산원장 기술로 대체될 경우 은행과 같은 관리 주체의 필요성이 없어지며, P2P 네트워크에 접속해 있는 사용자들 간엔 동일한 거래장부 사본을 주고받기 때문에 거래장부에 대한 위조방지가 가능해진다. 현재 가상화폐로써 거래되는 비트코인 또한 블록체인 기반의 거래장부를 거래 기록 용도로 활용한 애플리케이션이다

분산장부는 참여자들 간의 합의에 의해 복제되고 공유, 동기화된 정보의 기록 저장소이다. 특히 분산장부가 P2P 네트워크상에서 적용되기 위해서는 분산장부의 기록에 대한 참여자들의 합의가 필요하다는 특징을 가지며 이는 블록체인에서도 그 특징을 유지하고 있다.

블록체인에서 분산장부는 발생하는 모든 거래, 정보들을 참여자들의 검증과정을 거쳐 기

록 하며, 모든 참여자가 동일한 정보를 유지한다. 거래나 정보를 검증 할 때에는 먼저 참여자 개개인이 유지하고 있는 분산 장부에 이미 기록되어 있는 정보와의 연결성을 확인하고 참여자들 간의 합의를 거쳐 적법 한 거래나 정보만이 블록체인의 분산장부에 저장된다.

거래나 정보를 저장 시에는 이들을 일정 시간동안 누적하여 블록이라는 단위로 저장하고 이 블록 간의 연결성을 부여한 상태에서 분산장부에 저장한다.

이러한 분산장부는 블록체인이 제공하는 데이터 무결성 보장의 바탕이 된다. 블록체인에 참여하고 있는 모든 사용자들은 동일한 분산장부의 데이터를 유지하고 있기 때문에 외부에서 공격자가 특정 데이터를 위·변조하거나 이중거래 등을 시도하기 위해서는 참여자들이 유지하고 있는 분산장부들 중 절반 이상의 장부들에 대해 공격을 시도해야하기 때문에 높은 비용과 컴퓨팅 리소스가 필요로 한다.

그러나 블록체인의 핵심 기술 중 하나인 분산장부는 사용자에게 높은 저장 용량을 요구하고 발생하는 모든 정보들을 기록하는 특성 상 요구되는 용량은 지속적으로 증가할 수밖에 없는 구조를 가지고 있어 블록체인의 확장성과 사용성을 제한하는 한계를 지니고 있다.

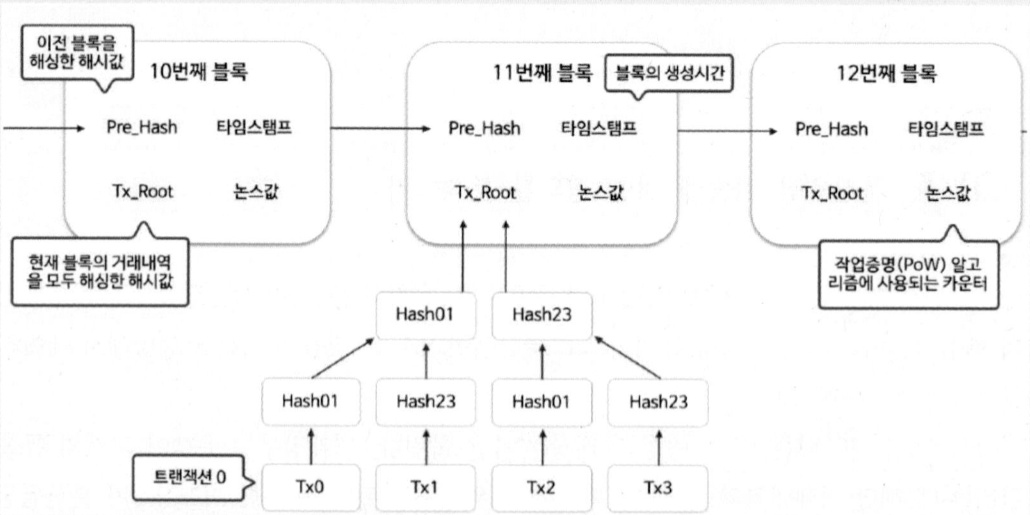

[그림 7-3] 분산장부에 저장되는 블록의 개략적인 구조도

참고 : 피넥터, 유진증권

02 분산원장의 개념을 인터넷이전, 현재, 분산원장이 가져오는 시스템을 구분하여 분석하라.

분산원장이 가져온 과거에 없던 "새로운" 개념은 데이터의 진화에 대해 공유된 컨트롤(Shared Control Over Evolution of Data)이다. 여기서 자칫 오해할 수 있는 부분이 "데이터의 공유(Shared Data)"와 데이터 컨트롤의 공유(Shared Control of Data)"인데, "데이터의 공유"는 분산원장 없이 기존 API를 통해 충분히 구현할 수 있다.

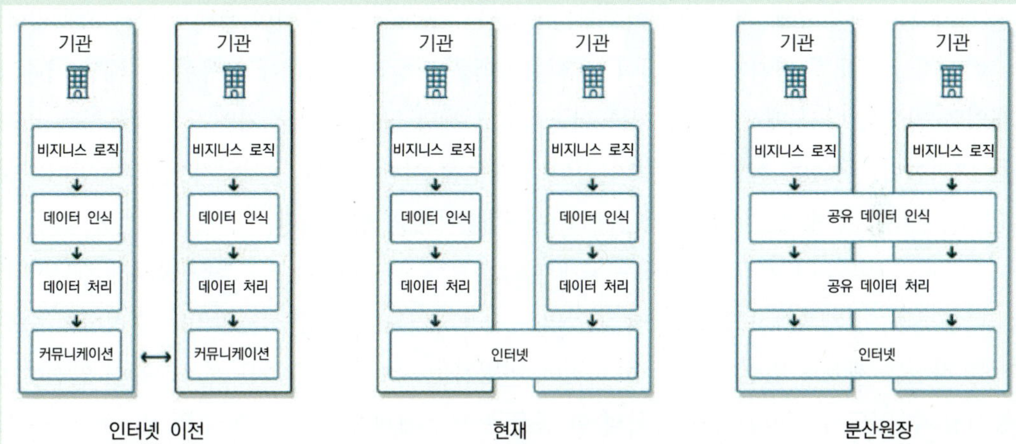

[그림 7-4] 데이터의 진화

"데이터 컨트롤의 공유"는 데이터를 읽고(Read), 입력하고(Write), 처리하는(Process) 과정을 다수의 독립된 기관들이 상호 간 공동으로 진행한다는 것을 의미한다. 즉 완전히 신뢰하지 못하는 기관들이 단일의 공유된 데이터(=Shared Facts)에 대한 합의(Consensus)를 이루고 유지하는 것이다. 분산원장의 등장 이전에는 이러한 개념 자체가 존재하지 않았다.

또 분산원장에서 데이터의 컨트롤은 권력(Power)이 아닌 법칙(Rule) 기반이다. 분산원장 이전에는 모든 데이터가 한 관리자에 의해 컨트롤되었고 (분산 DB라 하여도), 이 관리자가 데이터를 입력/변조/삭제가 가능했다. 가치를 지니는 금융자산의 경우 독립된 기관끼리 자산을 주고받을 경우 이를 임의로 변조하거나 삭제하면 안 되기 때문에 그 권력을 제3의 기관이 대신 가진다.

분산원장은 지정된 법칙에 의해 거래의 유효성(Validity), 단일성(Uniqueness)과 거래상대방과의 관계 및 거래 대응(React) 등이 정해지게 된다. 물론 참여자는 이러한 법칙을 무시하고 유효하지 않은 정보를 보낼 수 있지만, 합의 자체가 이루어질 수 없기 때문에 거래가 성사되지 않는다.

분산원장의 새로운 가치는 법칙 기반의 단일 데이터의 진화에 대한 공동관리이다.

03 블록체인과 이중지불에 대하여 분산원장 기술과의 관계를 분석하라.

1. 이중지불 문제

전자화폐와 같이 특정한 자산이 지급수단으로 활용되는 디지털통화 시스템에서는 악의적인 참가자의 원장 조작 가능성이 이중지불(Double Spending) 문제의 형태로 나타나게 된다.

이중지불은 특정 참가자가 자신이 보유한 금액을 정상적인 거래에 사용한 뒤 해당 거래가 제외된 원장을 다시 배포하여 결제를 취소시키고 해당 금액을 다른 거래에 재사용하는 조작을 의미한다. 현금은 실물이 직접 이전되기 때문에 이중지불이 문제되지 않으며 인터넷뱅킹, 전자화폐 등에서는 제3의 기관(TTP)이 이중지불을 방지한다.

이중지불 이외의 다른 조작 시도는 공개키 암호 방식 등 기존 기술을 통해 방지가 가능하다.

다른 사람이 계좌에 보유한 금액을 임의로 사용하거나 지급명령을 임의로 수정하여 수신처를 자신의 계좌로 변경하는 것 등 사전에 비밀키를 나눠가지지 않은 사용자들이 안전하게 통신할 수 있도록 고안된 암호방식의 한 종류로 모두에게 알려진 공개키(Public Key)와 이에 대응되며 소유자만 알고 있는 비밀키(Private Key)로 구성된다.

비트코인(Bitcoin)의 경우 ① 블록체인(Blockchain)을 도입하고 ② 작업증명(Proof of Work)과 ③ 인센티브(Incentive)의 정교한 설계 등을 통해 이중지불 문제에 대한 해결방안을 최초로 제시하였다.

① 블록체인이라는 명칭은 일정 시간(비트코인의 경우 10분)마다 새로운 거래 내역을 담은 신규 블록(block)이 형성되어 기존 블록에 계속 연결(Chain)되는 데이터구조의 특성에 기인한다.

㉠ 새로 형성된 블록 내 거래정보는 직전 블록의 해시(Hash)값을 포함하고 있으며 직전 블록은 다시 그 이전 블록의 해시값을 포함한다. 해시값은 해시함수를 이용해 임의의 데이터로부터 고정된 길이의 난수를 만들어 내는 방법을 의미한다.

㉡ 거래원장 갱신을 위한 합의 절차로서 모든 참가자가 항상 가장 많은 블록이 연결된 블록체인을 채택하도록 설계(Longest Chain Rule)하였다. 특정 블록에 담긴 거래내역을 조작하여 모든 참가자에게 배포하기 위해서는 그 이후 연결된 모든 블록을 새롭게 형성할 필요가 있다.

[그림 7-5] 블록체인의 구조

참고 : WWW.YBRIKMAM.COM

② 작업증명을 도입하여 네트워크 참가자에게 서비스 요청(디지털통화의 경우 모든 참가자에게 거래원장(블록체인) 채택 요청)시 많은 자원을 소모하는 작업을 함께 수행할 것을 요구함으로써 네트워크에 대한 공격을 예방하고 있다.

1990년대 DDoS 및 스팸 공격을 저지하기 위해 고안된 방안으로 답을 찾기는 어렵지만 확인하기는 쉬운 비대칭적인 작업을 수행하도록 요구하는 메커니즘이다.

새로운 블록을 만들기 위해서는 거래 검증 및 승인 작업과 함께 자원을 소모하는 반복적인 연산에 성공할 것을 요구하고 네트워크 전체 참가자의 연산능력(Hashing power)을 고려하여 일정 기간에 한 번씩만 작업증명에 성공하도록 난이도를 자동 조절한다.

→ 거래내역을 조작하기 위해서는 전체 네트워크 참여자 대비 충분히 많은 컴퓨터 연산능력을 투입할 필요가 있다.

③ 신규 블록 형성 시에 비트코인을 발행하여 보상으로 지급함으로써 다수의 참가자가 거래 검증에 참여할 인센티브를 부여한다.

이 같은 특성을 고려하여 신규 블록을 형성하기 위한 거래검증 작업을 채굴(Mining)이라고 지칭한다.

비트코인의 경우 채굴에 성공한 참가자에게 25비트코인을 제공하도록 설계되어 있다.

→ 다수의 참가자가 거래 검증에 참여함으로써 악의적인 공격자가 이중지불 공격에 성공할 확률을 충분히 낮은 수준으로 유지하고 있다.

학습 7

2. 블록체인 기술의 안전성

블록체인 방식의 분산원장 기술은 외부의 해킹 및 조작 시도로부터 매우 안전한 것으로 평가된다.

① 블록체인 네트워크에서는 모든 참가자들이 항상 가장 긴 블록체인을 선택하도록 설계되어 있으므로 이중지불에 성공하기 위해서는 정상 블록체인보다 더 긴 블록체인을 형성할 필요가 요구되고 있다.

② 거래 이후 시간이 지날수록 더 많은 블록이 채굴되어 블록체인에 연결되므로 해당 거래가 취소될 확률이 기하급수적으로 감소한다.

㉠ 공격자가 네트워크 전체 연산능력 대비 10%의 비중을 차지하는 경우에도 한 시간(비트코인의 경우 6개 블록 이상)이 지난 이후에는 이중지불에 성공할 확률이 0.1%(미국 카드 부정 사용률 수준) 이하로 하락한다.

다만 블록체인의 안전성을 위해서는 경쟁적으로 채굴에 참여하는 선량한 참가자가 다수를 차지한다는 조건이 필요하다.

㉡ 악의적인 공격자가 네트워크 전체 연산능력의 50% 이상을 차지하는 경우(51% 공격)에는 해킹 및 조작이 가능하다.

㉢ 다만 이 경우에도 타인의 디지털통화를 이체 또는 사용할 수 없기 때문에 이중지불을 통해서만 경제적 이익을 취할 수 있다. 다만 경제적 이익은 없지만 일부 또는 전체 거래에 대한 승인을 거부함으로써 시스템을 마비시키는 것은 가능하다.

일반적으로 다수의 선량한 참가자들이 네트워크에 참여하기 때문에 악의적인 공격자가 51% 공격에 성공하기는 사실상 불가능하다.

㉣ 2013년 말 이후 블록체인의 전체 연산능력은 참가자 증가, 채굴에 특화된 주문형 반도체(Application Specific Integrated Circuit : ASIC) 이용 등으로 매우 빠르게 증가한다.

㉤ 최근 현재 연산능력은 약 7억 4천만GH/s(약 944만 PetaFLOPS) 수준으로 채굴 전문기기를 신규로 구매하여 51% 공격에 성공하기 위해서는 최소 2억 만 달러 이상이 소요된다.

㉥ 현재 가장 빠른 수퍼 컴퓨터(NUDT Tianhe-2)의 연산능력은 34 PetaFLOPS이다.

㉦ 현재 개당 약 1,200달러에 판매중인 BitMain AntMiner S7(4,860GH/s)을 약 15만대 이상 구매하는 데 드는 금액만을 계산한 것으로 임대료, 전원 공급장치, 전기요금 등 기타 비용을 고려하지 않은 수치이다.

3. 블록체인 기술의 한계성

다만 비트코인에 적용된 블록체인 기술은 다음과 같은 기술적인 한계를 가진다고 알려졌다.

1) 우발적 거래에 대한 취소 불가능

당초 이중지불을 방지하는 데 주안점을 두고 이미 승인된 거래가 취소되지 않도록 설계되었기 때문에 이용자 착오나 범죄 등에 따른 우발적인 지급에 대해서도 이를 취소하거나 피해를 복구하기가 불가능성이 있다.

2) 과도한 자원 투입

시스템 안전성에 대한 신뢰는 다수의 참가자가 경쟁적으로 채굴하는 과정에서 형성되기 때문에 실제 거래를 승인하는 데 필요한 수준에 비해 과도하게 많은 연산능력과 전력 등 자원이 투입된다. 현재 비트코인 채굴과정에서 소모되는 전력이 연간 2~40테라와트시(TWh)에 이르는 것으로 추정된다(The Economist, 2015). 참고로 최근 한국의 총 전력 소비량은 478TWh 수준이다.

3) 확장성 제약

비트코인의 경우 현재 처리할 수 있는 거래건수가 매우 제한적(초당 7건)임에도 불구하고 과거의 모든 거래내역을 포함하는 블록체인이 과도하게 많은 저장 공간(현재 약 45GB)을 차지한다. 참고로 비자 카드네트워크는 미국에서 초당 1,700여건의 거래를 처리한다.

4) 이견조정 지연

기술적인 오류 등 문제 발생 시 참가자들이 해결책을 채택 · 적용하기 위해 다수의 동의를 얻는 과정에서 의사결정이 지연되어 신속한 대응이 어려움이 있다. 예를 들어 비트코인 블록체인의 처리용량을 확대하기 위한 논의가 이해당사자간 이견을 조정하지 못해 해결되지 못하고 있다.

04 분산원장 관련 글로벌 분산원장 기술 컨소시엄을 분석하라.

블록체인은 분산형 네트워크를 기반으로 운영되는 플랫폼이기 때문에 주로 다수의 금융기관과 IT기업들은 컨소시엄을 구성하여 공동으로 분산원장 기술을 개발한다.

〈표 7-1〉 글로벌 분산원장 기술 컨소시엄

컨소시엄	참가기관	주요 특징
R3	• 미국 IT기업 R3사 설립 • 골드만삭스, UBS 등 60여개 대형 금융기관 • 국내 5개 은행(국민, 신한, 하나, 기업, 우리)	• 금융기관 계약 기록관리 시스템(Corda) 개발
HyperLedger	• 리눅스재단이 관리 • 금융기관 및 비금융 IT기업 등 100여개 기업 • 국내 기업(한국예탁결제원, 코인플러그, 삼성SDS)	• 오픈소스 • 범산업용 블록체인 플랫폼을 연구 개발
SBI 핀테크 컨소시엄	• 일본 SBI 금융그룹 주도 • 리플, 코인플러그 등 참여	
차이나레저	• 중국 완샹 블록체인 랩 주도 • 중국 11개 대형 금융기관 참여	• R3와 이더리움 재단 자문

05 부문별 주요 분산원장 기술 활용사례를 분석하라.

금융기관, IT기업, 중앙은행 및 정부 등은 분산원장 기술을 활용하여 기존 인프라의 효율성을 개선하거나 새로운 서비스를 개발하기 위한 방안을 적극 추진 중이다.

〈표 7-2〉 부물별 주요 원장 기술 활용사례

부문	활용방안	사례
금 융	해외송금	MUFG, VISA, JP모건 등
	본지점 송금	UBS, 도이체방크 등
	자본시장 거래(장외시장 등)	나스닥, Overstock 등
	기록관리	미즈호 등
	백오피스	MUFG(약속어음) 등
중앙은행	디지털화폐 발행	영국, 네덜란드, 캐나다
정 부	연금수령 및 사용내역 기록	영국
	주민등록 및 투표	에스토니아, 러시아 등
	토지소유권 등록	스웨덴
IT기업 등	정품 등록(귀금속, 시계 등)	에버렛저(Everledger)
	기반기술 개발	IBM, Microsoft

06 분산원장 기술의 유형별로 구분하여 분석하라.

분산원장 기술은 운영방식에 따라 개방형(Public)블록체인과 폐쇄형(Private) 블록체인으로 구분한다.

〈표 7-3〉 분산원장 기술유형별 구분

	개방형(Public)	폐쇄형(Private)
기록열람 · 보관 거래참여 · 승인	누구나 제한 없이 참여 가능	필요에 따라 임의로 제한 가능
합 의	작업증명, 지분증명 등	BFT(Byzantine Fault Tolerance)
암호화폐	필요	불필요
결제완결성	네트워크 분기 가능성	시스템상 완결성 보장
확장가능성	제한적	자유로움
사 례	비트코인, 이더리움 등	R3, 하이퍼레저 등
장단점	⇧ 높은 안전성과 신뢰성 ⇧ 높은 투명성과 익명성 ⇩ 금융거래 비밀 유지 곤란 ⇩ 낮은 확장성과 효율성	⇧ 정보공유범위 설정 가능 ⇧ 높은 효율성과 확장성 ⇩ 보안성 취약
활용 분야	해외송금, 클라우드 펀딩, 자산 및 정보 기록 · 보관	결제시스템, 신원 · 문서인증, 무역금융, 스마트계약 등

07 분산원장 기술의 금융서비스 활용을 위한 기술적 과제에 대하여 분석하라.

분산원장 기술을 금융서비스에 활용하기 위하서는 거래 비밀성 유지, 권한 통제, 신뢰 및 보안성 유지, 확장성 확보 등의 기술적 과제를 해결할 필요가 있다.

학습 7

〈표 7-4〉 금융서비스 활용을 위한 기술적 과제

과 제	해결방안
프라이버시	• PKI based Key Exchange - 중앙관리자(Supernode)가 필요 - 중앙관리자 및 거래당사자만 거래정보 접근 • Confidential Transactions(예 : Hyperledger) - 분산형 시스템에 적용 가능 - 익명성을 유지하고 거래당사자만 거래정보 접근
권한 통제	중앙관리자(Supernode : Token Issuer)와 여타 참가자(Token User)로 구분
신뢰성 확보	주기적으로 분산장부의 해시값(Merkle Root)을 개방형 블록체인(비트코인)에 기록
확장성	초당 3,000건 이상의 거래 처리 가능

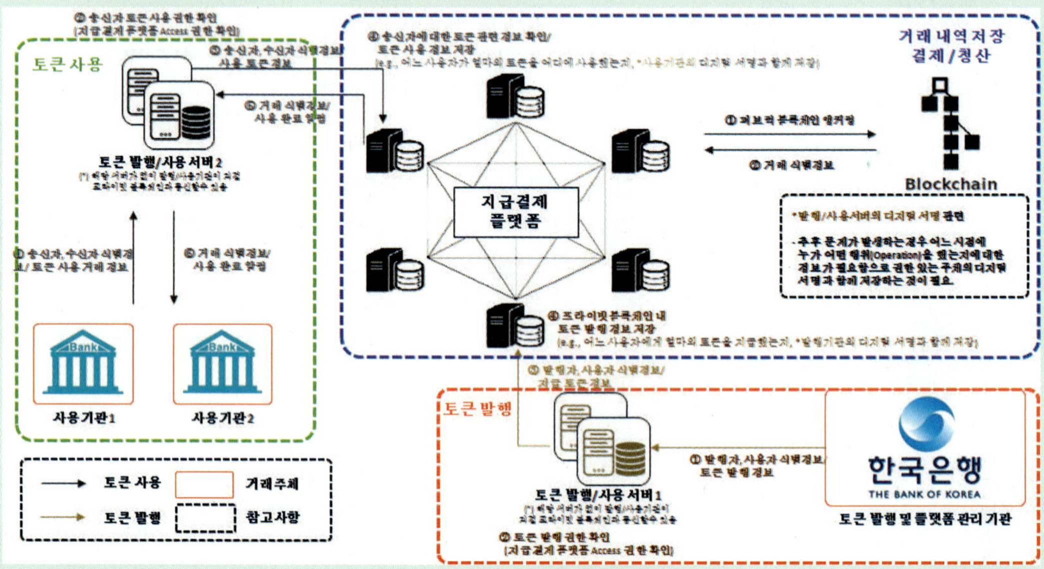

[그림 7-6]분산원장 거래 구성도

08 국내은행들의 분산원장 기술 활용현황을 분석하라.

최근 국내 은행들도 관련 핀테크 기업과의 제휴 등의 형태로 해외송금 서비스, 인증체계 개발 등에 활용하는 방안을 검토하고 있다.

〈표 7-5〉 국내 분산원장 기술 활용 현황

KB 금융그룹	• 블록체인 기술 기반의 해외 송금서비스, 개인 인증서, 문서보안 서비스 등에서 핀테크 기업과 제휴 • 블록체인 기반의 비트코인 거래소인 코인플러그에 15억 원을 투자
신한은행	블록체인을 이용하여 외환송금시스템을 개발하는 스타트업인 스트리미와 협업
우리은행	핀테크 사업부를 중심으로 블록체인 기술의 도입 타당성을 검토 중
NH농협은행	국내 최초의 비트코인 거래소인 코빗과 제휴를 맺고 자사 업무에 블록체인 기술을 접목하는 방안 대해 검토 중
KEB 하나은행	핀테크 기업 육성센터인 '원 큐랩'에 블록체인 플랫폼을 구축하여 인증체계, 송금 등에 활용할 수 있는 방안을 검토 중

학습활동.7 교수 · 학습 방법

교수 방법

- 블록체인의 분산원장 기술에 대한 관련 용어, 구성, 방식 이해 정도를 파악한 후 수업을 진행한다.
- 교수자의 주도로 블록체인의 분산원장 기술 등의 내용을 PPT 자료로 제시한 후 설명한다.
- 가능하면 사전에 개인별 학습 자료를 준비하여 모든 학생이 참여할 수 있는 문제 해결식 수업, 협력 수업이 가능하도록 한다.
- 블록체인의 분산원장 기술 전 과정을 작업의 순서에 따라 단계적으로 실습이 이루어질 수 있도록 지도한다.
- 교재를 통해 수업을 준비하는데 있어서 필요한 모든 정보나 팁, 힌트 등 도움이 될 만한 내용들을 확인할 수 있다.
- 학생들이 만들게 될 각 모델들은 수업시간에 중점적으로 다뤄질 부분과 어휘, 질문, 답을 포함하고 있으며 또한 탐구할만한 추가적인 아이디어들도 포함하고 있다.

학습 방법

- 블록체인의 분산원장 기술에 대한 관련 용어를 숙지하고, 블록체인의 분산원장 기술에 대해 이해한다.
- 블록체인의 분산원장 기술의 각 단계별 중점 사항을 체계적으로 학습한다.
- 블록체인의 분산원장 기술의 수행순서의 전 과정을 실습한다.
- 블록체인의 분산원장 기술의 내용을 이해한다.
- 블록체인의 분산원장 기술을 이해하고 숙달이 될 때까지 학습한다.

학습활동.7 평가 및 피드백

평가 준거

- 평가자는 피평가자가 수행 준거 및 평가 내용에 제시되어 있는 내용을 성공적으로 수행할 수 있는 지를 평가해야 한다.

학습내용	평가항목	성취수준		
		상	중	하
블록체인의 분산원장 기술	블록체인의 분산원장 기술을 이해할 수 있다.			

평가 방법

• 작업 포트폴리오

학습내용	평가항목	성취수준		
		상	중	하
블록체인의 분산원장 기술	블록체인의 분산원장 기술을 이해할 수 있다.			

• 필기시험

학습내용	평가항목	성취수준		
		상	중	하
블록체인의 분산원장 기술	블록체인의 분산원장 기술을 이해할 수 있다.			

• 체크리스트를 통한 관찰

학습내용	평가항목	성취수준		
		상	중	하
블록체인의 분산원장 기술	블록체인의 분산원장 기술을 이해할 수 있다.			

• 피드백

1. 작업 포트폴리오
   – 제출한 보고서를 평가한 후 주요 사항에 대하여 표시하여 돌려준다.
2. 필기 시험
   – 평가 결과 성적이 저조한 학생은 보고서 제출 기회를 부여한다.
3. 체크리스트를 통한 관찰
   – 실습 과정에서 평가한 후 개선해야 할 사항 등을 정리하여 돌려둔다.

참고자료

1. 김동섭, "분산원장 기술과 디지털통화의 현황 및 시사점" 금융결재국 결제연구팀, 2016.1
2. 김예구, 2015, "블록체인 기술과 금융의 변화", KB금융지주 금융연구소, KB지식비타민 2015-91호, 11월
3. 김종현, 2015,"블록체인의 개념 및 국내외 금융회사의 도입 사례", 우리금융경영연구소, 주간금융경세동향, 2015-27, 11월
4. 이동규, 2013,"비트코인의 현황 및 시사점", 한국은행, 지급결제조사자료 2013-2, 12월
5. 백종찬, "분산원장의 가치", MOBI INSIDE, 2018.1.11
6. 이영환, "국내외 블록체인 기술 적용 분야 및 사례연구", 한국인터넷진흥원, 2016.12
7. 금융보안원, 「블록체인 응용기술 개발 현황 및 산업별 도입 사례」, 2017.1.25

학습 목표

8. 블록체인의 활용 암호화폐를 이해할 수 있다.

학습 8

8-1 암호화폐의 이해

1. 암호화폐의 개념

암호화폐(Cryptocurrency)는 보안을 위해 해시함수를 사용하여 새로운 코인을 생성하거나 거래를 안전하게 진행할 수 있도록 검증하는 시스템으로 이루어진 화폐를 말한다.

Cryptocurrency는 '암호화'와 crypto-와 통화, 화폐의 Currency의 합성어이다. Crypto-는 암호화폐 시장을 일컫는 크립토 마켓(Crypto Market)에도 쓰인다.

암호화폐는 디지털 화폐 또는 가상화폐의 일종이다. 2009년 최초의 암호화폐인 비트코인이 출현했고, 이후 이더리움, 라이트코인, 리플, 모네로, 에이코인 등 수많은 암호화폐가 등장했다.

〈표 8-1〉 현금, 디지털화폐, 가상화폐와 암호화폐 비교

	현금(법정통화) Fiat Currency	디지털 화폐 Digital Currency	가상화폐 Virtual Currency	암호화폐 Cryptocurrency

화폐 형태	주화(금속) 또는 지폐(종이)	디지털	디지털	디지털
화폐 구분	법정통화	법정통화	가상화폐	암호화폐
적용 법규	o	o	X	X
사용처	모든 거래	가맹점	가상공간	가맹점
발행기관	중앙은행	금융기관	비금융기관	X
법정통화와의 교환성		법정통화로 충전, 잔액은 법정통화로 환급가능	가상화폐를 법정통화로 교환할 수 없음	법정통화와 자유로이 교환됨

참고 : 한국은행, 파넥스, 유진투자증권

블록체인 기술은 본래 비트코인(Bitcoin)이라는 전자화폐를 안전하게 저장하고 사용하기 위하여 고안된 보안 기술이었다. 비트코인의 핵심기술로써 디지털통화(Digital Currency)의 발행 · 유통 · 거래가 주 기능이었던 기존의 블록체인 1.0은 기존 비트코인의 한계를 극복하고 다양한 영역으로의 확장을 목표로 하는 블록체인 2.0으로 발전해나가고 있다. 블록체인 1세대인 비트코인은 약 4000개의 거래를 담을 수 있는 1MB의 블록이 10분에 하나씩 생성되고 모든 참여자가 비트코인으로 거래된 정보를 나누어 갖는다.

블록체인 2.0의 대표적인 기술로는 이더리움(Ethereum)이 있으며, 디지털통화의 기능과 더불어 비트코인의 거래스크립트를 다양한 형태로 프로그램 가능하게 만든 스마트 계약(Smart Contract)을 구현하였으며 블록체인 기반 위에서 부동산 계약, 온라인 투표 등 다양한 분산 어플리케이션을 개발하고 구동할 수 있는 플랫폼으로 확장되었다.

블록체인 3.0 혹은 4.0기술은 금융 분야보다는 정부 · 공공, 의료, 문화 · 예술, 공유경제 등 비 금융 분야에서 더욱 활발히 활용될 것이다.

8-2 블록체인 1.0 비트코인

1. 비트코인의 등장

2008년 11월, 비트코인은 익명의 인물인 사토시 나카모토(Satoxhi Nakamoto)가 9페이지 분량의 비트코인 백서(Bitcoin : A Peer-to-Peer Electronic Cash System)를 공개함으로써 세상에 등장했다. 비트코인 백서에는 비트코인의 기술적 개념과 기본 원칙이 설명되어 있다.

사토시 나카모토의 정체는 현재까지도 확인되지 않았으며 일각에서는 개인이 아니라 다수의 개발자로 구성된 단체일 것으로 추정하고 있다. 그는 2009년 1월, 비트코인 프로그램 소스를 온라인에 공개했다.

비트코인의 첫 번째 블록(Genesis block)은 2009년 1월 3일에 생성되었다. 생성 초기에는 가치가 없었고 실물 경제 시장에서 존재감을 드러내지 못했다. 비트코인 가격은 채굴하는 데 드는 전기요금만도 못했고 교환가치도 없었다. 비트코인은 디지털 기술일 뿐 자본시장 참여자들의 관심사가 아니었다.

첫 번째 비트코인의 사용은 2010년 5월 22일, 미국 플로리다의 잭슨빌에서 라스즐로 핸예츠(Laszlo Hanyecz)라는 개발자가 사상 처음으로 비트코인을 사용했다. 그는 비트코인 커뮤니티 사이트 Bitcoin Forum 게시판에 10,000개의 비트코인을 지불할테니 라지 사이즈 피자 두 판을 배달해줄 사람을 찾는다는 글을 올렸다. 글을 올린지 사흘 후 'jercos'라는 닉네임의 사용자가 피자 두 판을 배달했다는 글이 올라왔다. 아래 도표는 라스즐로가 올린 인증 샷과 비트코인 거래 기록이다. 비트코인 분산원장에 10,000 BTC의 거래 기록이 남았고 이는 지금도 누구나 확인 가능하다.

비트코인 이용자들은 이 날을 '피자데이'로 기념하고 있다. 25달러 정도의 라지 사이즈 피자 두 판과 교환 한 1만 비트코인은 현재 거래가격으로 환산하면 67백만 달러, 약 700억원에 달한다. 비트코인 가격이 상승 할 때마다 라스즐로의 글에는 당신이 먹은 피자가 10만 달러, 1백만 달러, 1천만 달러를 넘어섰다는 댓글이 올라오고 있다.

블록체인 1.0은 비트코인을 등장하게 한 핵심 기술이자 모든 암호화폐의 기반이 되는 기술로 '분산원장(Distributed Ledger Technology)' 기술이다. 세계 경제포럼에서는 블록체인이 세상을 바꿀 21개 기술 중 하나라고 전망했다.

블록체인 1.0은 P2P(Peer-to-Peer) 방식의 완전한 공유 네트워크를 기반으로 하며

학습 8

〈표 8-2〉 비트코인으로 실물을 구매한 첫 번째 사례

요약		입력 및 출력	
크기	23620(bytes)	총거래량	10,000.99 BTC
무게	94480	총 출력	10,000 BTC
수신 시각	2010-05-22 18:16:31	거래 수수료	0.99 BTC
블록에 포함됨	57043(2010-05-22 18:16:31+0분전)	1바이트 당 수수료	4,191,363 sat/B
승인	436676 승인	무게 단위당 요금	1,047,841 sat/WU
시각화	크리차트 보기	예상 BTC 거래량	10,000 BTC
		스크립트	스크립트 보기 & coinbase

참고 : 트랜잭션 비트코인 거래에 대한 세부정보 보기

네트워크상에서 발생하는 모든 거래를 암호화해 블록에 기록하며 체인처럼 이어가는 기술이다. 비트코인은 블록체인을 기반으로 한 암호화폐로 금융기관의 개입 없이 참여자 간 송금과 결제가 이루어지며 거래내역을 검증하는 과정에서 채굴(mining)을 통해 새로운 비트코인이 발행된다.

8-3 블록체인 2.0 이더리움

2015년 7월 30일 당시 열 아홉살이던 비탈릭 부테린에 의해 공개된 이더리움은 블록체인에 거래내역뿐 아니라 계약 등 추가 정보를 기록할 수 있다는 점에 착안해 스마트 계약(Smart Contract)이 가능하도록 구현한 기술로 블록체인 2.0으로 불린다.

이더리움 플랫폼 상에서 실행 가능한 디앱(DApp : 분산화된 어플리케이션) 개발이 증가하고 있으며 이와 함께 새로운 종류의 코인(토큰) 발행과 ICO(Initial Coin Offering)이 지속되고 있다.

1. 스마트 계약

이더리움 홈페이지에 접속하면 '당신만의 토큰'을 만들어 보라는 페이지가 나온다. 이더리움은 튜링 완전 언어(Turing Complete Language)를 스마트 계약 작성 언어로 선택해 다양한 응용이 가능하다. 튜링완전언어란 조건 분기문(if 조건문, For, While 등의 반복문)이 존재하고 메모리의 임의 위치 값을 변경할 수 있는 언어로 C/C++, Java, Python, 이더리움의 Solidity 등이 있다. 이더리움에서는 솔리디티(Solidity)라는

언어를 사용해 이더리움 플랫폼 상에서 스마트 계약을 코드로 넣으면 지정된 조건을 만족했을 때 계약이 이행되도록 할 수 있다. 단순한 금액 이체뿐 아니라 대상물, 이체 조건, 권한, 방법 등을 정교하게 설계할 수 있다.

2. 디앱

스마트 계약이 이더리움 플랫폼 안에서 동작할 수 있도록 만든 어플리케이션을 디앱(Decentralized Application : DApp)이라 한다. 다양한 디앱(DApp)을 이더리움 플랫폼 안에서 생성할 수 있다는 측면에서 부테린은 이더리움을 스마트폰 안의 플랫폼, 즉 앱스토어나 구글플레이에 비유한 바 있다

3. 이더

이더리움 플랫폼에서 기본 화폐는 이더(Ether)이며 결제 · 송금 등 비트코인에서 가능한 모든 거래가 가능하다. 이더리움은 Ethash라는 수정된 작업 증명(Proof or Work)을 채택하고 있으며 약 12~15초마다 하나의 블록을 생성할 수 있어 비트코인보다 처리 속도가 빠르다. 이더리움 플랫폼 안에서는 컴퓨팅 파워를 사용하려면 연료의 개념으로 가스(gas)가 필요하다. 연산을 수행할 때마다 정해진 양의 가스가 소모되며 가스 가격은 미리 책정된 금액의 이더로 지불된다.

학습 8

4. 이더리움의 장단점

이론적으로는 이더리움 플랫폼 상에서 거의 모든 종류의 DApp을 만들 수 있다. 현재까지 약 800개 이상의 DApp이 만들어졌으나 킬러 앱이라고 할만한 성공적인 DApp이 등장하지 않고 있다. 이더리움은 다양한 응용이 가능한 대신 비트코인보다 보안성이 떨어진다는 평가를 받고 있으며 비트코인보다 블록 생성 시간이 짧기는 하지만 여전히 12~15초라는 처리 간격이 필요하다는 점이 단점으로 지적되고 있다.

5. 이더리움 플랫폼

스마트 계약을 가능하게 한 이더리움이 비트코인보다 우월하다고 평가하는 사람들도 있다. 기능적인 측면에서 이더리움은 다양하게 응용할 수 있다는 장점이 크다. 하지만 이더리움 그 자체는 플랫폼이며 이더리움 생태계 안에서 사용하기 위해 발행되고 있는 수백여 가지 토큰들은 아직 통화로 보기 어렵다고 판단한다.

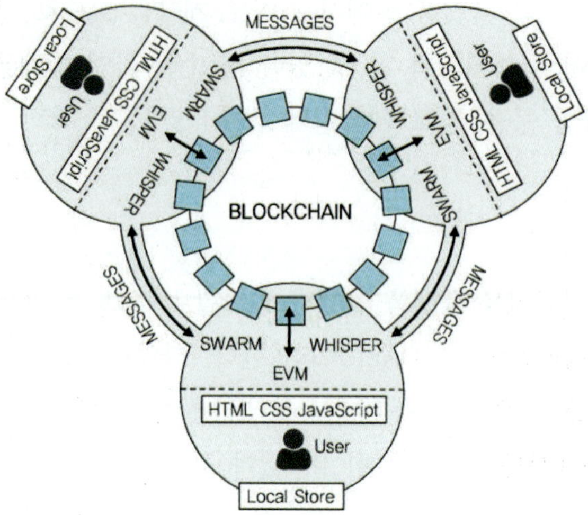

[그림 8-1] 이더리움의 구성

8-4 블록체인 3.0

이더리움이 블록체인 2.0이라고 한다면 현재 블록체인이 가지고 있는 한계를 극복하기 위해 빠른 합의 알고리즘, 획기적인 보안기술과 뛰어난 탈중앙화 앱(Dapp)활용을 쉽게 만들 수 있는 블록체인 구조 등이 가능한 블록체인 들을 3.0이라는 이름을 써야 할 것 같다. 현재 대부분의 블록체인은 비트코인의 블록체인이 가진 한계를 동일하게 가지고 있다. 그 중 가장 대표적인 한계는 다음과 같다.

① 느리다(전송이 확정되기 위해 충분한 시간이 필요하다).

② 확장성에 한계가 있다(초 당 트랜잭션 처리가 8~10개 수준이다).

③ 지속 가능한 개발이 어렵다(업데이트를 위해 하드포크가 필요하다).

이러한 한계를 극복하기 위해서는 비트코인의 POW 기반의 논리구조를 벗어난 컨센서스 엔진이 필요하다.

현시점에서, 코스모스허브의 메인 개발자인 재권의 텐더민트(Tendermint) 엔진, EOS의 메인 개발자인 대니얼 라리머의 그래핀(Graphene)엔진. 카르다노(Cardano), 테조스(Tezos) 등이 한 단계 진보한 모습을 보여주고 있다.

재권의 텐더민트 엔진의 경우 이미 실제로 산업용 블록체인 엔진으로 사용되고 있고, 대니얼 라리머의 그래핀 엔진은 비트 쉐어와 스팀에서 이미 검증이 되었다.

수행 내용

재료 · 자료

• 블록체인의 활용 암호화폐 및 코딩 관련 자료

기기(장비 · 공구)

• 컴퓨터, 프린터, 주변기기

안전 · 유의사항

• 컴퓨터, 주변기기 전원을 관리한다.

수행 순서

01 ICO란 무엇인지 분석하라.

1. ICO의 이해

이더리움뿐 아니라 다양한 블록체인 네트워크상에서 토큰(또는 암호화폐) 발행을 통해 투자금을 모집하는 것을 ICO(Initial Coin Offering)라고 하며 전체 ICO 토큰 중 약 절반 이상이 이더리움 기반인 것으로 추산된다.

블록체인 스타트업을 창업할 경우, 초기 자금을 모집하는데 있어 ICO는 매우 빠르고 편리한 방법으로 인기를 끌고 있다.

VC 투자를 받거나 클라우드 펀딩을 받는 것과 개념이 유사한데, 토큰 투자를 받음으로써 향후 해당 프로젝트가 블록체인 생태계 안에서 얼마나 호응을 얻을 수 있을지 미리 테스트해보는 의미도 있다. 먼저 사업 아이디어를 담은 백서를 온라인 상에 공개하고 지지하는 사람들이 토큰을 살 수 있게 하는데 이때 통상 비트코인이나 이더 같은 암호화폐 또는 달러로 토큰을 구매한다.

ICO는 기업들의 주식 상장인 IPO(Initial Public Offering)과 유사하다고 볼 수 있으나

학습 8

실제로 토큰을 구매하는 것은 기업 지분을 사는 것과 다소 차이가 있다. 명심해야 할 것은 ICO에 대해 아직 규제가 없는 만큼 투자자가 보호받기 어렵다는 점이다.

미국 증권거래위원회(SEC)는 아직 정식으로 규제를 도입하지는 않았으나 다오 해킹 사태 이후 ICO를 IPO와 유사한 행위로 규정하고 자본시장법을 적용하겠다는 방침을 밝힌 바 있다. 물론 모든 암호화폐나 토큰을 증권으로 간주하는 것은 아니며 각 프로젝트 별로 적용여부를 검토하겠다는 방침이다. 미국 SEC가 이러한 방침을 밝힌 올해 7월 이후 몇 건의 ICO 프로젝트는 자발적으로 SEC에 신고했다고 보도됐다.

		Token Information	Price	%Change	MarketCap
1.		Qtum Build Decentralized Applications that Simply Work Executable on mobile devices, compatible with major existing blockchain ecosystem	$11.3367 0.00188648 Btc 0.036109 Eth	▼-0.48%	$835,028,037
2.		OmiseGO OmiseGO (OMG) is a public Ethereum-based financial technology for use in mainstream digital wallets	$7.1015 0.00118172 Btc 0.022619 Eth	▲1.63%	$724,656,202
3.		EOS Infrastructure for Decentralized Applications	$1.1341 0.00018872 Btc 0.003612 Eth	▼-0.92%	$531,923,944
4.		MKR - Maker Maker is a Decentralized Autonomous Organization that creates and insures the dai stablecoin on the Ethereum blockchain	$257.1956 0.0428741265 Btc 0.819199 Eth	--	$257,195,620
5.		REP - Augur Augur combines the magic of prediction markets with the power of a decentralized network to create a stunningly accurate forecasting tool	$17.7957 0.00296128 Btc 0.056681 Eth	▼-0.55%	$195,752,700

[그림 8-2] 다양한 종류의 토큰 ICO와 거래

2. ICO 급증

CoinSchedule에 따르면 2017년 ICO 건수는 203건으로 2016년 46건 대비 대폭 증가했다. 올해 ICO로 모집한 금액은 32억 달러를 넘어섰다. 203건 중 상위 10건이 전체 모집 금액의 절반 이상을 차지했다.

작년 2분기에는 블록체인 기업에 대한 ICO 금액이 통상적인 자본조달(Equity Funding) 금액을 처음으로 넘어섰다. 3분기에는 엔젤투자나 VC들의 투자를 합산한 규모만큼 성장해 한 분기만에 13억 달러 이상이 모집됐다.

블록체인 스타트업 입장에서는 ICO를 하게 되면 지분 구조를 자유롭게 가져갈 수 있는데다 사업을 본격적으로 론칭하기 전에 홍보효과도 있어 ICO에 대한 선호도가 높아지고 있다. 현재 수백개의 스타트업들이 ICO를 준비하고 있는 것으로 파악된다.

이와 동시에 ICO에 대해 논란도 심화되고 있다. 벤처 캐피탈리스트나 엔젤투자자가 아닌 개인들도 기술개발 초기 단계부터 참여할 수 있다는 점은 창업자들이 반기는 ICO의 장점이다. 아이디어만 훌륭하다면 기관투자자의 도움 없이도 창업 자금 조달을 할 수 있게 되었다. 반면 ICO에 대한 규제가 없고 사업이 구체화되기도 전에 자금을 모집하는 만큼 투자 사기나 법적 분쟁이 일어날 가능성도 그만큼 높다.

ICO에 비트코인이나 이더리움으로 투자할 수 있다는 점은 암호화폐 시장에 긍정적인 면과 부정적인 면을 모두 가지고 있다. 비트코인과 이더리움 가격이 상승할수록 이에 투자한 사람들이 코인을 배분하는 차원에서 ICO 참여를 늘릴 수 있는 반면, 비트코인이나 이더리움 가격이 반대로 가격이 하락할 때에는 토큰들의 가격이 함께 하락해 암호화폐 시장 전체에 변동성을 키울 수 있다.

세계적으로 ICO를 추진하는 스타트업의 70% 가량이 스위스 등 ICO가 허용되는 국가에 재단을 설립하고 있다. 올해 들어 중국과 한국이 ICO를 공식적으로 금지했는데 새로운 기술의 발전을 위해서 허용해야 한다는 의견이 많다. 당분간 논란이 불가피해 보인다.

3. 토큰의 가치

개념적으로 비유하자면, 토큰들은 통화라기보다 이용권 또는 회원권에 가깝다고 생각한다. ICO 토큰의 가치는 해당 기업 또는 프로젝트를 사용하는 가치에 수렴할 것이다. 프로젝트가 성공한다면 고급 골프장이나 리조트 회원권처럼 가격이 예상보다 상승할 수 있고 만족스럽게 이용할 수도 있을 테니, 주식으로 보자면 비상장일 때 투자해볼 매력이 있다.

하지만 아직 구현되지 않은 상태에서 투자했다가 프로젝트가 실패하거나 결과물이 미흡할 경우에는 이용하는 만족도가 낮아지는 것은 물론이며 이용권으로서 토큰의 가치도 하락할 것이다.

투자를 결정하기 전에 해당 코인이 고가의 회원권이나 우량 기업의 비상장 주식인지, 싸이월드의 도토리가 되어 사라질 것인지, 프로젝트의 성공가능성과 사용가치에 대한 판단이 필요하다.

ICO 시장이 확대 될수록, 더 많은 코인들이 거래 될수록 개별 코인에 대한 투자는 비상장 주식의 선별보다 더욱 신중해야 할 것이다.

02 비트코인 백서를 통하여 개념과 원칙에 대하여 분석하라.

비트코인 백서에 정리된 비트코인의 기술적 개념과 기본 원칙 요약이다

① 순수 P2P 버전의 전자화폐로 금융기관의 개입 없이 당사자 간에 온라인 대금 결제가 가능하다.

② 이중지불을 저지할 믿을 수 있는 제 3자는 필요하지 않다.

③ P2P 네트워크로 이중지불 문제에 대한 해결책을 제시한다.

④ 네트워크는 타임스탬핑 기능을 통해 거래들을 기록한다. 거래들의 해시값을 기반으로 한 작업증명(POW)이 연쇄적인 체인 형상으로 기록된다. 이 기록은 작업 증명을 새로 수행하지 않는 한 변경을 가할 수 없다.

⑤ 최장 길이의 체인은 발생한 사건들의 순서를 증명하는 동시에 그 사건들이 최대 규모의 컴퓨팅 파워풀을 통해 입증되었음을 나타낸다. 다수의 컴퓨팅 파워가 네트워크에 대한 공격 의도가 없는 노드들에 의해 제어되는 한 이 노드들은 길이가 가장 긴 체인을 생성하여 공격자들을 물리칠 것이다.

Bitcoin: A Peer-to-Peer Electronic Cash System

Satoshi Nakamoto
satoshin@gmx.com
www.bitcoin.org

Abstract. A purely peer-to-peer version of electronic cash would allow online payments to be sent directly from one party to another without going through a financial institution. Digital signatures provide part of the solution, but the main benefits are lost if a trusted third party is still required to prevent double-spending. We propose a solution to the double-spending problem using a peer-to-peer network. The network timestamps transactions by hashing them into an ongoing chain of hash-based proof-of-work, forming a record that cannot be changed without redoing the proof-of-work. The longest chain not only serves as proof of the sequence of events witnessed, but proof that it came from the largest pool of CPU power. As long as a majority of CPU power is controlled by nodes that are not cooperating to attack the network, they'll generate the longest chain and outpace attackers. The network itself requires minimal structure. Messages are broadcast on a best effort basis, and nodes can leave and rejoin the network at will, accepting the longest proof-of-work chain as proof of what happened while they were gone.

[그림 8-3] 비트코인의 백서(White Paper)

⑥ 네트워크는 최소한의 구조를 갖춰야 한다. 각 노드에서 발생되는 메시지는 네트워크 안에서 최대한 공유된다. 노드들은 네트워크에서 자유롭게 참여하고 떠나기를 반복할 수 있으며 부재중에 발생한 일에 대한 증거로 최장 길이를 유지하는 작업 증명 체인을 채택한다.

03 비트코인은 미래의 화폐가 될 수 있을까?

비트코인으로 물건도 살 수 있고 여행도 할 수 있게 되었다. 비트코인이 빠르게 확산될수록 비트코인의 미래에 대한 논란도 심화되고 있다. 기술에 열광하는 사람들과 보수적인 경제학자들 사이에 관점의 차이가 커 보인다. 양측의 주장을 살펴보자.

미국 연방준비제도 이사회의 이사를 역임한 미쉬킨 교수(Frederic S. Mishkin)는 그의 저서, 화폐와 금융(The Economics of Money, Banking, and Financial Markets - 제11판)에서 비트코인이 미래의 화폐가 될 수 없는 이유를 다음과 같이 설명했다.

비트코인은 화폐의 3가지 기능인 교환의 매개수단, 계산단위, 가치의 저장수단으로 기능하는가?

비트코인은 확실히 교환의 매개수단으로 잘 기능한다. 비트코인은 거래를 수행하는 데 있어서 2가지 매력적인 특징을 갖는다. 첫째, 비트코인을 통한 거래에 수반되는 수수료는 신용카드나 직불카드의 경우보다 상당히 낮다. 둘째, 비트코인을 통한 거래는 익명으로 할 수 있어서 프라이버시를 지키고 싶은 사람들에게 매우 매력적이다.

그러나 비트코인은 계산단위와 가치의 저장수단이라는 2가지 화폐의 기능은 잘 수행하지 못한다. 비트코인의 가격은 매우 변동이 심하다 비트코인의 변동성은 금값의 7배 이상이고 S&P 500과 같은 주가지수의 8배 이상이다. 예를 들어 2011년에 비트코인의 가격은 30센트에서 32달러 사이에서 움직였다. 그 이후 2013년 4월 10일에 255달러로 치솟다가 4월 17일에 다시 55달러로 떨어졌다. 2013년 11월 30일에는 비트코인의 가격이 1,125달러로 최고치를 보이다가 2014년 5월까지 500달러 이하로 떨어졌다.

비트코인 가격의 높은 변동성은 비트코인이 가치의 저장수단으로서 잘 기능하지 못한다는 것을 의미한다. 즉 비트코인을 보유하는 것은 너무 위험성이 크다. 이러한 변동성 때문에 비트코인은 계산단위가 되지 않았다. 상품의 가격을 비트코인으로 표시하는 사람은 거의 없다.

대대적인 홍보에도 불구하고 비트코인은 화폐의 3가지 기능 중 2가지를 충족시키지 못하기 때문에 화폐로서의 사용이 매우 제한적이다. 더구나 정부는 마약거래나 돈 세탁에 비트코인이 사용되는 것을 우려하고 있다. 국토안보부는 FBI가 2013년 5월 Silk Road라는 마약 거래 사이트를 폐쇄할 때, Mt. Gox 비트코인 거래소로부터 비트코인 자산을 압수했다. 중국과

학습 8

같은 국가들은 화폐로서 비트코인의 사용을 불법화하고 있다. 또한 세간에 이목을 끄는 비트코인 절도 사건이 있었다. 대규모 비트코인 거래소의 하나인 Mt. Gox는 2014년 2월 약 5억 달러

상당의 비트코인 절도 사건을 당해 파산을 신청한 바 있다. 화폐의 기능을 이해한다면 비트코인은 미래의 화폐가 되지 않을 것임을 알 것이다. 그러나 전자 거래를 저렴하게 사용하도록 하는 비트코인의 기술적 측면은 미래 전자결제 시스템의 하나의 특색이 될 것이다.

'화폐와 금융(프레데릭 미쉬킨, 퍼스트북)'에서 발췌

비트코인에 대해 대표적인 회의론자로 폴 크루그먼(Krugman) 교수가 유명하다. 그는 2013년 뉴욕타임즈에 '비트코인은 악이다(Bitcoin is Evil)'라는 글을 썼다. 비트코인은 정상적인 화폐가 아니라 중앙은행 시스템을 공격하려는 정치적 동기를 가지고 있고 금에 대한 물신주의(gold fetish)와 다를 바 없다고 비난했다.

워런 버핏은 '비트코인은 진정한 버블 상태'라며 버블 붕괴 위험을 경고했다. 비트코인은 가치창출을 할 수 있는 자산이 아니기 때문에 가치를 평가할 수 없다며 가치 평가를 할 수 없는 상태에서 가격이 상승하고 있다는 점이 진정한 거품이라고 말했다.

경제학자나 오랜 투자의 대가들이 대체로 비트코인에 회의적인 반면 테크 엔지니어 출신 중에는 비트코인의 잠재력을 긍정적으로 평가하는 사람들이 많아 보인다. 지난 10월, 애플의 공동창업자였던 스티브 워즈니악(Steve Gary Woz Wozniak)이 컨퍼런스에서 비트코인에 대해 긍정적 입장을 밝혔다. 워즈니악은 '비트코인이 금보다 가치 있다고 생각한다'며 비트코인이 극심한 가격 안정성 때문에 비판 받고 있지만 미국 달러와 같은 정부 발행 통화보다 안정적이라고 설명했다. 그는 또한 이더리움 같은 스마트 계약 플랫폼에 대해 깊은 관심을 표명하며 상상할 수 없었던 수많은 소프트웨어 프로그램의 발전이 이뤄질 것이라고 말했다.

페이팔의 창업자인 피터 틸도 비트코인에 대해 긍정적으로 언급했다. 그는 사우디아라비아에서 열린 한 포럼에서 비트코인이 사이버 금에 그친다고 할지라도 엄청난 잠재력이 있으며 사람들이 비트코인을 과소평가 하고 있다고 강조했다.

빌게이츠는 비트코인에 대해 직접적으로 언급을 하기보다 비트코인을 만들어낸 블록체인 기술에 대해 찬사를 보낸 바 있다. 마이크로소프트는 MS엑셀 2017에 비트코인 환율 계산기를 기본으로 탑재하겠다고 발표했으며 유엔 등 여러 기관들과 함께 다수의 블록체인 프로젝트를 추진 중인 것으로 알려져 있다.

수많은 저명 인사들이 비트코인에 대해 각기 다른 의견을 밝히고 있다. 자, 다시 질문으로 돌아와보자. 현재로서 비트코인이 법정화폐를 대체할 가능성은 희박하다. 비트코인은 중

앙은행이나 금융회사의 개입 없이 발행과 거래가 이뤄져 거래시간과 비용을 획기적으로 낮출 수 있다는 점이 긍정적이다. 그러나 법정화폐를 대체하기에는 가격 변동성이 지나치게 높은데다 현재의 기술수준으로는 시간 당 처리할 수 있는 거래건 수도 제한돼 모든 화폐 거래를 대체할 수는 없다.

한편, 하이퍼인플레이션을 겪은 짐바브웨나 베네주엘라처럼 자국의 통화가치가 급락하거나 정치적 불확실성이 높은 국가에서 비트코인에 대한 선호도가 높아질 수 있다고 생각한다. 통화가치에 대한 헷징 차원에서 비트코인을 화폐가 아니라 디지털계의 금으로 봐야 한다는 주장도 있다. 일견 타당해 보인다. 비트코인은 채굴량이 한정되어 있으며 금과 유사한 일종의 디지털 안전자산으로 취급될 가능성이 있다. 유엔이나 유니세프에서 부패한 중개자를 배제하고 아프리카 등 원조를 보낼 시에도 비트코인은 유용하게 쓰일 수 있다.

현 시점에서 우리가 주목해야 할 점은 비트코인 자체 보다 이를 가능하게 한 블록체인 기술이다. 비트코인이 블록체인의 1세대 산물라면 비트코인 이후에도 수많은 알트코인(비트코인의 대안이라는 의미에서 Alternative coin의 줄임말)이 생성되어오고 있다. 비트코인은 분산원장이라는 기능 외에는 다른 기능이 없지만, 2015년에 등장한 이더리움은 스마트 계약(Smart Contract)이 가능한 플랫폼으로 진화했다. 이더리움 플랫폼을 기반으로 수많은 종류의 토큰들이 생성되고 있다.

블록체인 기술은 진화하고 있다. 1천개가 넘는 암호화폐 중 어떤 화폐가 살아남을 것인지, 어떤 화폐의 가격이 더 상승할 것인지 예측할 수 없는 상황이다. 현재까지 가장 오랫동안 검증되고 널리 확산된 비트코인이 상대적 우위를 점하고 있으나 블록체인 기술이 여전히 진화하고 있다는 점을 감안한다면 미래를 속단할 수 없을 것이다. 화폐로서의 역할 이외에도 우리 삶에 어떤 영향을 줄 수 있을지 블록체인의 잠재력에 대해 생각해볼 필요가 있다.

04 채굴이 무엇인지 분석하라.

새로운 비트코인을 생성하는 것을 채굴(Mining)이라고 한다. 채굴이란 비트코인의 입출금 거래내역을 담은 신규 블록을 승인하는 작업으로 채굴에 참여하는 모든 참가자가 시스템이 요구하는 목표값을 찾기 위해 경쟁을 벌인다.

목표값을 찾는 작업을 작업증명(Proof of Work : PoW)라고 하며 이는 끊임없는 해시 작업을 통해 이뤄진다. 채굴자들은 직전 블록의 해시값과 미승인 거래기록에 논스(Nonce)라 불리는 임의의 숫자를 입력함으로써 새로운 블록의 해시값을 계산해 목표값과 비교하는 과정을 반복한다.

특정 참여자가 목표값을 찾는 데 성공하게 되면 블록을 발행하고 네트워크에 이를 전파한다. 그림에서와 같이 블록에는 이전 블록을 해싱한 해시값, 현재 블록의 타임스탬프, 난이도(해시 목표값), 논스 값, 그리고 현재 블록에 기록된 거래내역을 모두 담은 해시값이 기록된다.

채굴은 끊임없는 해싱 작업으로 컴퓨팅 파워를 많이 투입할수록 목표값을 찾아내는 경쟁에서 성공할 가능성이 높아진다. 비트코인 채굴 초기에는 일반적인 개인용 컴퓨터의 연산능력으로도 채굴이 가능했으나 네트워크 규모가 커지고 트랜잭션이 증가하면서 채굴의 난이도가 높아져 전문적인 채굴용 장비가 개발, 활용되고 있다.

이 때 목표값을 찾아내는 참여자에게는 블록발행에 대한 보상으로 신규 비트코인과 수수료가 지급된다.

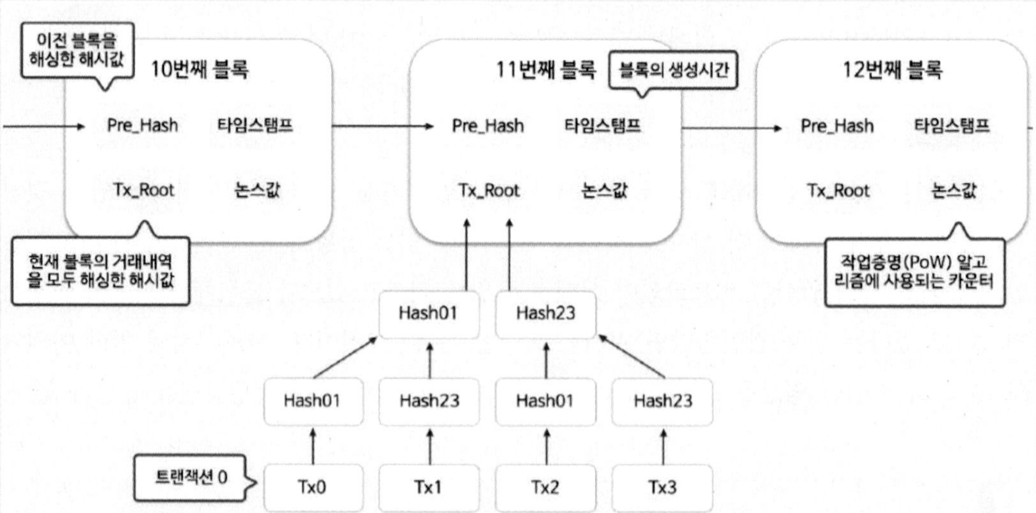

[그림 8-4] 블록체인의 마이닝 과정

2009년에는 블록발행 보상으로 지급되는 비트코인의 양이 50비트코인이었으나 약 4년 뒤인 2013년 말부터 25비트코인으로 줄었으며 2016년 7월부터는 그 절반인 12.5비트코인으로 줄어들었다. 블록 하나 당 채굴되는 비트코인은 4년마다 절반으로 줄어들도록 설계되어 있으며 총량은 2,100만으로 제한되어 있다. 현재까지 1,667만 개 이상이 채굴되었다. 비트코인이 채굴이 종료되는 시점을 2140년으로 예상한 바 있다.

단계	블록번호	블록 당 보상	기초금액	발행액	기말금액(기초+발행)	발행누적액/총액
1	10	50.00000000	0.0000	10500000	10500000.0000	50.0%
2	210000	25.00000000	10500000.0000	5250000	15750000.0000	75.0%
3	420000	12.50000000	15750000.0000	2625000	18375000.0000	87.5%
4	630000	6.25000000	18375000.0000	1312500	19687500.0000	93.8%
5	840000	3.12500000	19687500.0000	656250	20343750.0000	96.9%
6	1050000	1.56250000	20343750.0000	328125	20671875.0000	98.4%
30	6090000	0.00000009	20999999.9433	0.0189	20999999.9622	99.9999993%
31	6300000	0.00000004	20999999.9622	0.0084	20999999.9706	99.9999997%
32	6510000	0.00000002	20999999.9706	0.0042	20999999.9748	99.9999999%
33	6720000	0.00000001	20999999.9748	0.0021	20999999.9769	100.00000000%

[그림 8-5] 블록 당 보상으로 발행되는 비트코인의 양

비트코인을 획득하려면 직접 채굴하는 방법 외에도 거래소를 통해 구매하는 방법이 있다. 최근 1일 거래량 기준(출처 코인힐스)으로 국내외 암호화폐 거래소 1위는 바이낸스, 2위는 업비트, 3위는 OK코인 익스체인지, 4위 빗썸, 5위는 비트 플라이어 이다. 한국거래소에서 원화로 비트코인을 구매할 수 있으며 다른 코인들의 경우 원화 또는 비트코인으로 구매가 가능하다.

05 암호화폐의 활성화에 대하여 원인, 검토 등에 대하여 분석하라.

비트코인이 처음부터 이렇게 각광 받은 것은 아니었다. 탄생한지 벌써 만 9년이 지났는데 대중의 관심을 받으며 거래가 본격적으로 활발해진 것은 불과 2~3년 전부터다.

비트코인을 비롯한 암호화폐 시장이 올해 들어 전반적으로 급등세를 보이자 많은 사람들이 암호화폐 투자에 뛰어들고 있다. 현재로서는 비트코인의 가치가 얼마가 될 지는 예측할 수 없다. ICO(Initial Coin Offering) 토큰의 종류가 늘어날수록 신중해져야 할 필요가 있어 보인다.

비트코인 네트워크 참여자가 늘어나고 그 안에서 생산 · 교환될 수 있는 유형 · 무형 자산가치가 증가한다면 적정가격은 상승할 수 있다. 반대로 정부의 규제나 기술적 문제, 또는 더 진보된 기술의 등장으로 비트코인 생태계의 파괴된다면 현재의 가격은 거품일 수도 있다.

기술의 발달과 함께 우리는 디지털 경제로 진입하고 있다. 데이터가 새로운 자원인 시대다.(Data is the new oil of the digital economy) 블록체인 기술을 적용하게 되면 지적

학습 8

재산권과 콘텐츠 같은 디지털 데이터의 가치를 합리적으로 산출해 개인 간 거래가 가능해질 전망이다. 암호화폐는 디지털 경제 내에서 교환의 가치만 갖게 된다 해도 디지털 골드로서 존재할 가능성이 충분히 있다.

06 The DAO 해킹 사건과 이더리움 클래식에 대하여 분석하라.

2016년 이더리움 네트워크에 해킹이 발생했다. 이더리움 개발자들이 모여 만든 The DAO에 론칭한지 불과 2개월 만에 해킹이 발생해 논란이 컸다. 이 사건으로 인해 이더리움은 이더리움과 이더리움 클래식으로 나뉘었고 이더리움의 보안성에 대해 우려를 낳았다. 만약에라도 유사한 일이 발생한다면 논란은 재확산될 여지가 있으며 이러한 일들은 암호화폐 시장 전반에 급격한 변동성을 초래할 수 있다.

DAO(Decentralized Autonomous Organization)란 탈중앙화된 자율조직을 의미한다. 다오는 중앙 운영주체가 없고 자율적인 방식의 VC(벤처캐피탈) 펀드 운용을 이더리움 플랫폼 상에서 가능하게 하려는 프로젝트였다.

다오는 이 프로젝트에 참여할 수 있는 권한으로서 다오 토큰(DAO Token) 투자를 모집했다. 암호화폐 기반의 새로운 비즈니스를 론칭할 때, 기업의 IPO(Initial Public Offering)과 유사한 ICO(Initial Coin Offering)을 통해 투자를 받는데 다오는 다오 토큰 ICO를 통해 조직운영에 필요한 자금을 마련했다. 2016년 4월, 다오의 ICO에 참여한 투자자는 11,000명이 넘었으며 발행된 이더의 약 15% 가량을 모금했다. 당시 가격으로 약 1.5억 달러에 달하는 규모였다.

참여자들은 누구나 다오에 아이디어를 제시할 수 있으며 누구나 다오 토큰을 투자할 수 있었다. 투자를 받고자 하는 사람은 스마트 계약 코드로 투자 신청을 하면 투자자들이 그 코드를 확인하고 투자해 조건 성사시 계약은 자동적으로 실행되는 구조였다. 투자자들은 다오 토큰을 사고 팔 수 있었고 다시 이더로 바꾸는 반환 요청을 할 수 있었다.

그런데 반환 요청 시 즉시 처리되어 잔액이 감소하는 것이 아니라 일정시간이 지난 후에야 처리되는 치명적인 결함을 갖고 있었다. 해커는 이 부분을 공격했다. 해커는 투자 반환 요청 후 자신의 잔고에서 반환 요청이 처리되기 전에 반복해서 반환 요청을 하는 반복 공격(Recursive attack)을 함으로써 다오가 모집한 전체 자금 중 3분의 1에 달하는 360만 이더(약 5천만 달러)를 가져갔다.

이 사태를 해결하기 위해 이더리움 재단과 커뮤니티는 논의 끝에 하드 포크(Hard Fork : 이전 블록체인과 호환되지 않는 소프트웨어 업그레이드)를 결정했다. 하드포크는 성공적이었던 반면 하드 포크에 반대한 사람들이 기존 이더리움 잔류를 선언하면서 이더리움 클래식을 만들었다. 이후 이더리움은 새로 생성된 이더리움과 이더리움 클래식으로 이원화되었다.

07 하드포크 이슈에 대하여 분석하라.

이전 블록체인과 호환되지 않는 시스템 업그레이드라고 할 수 있는 하드포크도 암호화폐 시장을 흔드는 반복적인 이슈다. 네트워크 전체를 위한 합의된 업그레이드는 필요하다.

다만 중앙집권체계에 반대해 탄생한 암호화폐 시장에서 마이닝 풀이라 불리는 전문 채굴자 집단들이 특정 코인의 의사결정을 주도하며 소수의 이익을 추구하기 위한 하드포크는 암호화폐 존재의 가치를 스스로 허물어뜨리는 악재가 될 가능성이 짙어 보인다.

각국의 통화정책, 물가 등 경제학적 이슈와 제도적 · 법률적 문제가 많아 암호화폐가 법정화폐를 대체할 가능성은 낮아 보인다. 상식적으로 생각해도 각국 정부와 중앙은행이 법정화폐를 암호화폐로 대체하겠다는 의사결정을 할 가능성은 희박하다.

씨티그룹 CEO는 미국 정부가 결국 디지털 화폐를 만들 것이라고 말했다. 각 국가의 중앙은행은 디지털 화폐를 만들 수 있을 것이다. 그렇다고 해서 암호화폐가 사라질 것인가? 사라지지는 않을 것 같다. 엄격하게 통제하려는 국가가 있을 수 있겠으나 전세계 모든 나라가 일시에 통제하지 않는 한 암호화폐 모두가 사라질 수는 없다. 만약 각국이 저마다 디지털 법정화폐를 만든다면 비트코인 같은 암호화폐는 디지털 금이나 디지털 원유처럼 성격이 다른 상품이 될 수 있다. 뒤에 다시 언급하겠지만, 암호화폐는 국경이 없는 디지털 생태계 내에서 통용되는 디지털 상품으로 존재할 가능성이 있다고 생각한다.

08 리플 암호화폐의 특징에 대하여 분석하라.

리플(Ripple)은 리플 합의 알고리즘을 이용해 리필 합의 장부(Ripple Consensus Ledger : RCL)라는 안전한 분산 데이터베이스에 거래를 기록하고 유지하는 네트워크이다. 리플은 기존의 통화와 디지털통화 간의 연결망을 통해 환전, 송금 등의 기능을 제공해 준다. RCL는 분산되어있기 때문에 중앙 기관이 없이 거래내용의 정확성을 제공해 주며 RCL은 통화 교환을 위해 알고리즘을 이용한 정확한 환율을 제공해 준다. 아래의 표는 리플의 특징을 정리한 표이다.

〈표 8-3〉 리플의 특징

특징	주요내용
분산(Distributed)	기존의 일반적이 외환 송금 시스템에서는 중간에 은행간 SWIFT를 거치기 때문에 높은 수수료와 많은 시간이 소요되었지만 리플의 경쟁력 있는 글로벌 분산 p2p네트워크를 이용하면 중앙서버 없이 낮은 수수료로 10초 이내에 송금이 가능하다.
보안(Secure)	환전이 ECDSA나 Ed25519에 의해 암호화 되어 있으며 다중서명 기능을 통해 높은 보안성을 제공한다.
확장성(Scalable)	법정통화나 다른 가상통화와의 교환은 게이트웨이(Gateway)를 거쳐야만 하는데 리플은 각 국가별 통화를 연결하는 게이트웨이를 이미 많이 확보하고 있기 때문에 유동성 있는 액세스를 통해 다른 나라 통화 간의 거래 확장에 용이하다

1. 국경 간 결제

리플은 투명성, 낮은 가격, 실시간으로 국경 간 거래를 가능하게 한다. 은행은 환율의 변동을 다른 기관의 자료를 사용하거나 스스로 받아올 수 있다. 또한 이종통화간의 교환에서 필수적이 게이트웨이를 많이 확보하고 있기 때문에 다른 나라 간의 결제에 용이하다.

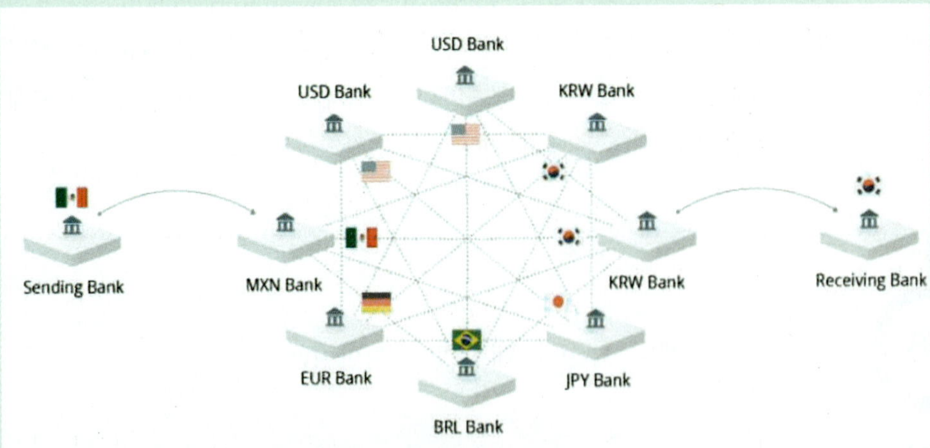

[그림 8-6] 리플의 국경간의 결재

2. XRP를 통한 거래

리플은 양쪽 다 이국적인 통화일 때도 XRP7를 이용해 브릿지 역할을 할 수 있다. 미국 달러 시장과 달리 XRP을 통하면 은행계좌, 서비스 수수료, 거래 상대방의 리스크나 추가적인 운영비용을 요구하지 않는다. XRP를 이용하면 환율이 제공되기 때문에 낮은 운영비용과 저렴한 외환 수수료로 거래가 가능하다.

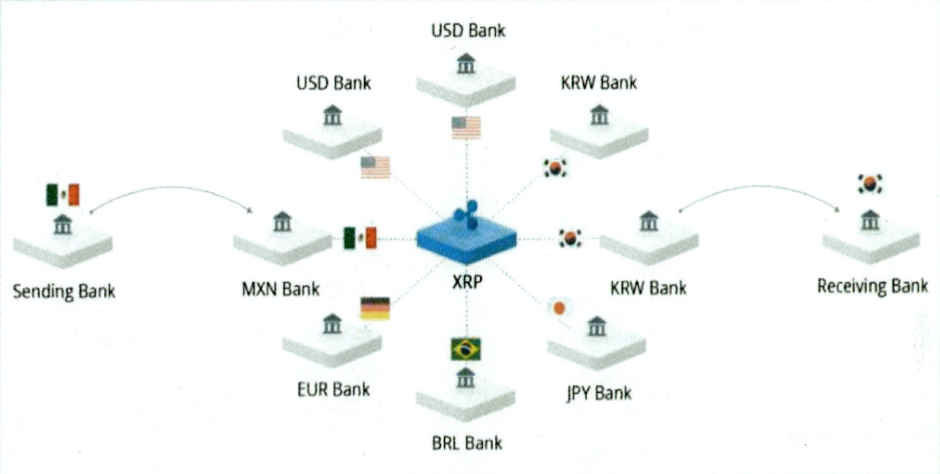

[그림 8-7] 리플의 XRP를 통한 거래

09 The DAO에 대하여 분석하라.

The DAO는 디지털 분산 자동화 조직 DAO(Decentralized Autonomous Organization)가 투자자 벤처캐피탈(Venture Capital)펀드 형태로 선보인 것으로 암호화 통화 플랫폼인 이더리움(Ethereum)을 플랫폼을 활용한 자립 분산 투자 펀드이다. 투자처를 발굴하고 투자금을 모집해 투자한다는 방식은 기존의 VC(벤처 캐피탈)와 동일하나 투자금의 모집과 투자자들의 의사결정이 모두 이더리움 블록체인을 활용하여 이루어진다. 다만, 투자처의 발굴 등 운영주체가 필요한 내용에 대해서는 큐레이터(Curator)라고 명명된 소수의 인원이 담당하는 형태로 이루어져 있다. 다오 프로젝트에 참여하기 위해서는 다오 내부 통화인 '다오 토큰'을 구입해야 하며, 이는 이더(Ether)로 구매가 가능하다. 다오 토큰을 이용해 주식투자와 투표권을 행사 할 수 있어 원하는 프로젝트에 투표와 투자가 가능하며 그 프로젝트가 성공했을 때 이익이 분배된다.

1. 클라우드 펀딩으로 이뤄진 VC

2016년 5월 DAO의 공식 홈페이지를 통해 투자자금을 모집하면서 시작을 하였고 한달만에 총 826만 이더(모금당시 기준 약 2,000억원)를 모았다. 이는 전세계 역대 최대 크라우드 펀딩의 기록이었다. The DAO는 VC인 만큼 투자의 방향을 블록체인, IoT등 이더리움의 '탈중앙 분산화 신기술'로 제시하고 있다

2. 이더리움 블록체인 플랫폼을 이용하는 프로젝트

The DAO는 투자금액 모금, 의사결정, 수익분배 등 VC의 주요기능에 이더리움 블록체인 플랫폼을 사용했다. 〈표 8-4〉는 블록체인을 활용한 The DAO 특징을 요약한 것이다.

〈표 8-4〉 다오의 특징

특징	주요내용
간편한 투자	Ethereum 지갑주소로 'ether'를 입금 하는 형식으로 투자를 해 전세계 어디에서든 통화(달러, 엔 등)의 제약 없이 투자가 가능
손쉬운 주권증명	투자 후 지급되는 'DAO Token'을 지갑에 소유하고 있으면 프로젝트에 대한 주권 증명이 가능
신속하고 공정한 의사결정	• 블록체인을 통해 온라인상에서 토큰을 사용하여 투표권 행사가 가능 • 투표의 결과는 블록체인에 기록되기 때문에 조작되거나 배제될 가능성이 없음
간편함	프로젝트에 성과가 발생할 경우 토큰의 비율에 맞춰 자동으로 수익이 지갑으로 간편하게 분배됨

3. 프로젝트 제안

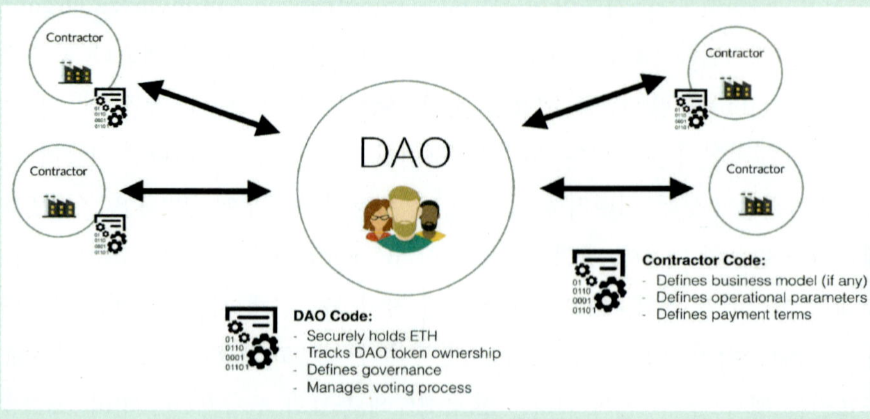

[그림 8-8] 다오의 프로젝트 제안

DAO 투자자는 누구나 투자 받고자 하는 프로젝트를 제안할 수 있으며 제안서는 영문 사업계획서와 스마트 계약으로 구현한 코드로 구성된다. 제출된 코드는 전문가집단인 '큐레이터'에 의해 안정성과 실행가능성이 검증된다.

10 라이트 코인 암호화폐의 특징에 대하여 분석하라.

라이트 코인은 비트코인과 마찬가지로 채굴을 통해 생성되는 암호통화이 지만 비트코인에 비해 빠른 거래를 가능하게 한다. 비트코인은 블록생성 시 10분이 걸리는 반면 라이트코인은 블록을 생성하는데 2.5분의 시간이 소요되는데 블록생성 주기가 짧기 때문에 더 많은 거래량을 처리 할 수 있다. 블록생성 주기가 짧아지면 빠르게 많은 거래의 처리를 가능하게 하지만 그만큼 많은 블록에 생기기 때문에 많은 거래가 일어날 경우 블록처리에 문제가 생기게 된다.

1. 오로라코인

오로라코인은 라이트코인의 기술을 바탕으로 소스코드를 변형하여 만들어진 가상통화이다. 오로라코인은 한 아이슬란드의 기업가가 정부가 주도한 환율정책 실패에 대한 반감으로 개발하였으며 개발 후 자국 국민 33만여명에게 1인당 약 32오로라코인을 배포하였다

2. 도기코인

도기코인은 라이트코인을 바탕으로 하는 P2P암호통화 이다. 도기코인의 블록생성시간은 1분으로 빠른 편이며, 현재 알트코인 중 사용량이 8위이다. 도기코인은 또한 출시 된지 얼마 되지 않아 가상 통화를 도기코인 보유자의 계정에서 특정인의 계좌로 자동 송금하도록 하는 악성 코드로부터 해킹이 일어나 총 12,000달러 정도의 피해가 발생하기도 하였다.

11 NEM 암호화폐의 특징에 대하여 분석하라.

NEM(New Economy Movement)은 Java와 JavaScript로 구현된 전자통화이다. 현재 일본 금융기관에서 NEM 블록체인에 투자하여 실험을 진행하고 있다. NEM은 다양한 분산

모델의 목표와 새로운 블록체인 기술 특성인 POI(Proof of Importance) 알고리즘을 소개했다. NEM은 통합된 P2P 보안과 암호화 메세지 시스템, 멀티시그니처 계좌와 Eigentrust++ 평판 시스템을 갖추고 있다. NEM 네트워크에서는 XEM 통화를 사용한다.

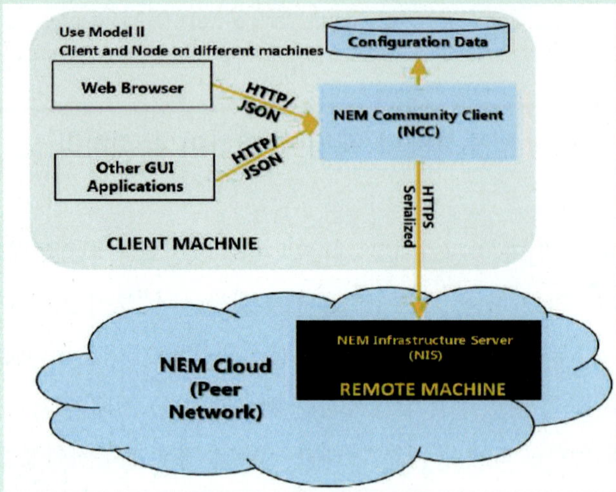

[그림 8-9] NEM 네트워크

NEM은 2014년 6월 오픈 알파 테스트를 통해 2015년 3월 출시되었다. NEM은 플랫폼에 통합된 멀티시그니처 기술을 구현해 NEM 월렛의 보안성을 강화했다. 예를 들어 사용자가 월렛을 잊어버려도 거래를 할 때 다른 사용자들이 동의해야 사용할 수 있기 때문에 보호될 수 있는 것이다.

이외에도 Mosaic와 Namespace 서비스를 이용하면 사용자 정의된 지갑을 이용할 수 있다. NEM의 API를 이용하면 강력한 블록체인 솔루션 플랫폼을 만들 수 있다. NEM은 대표

〈표 8-5〉 NEM의 주요특징

주요특징	세부설명
쉬운 사용(Easy to Use)	• 1분의 블록 타임 쉬운 설치 • 다양한 OS 지원
안정성(Security and Saftey)	Eigentrust++로 노드의 평판을 계산
다중 서명(2.0 Multisig)	• 블록체인 기반 푸시알람으로 이용자에게 공지 • 다양한 다중서명 지원
모자이크, 네임스페이스 (Mosaics and Namespaces)	• 모자이크를 이용한 사용자 정의 기능 • 네임스페이스를 통해 도메인네임 서비스 제공
접근성(Accessability)	• 어느 서버에서나 접근 가능 • 쉬운 설치와 사용
위임(Delegated Harvestion)	위임된 노드를 통해 채굴 위임 가능

적으로 6가지의 특징을 가지고 있다. 사용하기 쉽고(Easy to Use), 안전하고(Safety and Security), 다중 서명을 지원하고, 모자이크(Mosaics)와 네임스페이스(Namespaces)라는 서비스를 이용하여 사용자 정의 블록체인을 이용할 수 있다. 또한 호환성이 강하고 채굴을 하기는 싫지만 보상을 얻고 싶은 사람을 위한 기능인 위임기능이 제공된다.

〈표 8-5〉는 NEM의 특징을 정리한 것이다

12 DASH 암호화폐의 특징에 대하여 분석하라.

1. DASH

DASH는 비트코인 소프트웨어 기반의 새로운 디지털통화이다. 중앙은행이 관리하지 않고 개인이 안전하고 쉽게 보관할 수 있는 인프라를 통해 개인이 관리하도록 한다. Dash는 향상된 금융 보안을 제공하고, 분산된 관리 및 자금 조달 시스템 개발, 트랜잭션을 가속화하여 비트코인에 내재된 많은 문제를 해결했다.

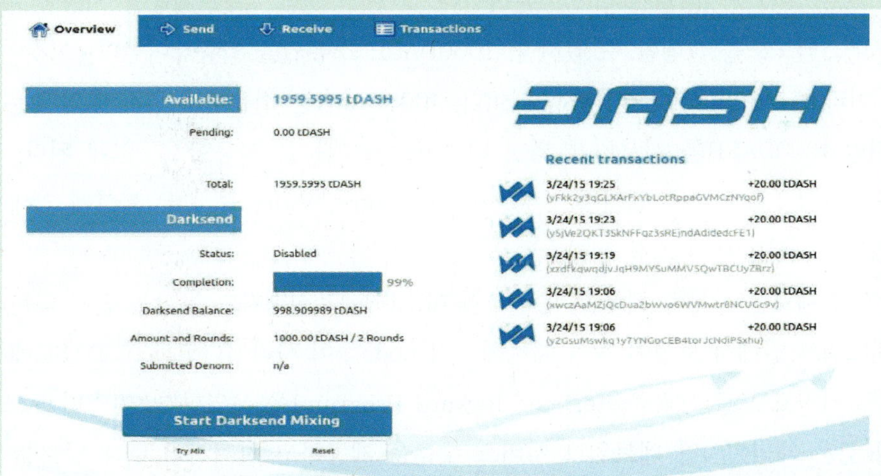

[그림 8-10] DASH의 구성

DASH는 소유자만 정보에 접근 가능하고 추적을 방지하며, 4초 만에 빠른 송금이 가능한 특징을 가지고 있다. 또한 암호화 신뢰 프로토콜, 전 세계적으로 송금이 가능하다.

〈표 8-6〉은 이러한 Dash의 특징들을 정리한 표이다.

〈표 8-6〉 DASH의 특징

특징	주요내용
Private	• 추적 방지 • 소유자만 자신의 정보에 접근 가능
Instant	InstantX를 통한 4초 송금
Secure	진보된 암호화 신뢰 프로토콜
Global	전세계 어디서나 낮은 수수료와 같은 속도로 송금 가능
Low-fees	Western Union, PayPal, Money gram 만큼 낮은 수수료
Peer-To-Peer	완전 분산 P2P 네트워크
Masternodes & Proof of Service	PoW는 물론 Master nodes 서버를 통한 보상

2. 마스터노드

풀 노드(Full Node)는 P2P 네트워크 안에서 구동되는 서버이다. 네트워크 안정성을 위해서 중요한 요소이다. 풀 노드는 네트워크를 통해 동기화하고 메시지의 빠른 전파를 제공한다. 마스터노드(Master Node)들은 Dash 네트워크에서 필요한 인프라를 제공한다. Dash는 2계층 네트워크를 활용한다. 1계층은 비트코인과 같은 방식이고, 2계층은 인스턴트 거래(InstantX), 개인 거래(Darksend), 분산관리 및 예산 등의 추가 기능을 사용할 수 있다. 누구나 마스터노드를 실행할 수 있지만, 1000DASH 소유권을 입증해야한다. 이것이 'Sybil attack'이라 불리는 공격을 방지하는 것이다. 1000DASH는 소유자가 원하면 언제든지 보낼 수 있지만 1000DASH를 사용하게 되면 마스터노드 기능을 사용할 수 없게 된다. 마스터노드는 일반적으로 아마존 웹서비스, Microsoft Azure, Vultr 등 같은 회사에 의해 운영되는 가상 사설 서버에 호스팅 된다.

채굴자가 새로운 블록을 채굴할 때 45%를 마스터노드 실행자가 보상을 받데 되는데 비트코인 네트워크 안에서 보상이 적기 때문에 full node들이 사라진다고 보고 DASH에서는 마스터노트 리워드 프로그램(Masternode Reward Program)을 운영한다. 마스터 노드는 full node와 같은 개념이지만 네트워크 서비스 수준을 제공하고 참여하기 위해 담보를 가지고 있어야한다는 차이점을 가지고 있다. 담보는 마스터노드가 구동되는 동안은 안전하며 네트워크 서비스 투자에 관한 관심을 얻고 통화의 변동성을 줄일 수 있다.

13 컬러코인(Colored Coin) 암호화폐의 특징에 대하여 분석하라.

컬러코인은 비트코인에 '색'을 입혀 현물자산(Off-Chain Asset)을 디지털 자산(On-Cahin Asset)으로 표현하는 방법으로 오픈 에셋 프로토콜(Open Asset Protocol)이라고도 불린다. 컬러코인을 이용하여 집은 빨간색 비트코인으로 자동차는 흰색 비트코인과 같이 표현할 수 있으며 자산의 개인키 보유자는 비트코인 네트워크를 통해 제 3자의 간섭 없이 직접 소유권을 이전할 수 있다. 비트코인의 스크립트 언어는 구조적으로 소량의 메타데이터를 블록체인에 입력하게끔 하는데, 이 기능을 통해 주식, 부동산 등기, 지적재산 등을 비가역적(Immutable)이고 위조가 불가능한(Non-Counterfeitable) 토큰형태로 나타 낼 수 있다.

1. 콜루

이스라엘의 블록체인 스타트업 콜루(Colu)는 컬러코인(Colored Coin)을 기반으로 블록체인 상거래 플랫폼을 제공한다. 콜루를 사용하면 중개인 없이도 안전하게 거래를 할 수 있으며 콘서트 티켓, 미술 작품, 자동자, 주택 등의 소유권을 쉽게 이전할 수 있다.

콜루의 디지털 월렛에는 디지털통화뿐만 아니라 공연티켓, 쿠폰, 디지털 골드 등을 담을 수 있다. 또한 공연티켓을 친구에게 양도하고 싶을 때, 기존에는 실제로 만나 실물 자산의 티켓을 전해줘야 했다면 콜루는 손쉽게 친구의 월렛 주소로 공연티켓을 전달 할 수 있다.

콜루에서 시행한 시장조사 분석 결과에 따르면 사용자의 40% 이상이 디지털통화(digital currency)를 현지 통화(local currency)로 바꾸기 위한 프로토콜을 이용한다고 밝혔다. 이에 따라 콜루는 2016년 6월 23일 현지 통화 발행에 초점을 맞춘 비즈니스 모델을 제안하며 기금을 모았다. 콜루는 Dashboard에 비트코인뿐만 아니라 원화, 달러와 같은 현지 통화(Local Currency)를 담을 수 있으며 개인적인 커뮤니티를 생성하고, 디지털통화를 발행하고 관리할 수 있도록 하는 API 및 SDK를 제공할 것이라고 밝혔다.

다음 그림은 콜루의 웹과 모바일 환경에서의 플랫폼이다.

[그림 8-11] 콜루의 구성

이외에도 콜루(Colu)는 음악 스타트업인 Revelator과의 파트너십을 통해 음반의 저작권 관리를 간소화 시킬 수 있게 하였다. 이는 아티스트들이 수입의 근원지를 알 수 없는 불투명한 시스템을 투명성과 효율성을 보장함으로써 음악 산업 혁신할 수 있을 것이라 기대된다.

2. 코인프리즘

코인프리즘(Coinprism)은 다른 비트코인 월렛과 비슷한 형태이나 비트코인 뿐만 아니라 컬러코인(Colored Coin)을 발행하고, 전송하고, 받을 수 있다. 코인프리즘은 2015년 10월에 채굴비가 들지 않는 Openchain을 발표했으며 다른 기업들의 많은 관심을 받았다. 코인프리즘은 Openchain의 출시 덕분에 같은 해 12월 마이크로 소프트와 파트너십을 맺고 새 버전을 출시하며 발전시키고 있다.

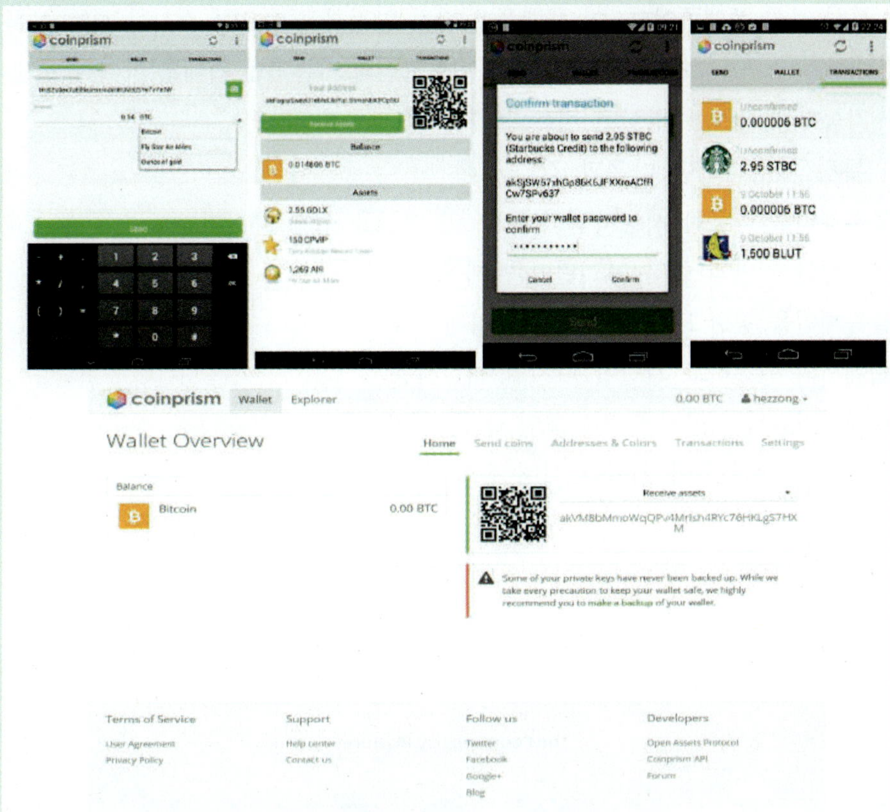

[그림 8-12] 코인프리즘의 구성

14 메타코인 암호화폐의 특징에 대하여 분석하라.

내장형 동의 시스템(Embedded Consensus System)이라고도 불리는 메타코인(Meta Coin)은 비트코인 블록체인 위의 자산 발행 층이다. 컬러코인이 특정 Utxo(Unspent Transactions Output)와 연결됐다면, 메타코인은 주소(Addresses)에 입력된 메시지다.

컬러코인처럼 비트코인의 채굴(Proof of Work) 시스템의 네트워크 보안과 증명을 받는 동시에 자체 통화 시스템을 가지고 자유로운 자산 발행이 가능하다. 주요 메타코인 플랫폼으로는 Omni(전 Master coin)와 Counter party가 있다.

1. 옴니

옴니(Omni)는 사용자정의 디지털 자산 및 통화를 생성하고 거래를 제공해주는 오픈소스 형태의 분산 자산 플랫폼이다. 이 플랫폼은 가장 안전하고 주요한 검사를 하는 블록체인의 상단에 내장된 소프트웨어 층이다. 옴니는 비트코인의 기본적인 거래뿐 아니라 차세대 기능 거래를 가능하게 해주는 향상된 비트코인거래를 제공해 준다.

옴니의 특징을 정리하면 다음과 같다.

① 블록체인을 이용한 사용자정의 통화 및 자산을 쉽게 제작가능
② 블록체인 기반의 클라우드 펀딩을 제공
③ 블록체인을 통한 P2P방식의 자산 거래
④ 웹에서의 안전하고 간단한 디지털지갑 사용
⑤ 디지털지갑과 사용자를 비트코인 Qt를 기반검증
⑥ 쉬운 비트코인 코어 기반의 서버 통합

2. 카운터 파티

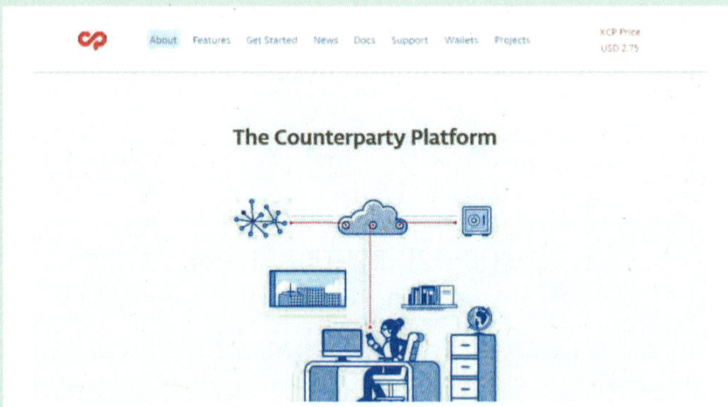

[그림 8-13] 카운터 파티 플랫폼

카운터 파티(Counter Party)의 프로토콜은 오픈 소스이며 광범위하게 테스트된다. 사용자들이 어떠한 종류의 디지털통화라도 만들고 거래할 수 있도록 해주며 디지털계약, 스마트 계약을 작성해 비트코인 블록체인으로 실행 시킬 수 있다. 비트코인의 분산원장 네트워크와 카운터파티의 내장된 스크립트언어를 사용해 코드로 작성해 중간단계 없이 자동적으로 실행이 가능하다.

XCP는 카운터 파티에서 사용하는 암호화 통화로서 'proof-of-burn'라는 분산합의과정을 통해 생성되고 분배된다. XCP는 BTC에서는 기술적으로 불가능 했던 몇 가지 기능을 제공해주는데 대표적인 예로 스마트계약 코드를 통한 거래에 사용될 수 있고 투표를 할 때 투표통화로서의 역할도 한다.

카운터 파티는 현재 웹을 통한 데스크톱 지갑, 모바일지갑, 크롬을 통한 확장지갑으로 총 3가지 종류의 지갑을 제공한다. 사용자가 지갑을 사용해 거래를 하는 경우 모든 거래에서

서명을 하고 개인키(개인지갑을 만들 때 사용자가 설정한 고유암호)는 서버에 따로 저장이 되지 않는다. 서버에 전송되는 정보들의 보안을 위해 암호화를 하고 로그아웃 할 때 세션이 다 삭제가 되도록 구성이 되어있다.

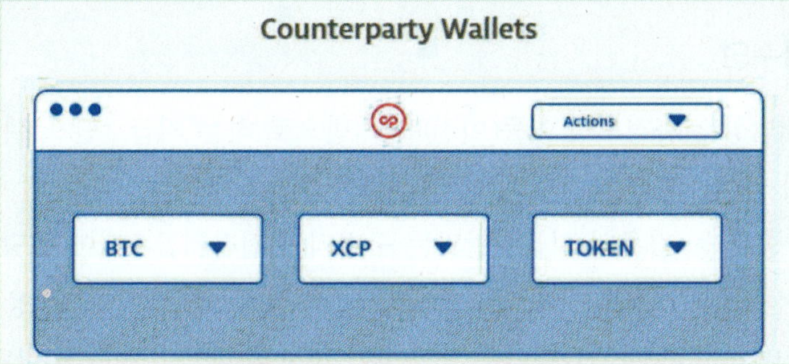

[그림 8-14] 카운티 파티의 지갑

카운티 파티 지갑(Counter Party Wallet)의 특징은 다음과 같다.

① 블록체인을 이용한 새로운 통화 발행과 관리
② BTC, XCP 통화를 이용한 수익분배와 거래
③ BTC를 이용해 P2P방식으로 이루어지는 XCP 구매
④ multi_signature 주소 생성, 관리

15 네임코인 암호화폐의 특징에 대하여 분석하라.

네임코인(NameCoin)은 인터넷 주소(도메인)를 관리하는 시스템이자 가상통화다. 인터넷 주소, 즉 도메인 관리 체계의 폐쇄성을 극복하고 인터넷을 통한 확장성을 증진시키기 위한 비트코인의 파생통화다. 네임코인은 오픈소스로 공개된 비트코인의 소스코드를 용도에 맞게 변경해 만들어 비트코인이 거래장부를 블록체인상에서 P2P 방식으로 운영하듯 네임코인은 인터넷 주소를 P2P 방식으로 관리한다.

네임코인에서는 누구나 '.bit'으로 끝나는 주소를 만들 수 있는데 등록비용으로 0.01 네임코인을 납부하는 방식으로 시스템이 운영된다. 비용을 지불해야하기 때문에 아무 인터넷 주소나 만들지 못하게 하며, 그렇게 거둬들인 비용을 네트워크 보안에 기여한 이들에게 보상으로 지급한다. 만들어진 주소는 중앙의 통제를 받지 않으며 코인을 지불한 사람만이 자신의 디지털서명으로 주소를 등록하거나 삭제할 수 있다.

16 암호화 통화의 법적 성질에 대하여 분석하라.

1. 전자지급수단

전자금융거래법상 전자정보의 이동(이전)을 기반으로 하는 지급수단으로는 선불전자지급수단, 전자화폐 등이 있다. 양자 모두 전자정보를 기초로 하고 있다는 점에서 실물화폐나 어음 기타 유가증권 등 기존의 지급수단과는 구별되어 전자지급수단에 해당한다. 전자정보를 실체로 한 선불전자지급수단과 전자화폐는 앞서 본 바와 같이 그 범용성, 환금성에서 서로 차이가 있다. 선불전자지급수단은 범용성이 낮고 환금성이 보장되지 않는데 반해, 전자화폐는 범용성이 높고 환급성이 보장된다는 점에서 상대적으로 구별되나 이러한 차이는 양적 차이에 지나지 않는다고 볼 수 있다.

그런데 양자는 양적 차이에 그치지 않고 법적 성질 면에서 질적인 차이를 가지고 있다. 전자금융거래법 역시 입법의도가 전자화폐에는 화폐적 속성을 부여하려는 데 있고, 선불 전자지급수단은 유가증권과 유사한 기능을 수행할 것을 예정하였다고 볼 수 있다. 이를 구체적으로 보면, 양자의 가장 극명한 차이는 양자를 분실하였을 경우에 나타난다. 전자화폐는 그 점유를 가지는 자가 소유자가 되고 부당한 점유가 있을 경우 반환청구권을 행사하는 것이 아니라 부당이득반환청구권을 행사하게 된다.

그리고 이를 분실하였을 경우 선의취득이 됨은 물론이고 공시최고에 의한 제권판결도 원칙적으로 부정된다. 이에 반해 선불전자지급수단은 점유와 소유는 구별되며 부당한 점유가 발생한 경우 정당한 소유자는 점유자에 대해 반환청구권을 행사할 수 있으며, 선불전자지급수단의 선의취득도 가능하고 선불전자지급수단을 분실한 경우 공시최고에 의한 제권판결로 권리의 회복가능성을 가진다.

2. 가상통화

가상통화(Virtual Currency)란 개발자에 의해 발행되고 통제되는 전자화폐(Digital Money)의 일종으로서 특정 가상커뮤니티의 회원들간에 사용되고 수령되며(폐쇄성) 규제되지 않는 화폐를 의미하고 가상화폐라는 용어도 사용된다.

2014년 유럽은행당국(the European Banking Authority)은 가상통화를 중앙은행 또는 공공기관에 의해 발행되지 않고 반드시 법령에 의한 화폐(Fiat Currency)와 연결되지도 않지만 지급수단으로 자연인 또는 법인에 의해 수령되고 전자적으로 이전되고 저장되고 거래되는 가치의 전자적 표시(a Digital Representation of Value)라고 보았다. 2012년 유럽중앙은행(the European Central Bank)은 가상화폐를 개발자에 의해 발행되고 통상 관리되면서 특정 가상커뮤니티의 회원들간에 사용되고 수령되는 규제되지 않는 전자화폐의 한 유형으로 정의한다. 2013년 미국의 재무성에 있는 금융범죄집행 네트워크(The Financial Crimes Enforcement Network, FinCEN), 가상통화를 2013년 안내책자에서 개념정의하고 있다. ① 법정 통화(legal tender)로 지정되고, ② 유통되고, ③ 관습적으로 발행국에서 교환수단으로 사용되거나 수령되는 것으로 정의되는 통화(currency, real currency)에 대비하여, 가상통화를 일정한 환경에서 진정 통화의 모든 속성을 가지지 않았지만 통화와 유사하게 작용하는 교환매체로 정의하고 있는데, 가상통화는 어떤 영역에서도 통화의 지위를 가지지는 않는다.

3. 암호통화

스마트계약은 블록체인기반의 암호통화(Cryptocurrency, 암호화폐)를 기본적으로 사용한다. 암호통화의 대표적인 예로 비트코인을 들 수 있으며 이더리움(Ethereum) 플랫폼에서 사용하는 이더도 유사한 암호통화에 해당하며 이들 역시 가상통화성(폐쇄성)을 가진다. 암호통화는 단순히 보안성이 강화된 중앙집중형으로 발행된 전자화폐가 아니라 블록체인 기술을 바탕으로 분산형으로 발행되는 화폐라는 점에서 기존의 전자화폐와는 완전히 구별된다. 논자에 따라서는 암호통화라는 용어를 사용하지 않고 가상통화(Virtual Currency)라는 용어를 사용하는 경우도 흔하다.

하지만 가상통화는 반드시 블록체인 기술을 바탕으로 하여 분산형으로 발행되는 것이 아니라는 점에서 구별된다. 이를 구별하여 보면, 전자화폐는 일반 화폐와는 구별되어 전자적으로 발행된다는 기술적 측면에 근거한 개념이라면, 가상통화는 전자화폐의 속성을 가지고 있으면서 네트워크형 화폐로서 일정한 가상 커뮤니티 회원들 간에 이용되는 화폐라는 점에 착안한 개념이다. 암호통화는 전자화폐와 가상화폐의 속성(폐쇄성)을 가지고 있으면서 다시 블록체인 기술에 바탕을 두고 분산형으로 발행되는 화폐를 지칭한다는 특징을 가진 전자화폐이다. 즉 이들 다양한 전자식 화폐의 관계는 전자화폐 가상통화 암호통화 라는 관계에 있다.

17 암호화폐의 재화성과 지급 수단성에 대하여 분석하라.

1. 구별

일정한 물건 또는 권리가 재화인지 지급수단인지 문제될 수 있다. 재화성과 지급 수단성을 구별하는 이유는, 일정한 원인채무의 이행을 위해 재화를 이전하는 경우와 지급수단을 이전하는 경우는 그 효과가 구별되기 때문이다. 재화의 경우에는 반대급부와 함께 교환계약이 되거나 대물변제의 효과가 발생하는데 반해, 지급수단의 경우에는 결제의 문제는 남지만 채무는 일응 이행된 것으로 된다. 다만 지급수단은 매우 다양하여 항상 이러한 효과가 발생하는 것은 아니고 지급수단의 신뢰성이 높을 경우에는 원인채무변제의 효과가 지급수단의 이전 시 즉시 발생하고 지급수단의 신뢰성이 낮을 경우에는 원인채무 변제의 효과가 지급수단의 결제까지 완결되어야 발생한다. 따라서 지급수단은 그 신뢰성에 따라 다양한 스팩트럼을 형성하고 있으며 원인채무의 변제의 효과가 발생할 가능성을 가진다는 점에서 교환 대물변제의 효과만 예정되어 있는 일반 재화와는 구별된다. 설사 사용가치를 지니거나 가치가 고정되어 있지 않은 물건 또는 권리라 하더라도 거래계에서 지급수단으로 평가된다면 원인채무의 변제의 효과가 발생할 가능성은 있다.

2. 암호통화

원인채무의 변제를 위해 암호통화가 교부되었을 경우 원인채무가 변제되었다고 볼 수 있는가 하는 점은 암호통화의 신뢰성에 따라 달라질 수 있다. 신뢰성이 높을 경우 원인채무의 변제의 효과가 발생할 수 있고 현실적으로도 비트코인의 경우 원인 채무가 변제된 것으로 거래되고 있어 암호통화도 지급수단의 성질을 가지고 있다. 다만 지급수단은 대체로 그 가치가 고정되어 있어 그 가치에 따라 지급수단으로 기능을 하는데 반해, 암호통화의 가치는 수요와 공급의 원리에 따라 변화하는 특성을 가지고 있어 재화성도 가진다고 볼 수 있다. 재화성과 지급 수단성을 앞서 본 바와 같이 원인채무의 변제수단성에 따라 구별하지만, 양자는 상충되는 성질이 아니고 거래계의 인식에 따라 양자의 성질의 겸병도 가능하다. 즉 재화이지만 보편성을 가지고 있고 보관과 이전이 용이하고 일정 수준 이상의 가치가 당분간 보장된다고 인식될 경우 거래계에서 지급 수단성을 부여할 수도 있다. 비트코인과 같은 암호통화는 이러한 성질을 가지고 있어 그 재화성에도 불구하고 지급 수단성을 인정할 수 있어 '재화성 지급수단'이라 할 수 있다.

18 암호화폐의 지급수단성과 금융상품성에 대하여 분석하라.

1. 암호통화의 성질

암호통화는 블록체인 기술을 바탕으로 분산형으로 발행되므로 그 공급이 제한적이어서 암호통화에 대한 수요와 공급의 원리와 그 안정성에 따라 암호통화의 가격이 등락하는 특성을 가지고 있다. 암호통화도 자유화폐로서 재화교환의 매개수단, 지급수단으로서 기능을 할 수 있지만, 일정한 가치를 표상하지 않으므로 진정한 재화교환의 매개수단, 지급수단으로서 기능을 하지 못한다. 암호통화가 설령 재화교환의 매개수단이나 지급수단으로 기능을 하는 경우라 하더라도 이는 그 시점의 암호통화의 가치를 기준으로 재화와 암호통화를 교환하거나 대물변제의 효과를 가지는 것으로 이해된다. 암호통화의 지급수단성이 제한적인 반면 오히려 암호통화는 그 가치가 등락한다는 점에서 투자 상품성을 가진다고 이해할 수 있다. 암호통화는 암호통화거래소에 상장되어 현실적으로 거래된다는 점에서 파생상품(선도, 옵션, 스왑)과는 구별되고 증권과 유사한 점이 있지만, 자본시장법상 6종류의 증권(채무 지분 수익 투자계약 파생결합 증권예탁증권)의 종류에는 포함되지 않는다.

2. 금융상품성

암호통화가 자본시장법이 예상하고 있는 금융투자 상품인 증권과 파생상품에 포함되지 않지만 제한적으로 지급수단으로 사용되고 암호통화를 구매하기 위해 지급된 대중의 자금은 마치 금융상품에 투자된 자금과 유사하게 자금수요자에게 제공될 수 있다. 이와 같이 암호통화는 자금공급자와 자급수요자간의 자금을 전달하는 매개수단이 될 수 있어 금융적 기능을 가지고 있다고 본다. 그리고 암호통화는 그 발행인이나 취득자에 의해 일방적으로 가격이 결정되지 않고 가격결정 메커니즘이 우연성을 가지고 있어 일부 투자 상품성을 가진다고 볼 수 있다. 요컨대 암호통화는 일종의 금융상품으로서 자본시장법의 적용을 받지 않고 계약자유의 원칙에 따라 일정한 거래소에 상장되어 투자대상이 되는 금융투자 상품성을 가진다고 볼 수 있다. 다만 암호통화를 금융투자 상품으로 볼 경우 자본시장법상 어떠한 유형에 해당할 수 있는가 특히 채무증권, 투자계약증권, 파생상품에 해당하는가가 문제된다. 증권에 지급청구권이 표시된 채무증권은, 발행권자가 존재하지 않고 분산형으로 발행되는 암호통화에는 지급채무라는 개념이 발생하지 않아 표시될 지급청구권이 존재하지 않으므로 암호통화의 성격으로는 부적절하다. 다음으로 암호통화가 투자자가 타인과의 공동사

학습 8

업에 투자하고 사업의 결과에 따른 손익을 받는 계약상의 권리를 표시하는 계약증권에 해당할 수 있는가를 검토하면, 암호통화를 시세차익을 위해 또는 지급수단으로서 단순히 매입하는 것을 공동사업으로 보기는 어렵고 설사 시세차익(손)이 발생하더라도 이를 공동사업의 결과에 따른 손익으로 볼 수 없으므로 투자계약증권에 해당한다고 보기 어렵다. 다만 스마트계약에서 활용하는 토큰은 암호통화와 성질을 달리하므로 투자 계약성을 가지는지 여부를 다시 검토할 필요는 있다고 본다.

암호통화는 기초자산의 가격에 따라 가치가 결정된다고 보기 위한 기초자산이 따로 존재하지 않으므로 파생상품에 해당 한다고 보기도 어렵다. 그밖에 가상통화를 ETF로 상장할 수 있는지에 관해 검토하면서 가상통화가 증권에 해당하는지에 대해 검토한 바 있다.

암호통화는 일정한 가치를 표상하지 않고 그 자체의 가치가 등락하므로 진정한 재화교환의 매개수단, 지급수단으로서 기능을 완전하게 발휘하지 못한다. 하지만 암호통화의 가치는 계량적으로 표시되어 제한적이지만 지급수단으로 기능을 할 수 있고, 그 명칭이 의미하는 바와 같이 암호통화의 제1차적 기능은 지급수단으로서의 기능이다. 다만 암호통화는 표상가치에 머물지 않고 교환가치의 등락이 예상되는 재화여서 투자대상이 될 수 있다. 주화의 경우에도 일부 이러한 현상이 나타난다. 즉 주화를 제한적으로 발행하면 그 주화는 표면가치보다 높게 거래되는 경우도 종종 있고, 시간이 경과하여 주화의 수량이 더욱 제한되면 마치 골동품처럼 주화 그 자체의 가치가 표면가치와 무관하게 결정될 수도 있다. 다만 암호통화는 중앙 발행권자가 존재하지 않으므로 암호통화의 가치가 계량적으로 표시는 되지만 액면가치가 처음부터 존재하지 않는다는 점, 거래소를 통해 투자수단으로서 기능을 할 수 있는 시스템이 마련되어 있다는 점, 공급량이 처음부터 일정 양으로 예정되어 있다고 일정 시점이 경과하게 되면 더 이상 발행 자체가 불가능하게 된다는 점 등에서 특징을 가진다. 요컨대 암호통화의 재화성이 금융투자 상품성을 일부 가지고 있으므로 '금융상품성 전자지급수단'으로 정리할 수 있다.

19 암호화폐의 전자화폐성 검토에 대하여 분석하라.

1. 지급수단의 유형

지급수단의 본질은 대체로 채권적 성질을 가진 것(채권형), 물권적 성질을 가진 것(물권형), 그리고 채권과 물권이 결합된 성질을 가진 것(유가증권형)으로 나뉠 수 있다. 채권형의 대표적인 예가 자금이체이며, 원인채무의 이행을 위해 자금이체를 통해 지급하면 채무자(지급인)와 금융기관의 채권관계가 채권자(수취인)와 금융기관의 채권관계로 변경되게 된다. 채권형 지급수단을 통해 지급을 수취한 자는 금융기관 등 타인에 대한 채권을 가지게 되고 채권을 행사함으로써 원인채권의 만족을 얻게 되며, 전자금융거래법상 전자자금이체, 직불전자지급수단, 전자채권 등이 이에 포함된다. 물권형은 지급수단을 물권적으로 이전 즉 지급수단을 교부 인도함으로써 채권의 만족을 얻게 되는 지급수단을 의미한다. 물권형 지급수단의 대표적인 예가 화폐이며, 이에는 통화는 물론 자유화폐도 포함되며 전자금융거래법상 전자화폐도 이에 해당한다. 마지막으로 유가증권형은 채권을 표창하는 증권을 교부함으로써 채권이 이전되어 지급의 효과가 발생하는 지급수단을 의미한다. 유가증권형은 지급수단을 물권적으로 교부한다는 점에서 물권형과 유사하지만 그 효과는 채권이 이전된다는 점에서 채권형과 유사하여 유가증권은 채권형과 물권형이 결합된 지급수단으로 볼 수 있다. 전통적인 어음, 수표가 이에 해당하며 전자금융거래법상 선불전자지급수단이 이에 해당한다.

2. 법적 성질

전자화폐란 이전 가능한 금전적 가치가 전자적 방법으로 저장되어 발행된 증표 또는 그 증표에 관한 정보로서, 재화 용역 구입의 매체성(지급수단성), 현금예금을 대가로 발행 교환이 예정되고(환금성), 사용범위의 범용성 등을 갖추어야 한다(동법 제2조 15호). 전자금융거래법상 전자화폐의 개념요소를 정리하면, 전자정보성, 금전가치성, 유통성, 지급수단성, 환금성, 범용성 등으로 요약될 수 있다. 암호통화의 법적성질에 관해 권리로 보는 견해, 물건으로 이해하는 견해 등이 있지만 여기서는 암호통화가 전자금융거래법상 전자화폐에 해당할 수 있는가 하는 점을 검토한다.

3. 환금성 제한

암호통화가 증표적 성질을 가지고 있지는 않지만 분산형으로 발행되고 블록체인에 기록되는 전자정보이므로 전자정보성을 가진다는 점에서는 의문의 여지가 없다. 다음으로 암호통화는 블록체인을 통해 블록체인을 활용하는 커뮤니티 내에서 다른 사람에게 이전되는 금전적 가치라는 점에서 금전가치성을 가지고 제한적이지만 유통성을 가진다는 점에도 의문이 없다. 암호통화의 지급수단성을 보면, 암호통화는 가상세계에서 재화, 용역의 대가로 지급되는 지급수단일 뿐만 아니라 현실세계의 재화, 용역의 대가로도 암호통화가 사용되고 있으므로 지급수단성도 가진다고 본다. 암호통화의 환금성에 관해 보면, 암호통화는 환금이 거래소에서 환금되고 있지만, 환금 가치는 등락하여 일정한 가치를 표창하지 않는다는 점에서 실질적으로 환금성이 보장되어 있지 않으며, 암호통화의 범용성을 평가하기엔 아직 이르다 본다.

20 암호통화의 본질에 대하여 분석하라.

1. 문제 제기

암호통화는 전자화폐의 전자정보성, 금전가치성, 유통성, 지급수단성 등을 갖추고 있지만 환금성을 가진다고 보기 어려워 전자금융거래법상 전자화폐로 보기는 어렵다고 요약할 수 있다. 그렇다면 전자화폐의 성질이 부인되는 암호통화의 본질은 무엇인가? 앞서 본 바와 같이 암호통화는 금융상품성 전자지급수단으로서의 성질을 가지고 있으므로 금융상품으로서 본질이 무엇인가 하는 점이 문제된다. 암호통화의 본질은 채권인가 아니면 물권인가 아니면 사원권 또는 특수한 권리인가?

2. 채권성 검토

채권은 대인적 권리로서 지급수단은 광의로 볼 때 채권적 성질을 내포하고 있다. 즉 자금이체는 금융기관에 대한 채권(예금지급청구권)이라는 속성을 가지고 전자화폐라 하더라도 전자화폐 발생자에 대한 환금청구권을, 통화의 경우에도 통화발행 당국에 대한 채권적 성질을 권리를 가진다고 볼 수 있다. 단지 그 유통방법은 앞서 본바와 같이 채권형, 유가증권형, 물권형으로 구별될 수 있다. 암호통화의 발생이 중앙기관에 의해 이뤄지는 것이 아니고 특정 당사자에게 이를 청구할 수 있는 성질을 가지지 않으므로 암호통화에는 채권적 성질은 없다고 본다. 암호통화는 분산형으로 발행되고 거래소에서 환금이 이뤄지지만 종국적으로 환금의무를 부담하는 자는 존재하지 않는다. 왜냐하면 암호통화의 발행이 당사자의 노력 즉 채굴행위(mining)에 의해 형성된 것이고 제3자의 신뢰에 기반하여 발행된 것이 아니기 때문이다. 암호통화는 지금까지의 화폐나 지급수단이 중앙발행기관 또는 유통기관, 발행인의 신뢰에 의존하여 이용되던 것과 전혀 달리 암호통화라는 지급수단 그 자체에 대한 신뢰에 기초하여 지급수단으로 기능을 한다. 그 신뢰의 근원을 분석한다면 첫째 제3자에 의한 해킹이나 위변조가 불가능한 철저한 보안성을 가진다는 점, 둘째 공급이 제한되어 무한 공급에 의한 가치의 평가절하가 불가능하다는 가치의 안정성, 셋째 지급하는 자와 수령하는 자가 편리하게 사용할 수 있다는 이동의 편의성을 들 수 있다.

3. 물권성 검토

암호통화는 배타적 지배가 가능한 물권적 속성을 가지는가? 암호통화에는 특정인에게 일정한 급부를 청구할 수 있는 권능이 보장되어 있지 않지만 신뢰성에 기반하여 지급수단으로 기능한다. 특정인이 지급수단으로서 기능하는 암호통화를 취득한 경우 그 자는 자신이 취득한 암호통화에 관해서는 배타적 지배를 할 수 있다. 물론 배타적 지배의 대상은 유형적인 물건이 아니고 일정한 가치라고 할 수 있으며 이는 정보의 속성을 가지고 있다. 타인이 해킹 등을 통해 이를 절취하면 반환을 청구할 수 있으며 타인의 사용방해를 배제할 권리가 있다고 본다. 하지만 그러한 물권성이 보장되는 것은 일정한 암호통화를 신뢰하고 그 암호통화를 거래수단으로 인정하여 커뮤니티(일정한 가상세계)에 가입한 사람에 한정되고, 동 커뮤니티를 벗어난 사람에 대해서는 아무런 물권성을 주장할 흔적을 발견할 수 없다.

암호통화가 도입된 지 얼마 되지 않아 아직 암호통화의 실체가 모두 드러났다고 할 수는 없다. 따라서 암호통화의 본질에 관해서도 더 많은 연구가 진행될 필요가 있다고 본다. 하지만 지금까지 우리가 접하고 있는 암호통화, 예를 들어 비트코인(BTC)이나 이더리움 플랫폼의 이더(ETH)와 같은 것들의 본질이 지급수단이라는 점에서 의문이 없다고 본다. 다만 이들은 가치가 확정된 통상적인 지급수단이 아니라 가치가 수요와 공급의 원리에 따라 변화하는 금융 상품형 전자지급수단이고 이들은 분산형으로 발행되어 채권성을 보유하지 않고 배타적 지배는 인정되므로 물권성을 제한적으로 가지고 있다고 본다. 요컨대 암호통화는 제한적 물권성을 가진 금융상품성 전자지급수단으로 볼 수 있다.

학습활동.8 교수 · 학습 방법

교수 방법

- 블록체인의 활용 암호화폐에 대한 관련 용어, 구성, 방식 이해 정도를 파악한 후 수업을 진행한다.
- 교수자의 주도로 블록체인의 활용 암호화폐 등의 내용을 PPT 자료로 제시한 후 설명한다.
- 가능하면 사전에 개인별 학습 자료를 준비하여 모든 학생이 참여할 수 있는 문제 해결식 수업, 협력 수업이 가능하도록 한다.
- 블록체인의 활용 암호화폐 전 과정을 작업의 순서에 따라 단계적으로 실습이 이루어질 수 있도록 지도한다.
- 교재를 통해 수업을 준비하는데 있어서 필요한 모든 정보나 팁, 힌트 등 도움이 될 만한 내용들을 확인할 수 있다.
- 학생들이 만들게 될 각 모델들은 수업시간에 중점적으로 다뤄질 부분과 어휘, 질문, 답을 포함하고 있으며 또한 탐구할만한 추가적인 아이디어들도 포함하고 있다.

학습 방법

- 블록체인의 활용 암호화폐에 대한 관련 용어를 숙지하고, 블록체인의 활용 암호화폐에 대해 이해한다.
- 블록체인의 활용 암호화폐의 각 단계별 중점 사항을 체계적으로 학습한다.
- 블록체인의 활용 암호화폐의 수행순서의 전 과정을 실습한다.
- 블록체인의 활용 암호화폐의 내용을 이해한다.
- 블록체인의 활용 암호화폐를 이해하고 숙달이 될 때까지 학습한다.

학습활동.8 평가 및 피드백

평가 준거

- 평가자는 피평가자가 수행 준거 및 평가 내용에 제시되어 있는 내용을 성공적으로 수행할 수 있는 지를 평가해야 한다.

학습내용	평가항목	성취수준		
		상	중	하
블록체인의 활용 암호화폐	블록체인의 활용 암호화폐를 이해할 수 있다.			

평가 방법

• 작업 포트폴리오

학습내용	평가항목	성취수준		
		상	중	하
블록체인의 활용 암호화폐	블록체인의 활용 암호화폐를 이해할 수 있다.			

• 필기시험

학습내용	평가항목	성취수준		
		상	중	하
블록체인의 활용 암호화폐	블록체인의 활용 암호화폐를 이해할 수 있다.			

• 체크리스트를 통한 관찰

학습내용	평가항목	성취수준		
		상	중	하
블록체인의 활용 암호화폐	블록체인의 활용 암호화폐를 이해할 수 있다.			

• 피드백

1. 작업 포트폴리오
   – 제출한 보고서를 평가한 후 주요 사항에 대하여 표시하여 돌려준다.
2. 필기시험
   – 평가 결과 성적이 저조한 학생은 보고서 제출 기회를 부여한다.
3. 체크리스트를 통한 관찰
   – 실습 과정에서 평가한 후 개선해야 할 사항 등을 정리하여 돌려둔다.

학습 8

참고자료

1. '블록체인 2.0의 출현과 금융시장의 변화', 강준영, 한국산업은행 월보
2. 'Evolution of blockchain technology', Dellotte
3. 'Blockchain in Capital Markets', 올리버와이만
4. '블록체인 기술의 발전과정과 이해', 피넥터
5. '금융기관을 위한 블록체인의 이해', 피넥터
6. '분산원장 산업동향과 통계', 피넥터
7. 'Bitcoin : A Peer-to-Peer Electronic Cash System', Satoshi Nakamoto
8. 위키백과 사전 "https://ko.wikipedia.org/wiki/암호화폐"
9. 나무위키 "https://namu.wiki/w/암호화폐"
10. 김동섭외 "분산원장 기술의 현황 및 주요이슈", 한국은행 금융결제국, 2016.12

학습 1	4차 산업혁명과 블록체인
학습 2	블록체인의 개요
학습 3	블록체인의 핵심기술
학습 4	블록체인의 P2P 네트워크 기술
학습 5	블록체인의 합의 알고리즘 기술
학습 6	블록체인의 스마트 계약
학습 7	블록체인의 분산원장 기술
학습 8	블록체인의 활용 암호화폐
학습 9	**차세대 블록체인, 큐브체인**
학습 10	블록체인의 표준화 동양
학습 11	블록체인의 응용기술
학습 12	블록체인의 법제도와 기술이슈
학습 13	블록체인의 산업동향과 특허동향

학습 목표

9. 차세대 블록체인 큐브체인을 이해할 수 있다.

9-1 큐브체인의 이해

학습 9

1. 큐브체인의 개요

블록체인은 거래내역이 공개된 기록장부, 즉 공공거래 장부라고도 부르며, 암호화화폐를 거래할 때 발생할 수 있는 해킹을 막는 기술이다. 특히 블록체인이 세계적으로 주목 받는 이유는 중앙관리 기관 없이 거래 정보를 기록한 원장을 P2P 네트워크에 분산하여 참가자가 공동으로 기록하고 관리할 수 있기 때문이다.

블록체인은 P2P 네트워크를 통해 모든 노드가 모든 거래장부를 복사해 독립적으로 가지고 있으며 데이터를 검증하기 때문에 사실상 위변조가 불가능하다.

4차 산업혁명의 핵심 인프라 '블록체인'에 대한 관심이 점점 뜨거워지면서, 기존의 단점을 보완하려는 노력도 이어지고 있다. 특히, 블록체인 기반의 비트코인에 대한 단점이 제기되자 2017년 8월, 하드포크를 통해 분열되면서 새로운 BCH(Bitcoin Cash)가 탄생하게 되었다.

블록체인은 데이터를 일정한 시간단위로 모아 데이터 블록을 생성하고, 블록을 암호화한 해시값을 통해 데이터를 검증하고, 이렇게 기록되는 데이터를 분산 서버에 저장하여 암호화를 통한 데이터 검증과 동일한 데이터를 분산 저장하여 데이터의 신뢰와 안정성을 확보하기 위한 시스템이다.

기존에 사용되던 데이터베이스에 비해 블록체인의 장점은 데이터를 시간 순으로 암호화 검증하여 비가역적이고, 이를 P2P 방식으로 동일 데이터를 공유하여 저장함으로써 데이터를 매우 안전하게 보호하고 유지할 수 있다는 점에 있다.

다수의 사용자로부터 필히 신뢰를 얻어야 하는 디지털 화폐 기술에 블록체인이 사용되면서 오늘날 암호화 화폐 시장의 기반 기술로 자리 잡은 데에는 이와 같은 이유가 있다. 블록체인이 암호화 방식과 P2P방식을 사용하여 독특한 데이터 기록 방식을 구현하여 새로운 기술의 지평을 열었지만 여전히 기술적인 한계는 가지고 있다.

블록체인이 기존의 데이터베이스를 제대로 대체하려면 속도의 개선과 사용의 편리성 등 기존 데이터베이스가 가지고 있는 기술적 기능들이 동반되어야 한다. 블록체인 기술이 지속적으로 발전하여 데이터베이스를 대체할 수 있는 수준이 된다면 데이터를 기록하고 관리하는데 매우 안전한 방식으로 자리매김할 것이다. 그러한 관점에서 큐브체인은 블록대신 큐브라는 개념을 통해 데이터베이스의 기능적 요소를 확장해 갈 수 있도록 구조화 시켰다.

따라서 공개 데이터베이스의 안전한 사용을 위해 기존의 블록체인이 갖는 장점을 기반으로 데이터베이스가 갖는 몇 가지 장점을 활용할 수 있도록 하였다. 큐브체인의 개발은 발전된 블록체인 원천기술을 확보하여 암호화 화폐를 발행하고 공개용 데이터베이스를 필요로 하는 다양한 온라인 서비스를 선보일 예정이다.

그렇다면, 비트코인의 단점은 무엇일까?

첫째, 채굴로 인한 막대한 자원 낭비이다.

둘째, 사용자의 급증에 따라 거래 시 처리 속도가 느린 점이다.

이러한 단점을 보완하기 위해 오랜 연구를 통해 블록체인의 새로운 기술혁명 '큐브체인'이 탄생하게 된 것이다.

2. 큐브체인의 특징

1) 큐브체인은 보안성이 뛰어나다.

모든 블록은 바로 전 블록의 해시(Hash)값을 기준으로 생성된다. 앞뒤 블록이 해시값으로 연결되어 있고, 이를 블록체인이라 부른다. 해싱(Hashing)이란 데이터를 정해진 길이에 무작위로 이루어진 문자열로 변환시키는 작업을 의미하며, 블록의 내용이나 크기에 상관없이 32바이트 결과 값으로 치환한다.

해싱된 해시값은 암호화되어 그 다음 블록과 연결된다. 큐브체인(Cube Chain)에서는 이렇게 1차 암호화된 블록체인 27개를 연결하여 하나의 큐브로 만들어진다.

큐빙(Cubing) 작업이 완료되면, 하나의 큐브에 해당되는 새로운 해싱작업이 이루어지며, 그 다음 큐브와 연결 되는 2차 암호화작업이 이루어진다. 2중 암호화작업으로 더욱 우수한 보안성을 가진다.

2) 큐브체인은 동일 시간 대비 거래장부 처리량이 많다.

기존 블록체인은 정해진 시간에 1개의 노드만 거래장부를 처리하지만, 큐브체인은 24개의 노드가 거래장부를 처리할 수 있기 때문에 블록체인에 비해 시간 대비 거래장부 처리량이 훨씬 많다.

3) 큐브체인은 보호 데이터 기능을 탑재했다.

보호 데이터(Escrow) 기능을 탑재한 큐브체인은 코인으로 트랜잭션을 할 때 제3자를 개입시켜 승인을 해줘야만 사용이 가능한 비트코인 등 기존의 많은 코인들이 불가능했던 안전한 신용결제가 가능하다.

4) 큐브체인의 채굴방식은 보다 효율적이다.

큐브체인은 POW과 POS가 융합된 하이브리드(Hybrid) 방식을 응용하여 기존의 블록체인을 기반으로 한 채굴방식에 비해 소요되는 자원을 획기적으로 줄이고 있다.

POW와 POS비율은 7:3으로 시작되어 시간의 흐름에 따라 POS비율이 높아지고 결국에는 POS로만 유지되도록 하였다.

초기에 POW를 높여서 네트워크가 안정적으로 구축되도록 하였고 POS를 높여가며 네트워크 자원 및 전력낭비를 줄이는 방식을 사용하였다.

POW와 POS 혼용 시 POS를 계산하여 지급하는데 시간이 오래 걸리는 단점이 있으나, 큐브체인의 통계 블록(Statistics Block)을 이용한다면 매번 반복적으로 계산하는 비효율성을 획기적으로 줄일 수 있다.

POS 참여 조건은 지갑에 최소 5,000개 이상의 큐브코인(Cube Coin)을 보유하고 있어야 하며, 조건에 부합되는 대상자에게 잔고 비율에 따른 코인보상 지급을 한다.

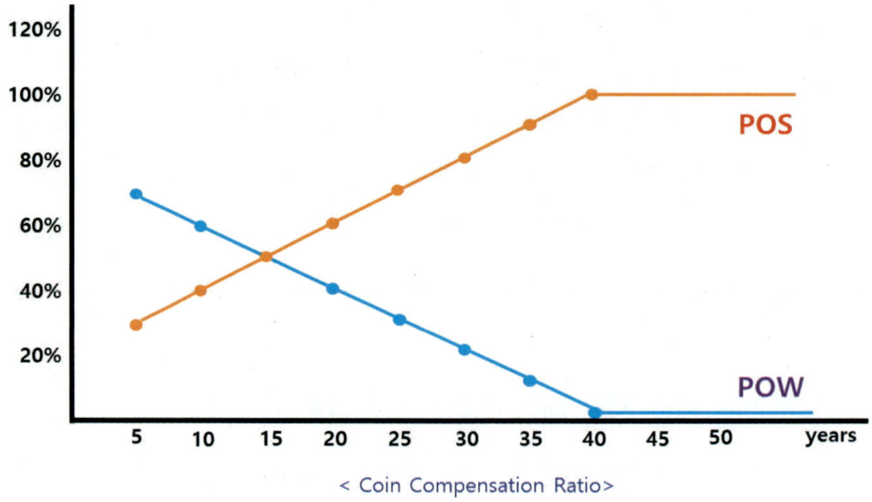

[그림 9-1] 큐브체인의 연도별 보상 비율

9-2 큐브체인의 차별성

큐브체인(Cube Chain)은 기존의 블록체인보다 더욱 빠르고, 정밀한 데이터 처리 및 강화된 보안시스템을 가진 블록체인 플랫폼이다. 큐브체인은 생성된 27개의 블록을 하나의 큐브로 형성하고, 큐브와 큐브를 연결하여 데이터를 보관하는 신개념 블록체인 원천기술이다.

〈표 9-1〉 큐브체인 차별화 비교

항 목	비트코인	이더리움	큐브체인
Coin	Bitcoin	Ethereum	Cubecoin
특성	화폐	Smart Contracts	Cubing(이중암호화기술)
합의 알고리즘	POW (Proof of Work)	POW→POS (Proof of Stake)	POW+POS Hybrid
특수블록	없음	없음	• 색인(Indexing) 블록 • 통계(Statistics) 블록 • 보호데이터(Escrow) 블록
거래 속도	7회/초	25회/초	100회/초

큐브 엔진(Cube Engine)은 큐브체인의 코어 기술로서, 블록을 큐브화시키고, 큐브를 이루는 27의 블록 중 3개의 특수한 기능을 가진 블록을 형성하여 기존의 블록체인보다 우수한 성능을 가진다. 또한, 블록화와 큐브화를 거치는 2중 암호화 방식으로 인터넷이라는 신뢰가 형성되지 않은 공간에서 신뢰를 만들어 데이터를 이동시킬 수 있는 혁신적인 암호화 기술이다.

9-3 큐브체인의 노드구성

큐빙은 27개의 블록을 모아 하나의 큐브로 만드는 큐브화 기술을 뜻한다. 거래장부를 기록한 24개의 블록과 큐브화가 진행되면서 동시에 생기는 3개의 특수블록이 합쳐져 하나의 큐브를 생성한다.

27개의 블록이 생성됨과 동시에 큐브화는 진행되며, 생성된 큐브는 또 하나의 해시(Hash)값을 만든다. 이후 기록되는 모든 장부들은 지속적으로 큐브를 만들고, 해시값은 블록과 블록이 아닌 큐브와 큐브를 잇는다. 이는 블록이 연결되면서 생기는 1차 암호화, 큐브가 연결되면서 생기는 2차 암호화 현상을 만들어내며, 기존의 블록체인보다 훨씬 강력한 암호화 기술을 가진다. 큐빙(Cubing)이 시작됨과 동시에 큐브 내에선 3개의 특수 블록이 생성된다. 그것은 각각 색인블록(Indexing Block), 통계블록(Statistics Block), 보호 데이터 블록(Escrow Block)으로 부르며, 고유의 특성을 가진다.

시간 순으로 발행된 거래내역을 포함한 블록들은 노드들에 의해 생성이 된다. POW (Proof of Works) 또는 POS(Proof of Stack) 방식을 이용하여 생성된 블록은 생성되는 과정에서 해시화 작업이 이루어지며, 이는 다음 블록 생성시 이전 해시값을 검증한다.

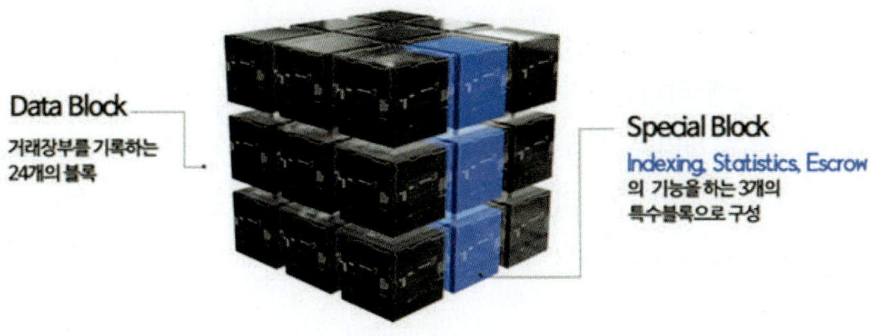

[그림 9-2] 큐브체인의 블록구성

학습 9

매 블록은 바로 전 블록의 해시값을 가지고 있으며, 이들이 이어져 블록체인을 이룬다. 한 블록이 생성될 때 이루어지는 해시화 작업을 1차 암호화 작업이라 부른다. 무작위로 이루어진 문자열(Hash)은 그 안의 데이터의 크기나 내용은 알 수 없다.

이렇게 이어진 블록들 중 24개 블록과 3개의 특수 블록이 생성되는 동시에 하나의 큐브로 만들어지는 큐브화 작업이 이루어진다. 큐브화 작업 시 하나의 큐브에 해당하는 해시화 작업이 새로 진행된다.

하나의 큐브에 대한 해시값이 생성되면 다음 큐브 생성시 이전 큐브 해시값을 가지고 이어진다. 이를 2차 암호화 작업이라 부른다. 이는 기존의 블록체인보다 훨씬 강력한 암호화 기술을 가진다. 블록과 블록이 연결되면서 1차 암호화가 되고, 27개의 블록이 큐브화되면서 2차 암호화가 되어 보안성이 훨씬 뛰어나다.

[그림 9-3] 큐브엔진의 2중 암호화

큐브엔진의 암호화 방식을 분석하기 전에 일반적인 암호화방식인 지갑생성, 디지털서명, 블록해시함수를 설명한 후 큐빙의 해시함수 및 큐브해시함수를 설명한다.

1) 지갑의 생성

지갑의 생성에서 가장 많이 사용하는 방식은 비대칭형 암호화 방식이다. 비대칭 암호화 방식은 두 개의 키를 쌍으로 가지며 하나의 키로 암호화하면 다른 키로 복호화할 수 있다.

두 개의 키 중에 하나는 공개키(Public Key), 또 하나는 개인키(Private Key)라 하며 지갑 생성시 공개키는 지갑주소로 사용되며 개인키는 이체 시 비밀번호로 사용된다. 큐브체인은 지갑의 주소와 암호의 생성에서 비대칭형 암호화 방식(Asymmetric Cryptographic Technique)인 RSA(Rivest Shamir Adleman)알고리즘을 사용한다.

2) 디지털 서명

지갑을 통해 이체를 하게 되면 디지털 서명의 과정을 거치게 되는데, 이 때 암호화 방식은 대칭형 암호화 방식(Symmetric Cryptographic Technique)인 AES256을 사용한다.

지갑의 주소와 암호를 생성하는 RSA Algorithm의 비대칭형 암호화 방식은 키를 노출하여도 해킹할 수 없는 암호전달의 문제를 해결하였지만, 속도가 느린 단점을 가지고 있다. 그래서 키의 교환상에 어려움이 있지만, 암호화와 복호화 속도가 빠른 장점이 있는 AES256 방식과 혼합하여 RSA의 단점을 보안 할 수 있도록 한다.

데이터의 크기가 작다면, RSA로 생성된 공개키와 개인키를 이용하여 디지털 서명 암호화 키를 생성하는 데이터 암호화 처리 방식이 효율적이지 않을 것이다. 그러나 데이터의 크기가 커질수록 그 효율성은 훨씬 증대될 것이다.

3) 블록 해시함수

해시함수는 데이터를 고정된 일정길이의 해시값으로 변환하여 출력하는 함수이다. 이 변형된 데이터는 원본 데이터를 복구하는 복호화는 되지 않고, 데이터의 무결성을 검증하거나 암호를 인증하는데 사용한다. 블록체인에서 n번째 블록의 해시값은 n-1번째 블록의 해시값과 연결된다. 큐브체인에서는 해당 블록내의 27개 각 블록의 해시값을 만드는데, 이 때 데이터블록에 사용되는 해시 함수는 SHA-256을 사용한다.

특수블록은 일반 데이터 블록보다 데이터가 점차적으로 더욱 증가하기 때문에 기존의 해시함수와는 다른 해시함수가 쓰여야 하며, 그 것은 자체 개발된 CH-S1 함수를 사용한다.

학습 9

4) 큐빙 해시 함수

큐빙을 진행할 때 암호화 방식은 독자적으로 개발한 CHF-Algorism(Cubing Hash Function Algorithm)을 사용한다. 큐브 내 27개의 블록은 각 블록의 위치에 따라 서로 인접한 블록이 각각 다르다. 육면체의 각 면의 위치에 따라 모퉁이에 위치한 블록 8개, 중심에 위치한 블록 6개, 중심을 둘러싼 블록 12개, 큐브의 정중앙 블록 1개로 구성된다. 4가지 구분에 따라서 사용하는 해시함수도 달라지게 되는데, 각각 CH-B3, CH-B4, CH-B5, CH-B6으로 명명한다.

앞의 CH(Cubing Hash)는 큐빙 해시함수를 뜻하며 뒤의 B(Block)는 위치한 블록에서 큐브내 바로 인접한 블록의 개수를 뜻한다.

큐빙 해시함수는 인접한 블록의 해시값을 이용하여 또 다른 해시값을 만들어낸다. 이렇게 해서 27개 블록의 각각 해시값을 얻는다. 큐빙 해시값이 블록 해시값과 다른 특징은 블록데이터를 기반으로 한 것이 아니라 관계된 블록 해시값을 기반으로 했다는 점이다. 큐빙 해시값을 통해 현재블록과 전체 블록을 검증하며 27블록이 개별적으로 사슬관계를 만들어 검증을 한다.

5) **큐브 해시 함수**

큐빙에서 얻어진 27개 블록의 해시값을 이용하여 전체 큐브의 해시값을 만든다. 이렇게 만들어진 전체 큐브 해시값과 전체 블록의 해시값을 포함하여 현재 블록의 큐브 해시값을 생성한다. 큐브의 해시값을 만드는데 SHA-384 함수를 사용한다.

9-4 큐브체인의 특수블록

큐브체인의 특수블록은 데이터 블록에 기반으로 하여 재가공 된 데이터나 반영될 데이터이다. 필수 특수블록으로 채택되는 3개의 특수블록은 데이터 블록의 재가공 데이터라 할 수 있다. 특수블록이 생성되기 위해서는 먼저 데이터 블록이 있어야 한다. 따라서 최초의 첫 번째 큐브에서는 특수블록이 생성되지 않는다.

두 번째 큐브부터 특수블록이 생성되는데, 특수블록의 생성시점은 이전 큐브가 만들어지고 현재 큐브가 형성되는 시점에서 진행된다. 그래야만 특수블록을 생성하느라 큐브가 완성되는데 지연되는 시간을 단축하고 누적 반영을 쉽게 처리할 수 있다.

즉, n번째 큐브의 특수블록은 n-1번째 큐브까지의 데이터를 담고 있다. n-1번째 큐브가 완성되는 시점에서 n-2번째 큐브의 데이터를 담은 특수블록과 n-1번째 데이터를 합쳐서 만들어지기 시작하며, n번째 큐빙이 이루어질 때, 데이터 블록과 유기적인 관계를 형성하게 된다.

특수블록은 큐브와 큐브가 체인화가 이루어지는 시간동안 생성됨으로 기능적 요소는 확장되지만, 이로 인한 지연되는 시간은 없다. 또한 특수블록의 암호화는 자체개발한 CH-S1 함수를 이용하여 데이터 량에 비해 매우 빠른 속도로 해시값을 얻을 수 있다.

1. 큐브체인의 특수블록 특징

큐브체인의 특수블록에는 색인 블록(Indexing Block), 통계 블록(Statistics Block),

보호 데이터 블록(Escrow Block), 편집 블록(Edit Block), 정규화 블록(Format Block) 등이 있다.

각각의 특수블록의 특징은 다음에서 소개한다.

1) 색인 블록

색인 블록(Indexing Block)은 전체 블록에 대하여 데이터를 색인으로 표시하여 해당 블록의 방대한 데이터를 일목요연하게 정리하여 검색기능을 탑재한 블록기능이다.

기존의 블록체인 방식에서 특정 지갑주소에 관한 거래 내역을 검색할 때 모든 데이터를 검색하여야 한다. 모든 데이터에 대한 검색작업이 이루어져야 하기 때문에 그 만큼의 시간이 소요된다.

그러나 색인 블록(Indexing Block)은 전체 거래에 포함된 전자지갑을 주소별로 거래가 이루어졌던 블록높이를 정리한 데이터 블록이기 때문에, 색인 블록만 검색하면 해당 검색자료를 더욱 빠른 시간 내에 찾을 수 있다.

색인 블록(Indexing Block) 내에는 예를 들어,

> A라는 주소 : 20,32,105,201,302 블록높이
> B라는 주소 : 3,102,201,1001 블록높이
> C주소 ......

위와 같이 모든 주소들을 주소 값 순서대로 정리한 후 해당되는 블록높이를 주소 값에 맞게 정리해져 있다. 검색자가 b 주소 내 특정거래를 검색하고 싶을 때, 색인 블록(Indexing Block) 내 정리되어 있는 b주소- 특정거래를 빠르게 찾아낼 수 있다. 색인 블록의 목적은 특정 주소에 대한 이력을 빠르게 찾고, 쉽게 관리 할 수 있도록 도와준다. 전자지갑의 목록 출력이나 이력제공, API 제공 시 빠른 속도로 구현된다.

〈표 9-2〉 블록체인과 큐브체인 방식의 비교

기존 블록체인 방식	큐브체인 방식
특정 지갑주소 거래 내역 검색 시 모든 데이터를 검색(모든 큐브 1,000개 큐브 생성시 1,000×24=24,000개의 블록 검색)	특정 지갑주소 거래 내역 검색 시 색인 블록만 검색 (1개 블록)

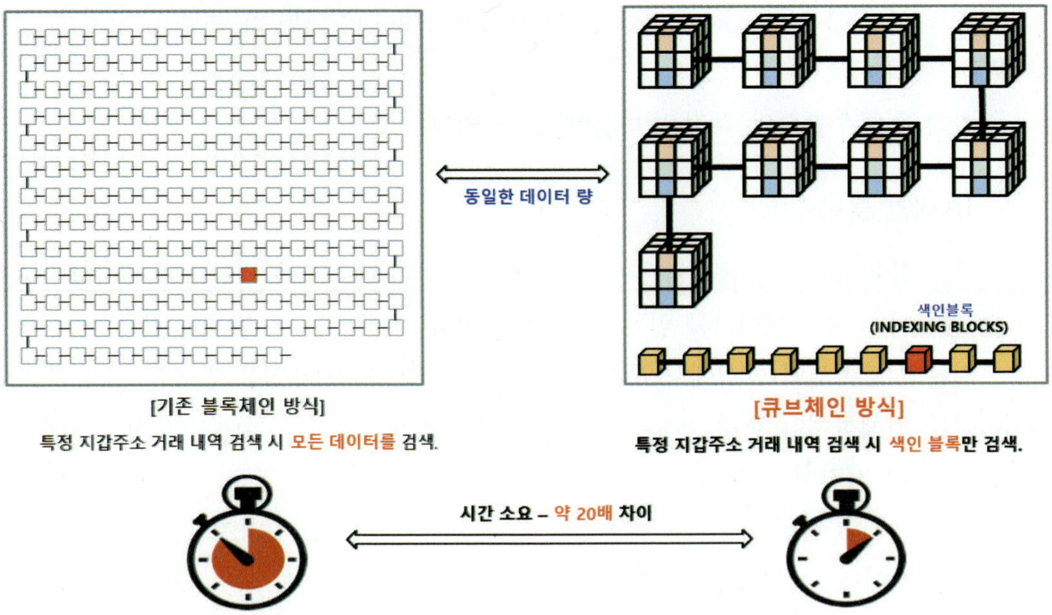

[그림 9-4] 기존 블록체인과 큐브체인 색인 블록 데이터 처리 기능 비교

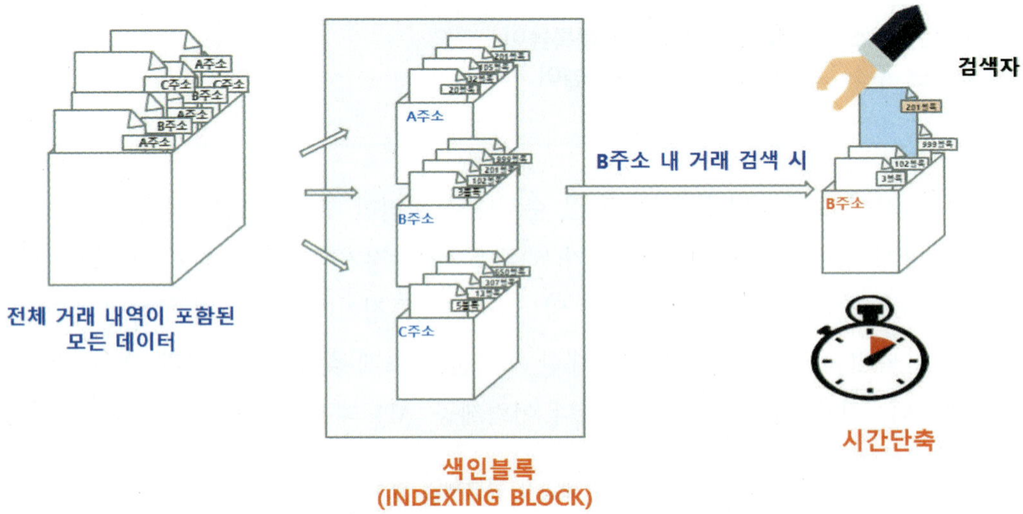

[그림 9-5] 색인 블록의 원리

2) **통계 블록**

통계 블록(Statistics Block)은 고정적으로 자주 사용하는 데이터를 통계적으로 분석하여 모아진 블록으로 신속한 서비스 처리하기 위한 기능을 가지고 있다.

전체 블록에 대한 통계 값을 정리함으로써 통계 블록을 이용하면 빠른 시간 내에 정리된 내용으로 서비스 처리가 가능하다.

POS대상자를 찾으려면 전체 지갑에 대하여 전체 블록을 검색하여 잔고 리스트를 만들고 이 중에서 잔고 5,000개 이상의 코인을 갖는 지갑을 골라내야 한다. 이때 통계 블록 내에 POS대상자에 대한 데이터를 모아 놓는다면 매번 반복되어야 하는 검색 과정을 효과적으로 줄일 수 있다.

잔고가 많은 전자지갑 상위 리스트 1,000개, 이체 횟수가 100회 이상인 전자지갑 리스트 등 자주 사용되는 출력 데이터들을 모아 놓는다면 효과적인 검색을 이루어 낼 수 있다. 결과적으로 해당되는 응용서비스의 API를 매우 빠르게 구현할 수 있다.

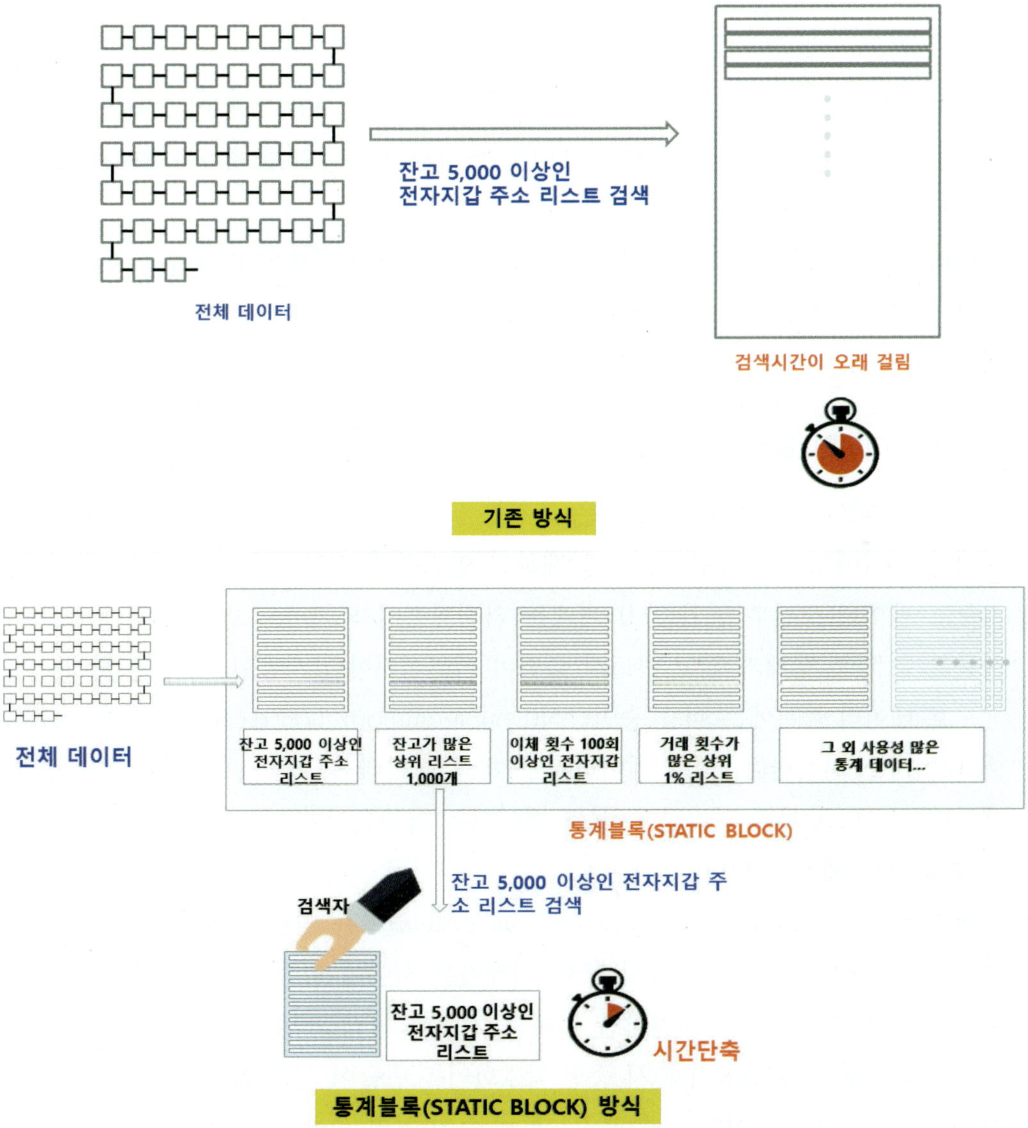

[그림 9-6] 기존 방식과 통계 블록 방식의 비교

학습 9

응용서비스와 각종 API에서도 빠른 로직 구현과 다양한 활용성을 제공한다.

예를 들어 통계 블록 내에서 큐브높이에 따른 POS대상자 찾기 위한 검색 블록한다.

〈표 9-3〉 블록체인과 큐브체인의 방식 비교

	기존 블록체인 방식	큐브체인 방식
큐브높이 1,000일 때	1+2+3+ ... +998+999+1,000 =500,500×24=12,012,000개 블록	1+1+1+ ... +1+1+1 =1,000개 블록
큐브높이 10,000일 때	1+2+3+ ...+9,998+9,999+10,000 =50,005,000×24 =1,200,120,000개 블록	1+1+1+ ... +1+1+1 =10,000개 블록

큐브가 1,000개만 쌓여도 검색해야 하는 블록의 개수는 10,000배 이상 차이가 난다.

리스트를 정리하는 과정과 해당 내역을 추리는 프로세스를 추가한다면, 이 보다 더 큰 차이가 발생할 것이다.

이러한 통계는 전체 블록에 대한 통계 값으로 정리된 내용이 없다면 검색 시 많은 시간이 필요한 부분이지만 통계 블록(Statistics Block)을 이용하면 빠른 시간 내에 정리된 내용으로 서비스 처리가 가능하다.

3) 보호데이터 블록

보호데이터 블록(Escrow Block)은 조건부 날인 증서 기능을 하는 블록으로 보호데이터 구력에서 2중 승인기능을 탑재하여 안전하게 신용거래를 진행할 수 있다.

보호 데이터(조건부 날인증서) 거래는 거래체결이 되더라도 받은 지갑에서 즉시 사용할 수 없는 상태가 되고 반드시 승인이 이루어져야만 사용할 수 있는 거래이다.

보호 데이터 블록에는 이중 승인방식(Double authorization data system)을 도입하여 데이터를 저장한다. 일반 데이터는 24개의 데이터 중 하나로 기록되지만, 보호데이터는 별도로 보관 관리된다. 보호 데이터는 이중승인이 이루어지는 시점에서 일반 데이터로 재기록 된다.

이중 승인방식(Double authorization data system)이란 일반적인 블록체인을 사용한 거래 시 이루어지는 승인방식 도중, 거래자들 사이에서 승인 암호화키를 추가 발급하여 이중 승인이 이루어져야만 거래가 가능한 방식을 말한다.

가상화폐 보호 데이터 이체 시 승인 암호화키를 만들어 거래 할 수 있고 승인 암호화키를 송신인과 수신인이 암호화키를 통해 승인 처리를 할 수 있다. 이때 승인 암호화키는 자동 생성 방식과 송신인이 만들어서 보내는 방식이 있다.

암호화키 승인 허용 방식에서도 송신인만 승인 가능하도록 할 수도 있고, 수신인 측에서 승인 가능하도록 처리할 수도 있으며, 송신인과 수신인 둘 다 허용해야 승인 가능한 방법이나 송신인과 수신인 한 곳에서만 허용해도 승인 가능한 방법도 처리 가능하다.

또한, 일정 기간 후 자동승인 방식도 있는데 이때 승인키로 자동승인을 해제하지 않는 한 일정 기간 후 승인되어 수신인에서 사용가능한 상태가 된다. 이때 자동승인 해제를 하면 송신인 측에서 승인 허용하는 방식으로 전환되며 이렇게 보호 데이터 상태가 허용 시까지 유지된다.

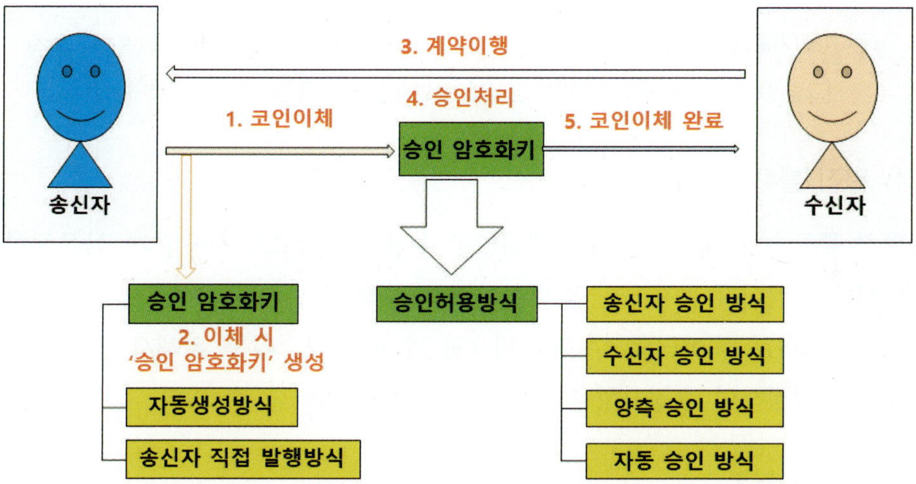

[그림 9-7] 보호 데이터 블록을 이용한 거래 방식

그렇게 되면 수신인은 거래를 취소할 수는 없지만 송신인이 사용할 수 없기 때문에 지속적으로 거래나 계약을 지키도록 요청할 수 있다. 승인키 허용방식에서 수신인 승인 허용방식은 송신인 측에서 이 메일이나 메신저 등의 통신 수단을 통해 승인키를 전달하면 된다.

기존의 보호 데이터 거래는 중계자가 거래자 간의 중간에서 거래의 매개 역할을 했다면 보호데이터 블록은 중계자가 없는 보호 데이터 기능이 특징이다.

물론 서비스 구현에 따라 기존의 방식처럼 제3자가 중간 매개 역할도 가능하지만 직접 당사자 간의 거래로만 보호데이터를 도입할 수 있다는 큰 특장점이 있다.

이중승인 방식은 송신인 승인 방식, 수신인 승인 방식, 양측 승인 방식, 특정기간 이후 자동 승인 방식 등 다양하게 구현될 수 있다.

온라인 쇼핑몰, 오픈 마켓뿐만 아니라 쇼핑몰이 없는 개인간의 직거래에서도 간편하면서도 안전한 거래가 이루어질 수 있도록 하는 획기적인 방법이 될 수 있다.

(a) 기존 에스크로 방식 (b) 큐브체인을 이용한 에스크로 방식

[그림 9-8] 기본 보호 데이터 방식과 큐브체인을 이용한 보호 데이터 방식

4) 편집 블록

편집 블록(Edit Block)은 기존 데이터를 수정할 목적으로 사용된다. 블록체인의 비가역성은 장점이자 동시에 단점이다. 암호화 화폐에서는 필수적인 요소지만 다른 응용서비스에서는 데이터의 수정이 필요할 수도 있다. 이를 위해서 편집 블록(Edit Block)을 설정하여 수정사항을 쉽게 반영시키고 관리할 수 있다.

5) 정규화 블록

정규화 블록(Format Block)은 데이터 블록에 기록될 데이터 포맷이 유연성 있게 변화되어야 할 때 사용한다. 포맷을 결정하는 정보를 변경하면 정규화 블록(Format Block)은 데이터의 유효성 검사를 자동으로 진행하며 이를 통해 잘못된 데이터가 담기는 것을 방지하며 사용자나 프로그램의 오류를 방지한다.

수행 내용

재료 · 자료

• 차세대 블록체인 큐브체인 관련 자료

기기(장비 · 공구)

• 컴퓨터, 프린터, 주변기기

안전 · 유의사항

• 컴퓨터, 주변기기 전원을 관리한다.

수행 순서

01 큐브체인의 기술적 활용에 대하여 분석하라.

큐브 코인은 큐브체인 네트워크를 설계, 디플로이 및 관리하는데 도움이 되는 유연한 플랫폼과 보안 인프라를 제공한다. Cube system의 큐브체인 솔루션에 대해 알아보고 오늘날의 비즈니스에서 큐브체인을 어떻게 사용하는지는 큐브체인 서비스를 이용해 보면 된다.

〈표 9-4〉 큐브체인 개념기반과 목표

큐브체인의 개념 기반	큐브체인의 목표
스마트 계약	다양한 요구 사항을 가진 다양한 산업 활용 사례 지원
디지털 자산	최근 존재하는 규제 체제 준수
기록 보관소/저장 시스템	확인된 ID 및 개인 및 보안 트랜잭션 지원
분산된 합의 기반 네트워크	허가된 공유 원장 지원
플러그인 기반의 합의(Consensus)	성능, 확장성, 감사 가능성, ID, 보안 및 개인 정보 보호 지원
알고리즘/모델	작업 증명에 포함된 고비용의 처리비용의 감소
암호 보안	

학습 9

한편 큐브체인 아키텍처는 모듈성, 플러그 앤 플레이 상호 운용성 및 널리 사용되는 언어로 작성된 스마트 계약을 지원하기위한 기술을 지원한다.

1. 골프 예측시스템

골프 예측 프로그램(Golf Prediction Program : GPP)은 골프 경기 시작 전에 미리 순위를 예측하는 어플리케이션이다. 국제 골프경기 일정을 프로그램에서 미리 공지하고 사용자는 지정한 일정기간 내에 선수에게 베팅을 할 수 있다. 베팅은 큐브코인(Cube Coin)으로만 가능하며 출금/입금도 큐브 코인으로만 할 수 있다. 범주형이 아닌 연속적인 데이터로 통계를 산출하고, 상관관계 추적 계수 산출 및 정밀 적합성 회귀분석알고리즘, 추세추적알고리즘, 분포변형(환산값, 사이값, 누락값 산출), Interpolation method 알고리즘을 이용하여 예측한다. 일반(NORMAL) 분포를 백분위 균등분포화로 모든 데이터 상호 호환하는 사표준화 서열 지수법과 기록과 지수 값 연관기술 및 시간 영향률 평가 예측법도 구현하여 더욱 정확한 예측 시스템을 구축한다. 이 어플리케이션으로 큐브 코인 활성화와 상용화, 마케팅 효과까지 기대한다.

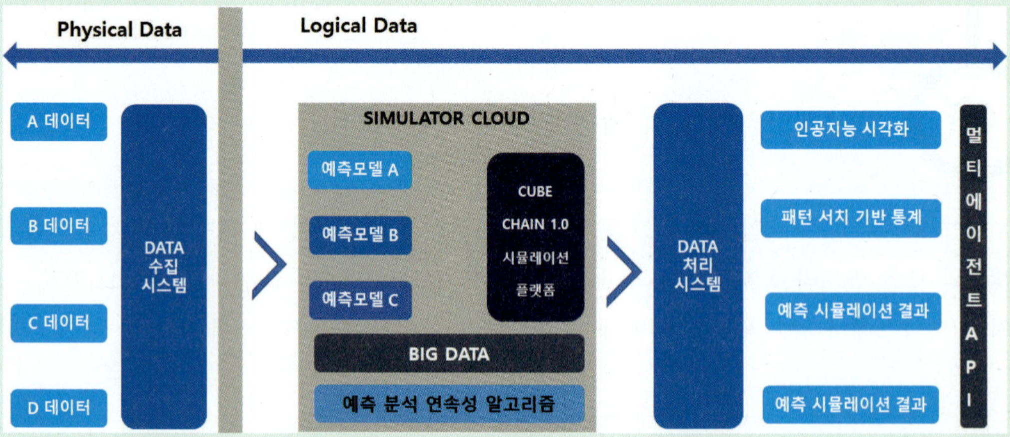

[그림 9-9] 큐브체인을 활용한 골프예측 시스템

인터넷은 전 세계 어디든 연결되어 있다. 30억명의 네트워크 사용자가 연결되어, 사람과 사람, 컴퓨터와 컴퓨터, 앞으로는 자동차, 가전제품 등 사물과 사물 간의 연결고리를 만들 것이다. 이러한 연결고리 속에서 데이터는 이동되며 안정적이지 않은 공간 속에서 데이터를 이동시키기 위해 우리는 더욱 안전하고 빠르게 옮길 수 있는 플랫폼이 필요하게 된다.

블록체인 기술은 4차 산업혁명을 이끌 기반 기술로 자리매김하기 위하여 발전하고 있다. 암호화 화폐시장뿐만 아니라 전 산업에 걸쳐 데이터의 자유로운 공유와 안전성을 동시에 확보하는 기술로 대중화될 날이 멀지 않았다. 큐브체인은 기존 블록체인의 단점을 보완하여 이에 기여하고자 한다. 다양한 분야에서 편리하게 활용될 수 있도록 발전시켜 4차 산업혁명을 선도하는 기술로 만들고 새로운 생태계 형성을 위해 활용되길 기대한다.

큐브체인은 그런 신뢰가 형성 되지 않은 가상의 공간에서 신뢰를 만들어 준다. 큐브체인은 블록이 큐브화되며 연결되는 과정 속에 더욱 강화된 보안과 모든 사용자가 데이터베이스의 주인이 되어 엄격한 관리를 하게 되는 시스템을 구축하여 4차 산업혁명을 준비하는 혁신적인 기술을 만들고, 새로운 생태계 형성을 위해 최선을 다 할 것이다.

2. 공유경제 플렛폼

공공분야에서는 행정 문서관리, 투표, 개인인증을 중심으로 활용이 예상되면 점차 확대될 전망되고 있으며 이미 전 세계 여러 국가에서 토지 · 주택 · 차량관리, 선거 및 투표관리, 의료 정보관리 등 다양한 공공서비스영역에 큐브체인기술을 적용하기 위한 검토 작업을 진행 중이다.

큐브체인의 물류 · 유통 분야의 활용은 위변조 불가능한 속성과 투명성을 가진 큐브체인을 활용하면 실시간 가시성을 제고하고 서류 · 행정 처리 비용과 처리시간을 감소하고, 큐브체인을 활용한 공급망(Supply Chain)은 제품의 이동 진행 상황에 대한 실시간 가시성 제고로 업무 효율성을 향상하고 최적의 재고를 보유할 수 있게 된다.

공급체인 생태계의 각 참여자(송하인, 포워더, 세관원, 수화인 등)는 큐브체인으로 문서를 공유하는 경우, 어느 기관에서든지 현 상태를 파악이 가능하다.

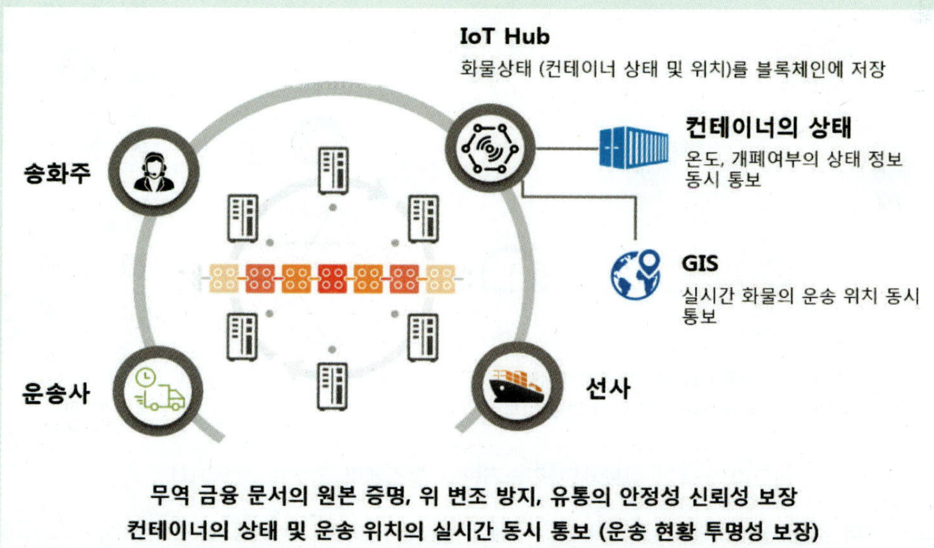

[그림 9-10] 큐브체인을 활용한 국제물류 서비스 모델

학습 9

3. 의료정보 공유 시스템

의료정보가 서로 통합되어 있는 않은 한국 사회에서 환자는 병원을 옮길 때마다 기존 병원의 의료정보를 가지고 가야만 한다. 이는 시간과 비용의 낭비이며 환자들이 많은 불편을 겪고 있다. 큐브체인은 의료병원을 연계하여 환자의 의료정보를 큐브코인 기반의 블록DB에 저장하여 서로 공유하며 접근 권한을 부여하여 타인에게 노출이 되지 않도록 관리하는 의료정보 교류 플랫폼(Medical Information Exchange Platform : MIEP)을 제시한다.

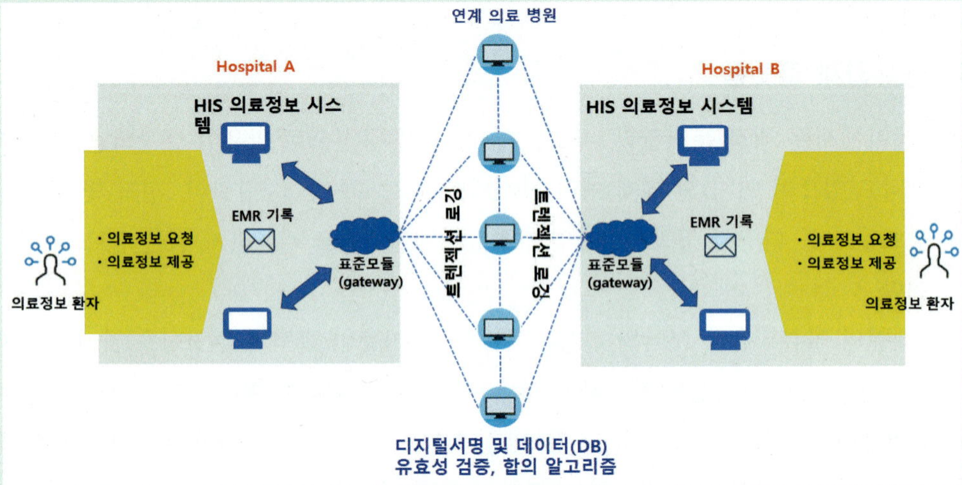

[그림 9-11] 의료정보시스템의 구성

[그림 9-12] 큐브체인 기술기반의 헬스케어 정보의 활용예시

출처 : 소프트웨어 정책연구소 「블록체인(Blockchain) 기술의 산업적 · 사회적 활용 전망 및 시사점」(2017), p.25.

큐브체인의 헬스케어 분야의 활용은 민감 정보인 의료데이터의 수집, 저장 및 공유·활용 과정에서 신뢰성, 보안성 문제를 해결하여 의료 분야 발전의 가속화에 기여하고 개인을 중심으로 늘어나는 민감 정보인 건강데이터를 탈 중앙화된 큐브체인 기술을 활용하여 통합 관리하여 지속적인 치료 및 맞춤형 진료를 위한 통합관리 기반 마련할 것으로 예상된다.

4. 생체인식 보안기술

큐브체인(Cube Chain)을 활용한 보안 로그인 시스템(Security Login System ,SLS)은 분산되어 있는 데이터베이스를 하나로 통합하여 분산 및 저장하는 시스템이다. 다양한 접속 서비스를 통해 유입된 하나의 통합 로그인 아이디(One ID)의 개인정보와 로그인 시 지문, 홍채, 생체인식, 휴대폰 핀코드, 통신사 인증정보, 신분증 스캔 등으로 발급된 디지털 증명서를 큐브(블록)에 저장하고 분산되어 있는 큐브(블록)에서 대조/확인함으로써 하나의 단독 서버의 해킹 위험성을 최소화한다.

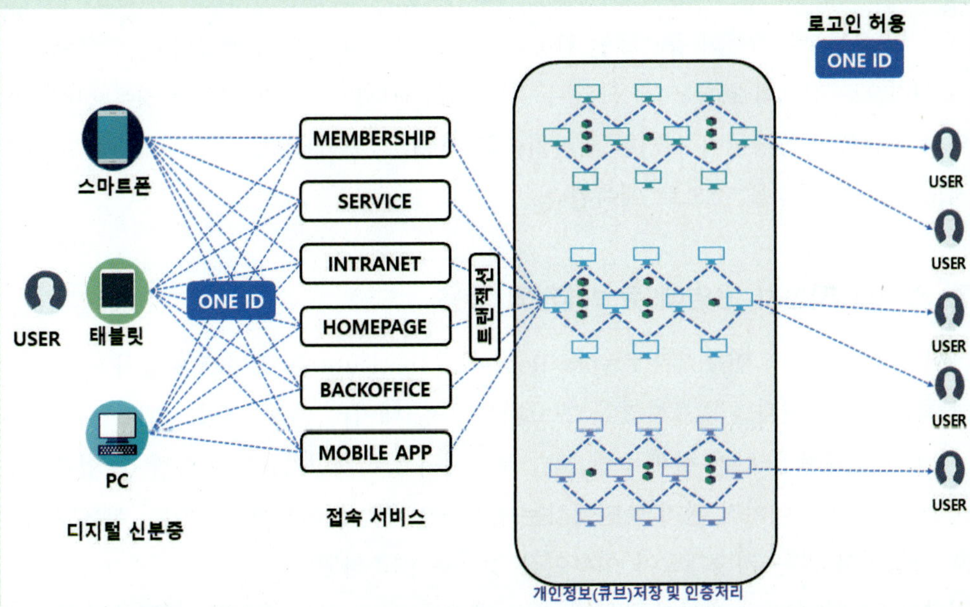

[그림 9-13] 생체인식시스템의 구성

5. SNS 서비스

현재 대부분의 SNS플랫폼 서비스(우버, 에어비앤비, 구글, 네이버)는 서비스 제공자와 서비스 이용자를 연결하고 수수료를 취하는 형태인데, 큐브체인 기술을 활용하면 이러한 중앙 집중식 중계형 플랫 폼 모델을 개인 간의 직거래 모델로 전환하여 수수료를 없애는 파괴

학습 9

적인 혁신 모델 구축이 가능하다.

또한 현재에는 기관마다 고유한 거래장부를 보유 하고 있어 자료의 공유와 취합에 별도의 비용이 발생하였으나 큐브체인을 이용할 경우 개인간의 직 거래 등에서 발생한 모든 기록이 동일한 장부로 취합되어 모든 개인이나 기관이 공유하기 때문에 거래 시간과 비용이 대폭 절감될 수 있다.

또한 많은 기관의 합의가 필요한 복잡한 거래가 자동화될 수 있고 거래 속도를 훨씬 높일 수 있다. 현재 인터넷 상에서 빈번히 발생하고 있는 소수 개인 및 집단에 의한 통계 및 평판 조작 등과 같은 행위가 원천 적으로 불가능해질 것이다.

큐브체인 기술은 금융 거래뿐만 아니라 보험, 교통, 항공, 헬스 케어, IoT, 에너지, 물류와 배송, 음악, 제조, 보안, 소셜미디어 등 거의 모든 산업 분야에 적용되어 산업 구조를 바꾸고 있다.

6. 사물인터넷간의 통신

제조 및 유통부문에서의 큐브체인 활용가능성도 확대될 것으로 예상되고, 큐브체인 기술이 실시간으로 정보의 흐름을 제공해주는 사물인터넷(IoT) 기술과 결합될 경우 전혀 새로운 형태의 공급망이 등장하여 이러한 첨단기술의 적용은 자연스럽게 공급사슬관리(SCM)측면에서도 변화를 가져올 것으로 예측된다.

7. 스마트 자동차 운영에 큐브체인의 활용

지난 5월 토요타의 연구기관(Toyota Research Institute)은 스마트 자동차 시대에 대비한 블록체인 연구결과를 발표하였다. 도요타는 차량 데이터 관리, 데이터 기반 새로운 서비스 개발, 자율주행을 위한 결제 수단 개발 분야에서 블록체인기술을 활용할 수 있을 것으로 예측하였다. 차량 데이터 관리 측면에서는 큐브체인기술을 이용하여 데이터 분류와 데이터 보호 차원에서 많은 기술개발이 이루어질 것으로 예측하였다.

차량으로부터 수집된 데이터를 공개 가능 데이터, 판매 가능 데이터, 보험사 송부 데이터 등 종류별로 분류하고 다양한 분야에서 활용될 때 문제가 발생하지 않도록 데이터에 대한 위·변조 방지 기술이 개발될 예정이다.

데이터 기반 새로운 서비스 개발 측면에서는 주행 거리, 정비기록, 보험에 사용하는 데이터, 개발과 정에서 얻은 시험 데이터 등 다양한 데이터 관리에 블록체인이 활용될 수 있을 것으로 예측하였다. 큐브체인기술을 활용하여 스마트 자동차라는 실물 정보와 이용 정보를 연결시키면 정보자산 소유자와 이용자가 지속적으로 바뀌는 셰어 서비스에 활용하기 적합하다고 내다보고 있다.

특히, "P2P네트워크를 사용함으로써 중앙 관리자가 필요 없기 때문에 공공성이 높은 교통정보 교환과 업계 간의 공급망 관리에 유용할 것으로 판단하고 있다. 자율주행을 위한 결제 수단 개발 분야에서는 주행 정보 공유, 차량 공유 및 승차 공유에 따른 요금 결제와 운전 행태에 따른 보험료 결제 등에 블록체인 기술을 적용할 수 있을 것으로 전망했다. 뿐만 아니라, 차량에서 수집되는 각종 데이터와 차량 딜러, 차량 운행 관련 각종 결제 시스템과 서비스를 연결하는 비전이 제시되었다.

가상화폐 기반 요금 지불 모델과 서비스 개발이 이루어질 수 있을 것으로 예상된다. 향후 데이터의 중요성이 더욱 커지는 스마트 자동차 운영에 블록체인이 중요한 역할을 할 수 있을 것으로 전망하였다.

미래에 스마트 자동차가 상용화될 경우 이를 관제 하고 모니터링을 하기 위한 기술이 필요할 것이다. 특히, 외부의 해킹으로부터 스마트 자동차를 보호 할 수 있는 시스템의 개발이 필수적이다. 블록체인 기술은 이를 획기적으로 개선할 수 있는 대안을 제 시할 수 있을 것으로 전망되고 있다. 특히 차량에 부착된 단말기를 통한 전자지불시스템과 차량의 안전과 관련된 주행기록 및 사고기록의 위 · 변조를 막기 위한 기술 개발에 블록체인 기술이 응용될 수 있는 가능성을 제시하고 있다.

학습 9

학습활동.9 교수 · 학습 방법

교수 방법

- 차세대 블록체인, 큐브체인에 대한 관련 용어, 구성, 방식 이해 정도를 파악한 후 수업을 진행한다.
- 교수자의 주도로 차세대 블록체인, 큐브체인 등의 내용을 PPT 자료로 제시한 후 설명한다.
- 가능하면 사전에 개인별 학습 자료를 준비하여 모든 학생이 참여할 수 있는 문제 해결식 수업, 협력 수업이 가능하도록 한다.
- 차세대 블록체인 큐브체인 전 과정을 작업의 순서에 따라 단계적으로 실습이 이루어질 수 있도록 지도한다.
- 교재를 통해 수업을 준비하는데 있어서 필요한 모든 정보나 팁, 힌트 등 도움이 될 만한 내용들을 확인할 수 있다.
- 학생들이 만들게 될 각 모델들은 수업시간에 중점적으로 다뤄질 부분과 어휘, 질문, 답을 포함하고 있으며 또한 탐구할만한 추가적인 아이디어들도 포함하고 있다.

학습 방법

- 차세대 블록체인 큐브체인에 대한 관련 용어를 숙지하고, 차세대 블록체인 큐브체인에 대해 이해한다.
- 차세대 블록체인 큐브체인의 각 단계별 중점 사항을 체계적으로 학습한다.
- 차세대 블록체인 큐브체인의 수행순서의 전 과정을 실습한다.
- 차세대 블록체인 큐브체인의 내용을 이해한다.
- 차세대 블록체인 큐브체인을 이해하고 숙달이 될 때까지 학습한다.

학습활동.9 평가 및 피드백

평가 준거

- 평가자는 피평가자가 수행 준거 및 평가 내용에 제시되어 있는 내용을 성공적으로 수행할 수 있는 지를 평가해야 한다.

학습내용	평가항목	성취수준		
		상	중	하
차세대 블록체인 큐브체인	차세대 블록체인 큐브체인을 이해할 수 있다.			

평가 방법

• 작업 포트폴리오

학습내용	평가항목	성취수준		
		상	중	하
차세대 블록체인 큐브체인	차세대 블록체인 큐브체인을 이해할 수 있다.			

• 필기시험

학습내용	평가항목	성취수준		
		상	중	하
차세대 블록체인 큐브체인	차세대 블록체인 큐브체인을 이해할 수 있다.			

• 체크리스트를 통한 관찰

학습내용	평가항목	성취수준		
		상	중	하
차세대 블록체인 큐브체인	차세대 블록체인 큐브체인을 이해할 수 있다.			

• 피드백

1. 작업 포트폴리오
   - 제출한 보고서를 평가한 후 주요 사항에 대하여 표시하여 돌려준다.
2. 필기시험
   - 평가 결과 성적이 저조한 학생은 보고서 제출 기회를 부여한다.
3. 체크리스트를 통한 관찰
   - 실습 과정에서 평가한 후 개선해야 할 사항 등을 정리하여 돌려둔다.

학습 목표

10. 블록체인의 표준화 동향을 이해할 수 있다.

10-1 블록체인의 국제 표준화 동향

블록체인 기술은 미래를 바꿀 혁신적인 기술로 최근 주목을 받고 있으며, 거래(트랜잭션)가 발생되는 전 산업 영역에서 경제성 및 업무의 효율성 제고를 위한 도입이 전 세계적으로 진행되고 있다.

블록체인 기술의 발전과 함께 W3C와 ISO에서 표준화가 올해부터 시작되었으며, 한국의 국제표준화 리더십을 위해서는 글로벌 경쟁력 강화를 위한 국제 표준화 추진 전략은 필수적이다.

블록체인 관련 국제 표준화를 위한 노력들은 2017년 대표적인 공적 표준화 기구인 ISO 및 ITU-T를 중심으로 개시되고 있으며, ISO는 블록체인 전반에 관하여, ITU-T에서는 특히 SG 17을 중심으로 블록체인 보안에 관한 표준화를 진행하고 있다.

1. ISO TC 307 국제표준화

사용자, 애플리케이션, 그리고 시스템간의 상호운용성 및 데이터 교환을 위한 블록체인 표준 개발을 목표로 호주 SA(Standard Australia)가 블록체인 표준화를 제안(2016.9) 하였으며, 한국의 국가기술표준원(KATS)을 포함 17개국이 참가하고 있다.

ISO/TC 307 국내회의(2017.5)에서 "블록체인과 분산장부 기술(Blockchain and distributed ledger technology) 전문위원회가 발족되었다. 한국은 식별(ID Management) 분야의 컨비너를 맡아 이 부분의 국제표준화를 주도하게 되었다. 블록체인기반 전자투표는 한국을 포함한 각 국에서 개발되고 있는 중이며. 한국은 블로코가 유즈 케이스를 만들었고, 국내표준안을 제정 후 글로벌 표준제정 할 예정이다. 2017년 11월, 제2차 ISO/TC 307 총회에서 한국의 기고서 내용(TC307_N0155)에 따라 연관된 표준화 항목(Terminology and concepts, Reference architecture)을 하나의 그룹(WG1)에서 개발하기로 결의(2017년 11월)하였다. 한국의 기고서 내용(TC307_N0156)에 따라 프라이버시와 보안 위협 관련 신규 표준화 항목(Overview of privacy and personally identifiable information protection, Security risks and vulnerabilities)을 개발하기로 결의하고 한국은 신규 표준화 프로젝트(Reference Architecture-오경희, Overview of identity-나재훈)에 코에디터로 참여하였다.

〈표 10-1〉 ISO TC 307 국제표준화 구분

작업반/연구반	컨비너
WG1 : 용어	영국
SG1 : 참조구조, 분류체계, 온톨로지	미국, Heather Kreger(IBM)
SG2 : 유즈 케이스	일본, Takeo Nishikata(노무라연구소)
SG3 : 보안 및 정보보호	러시아, Maksim Shevchenko(보안회사)
SG4 : 식별	한국, ETRI 나재훈 전문위원
SG5 : 스마트 계약	독일, Volker Skwarek(함부르크대학)
SG6 : Governance	덴마크
SG7 : Interoperablity	캐나다

2. ITU-T SG 17 국제표준화

ITU-T SG 17은 중국과 한국, 러시아의 기고에 힘입어 블록체인 보안에 관한 많은 신규 표준화 항목을 개시하였다.

이들 표준이 구체화되면 현재 시험적으로 진행되고 있는 많은 블록체인 응용의 보안에 도움이 될 것으로 기대된다. 특히 지불 시스템 보안의 경우 국내외 에서 진행 중인 블록체인 기반 금융시스템의 보안과 감독에 영향을 미칠 수 있을 것으로 기대된다.

그러나 이러한 표준들이 제대로 개발되기 위해서는 실제 기술을 개발하고 사용하는 이해당사자들의 참여가 필요하다. 한편 블록체인에 관해서는 많은 특허가 걸려있고 출원도 계속 늘어나고 있는 실정이다. 국제 표준에 특허가 관련되는 경우 관련 특허를 보유하고 있는 입장에서는 매우 큰 이익을 기대할 수 있지만 배제되는 경우에는 그만큼의 불이익도 예상된다.

국제 표준화에 참여하고 추진하는 노력의 방향 중 하나는 국내 보유 특허 기술을 가능한 한 국제 표준에 반영하는 것이다. 실제 기술을 개발하고 서비스를 제공하는 많은 산업계, 학계의 전문가들이 표준 개발에 참여함으로써 자신들의 기술과 서비스를 더 유용하고 광범위하게 활용할 수 있다.

ITU-T SG 17의 블록체인 세미나는 5개의 세션으로 이루어졌다.

제1세션은 블록체인의 기술적 개요를 다루었다. 블록체인과 분산 원장 기술의 개요와 응용분야, 그리고 블록체인과 보안의 상호적 상승작용에 관한 발표가 이루어졌다

제2세션에서는 블록체인의 응용 및 유즈 케이스와 이에 관련된 보안 기술의 필요성이 다루어졌다. Hyperledger그룹에서는 로열티 플랫폼 유즈 케이스를 소개하고 이 모델에서 참여자들의 privacy 측면과 보안 측면의 장단점을 제시하였다.

또한 G-클라우드 상의 블록체인 플랫폼인 Credits에서는 자신들의 플랫폼을 소개하고, 기반 기술에 따라 가상화폐의 유즈 케이스를 분류하고 관련 규제 및 표준화 현황 및 관련 현안을 소개하였다.

Blockchain Hub에서는 블록체인에 관련된 보안 사고를 소개하고 블록체인 기술 자체는 안전하지만 이를 운영하는 시스템 상의 취약점 및 기술에 대한 오해가 문제가 될 수 있음을 설명하였다

제3세션에서는 블록체인을 위한 정책 및 규제 측면에 관한 발표가 이루어졌다. EC의 DG-CONNECT에서는 블록체인과 금융 시장에 관한 EU 및 유럽 의회의 정책 전망을 소개하였다. 두 번째 발표에서는 튀니지의 e-Dinar와 Mobiposte 이용 현황이 소개되었다. 이들 블록체인 기반의 전자화폐와 송금은 널리 이용되고 있으나, 돈세탁을 방지하기 위한 강력한 튀니지 금융 규제에 따라 튀니지에 거주하는 튀니지 국민에게는 사용이 불허되고 있는 현실을 소개하면서 이러한 Fintech 기술과 법적 요건에 대한 주의를 환기시켰다. 세 번째 발표자인 Columbia University의 Leon J.

Perlman은 분산원장기술의 규제 및 법적 측면에 대해 발표하면서 현재의 강력한 법적 규제로 인해 신기술의 가능성 시험이 이루어지기 힘든 현실을 극복하기 위한 방안으로서 특정 범위 내에서 규제 적용을 완화하는 "Regulatory sandbox(모래상자 규제)"의 필요성을 제기하였다.

제4세션에서는 블록체인에서의 보안, 프라이버시 및 온라인 신뢰측면에 대한 발표가 이루어졌다. 특히 프라이버시에 관해서는 블록체인 기술의 실제 구현상의 통제 방법에 따라 달라지는 부분이 많으므로 이에 대해서는 더 많은 논의가 필요하다는 점이 강조되었다. 또한 블록체인의 연합 네트워크를 통한 인증과 인가의 결합을 설명하고 블록체인 보안의 핵심은 키관리에 있으며 이를 관리하기 위한 하드웨어 보안 모듈과 신뢰할 수 있는 플랫폼 및 실행환경, 보안 환경에 대한 연구의 필요성이 제시되었다.

이러한 보안 문제는 블록체인 3.0에서 도입된 하이브리드 모델로 가면서 점점 더 복잡해지는 추세이다.

제5세션에서는 블록체인 용어조차 공통된 정의가 없음을 강조하면서 공개 블록체인 이용 시 유의 사항, FIDO 포럼에서 수행 중인 연합 기반의 인증 관련 블록체인 연구 방향 등이다.

3. W3C Blockchain CG 표준화

블록체인 사용과 고도화를 위해 다양한 요구사항을 수렴하고 블록체인 표준 개발을 위해 결성('16.3)하였으며, 미국, 영국, 그리스 등 12개국과 한국(차의과대학, ETRI, LG CNS, KB국민은행, 블로코, 페이게이트 등)이 표준을 개발하고 있다.

블록체인 Use Case, ISO 20022(Universal Financial Industry Message Scheme)를 기반으로 블록체인의 메시지 포맷, 및 저장 사용 가이드라인 표준 개발 중이다.

학습 10

〈표 10-2〉 W3C Blockchain CG 표준화

표준화 항목	진행 상태
유스 케이스를 분류 체계 모델	진행 중
블록체인 관련 개념 및 표준 용어	진행 중
블록체인 온톨로지 및 상호 인터페이스	예정
모든 분산원장을 브라우저로 통합하는 프레임워크인 플렉스레저(Flex Ledger) 표준화	검토 중
스마트계약 분쟁 조정 및 중재 프로토콜	예정
블록체인 기반 전자투표	예정
블록체인 기반 사물인터넷 보안 및 프라이버시 보호	예정
이종 블록체인 간 상호링크 및 원장연결 프레임워크	예정

4. 기타 블록체인 관련 표준화 그룹

IEEE 표준 연합(Standards Association)에서는 블록체인 워킹 그룹을 수립하고 P2418 사물인터넷에서의 블록체인 이용 프레임워크 표준을 개시하였다.

IETF에서는 블록체인 관련 워크숍을 수행하는 등의 관심을 보였으나 블록체인은 IETF의 업무 범위 외에 있음을 확인하였다.

EC에서는 블록체인/DLT 표준화 워크숍을 개최하고 TC 307의 진행 현황을 소개하였으나 구체적인 표준화 작업은 아직은 진행되지 않았다.

10-2 블록체인의 국내 표준화 동향

1. 표준화 목표

국제표준화 활동이 진행되고 있는 블록체인 ID 관리, 클라우드 기반 블록체인, 분산원장 기반의 금융서비스에 대한 보안 위협 및 요구사항 등 타 산업 연계 융복합 서비스 활성화를 위한 표준개발을 주도하여 국제표준을 선점하고, 세계시장 주도권 확보를 목표로 한다.

1) 단기 목표(2018년경까지)

블록체인 ID 관리, 클라우드 기반 블록체인, 분산원장 기반의 금융서비스에 대한 보안 위협 및 요구사항 중심의 블록체인 표준화 전략을 수립하고, 블록체인 표준 주요 대상인 후보 원천기술들을 선제적으로 확보 ISO TC 307, ITU-T SG13/SG17/SG20 및 W3C Blockchain CG 표준 선도그룹에서 지속적인 주도권 확보 추진한다.

2) 중기 목표(2020년경까지),

블록체인 연계를 위한 스마트계약(Smart Contract) 연동 등 블록체인 원천 기술 확보 및 타 산업 연계 융복합 서비스 활성화를 위한 표준 개발 및 국제표준특허 선점한다.

3) 장기 목표(2023년경까지),

전자화폐, 스마트 계약, Dapp(분산 앱)을 포함하는 차세대 블록체인 서비스 국제경쟁력을 강화를 통한 글로벌 리더십 확보 및 국제표준특허 선점한다.

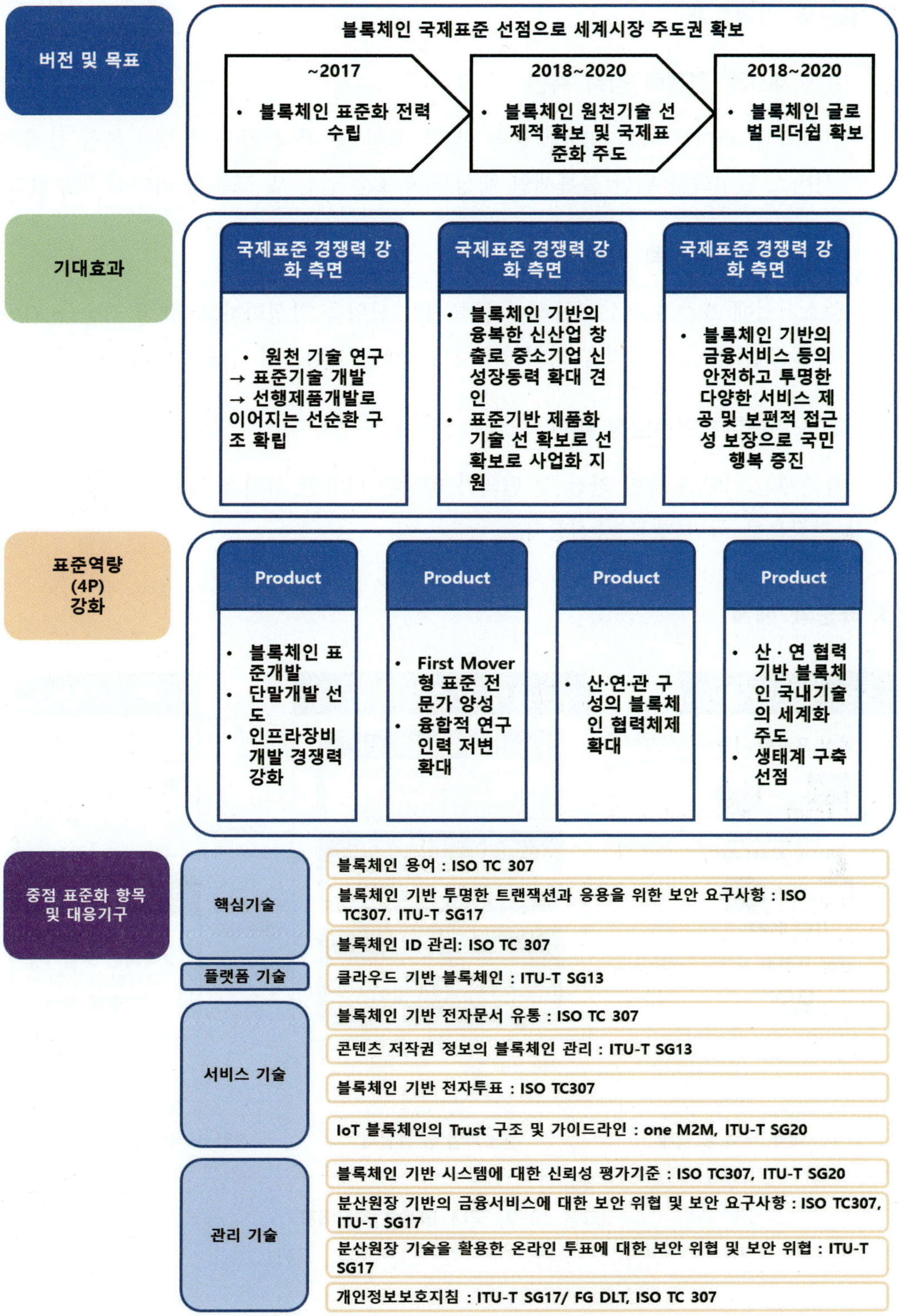

[그림 10-1] 국내 블록체인 표준화 추진전략

2. 표준화 기대효과

1) 국제표준 경쟁력 강화 측면

전자화폐, 스마트 계약, Dapp(분산 앱)을 포함 등 타 산업 연계 융·복합 블록체인 서비스 활성화를 위한 블록체인 핵심 국제표준 선점 및 표준화 리더십 확보한다.

2) 중소기업 경쟁력 강화 측면

중소기업에 표준기술을 보급하여 블록체인 산업을 활성화하고, 핵심 기술을 기반으로 글로벌 기업과 협력을 강화하여 관련 제품/서비스의 수출 확대한다.

3) 국민행복 · 안전보장 측면

블록체인 기반의 국민 안전 및 편의가 향상된 다양한 서비스 제공 및 보편적 접근성 보장으로 국민 행복 증진한다.

3. 표준화 체계

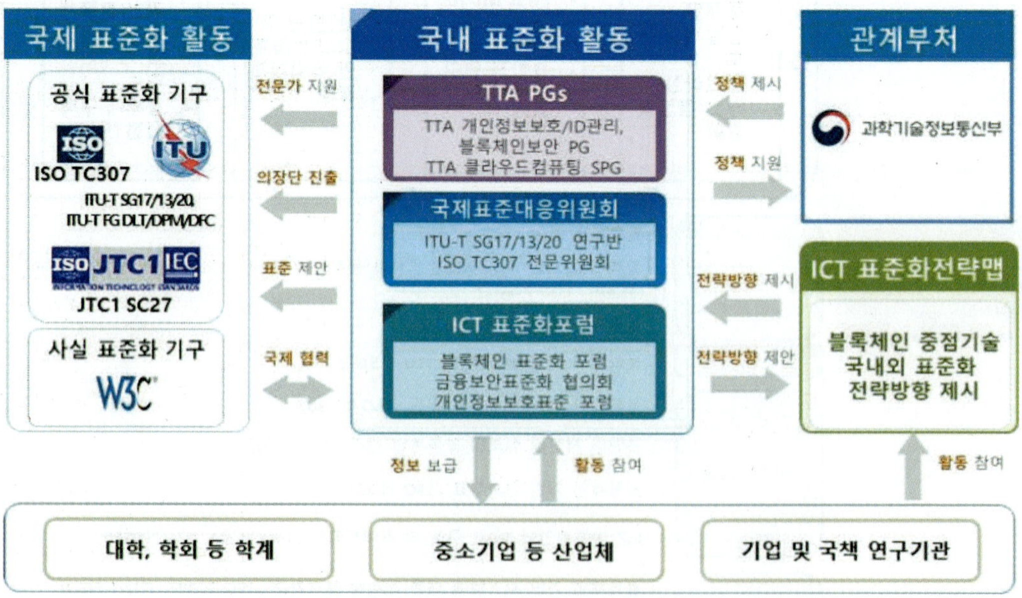

[그림 10-2] 국내 표준화 추진체계

1) ICT 표준화전략 맵

표준화전략 맵의 표준화 전략방향에 따라 국내 블록체인 표준화 포럼, 금융보안표준화 협의회, 개인정보보호표준 포럼과 협력하여, ISO TC 307 및 ITU-T SG17 중심으로 국제표준을 개발하기 위한 블록체인 연구반의 국제 표준화 전략 방향을 제시한다. TTA에서는 급변하는 국제표준화 환경에 대응하기 위해 중점 표준화 별 범 국가차원의 ICT표준화 전략을 매년 제시하고 있다. 금년 "K-ICT 표준화 전략맵 Ver.2018"에서는 블록체인 기술을 중점표준화 항목으로 신규 선정하여 전략맵을 개발을 시작하였다.

2) 국내 표준화 활동 체계

국내 블록체인표준화 포럼과 금융보안 표준화협의회 및 개인정보보호 표준 포럼과 협력하여 산학연 의견 수렴하여 포럼표준을 제정하고, TTA PG502(개인정보보호 및 ID관리, 블록체인 보안 프로젝트그룹)를 통해 단체표준을 개발하고 있다.

3) 국제 표준화 활동 체계

ISO TC307과 ITU-T SG13, SG17, SG20 및 FG DLT, FG DPM, FG DFC에서 블록체인 표준화를 주도하여 국제표준을 개발한다. 사실 표준화 기구인 W3C Blockchain CG, oneM2M과 협력하여 표준화를 통해 적극 대응한다.

블록체인 개발은 리눅스재단 하이퍼레저(Hyperledger)와 R3 CEV를 중심으로 시스템 개발을 주도하고 있으며, 하이퍼레저에는 삼성SDS가 참여하고 있으며, R3 CEV는 KEB하나은행, 신한은행, KB국민은행, 우리은행, IBK기업은행이 참여하여 시스템을 개발하는 중이다.

국제표준화는 W3C Blockchain CG과 ISO TC 307에서부터 작년부터 시작되었으며 한국은 두 기구에서 의장단 수임 등 적극 표준화를 주도하고 있으며, 국내에서는 올해부터 TTA 위원회, 포럼 및 협의회 등에서 표준화를 통해 적극 대응하고 있다.

한국이 W3C와 ISO TC 307에서 표준화를 주도하고 있으며, TTA 위원회, 학회, 포럼 및 협의회를 통해 국내 표준화를 적극적으로 진행하고 있다.

〈표 10-3〉 국내표준화 관련 단체

표준개발 주체	진행 상황
TTA 개인정보보호 /ID관리 PG(PG502)	TTA 정보보호 기술위원회 40차 회의에서 TTA 개인정보보호/ID관리 PG(PG502)가 기존 ToR을 블록체인을 포함하는 것을 의결('17.3)하여 블록체인 표준화 시작
블록체인표준화 포럼	• 올해 초에 창립되어 아래 표준화 진행 중 • 블록체인 온톨로지 관련 기술 및 상호 서비스 표준 • 블록체인 기반 전자투표 표준화안 개발 • 블록체인 기반 IoT 보안 유즈케이스 수집 및 정책 보고서
블록체인 오픈포럼	• 국내 블록체인 확산기반 조성 및 산업활성화를 위한 포럼 창립('17.3) • 한국인터넷진흥원(KISA)이 총괄사무국으로, 운영위원회와 자문위원회, 산하 4개 분과로 구성 - 기술개발/정보보호 분과 △표준화 분과 - 전략서비스 기획 분과 △정책/제도 분과
블록체인 협의회	금융위원회 중심으로 금융권의 수요를 반영하여 업권간 정보공유, 정책 및 제도적 지원, 국제협력을 위한 블록체인 협의회 출범('16.11)
한국블록체인협회	• 2018.1.26. 창립(회장 진대제, 전하진 자율규제위원장) • 가상통화거래소 25곳 등 블록체인 업체 66개 참여 • 자율 심사안 정립 목표(2018년 상반기) • 가상통화 표준지수 개발(자율규제 심사 특 마련) • 강상통화 가격 표준화
한국블록체인 산업협회	• 설립목적 - 블록체인 기술 활용을 통한 4차 산업혁명의 구심점 역할을 수행하여 신성장 동력원 인식제고 - 국가산업 발전의 기반을 마련하기 위한 민 · 관 정보공유 및 협력을 통해 블록체인 기술 활용수준 향상 - 민 · 관 협력이 가능한 다양한 사업을 발굴하여 블록체인 산업 활성화에 기여 - 블록체인 사업 관련 업계의 입장 대변 • 기능 및 역할 - 블록체인 산업 생태계 구축 · 블록체인 연구개발 기업 및 개인의 소통을 위한 Open Lab 구현 · 블록체인 기술개발 환경 인프라 구축 - 기업과 정부 간의 네트워크 허브 역할 수행 · 블록체인 산업군 의견 수렴 및 정부건의를 통한 블록체인 산업 제도 개선 - 블록체인 산업 발전 및 활성화 · 블록체인 인력양성 프로그램 제공 · 블록체인 창업에 필요한 제반 지원과 신규사업 인큐베이팅 센터 역할 수행

4. 중점 표준화 항목

1) 중점 표준화 항목 범위의 설정

핵심 기술은 블록체인 용어, 블록체인기반 투명한 트랜잭션과 응용을 위한 보안 요구사항, 블록체인 ID 관리 3개 항목을 중점 표준화 항목으로 설정한다.

플랫폼 기술은 클라우드 기반 블록체인 1개 항목을 중점 표준화 항목으로 설정한다.

서비스 기술은 블록체인 기반 전자문서 유통, 콘텐츠 저작권 정보의 블록체인 관리, 블록체인 기반 전자투표, IoT 블록체인의 Trust 구조 및 가이드라인 4개 항목을 중점 표준화 항목으로 설정한다.

관리 기술은 블록체인 기반 시스템에 대한 신뢰성 평가기준, 분산원장기반의 금융서비스에 대한 보안 위협 및 보안 요구사항, 분산원장기술을 활용한 온라인투표에 대한 보안 위협, 개인정보 보호 지침 4개 항목을 중점 표준화 항목으로 설정한다.

중점 표준화 항목		표준화 내용	Target SDOs	전략 목표
핵심 기술	블록체인 용어	블록체인 및 분산원장 관련 필수용어 및 개념 정의	ISO TC 307	전략적 수용
	블록체인기반 투명한 트랜잭션과 응용을 위한 보안 요구사항	블록체인 노드간 트랜젝션, 합의 프로토콜, 합의수행 과정 및 서명 등을 투명하고 명확하게 정의하고, 신뢰할 수 있는 애플리케이션 구현 및 운영에 필요한 보안 요구사항 • 블록체인 노드간 트랜젝션, 합의 프루투콜, 합의수행 과정 및 서명 등을 정의 및 트랜잭션 추적 등 • 신뢰할 수 있는 애플리케이션 구현 및 운영에 필요한 보안 요구사항을 정의	ITU-T SG17/FG DLT/FG DFC, ISO TC307, JTC1 SC27	적극 공략
	블록체인 ID 관리	개체에 식별자(identifier)를 부여하고 식별자와 함께 개체가 갖는 속성(Attributes)을 관리하여 적절한 정보를 주고받거나 보호받을 수 있게 하는 것 • 블록체인 식별정보(identifier+attribute) 관리 • 블록체인 식별 정보교환 • 블록체인 식별 정보 소유권 정의	ISO TC307, ITU-T SG17, JTC1 SC27	적극 공략

학습 10

플랫폼 기술	클라우드 기반 블록체인	분산 원장 및 블록체인을 클라우드 개발자들이 손쉽게 개발하는 플랫폼 형태로 제공하는 것으로 요구사항 및 참조구조 • 클라우드에서 블록체인을 제공(Blockchain as aService)하기 위한 클라우드 서비스 기능 및 요구사항 - BaaS 서비스 제공을 위한 참조 구조	ITU-T SG13	차세대 공략
서비스 기술	블록체인 기반 전자문서 유통	다양한 유형의 전자문서 유통 상에서 발생하는 신뢰 문제를 식별하고, 이를 극복할 수 있는 전자문서 유통 시스템의 참조모델을 수립하고, 유관 시스템과의 연동 요건을 제시 • 블록체인 기반의 전자문서 유통 요구사항 및 참조 모델 정의 • 전자문서 생성/공유/검증관리 • 전자문서 저장소 연계	ISO TC 307	적극 공략
	콘텐츠 저작권 정보의 블록체인 관리	콘텐츠 식별자 및 저작권 관련 정보를 블록체인에 등록, 저장, 관리하기 위한 요구사항 및 참조구조 등을 표준 개발 • 콘텐츠 식별자 및 관련 정보를 블록체인에 등록/저장/관리하는 표준 • 콘텐츠 저작권 정보를 블록체인에 등록/저장/관리하는 표준	ITU-T SG13	차세대 공략
	블록체인 기반 전자투표	분산원장기술 전자투표에 대한 요구사항을 분석하여 전자투표 시스템 참조 모델을 수립하고, 전자 투표 관련 이질적인 시스템/기술들이 서로 연동하기 위한 요건 정의 • 분산원장기술을 활용한 전자투표에 대한 요구사항 • 분산원장기술을 활용한 전자투표 시스템 참조 모델 • 분산원장기술을 활용한 전자투표 시스템간 연동 요건	ISO TC 307	차세대 공략
	IoT 블록체인의 Trust 구조 및 가이드라인	IoT 기기들을 블록체인으로 묶어 기밀성과 무결성을 제공하는 것으로 참여자 트러스트 적용 구조 및 트러스트 기반 IoT 블록체인 운용 가이드라인을 표준 개발 • IoT 블록체인의 Trust 구조 및 운용방안 • oneM2M에서의 블록체인 유즈케이스	oneM2M WG4, ITU-T SG20/SG17	차세대 공략

관리 기술	블록체인 기반 시스템에 대한 신뢰성 평가기준	블록체인 기술이 적용된 제품 및 서비스의 보안성, 안전성, 가용성, 확실성, 품질에 대한 보증(Assurance)을 위한 평가 프레임워크, 평가 요구사항, 평가 방법론에 대한 표준 개발 • 블록체인 신뢰성 평가 프레임워크 • 블록체인 신뢰성확립가이드라인 • 블록체인 신뢰성요구사항 • 블록체인 신뢰성평가방법론	ISO/TC 307, ITU-T SG17	적극 공략
	분산원장기반의 금융서비스에 대한 보안 위협 및 보안 요구사항	금융서비스에서 사용되고 있는 분산원장기술 유스케이스를 분석하고, 이에 기초하여 발생할 수 있는 보안 위협 및 요구사항을 표준화 • 분산원장기반 금융서비스 Use cases 및 용어 정의 제시 • 분산원장기반 금융서비스 모델 제시 • 분산원장기반 금융서비스 보안 위협 분석 • 분산원장기반 금융서비스 보안 요구사항	ISO TC 307, ITU-T SG17	적극 공략
	분산원장기술을 활용한 온라인투표에 대한 보안 위협	정보통신 인프라 기반의 온라인투표 시스템의 모델을 제시하고, 투표 절차상에 잠재된 보안 위협을 크게 5가지 유형으로 분류하여 식별 및 정의 • DLT를 활용한 온라인투표의 범위 정의 • 주요국가의 DLT를 활용한 온라인투표 활용 사례 제시 • DLT를 활용한 온라인투표모델 제안 • DLT를 활용한 온라인투표모델에 근거한 보안위협정의	ITU-T SG17	차세대 공략
	개인정보보호 지침	블록체인의 무결성 관리기능을 개인정보의 보호 및 기밀성에 적용하는 표준 • 무결성을 바탕으로 정보가 공개되는 환경에서 개인정보의 보호 및 기밀성을 고려하는 지침	ISO TC307, ITU-T SG17	차세대 공략

수행 내용

재료 · 자료

• 블록체인의 표준화 동향 관련 자료

기기(장비 · 공구)

• 컴퓨터, 프린터, 주변기기

안전 · 유의사항

• 컴퓨터, 주변기기 전원을 관리한다.

수행 순서

01 ISO 블록체인 관련 표준화 현황에 대하여 분석하라.

1. TC 307

블록체인 및 분산원장 기술의 표준화를 다루는 TC 307은 16년 4월 호주에서 수립을 제안하여 9월 승인되었다. 이에 따라 17년 4월 호주에서 1차 회의가 개최되었고 가장 우선적으로 용어(Terminology) 표준 개발 및 이를 추진하기 위한 WG 1의 수립이 결의되었다. 또한 향후의 진행을 위해 5개의 연구 그룹(Study Group : SG)이 결성되었다.

5개의 연구 그룹은 참조 아키텍처, 분류 및 존재론(Taxonomy and Ontology)에 대한 SG 01, 활용 사례를 다루는 SG 02, 보안 및 프라이버시를 다루는 SG 03, 신원을 다루는 SG 04, 스마트 계약을 다루는 SG 05로 구성된다.

SG 01에서는 참조 아키텍처와 분류 및 존재론에 관한 2개의 신규 작업 항목이 구체화되고 있다. 참조 아키텍처를 개발하는 과정에서 다양한 형태의 블록체인 시스템을 분류하고 사용되는 용어를 선정하기 위한 초기논의가 자연스럽게 WG 1의 용어표준 및 Taxonomy(분류)와 연결되고 있다.

참조 모델에서는 이러한 용어 및 분류의 개략과 이들이 가지는 시스템 기능적 함의를 대상으로 설명하고, 명확한 정의는 용어표준에서, 분류 명세는 분류 및 존재론에서 상세하게 다루는 것으로 정리가 되고 있다.

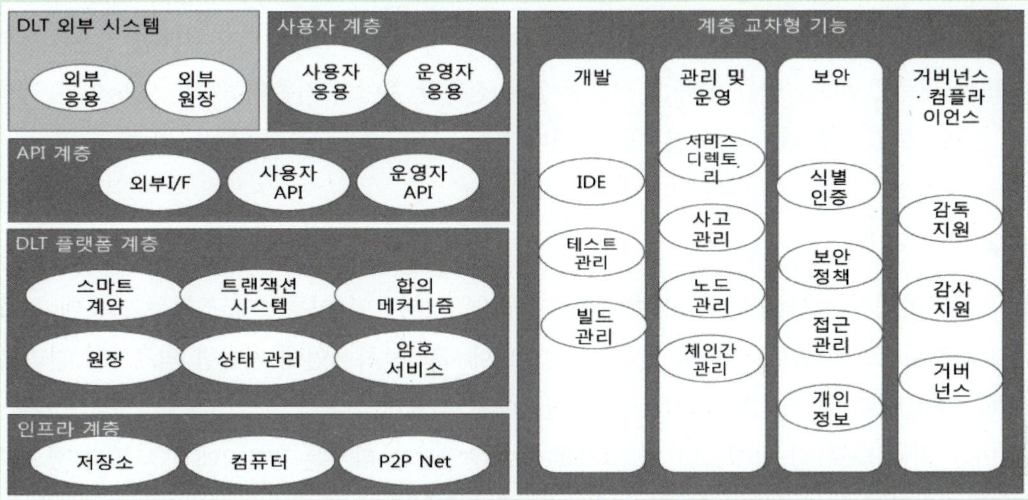

[그림 10-1] 계층적 프레임워크의 기능 구성요소

SG 02에서는 다양한 활용 사례를 수집하기 위하여 하나의 활용 사례를 설명하기 위한 구성요소를 결정하였으며, 이에 기초하여 활용 사례들을 모집하고 있다.

단순히 논의된 것만으로도 200여개에 달하는 활용 사례들이 보고되고 있어, 이 문서를 기술보고(Technical Report : TR)서로 개발해야 할지 지속적인 변경이 가능한 상설문서(Standing Document : SD)로 개발해야 할지를 논의하고 있다.

SG 03에서는 블록체인 이용에 따르는 프라이버시 이슈를 논의하여 TR로 제안할 예정이며 이 TR은 신규 WG에서 다루어질 가능성이 높다. 보안 이슈는 6개월의 연구기간(Study Period)을 수립하여 지속 논의할 예정이다. 블록체인 기술이 투명성을 제공하면서 개인정보가 블록체인을 통해 저장될 경우 발생할 수 있는 개인정보의 보호 방안이 논의되었다. 또한 블록체인의 보안성뿐만 아니라 블록체인이 보안 침해를 위해 사용될 가능성에 대해서도 논의되었다. 범죄조직이 블록체인을 통해 정보를 제공하고 공유하는 것을 차단하기 위한 방법이나 스마트 계약 코드 상에서 악성코드가 운용되는 경우의 현안 등도 다루어지고 있다.

SG 04에서는 Self Sovereign Identity에 관한 논의가 주로 이루어졌으며 가능한 신규 작업항목을 찾고 있다.

SG 05에서는 스마트 계약의 기술적 측면 외에도 법적 측면을 함께 검토하고 있다. 기존의 중앙집중화된 시스템을 가정하고 만들어진 법적 요건들은 블록체인의 분산 환경에 적용

학습 10

하기 어려운 사항들이 많이 있으며, 금융 및 전자 화폐 등에서 발생할 수 있는 고객알기제도(Know Your Customer : KYC)나 돈세탁 방지(Anti Money Laundering : AMC) 등의 현안들이 논의되고 있다. 또한 스마트 계약의 활용사례 외 User story를 통해 스마트 계약의 실행 흐름을 설명하기 위한 양식을 개발하였으며, TR 개발을 목표로 하고 있다.

ISO에서는 표준은 WG에서 개발하므로 SG에서 제안한 NWIP가 승인된다면 기존의 WG 1 또는 새로운 WG을 만들어 표준 개발 작업을 진행할 것이며 기존의 SG의 지속 여부 역시 각 SG의 보고서에 기초하여 결정될 것이다.

2. TC 215

의료분야에서의 블록체인 이용에 관한 연구가 앞 다투어 이루어지고 있는 가운데 건강정보학(Health Informatics)을 다루는 TC 215에서도 블록체인에 기반한 의료정보 관리를 위한 PWI(Preliminary Work Item)를 한국에서 발표하였다.

이 논의는 의료 정보 시스템 및 기기의 상호운영성을 다루는 WG 2에서 이루어 졌으며 이에 기초하여 차기에서 신규 작업 항목을 제안할 예정이다.

02 ITU-T 블록체인 관련 표준화 현황에 대하여 분석하라.

1. 블록체인 관련 포커스 그룹

ITU-T는 블록체인이 분산장부기술(Distributed Ledger Technology : DLT)의 일부라고 보고 DLT라는 용어를 사용하고 있다. 또한 ISO와는 달리 SG에서 표준을 개발한다. SG는 작업반(Working Party : WP)으로 나누어지고 그 산하의 연구과제(Question)에서 해당 분야의 표준을 개발하는 구조를 가진다.

ITU-T에서는 지난 SG17(정보보호)가 주최한 블록체인의 보안 측면에 관한 세미나 이후 ITU-T 표준화 자문그룹(TSAG) 산하에 2개의 포커스 그룹(FG)이 신설되었다. 하나는 FG-DLT로 DLT의 다양한 응용에 관한 그룹이며, 또 하나는 FG-DFC로 디지털 법정 화폐를 포함하는 디지털 화폐에 관한 그룹이다.

이러한 FG들은 직접 표준을 개발하지는 않지만, 표준 개발에 필요한 폭넓은 사전 연구를 진행하고 기본적인 지침을 개발함으로써 관련 표준을 개발하는 SG에 입력을 제공한다. 또한 국가 또는 기관 단위의 멤버십으로 회원 자격에 엄격한 제한을 두는 SG와는 달리 FG는

ITU 회원 여부에 관계없이 누구나 참여가 가능하여 다양한 분야의 업체와 전문가들이 참여하여 폭넓은 논의가 이루어질 것으로 전망된다.

1) FG-DLT

FG-DLT(Focus Group on applications of DLT)는 DLT 기반의 응용 및 서비스를 식별하고 분석하고, 이러한 응용 및 서비스가 국제적 규모로 구현되는 것을 지원하기 위한 최적 실무 및 지침을 작성하고 ITU-T 내 연구반에 표준화 작업에 관련된 진행 방향을 제안하는 것을 목적으로 한다. 이를 위하여 ITU 및 타 표준 개발 기관, 포럼 등에서 진행되는 활동을 고려하여 상호운영이 가능한 DLT 기반 서비스를 위한 표준화 로드맵을 개발하고 ITU 회원국의 국가 정책 입안자 및 규제 기관에서 사용할 수 있는 규제 툴킷을 개발한다.

FG-DLT의 구체적인 목표는

① DLT 관련 표준화 활동에 기여할 수 있는 타 기관과 연락 관계를 수립하고

② DLT 기반의 응용 및 서비스를 위한 생태계와 그 생태계 내 이해관계자들의 역할과 책임을 식별하고

③ DLT 기반 응용 및 서비스 구현의 성공적 활용 사례를 식별하고

④ 다양한 ITU-T 연구반을 위한 연구 아이템과 관련 활동을 제안하는 것이다.

그러한 활동의 예로는 DLT 기반 서비스에 관한 개념, 범위, 전망, 활용사례, 특징 및 요구사항, 아키텍처 프레임워크와 통신 기술, DLT의 현재 상태와 성숙도의 분석 및 평가, DLT 기반 응용 및 서비스에 관련된 보안 및 프라이버시 측면의 연구, DLT를 사용하는 온라인 신뢰 확장 수단의 조사, DLT 응용을 이용하는 조직과 다양한 산업/경제적 분야의 규제기관 간에 발견사항 공유, 정책 및 규제에 미치는 DLT의 함의에 대한 대화를 위한 플랫폼 제공, ITU-T와 협력할 수 있는 이해관계자의 식별 등이 있다.

학습 10

2) FG-DFC

디지털 법정 화폐(Digital Fiat Currency : DFC)란 중앙은행이 발행하는 디지털 화폐를 말한다. 이미 미국, 영국, 중국 등에서 디지털 법정 화폐 발행을 고려하고 있다고 발표한 바 있으며 특히 아프리카 등의 개발도상국이 화폐 관리의 비용을 절감하기 위해 FG-DFC의 수립을 강력히 지지하였다.

FG-DFC(Focus Group on Digital currency including Digital Fiat Currency)는 DFC에 관한 보안, 상호운영성, 위조 예방 및 소비자 보호/수용의 핵심 도전을 다루기 위한 것이다. 여기에는 블록체인 기술을 이용한 것만을 포함하는 것은 아니고, 모바일 기기를 이용한 모바일 화폐를 목표로 하고 있다.

FG-DFC의 목표는 DFC의 도입에 따르는 경제적 효과와 영향을 연구하는 것으로서 ① 포용적 금융을 위한 디지털 법정화폐 생태계를 조사하고 ② 네트워크 참조 아키텍처의 기능과 DFC 구현 및 상호운영을 위한 기존 지불 시스템과의 통합에 필요한 프로세스 구성요소를 매핑하고 ③ 활용 사례, 요구사항 및 응용을 식별하고 ④ DFC 관련 보안, 규제, 소비자 보호, 부정 방지 및 위조 현안 및 대응에 대한 이해를 심화하고 ⑤ 핵심 주권 보안, 투명성 및 검증 가능성을 식별하고 신뢰 보장을 위해 핵심 소프트웨어 및 하드웨어의 임치 지침을 제공하고 ⑥ 이를 통해 ITU-T의 표준화를 위한 신규 영역을 식별하는 것이다.

이에 따른 주된 업무는 ① DFC의 거버넌스 기초로 삼기 위한 법, 규제 및 정책 측면에 대한 문서를 수집, 정리하고 ② 이해관계자들로부터 현재의 활동에 관한 정보를 수집한다. 이것은 활용 사례 및 요구사항을 개발하고 기존 관련 표준을 식별하는 것을 포함한다. ③ DFC와의 원활한 상호운영을 위해 필요한 ICT 인프라 서비스와 현황 간의 갭 분석을 수행하고 ④ FG-DFS에서 수행한 작업 및 지속되는 작업과 TC 307 진행 상황과의 갭 분석을 수행한다. ⑤ DFC와 전통적인 지불 시스템을 통합하여 다양한 지불 시스템간의 상호 운용성을 달성하기 위한 최적 실무와 교훈을 수집한다. ⑥ DFC 구현을 위한 아키텍처 및 ICT 인프라 활용 사례를 조사하고 ⑦ 기존 DFC 기술 구현의 효익과 교훈을 특히 보안 및 상호운용성 측면에서 평가한다. ⑧ 기존 표준, 타 표준화 기구 및 업계 콘서시움의 현재의 보안 표준과 최적 실무를 평가하여 ⑨ ITU-T에서 수행할 수 있는 DFC 표준화 작업을 식별한다.

3) FG-DPM

ITU-T 산하에는 블록체인 관련 항목을 다루는 FG가 하나 더 있는데, IoT 및 스마트 시티를 지원하기 위한 데이터 처리와 관리에 관한 그룹인 FG-DPM(Focus Group on Data Processing and Management to Support IoT and Smart Cities and Communities)이 그것이다. 이 FG는 IoT 및 스마트 시티 커뮤니티(SC&C)에 관한 표준화 그룹인 SG 20 산하에 수립되었으며 1차 회의를 거쳐 5개의 WG을 수립하였다. 이 중 WG 3에서 데이터 공유, 상호운영성 및 블록체인에 대한 연구를 수행하고 있다.

2. SG 17 Q14 DLT 보안

ITU-T SG 17(정보보호)은 3월 세미나의 후속작업으로 FG-DLT를 TSAC에 제안한 후, 8월 회의에서는 DLT의 보안 측면을 다루는 신규 연구과제(Q14, Security aspects for DLT)를 수립하고 7개의 신규 표준화 작업 항목을 개시하였다.

신규 연구과제 수립에 대해서는 3월 회의부터 제안 되었으나 캐나다, 미국, 영국 등에서 논의 자체를 반대하는 등의 어려움이 있었다. 이번 회의에서는 신규 연구 과제 수립 제안

외에도 한국, 중국 및 러시아에서 총 11개의 DLT 보안 관련 신규 표준화 항목이 제안되면서 DLT 보안이 중요한 현안으로 떠올랐다.

신규 연구과제 검토를 위한 특별 세션에서는 DLT 관련 표준화 항목을 처리하는 방법으로서 기존의 한 연구과제에서 논의하는 방안, 기존 연구과제 중 관련 연구과제의 공동 회의를 통해 논의하는 방안, 그리고 새로운 연구 과제를 수립하여 논의하는 방안이 제시되었다. 소규모 대표단을 가진 유럽 및 아메리카 대륙 국가들을 중심으로 신규 연구과제 수립에는 반대하지만 공동회의 대신 한 연구과제에서 집중하여 처리하기를 원하는 그룹과 한국 및 중국을 중심으로 신규 연구 과제를 수립하기를 원하는 그룹으로 찬반이 분명하게 나뉘었다.

이에 대한 타협안으로 DLT 관련 NWIP를 한 곳에서 집중하여 검토하고 그 결과에 기초하여 신규 연구과제 수립을 논의하는 방안이 제시되었다. 집중 검토 그룹의 리더로 한국의 오경희가 지명되었고 이어진 회의를 통해 11개 제안을 검토하여, 한국에서 제안한 3개 표준 항목을 포함, 7개의 신규 작업 항목을 개시하기로 결정되었다.

통과된 7개의 신규 작업 항목 목록은 〈표 10-4〉와 같으며, 이들 각각의 범위는 다음과 같다.

〈표 10-4〉 ITU-T SG17 Q14 신규 표준화 항목

약어	제 목
X.stadlt	DLT 보안 아키텍처
X.sct-dlt	DLT 보안 능력 및 위협
X.sadlt	DLT 보안 보증
X.dltsec	DLT 데이터를 이용한 ID 관리에서의 개인정보보호 및 보안 고려사항
X.strdlt	DLT 기반의 전자지불 서비스에 대한 보안 위협 및 요구사항
X.stov	DLT를 이용한 온라인 투표의 보안 위협
X.ss-dlt	DLT 기반 보안 서비스

학습 10

X.stadlt는 DLT 보안 기능을 위한 아키텍처 프레임워크를 정의한다. 이를 통해 DLT 응용 및 서비스 제공자가 DLT 응용 및 서비스 구현에 있어 필요한 보안 기능을 체계적으로 통합시킴으로서 보안 위험을 감소시키기 위한 것이다.

X.sct-dlt는 DLT가 원천적으로 제공하는 보안 능력과 도입 모델 및 서비스에 따라 달라질 수 있는 한계와 보안 위협을 서술한다. 이를 통해 DLT를 개발, 운영 및 사용하는 데 있어서 필요한 보안 분석을 제공함으로써 DLT 기반 플랫폼 및 서비스 시스템의 보안 평가를 지원한다.

X.sadlt는 데이터 무결성, 기밀성, 통신 보안 및 크리덴셜 관리의 측면에서 DLT를 위한 보안 보증 수준에 대한 지침과 보안 보증 프레임워크를 위한 모델을 제공한다.

X.dltsec은 DLT 기반으로 신원 속성 및 신원 정보를 교환하는 연합형 모델에 대한 신뢰를 제공하기 위하여, 신원관리에서 DLT 데이터를 사용함에 따라 발생하는 프라이버시 및 보안 고려사항을 서술한다.

X.strdlt는 디지털 금융 서비스 중에서도 특히 지불 시스템을 중심으로 DLT 활용 사례와 서비스 모델을 서술하고 이에 대한 보안 위협 및 챌린지를 분석하여 이에 대응하기 위한 보안 요구사항을 정의한다.

X.stov는 DLT 기반의 온라인 투표 시스템 활용사례를 분석하여 공통 모델을 서술하고 이에 기반하여 온라인 투표 시스템에 대한 보안 위협을 분석한다.

X.ss-dlt는 DLT에 기반한 보안 서비스에 대한 활용사례를 제공한다. PKI 기반의 인증서를 DLT를 이용하여 공유하는 시스템이 하나의 예가 될 수 있다.

이러한 7개의 표준화 항목을 기존의 연구과제에서 소화하기에는 어려움이 있으며, 일부 국가를 제외한 대부분의 국가는 DLT 보안에 관한 표준화 항목들을 여러 연구과제에 분산하여 논의하는 것을 선호하지 않음에 따라 신규 연구과제를 수립하게 되었다.

다만, 지난 회의에 수립된 ITS 보안 연구과제에 이어 연속으로 신규 연구과제를 수립하게 되었기 때문에 새로운 현안이 발생할 때 마다 지속적으로 연구과제를 수립할 수는 없다는 주장이 강하게 제기되었다. 이에 따라 SG 17의 전반적인 구조 조정이 신규 연구과제 수립의 조건으로 제시되었고 이를 위한 통신 그룹이 만들어졌다. SG 17의 구조 조정안이 합의될 때까지 Q14는 어떤 WP에도 속하지 않고 SG 17에 직접 보고하게 되었다.

한편 일부 국가는 일부 국가가 라포처를 수임하고 있는 Q4(사이버 보안)에서 DLT 보안 관련 표준화 항목을 처리하고자 하였으나 여의치 않게 되자 신규 연구과제의 라포처십을 강력히 요구하였다. 많은 논의를 거쳐 Q14(DLT 보안)은 한국의 오경희와 일본의 유키 카도바야시가 공동으로 라포처를 맡게 되었으며, 부라포처 2인이 중국에서 추가로 임명되었다. Q14는 1차 라포처 회의를 11월 말 한국에서, 2차 라포처 회의를 2018년 1월 중국에서 개최할 예정이다.

DLT 보안 관련 표준을 실제 환경에 유용하게 개발하기 위하여 SG 17은 DLT 응용 전반을 다루는 FG-DLT 등 관련 FG, ITU-T 내 관련 SG 뿐만 아니라 TC 307과의 연락체계(Liaison Relationship)를 통하여 긴밀하게 협력할 예정이다. 이를 위하여 한국의 오경희를 TC 307과 FG-DLT에 대한 연락담당관(Liaison Officer)으로 임명하였다.

3. 기타 ITU-T SG 활동

ITU-T의 SG 16(Multimedia)에서는 17년 1월 F.dls '분산원장 서비스에 대한 요구사항 및 능력' 표준화 항목을 개시하였다.

SG 20(IoT and SC&C)에서는 "분산 서비스 플랫폼으로서의 사물 블록체인 프레임워크"라는 표준화 항목을 개시하였다.

이들은 모두 FG-DLT 및 관련 SG에 연락문서를 보내어 상호 협력을 추진하고 있다.

03 블록체인 표준화에서 주요 기술적 이슈와 대응방안에 대하여 분석하라.

블록체인 표준화에서 이종기술간 상호 운용성, 블록체인 활성화를 위한 거버넌스, 해킹 등의 시스템 신뢰성 · 안정성 제고가 중요한 이슈로 부각이 된다.

1. 이종기술간 상호운용성

이종 블록체인 기술과 서로 다른 회사들이 각자 사용 경우에 따른 다른 블록체인 기술들을 적용 중이며, 각 기술들은 서로 다른 독점권이 있고 호환되지 않은 표준과 프로토콜을 사용하고 있어 기술의 파편화가 진행 중 이다.

그러므로 금융권 등 전 산업에 스피드 · 효율성 · 비용절감과 이종기술 및 이종 use case에 따른 시스템 간 연동 필요하다.

〈표 10-5〉 이종기술간 상호운용성의 대응방안

분류	대응 방안
기술적	블록체인 도입으로 인한 비용질김의 효용이 뚜렷한 금융권이나 공공기록관리의 효율성 개선이 필요한 중앙정부 등의 시범 사업 등에 선 도입 후, 다양한 사업 영역에 적용하고 각 블록체인 시스템 간의 연동이 필요
표준화	비트코인, 이더리움 등 기존의 분산원장기술 간의 상호 연결 표준화 및 국제송금, 지급결제, 바이오 인증 등 기존의 표준 프로토콜과의 연계를 위한 상호운용성 국제 표준화 필요

현재, 상호운용성 표준화가 리눅스재단의 하이퍼레저(Hyperledger) 프로젝트를 중심으로 Ripple Lab, Digital Asset Holdings 및 R3 CEV 컨소시엄과 협업으로 블록체인 개발 및 표준화를 진행 중이다.

따라서, 아래 기술적 및 표준화 대응을 위해 W3C, ISO, R3CEV, Hyperledger를 중심으로 블록체인 상호운용성 국제 표준 주도 및 fast follower 표준화 전략 필요하다.

학습 10

2. 블록체인 활성화를 위한 거버넌스

블록체인 관련 산적한 문제들을 논의하고 합의점을 도출하여 기술 안정적인 안착을 위한 W3C와 같은 기구가 강한 리더십을 가지고초기 생태계를 효과적으로 만들어 갈 거버넌스 구조 필요하다.

〈표 10-6〉 블록체인 활성화를 위한 거버넌스의 대응방안

분류	대응 방안
기술적	국내 초기 생태계를 주도하기 위한, 기술개발 및 표준화 전략 로드맵 등 정부차원의 거버넌스가 필요
표준화	정부주도로 국제적인 거버넌스가 가능한 W3C나 ISO 등에 국제표준화 리더쉽 확보 및 국내 기술 및 요구사항 반영

3. 블록체인 인프라 신뢰성 및 안정성

블록체인 기술 자체는 완벽하나, 인프라 보안이 취약하다면 이를 사용자 시스템 단에서 해커의 우회공격 가능하므로, 이를 위한 보안 가이드라인 필요하다.

〈표 10-7〉 블록체인 인프라 신뢰성 및 안정성의 대응방안

분류	대응 방안
기술적	시스템 레벨에서 신뢰성 · 안전성 확보를 제공하는 보안 시스템 구축이 필요
표준화	블록에 기록 전 단계 시스템 레벨에서 최소한의 신뢰성 · 안전성 확보를 위한 블록체인 시스템 자체에 대한 보안 가이드 등 정보보호 표준화 필요

2013년 당시 비트코인 거래의 70%를 담당하던 세계 최대 거래소인 Mt. Gox가 2014년 2월 시스템 해킹을 당해 총 85만 비트코인(당시 시가 4억6천만 달러 이상)의 손실을 고객에 안겨 준 사례가 발생하였다.

학습활동.10 교수 · 학습 방법

교수 방법

- 블록체인의 표준화 동향에 대한 관련 용어, 구성, 방식 이해 정도를 파악한 후 수업을 진행한다.
- 교수자의 주도로 블록체인의 표준화 동향 등의 내용을 PPT 자료로 제시한 후 설명한다.
- 가능하면 사전에 개인별 학습 자료를 준비하여 모든 학생이 참여할 수 있는 문제 해결식 수업, 협력 수업이 가능하도록 한다.
- 블록체인의 표준화 동향 전 과정을 작업의 순서에 따라 단계적으로 실습이 이루어질 수 있도록 지도한다.
- 교재를 통해 수업을 준비하는데 있어서 필요한 모든 정보나 팁, 힌트 등 도움이 될 만한 내용들을 확인할 수 있다.
- 학생들이 만들게 될 각 모델들은 수업시간에 중점적으로 다뤄질 부분과 어휘, 질문, 답을 포함하고 있으며 또한 탐구할만한 추가적인 아이디어들도 포함하고 있다.

학습 방법

- 블록체인의 표준화 동향에 대한 관련 용어를 숙지하고, 블록체인의 표준화 동향에 대해 이해한다.
- 블록체인의 표준화 동향의 각 단계별 중점 사항을 체계적으로 학습한다.
- 블록체인의 표준화 동향의 수행순서의 전 과정을 실습한다.
- 블록체인의 표준화 동향의 내용을 이해한다.
- 블록체인의 표준화 동향을 이해하고 숙달이 될 때까지 학습한다.

학습활동.10 평가 및 피드백

평가 준거

- 평가자는 피평가자가 수행 준거 및 평가 내용에 제시되어 있는 내용을 성공적으로 수행할 수 있는 지를 평가해야 한다.

학습내용	평가항목	성취수준		
		상	중	하
블록체인의 표준화 동향	블록체인의 표준화 동향을 이해할 수 있다.			

학습 10

평가 방법

- 작업 포트폴리오

학습내용	평가항목	성취수준		
		상	중	하
블록체인의 표준화 동향	블록체인의 표준화 동향을 이해할 수 있다.			

- 필기시험

학습내용	평가항목	성취수준		
		상	중	하
블록체인의 표준화 동향	블록체인의 표준화 동향을 이해할 수 있다.			

- 체크리스트를 통한 관찰

학습내용	평가항목	성취수준		
		상	중	하
블록체인의 표준화 동향	블록체인의 표준화 동향을 이해할 수 있다.			

- 피드백

1. 작업 포트폴리오
   - 제출한 보고서를 평가한 후 주요 사항에 대하여 표시하여 돌려준다.
2. 필기시험
   - 평가 결과 성적이 저조한 학생은 보고서 제출 기회를 부여한다.
3. 체크리스트를 통한 관찰
   - 실습 과정에서 평가한 후 개선해야 할 사항 등을 정리하여 돌려둔다.

참고자료

1. 김영재, 김동호, "블록체인 표준화 동향 및 전략적 대응방안 연구", 한국통신학회, 2017
2. 김영재 외1, "K-ICT 표준화전략맵의 SDN/NFV 표준화 전략에 관한 연구", 동계통신학회, 2017.1
3. 이성덕 외1, "국가 R&D기획시스템에서 기술로드맵 활용사례와 개선 방안", KEIT PD이슈리포트 2016-4호, 2016.5
4. Jae-Yun Ho, "Standardization Roadmapping : Cases of ICT Systems Standards", STI Policy Review vol.5 No.1, June 2014
5. 박정환 외1, "ICT 표준화 대상분야의 포괄적 고찰을 위한 One-presentation 맵 개발에 관한 연구", 하계통신학회, 2014.6
6. 전철기, "정보통신 · 방송의 국제표준화 추진전략 모델 기초 연구", 하계 통신학회, 2014.6
7. 오경희, "블록체인 보안" 정보통신표준화 위원회 2017.
8. 박예슬 · 오구영, "국제표준화기구 블록체인 및 분산원장기술 표준화 현황" 한국통신학회, 2017.6
9. TMB RESOLUTIONS : 67th TMB MEETING(10 September 2016, Beijing)
10. ISO TC 307 - Meeting Report - Sydney - April 2016
11. 오경희, "블록체인 국제표준화 현황",한국정보보호학회 2017.10
12. ISO, ISO-TC307_N0068_RESOLUTIONS_ MEETING_001_TC_307_FINAL, ISO, Apr.2017.
13. ITU-T SG 17, T17-SG17-170829-TD-PLEN-0724!R2!MSW-E, ITU, Sept. 2017.
14. IUT-T https://www.itu.int/en/ITU-T/focusgroups/dlt/Pages/default.aspx
15. ITU-T https://www.itu.int/en/ITU-T/focusgroups/dfc/Pages/default.aspx
16. ITU-T https://www.itu.int/en/ITU-T/focusgroups/
17. TTA ICT 표준화 전략 2018. 한국인터넷진흥원

학습 10

학습 1	4차 산업혁명과 블록체인
학습 2	블록체인의 개요
학습 3	블록체인의 핵심기술
학습 4	블록체인의 P2P 네트워크 기술
학습 5	블록체인의 합의 알고리즘 기술
학습 6	블록체인의 스마트 계약
학습 7	블록체인의 분산원장 기술
학습 8	블록체인의 활용 암화화폐
학습 9	차세대 블록체인, 큐브체인
학습 10	블록체인의 표준화 동향
학습 11	**블록체인의 응용기술**
학습 12	블록체인의 법제도와 기술이슈
학습 13	블록체인의 산업동향과 특허동향

학습 목표	11. 블록체인의 응용기술을 이해할 수 있다.

11-1 블록체인 기술의 응용분야

블록체인은 제품 및 서비스의 생산 · 소비 · 유통 · 관리 등의 측면에서 기존산업의 모습을 크게 변화 시킬 것으로 전망된다. 또한 블록체인기술이 활용될 수 있는 분야도 금융업과 제조 · 유통업, 민간부문과 공공부문에 대한 제한이 없어 사회 전 영역에 걸쳐 파급영향을 미칠 것으로 예상되고 있다.

금융서비스부문에서 블록체인 기술적용이 매우 두드러질 것으로 예상되는데 블록체인기술이태동하고, 현실에서 직접 적용되었던 분야가 금융부문이었던 만큼 향후에도 관련기술 및 상품개발에 금융권의 적극적인 행보를 예상된다.

제조 및 유통부문에서의 블록체인 활용가능성도 확대되고 있다. 블록체인 기술이 실시간으로 정보의 흐름을 제공해주는 사물인터넷(IoT) 기술과 결합될 경우 전혀 새로운 형태의 공급망이 등장하여 이러한 첨단기술의 적용은 자연스럽게 공급사슬관리(SCM)측면에서도 변화를 가져올 것으로 예측된다.

[그림 11-1] 블록체인의 다양한 활용분야

출처 : 일본 경제산업성, 「ブロックチェーン技術を利用したサービスに関する国内外動向調査」(2017).

공공분야에서는 행정 문서관리, 투표, 개인인증을 중심으로 활용이 예상되면 점차 확대될 전망, 이미 전 세계 여러 국가에서 토지 · 주택 · 차량관리, 선거 및 투표관리, 의료 정보관리 등 다양한 공공서비스영역에 블록체인기술을 적용하기 위한 검토 작업을 진행 중에 있다.

최근 블록체인 활용의 트렌드는 Assets(자산), Trust(신뢰), Ownership(소유권), Money(화폐), Identity(신원), Contracts(계약) 분야 중심으로 다양한 기술검증이 진행되고 있으며 금융분야에서 비금융분야로 점차 확대되고 있다.

〈표 11-1〉 핀테크 서비스 분야별 블록체인 활용

분야		주요내용
디지털 결제 플랫폼	전자상거래	아마존, 이베이 등 거래 중개 플랫폼이 없는 당사자 간 직접거래 네트워크 구축
	지급결제	제3의 인증기관 없이 국제송금, 지급결제, 소액금융이 가능
	가상화폐	화폐발행기관 없이 사용자간 인증을 통해 안전하게 유통할 수 있는 가상화폐 가능
스마트 계약	디지털 권한	컴퓨터 코드로 계약 조건을 작성 후 블록체인에 저장하여 임의 조작을 막고 자동으로 강제성을 생성
	보증	공인인증 방식의 거래 보호 서비스를 블록체인에 기반의 보호 서비스로 혁신

학습 11

금융 상품	주식 및 채권	장외주식거래, 파생상품 등 금융상품을 블록체인을 통해 자동화 및 안전하게 실물 증권을 권리하고 보관
	클라우드 펀딩	P2P방식의 클라우드펀딩을 통해 비트코인을 대출해주고 수익을 투자자에게 공유하는 방식으로 활용
기록 유지	공공	전자 시민권 발급, 부동산 정보 기록, 투표, 공공데이터 기록 등 공공 서비스에 활용
	의료	환자의 의료 데이터 수집, 건강 기록 실시간 검증 및 공유, 의료 정보 보안향상에 활용
	공급망	제품 공급망 관리, 디지털 콘텐츠 유통 공급망 관리 등에 분산 데이터베이스 기반의 데이터 공유에 활용
	저작권 보호	그림, 음악, 영상의 저작권을 쉽게 보장 받을 수 있도록 하는 저작권 보호 서비스 개발에 활용
	SNS	암호화된 키(Key)를 통해 메시지, 오디오 사진을 안전하게 교환하는 서비스(예 : 메신저)에 활용
플랫폼	IoT플랫폼	IoT 네트워크상에서 데이터 보안, 공유 등을 위한 플랫폼으로 활용 가능
	분권화된 자치조직	프로젝트 추진시, 중재자 및 관리자의 참여없이 참여자 간 블록체인 기반의 네트워크와 프로그램을 통해 프로젝트 추진 가능
	기술개발	블록체인 자체 기술 연구 및 표준작업, 개발, 배포

11-2 블록체인의 분야별 활용사례

1. 블록체인의 금융분야별 활용

블록체인 플랫폼을 활용하면 금융거래의 운영절차가 간소화되고, 거래의 인증이나 검증과정에서 중개기관의 역할이 축소됨에 따라 청산 및 결제에 소요되는 시간이 단축될 것으로 보인다. 또한 최초 거래에서부터 모든 거래내역이 기록되고 공유되기 때문에 거래 상대방에 대한 위험(CounterpartyRisk)과 부정거래의 발생을 줄일 수 있으며, 실시간으로 거래과정을 모니터링할 수 있어 규제 · 감독의 효율성 증가, 더불어 대규모 데이터베이스 구축 등 기존의 고정자산에 투자 되었던 자본이 상당부분 절감된다.

전 세계적으로 블록체인에 대한 관심이 높아지는 가운데 기술 활용을 위한 국제적 협업 사례도 증가하는 추세, 글로벌 금융기관들은 플랫폼 생태계 구축과 서비스 표준화를 위해 블록체인 컨소시엄인 R3 CEV와 하이퍼레저(Hyperledger) 프로젝트 등 다양한 시도 중에 있다.

2. R3 CEV 동향

R3 CEV는 세계의 주요 은행, 금융사들과 함께 최근 바클레이스(Barclays) 전임 수석기술자 James Carlyle와 비트코인코어(Bitcoin Core) 개발자 Mike Hearn이 포함된 신규 인재영입을 발표하며 금융산업에 도입될 블록체인기술의 최적의 적용방안을 찾아내기 위해 다양한 각도에서 블록체인을 연구 중에 있다. R3 CEV는 2016년에 들어 두 번의 온라인 분산장부시스템 테스트를 진행했다.

1차 테스트는 2016년 1월에 진행되었으며 11개 은행이 참여해 거래의 속도 향상과 비용 절감을 위해 블록체인을 적용하는 시스템의 테스트였다. 11개의 참여은행은 각자의 컴퓨터를 사용하여 새로운 디지털통화를 서로 교환해 보았는데 기존 은행시스템의 경우 자산 유형에 따라 정산에 수 일이 소요되는 것과는 달리 이 실험에서 진행된 거래의 정산은 거의 즉시 처리되는 결과를 보였다.

2차 테스트는 2016년 2월에 뱅크 오브 아메리카(Bank of America) 그룹, 도이치은행(Deutsche Bank), 모건스탠리, 스코틀랜드 왕립은행(Royal Bank of Scotland)그룹 PLC를 포함한 40개 은행이 참여했으며 5개 블록체인업체와 3개 클라우드 업체들이 함께 참여하였다. 이들은 채권형 투자에서 블록체인 기술의 최적 활용방안을 위해 다양한 기술의 조합을 시뮬레이션으로 구현하여 인간의 개입 없이 스마트계약과 기업어음거래를 처리하는 과정을 실험했다. 은행들은 기업어음거래에서 발행, 거래, 해지(redeem, 현금화)의 3개 과정을 실험하기 위해 거래에 대한 하나의 스마트계약을 가지고 다양한 분산장부와 클라우드 플랫폼인 Corda에 대한 연구를 진행하고 있다

Corda는 R3 CEV에서 개발한 신형 금융서비스 분산장부기술 플랫폼으로 금융서비스 거래에 특화되어 개발되었다. Corda 플랫폼을 이용하여 금융기관은 금융 계약을 기록, 관리, 동기화할 수 있고 사용자들은 보다 편리하게 금융서비스를 이용할 수 있다

Corda는 다양한 합의 메커니즘과 옵저버 노드(Observer Node)11)를 직접 지원하지만 자체 디지털통화는 가지고 있지 않다. Corda 시스템에서는 네트워크의 모든 참여자가 거래를 공유하는 것이 아니라 동의 아래 합법적인 노드들만 거래데이터를 볼 수 있다. 암호화된 데이터로 모든 거래가 모든 노드에게 공유되는 것을 막음으로써 데이터의 불필요한 공유를 차단한다. 이 플랫폼은 개인사이의 거래보다는 회사 사이의 개별 계약에 초점을 맞추고 있으며 여러 회사가 공유하고, 일관되게 기록하며, 산업표준을 준수하는 툴을 통해 제작되었다. 또한 상호운용성과 점층적 도입이 가능하게 함과 동시에 제3자에게 기밀정보를 유출시키지 않는 금융계약 기록 및 관리 시스템을 가능하게 해준다.

학습 11

또한 Corda는 시스템 수준이 아닌 기관 간 개별계약 수준의 합의 도출이 가능하며 합의, 유효성, 독자성, 불변성, 인증이라는 기능을 포함한다. Corda 플랫폼은 기존 블록체인이 금융환경 내에 도입이 어려웠던 부분을 고려해 설계되었기 때문에 기존의 많은 문제점들을 해소시켜 주지만 이 또한 만능 솔루션은 아니다. 특정 분야를 목표로 설계되었기 때문에 모든 분야에 적용하기에는 다소 어려운 점이 있으며 연구 및 설계 측면에서 해결해야 할 문제도 남아있다. R3 CEV는 Corda의 보완적 플랫폼개발을 위해 파트너들과 지속적으로 교류할 것이며 플랫폼의 핵심 부분을 오픈소스로 출시할 계획이다.

3. Hyperledger 프로젝트

Hyperledger 프로젝트는 리눅스재단 산하의 오픈소스 프로젝트이다. Ripple, IBM, JP모건체이스, 시스코, Digital Asset Holdings, Blockstream 등 다양한 회사들이 참여를 하고 있으며 이 프로젝트에서는 모든 거래내역이 암호화를 통해 보호되고 네트워크의 모든 참여자에게 공개되는 방식으로 다양한 오픈소스 소프트웨어를 연구하고 있다.

〈표 11-2〉 Hyperledger 프로젝트 주요내용

구분	주요내용
Ripple	주문장(Order Books)을 기반으로 이루어지는 빠른 Transaction과 기존의 복잡성을 단순화
IBM	• Open Blockchain(OBC12)라는 이름의 프로젝트를 오픈소스화 • 스마트 계약 , 디지털 자산, 기록 저장소, 합의를 위한 분산 네트워크와 암호화 보안
Digital Asset Holdings (DAH)	• 기업을 위한 Blockchain Server 형태 • Client API를 포함한 공개 프로젝트 • 모듈화된 아키텍처와 설정 가능한 네트워크 구조를 통해 금융권에 적합한 구조 설계 • Java 기반으로 구현
Blockstream	기밀 거래, 분리된 증인, Relative Lock Time 등의 비트코인개념을 확장

출처 : https://github.com/hyperledger 참조

Ripple은 빠른 트랜잭션과 단순화에, IBM의 경우 분산 네트워크, 암호화 보안에 초점을 두고 있다. DAH에서는 금융권에 적합한 구조로 모듈화된 아키텍처와 설정 가능한 네트워크 구조를 제안하였고 Blockstream은 다양한 확장 개념들을 제시하였다. 다음 자료는 2016년 2월에 공개된 Hyperledger 프로젝트의 4개 회사에서 제안한 주요내용이다.

2016년 3월 하이퍼레저 프로젝트의 총 책임으로 IBM이 선출되었다. IBM의 블록체

인 기술은 오픈소스인 리눅스 운영체제를 탑재한 모든 컴퓨터에서 사용가능하고 연구를 통해 다른 보급형 컴퓨터에서도 확산할 것을 목표로 하고 있다. IBM은 2015년 12월부터 리눅스와 함께 '하이퍼레저(Hyperledger Project)'프로젝트에 참여해 오픈소스 기반의 블록체인 소프트웨어 개발을 주도해 블록체인 기술이 전세계에 확장할 수 있도록 많은 연구와 투자를 하고 있다.

다음 그림은 IBM이 주도하는 Hyperledger Service의 아키텍처이다. 아키텍처는 크게 멤버십, 블록체인과 거래, 체인코드 이렇게 3가지 카테고리로 나누어져있다. 이 카테고리는 물리적 구조가 아닌 논리적 구조이며 구성요소들은 오픈소스로 이용할 수 있도록 가장 원시적인 것에서부터 어플리케이션까지 구축되어 있다.

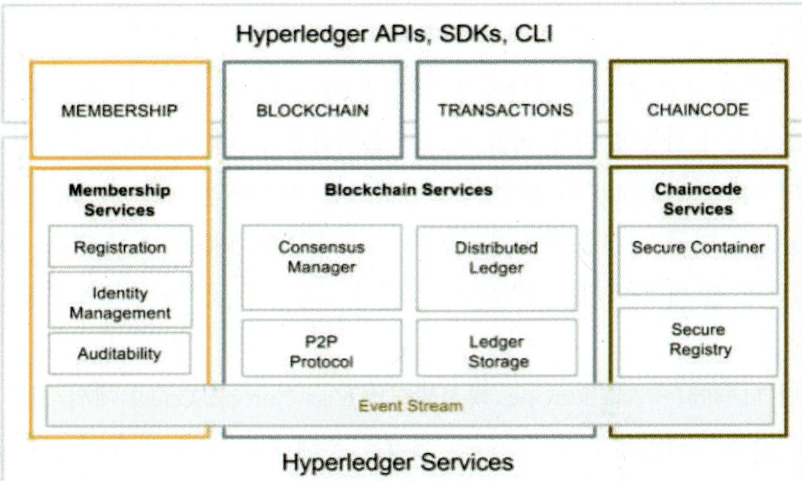

[그림 11-2] Hyperledger 서비스 아키텍처

출처 : http://blockchain-finance.com/

〈표 11-3〉 하이퍼레저의 카테고리

멤버십 (Membership)	Hyperledger는 프라이빗 네트워크 프로토콜이기 때문에 네트워크의 거래 인증에 접근하기 위해서는 모든 개체들이 멤버십 서비스에 등록을 해야 한다.
블록체인 (Blockchain)	• P2P 프로토콜은 HTTP/2 표준을 따른(양방향 스트리밍, 다중 요청 등을 제공하는) Google RPC을 이용한다. 이 프로토콜은 방화벽,프록시, 보안을 포함한 인터넷 인프라에 존재하고 있다. • 분산장부는 블록체인을 효율적으로 관리하고 암호화 캐쉬를 계산한다. • 합의 매니저는 합의 알고리즘과 다른 Hyperledger 구성요소 사이에서 인터페이스를 역할을 한다.
체인코드 (Chaincode)	확인된 노드들이 실행되는 분산 거래 프로그램으로, 체인코드 서비스는 특정 가상 머신이나 컴퓨터 언어에 의존하지 않고 체인노드를 관리하기 위해 Docker*를 이용한다.

* 리눅스 컨테이너(LXC)기반의 가상화 엔진

학습 11

4. 미국 금융기관 동향

골드만삭스(Goldman Sachs)는 주식 거래에 사용할 수 있는 분산원장 기술 기반의 암호화화폐를 개발하였다. '15년 11월 미국 특허청(USPTO)에 가상화폐 '세틀코인(SETLcoin)'을 '증권 거래를 위한 암호화 화폐'라는 이름으로 특허 출원하였다. 세틀코인으로 주식, 채권 등의 실시간 거래가 가능하고, 거래 내역이 분산 네트워크에 바로 기록되어 쉽게 확인 가능하고 위·변조도 사실상 불가능 하다.

씨티그룹(Citygroup)은 블록체인 기술을 활용한 디지털 통화 '씨티코인(Citicoin)'을 금융권 최초로 개발하였다. 그룹 내 각기 다른 3개의 개별 블록체인을 통한 테스트를 거쳤으며 해외결제 및 송금에 활용하는 방법을 모색 중이다.

비자(VISA)는 블록체인을 활용한 금융서비스에 꾸준한 관심을 보여 왔다. 최근 비자는 블록체인 프로젝트를 창안하기 위하여 이더리움과 협력하려 한다고 밝혔으며 비트코인 결제가 가능한 비자 직불 카드를 출시하였다. 디지털화폐 결제 업체 "시프트 페이먼츠(Shift Payments)"와 협업으로 탄생시킨 비트코인 직불 카드인 시프트 카드(Shift Card)는 미국 24개주에서 온라인과 오프라인 약 3800만개가 넘는 곳에서 사용할 수 있으며 전 세계 어디든 비자카드 결제가 허용되는 곳이면 시프트 카드를 사용할 수 있다.

2015년 11월에는 Visa Europe 혁신센터의 Visa Europe Collab에서 미국 캘리포니아 블록체인솔루션업체 Epiphyte와의 협력을 통해 기존의 송금 처리 시스템 대신 전자통화를 사용한 송금처리 시뮬레이션을 진행하며 국제송금플랫폼에 대한 개념을 실제로 증명하는 수립과정에 들어갔다고 발표했다. 이 프로젝트는 비트코인 및 블록체인 기술을 활용하여 보다 간편하고 효과적인 송금서비스를 개발을 목표로 한다.

Visa가 발표한 송금플랫폼 서비스는 웹과 어플리케이션 모두에서 제공된다. 송금과정은 Created(생성), Agreed(동의), Approved(승인), Sent(발신) 4가지 상태로 나타내며 사용자는 송금과정을 상태 바(Status Bar)를 통해 확인가능하다

Visa는 2015년 10월 씨티은행, 나스닥과 함께 블록체인 스타트업인 Chain.com에 투자했으며 그 결과로 2016년 5월에 Chain Open Standard(ChainOS 1)라는 새로운 오픈 소스 프로토콜을 발표하였다. 이더리움과 비트코인도 오픈소스를 제공하지만 ChainOS 1은 앞선 두 경우보다 금융 거래에 최적화되어 설계되어 있다. 기존의 비트코인 블록체인은 초당 6~7개의 거래처리가 가능하지만 ChainOS 1은 초당 최대 65,000개의 거래가 가능할 정도로 빠르고 많은 거래를 할 수 있기 때문에 은행, 지불, 보험 등에 최적화되어 있다.

Visa는 ChainOS가 금융 거래에 최적화되어 설계되어 있지만 아직은 다른 분야에서 쓰이기에는 다소 어려움이 존재하기 때문에 금융거래 이외의 시스템에서도 적용 가능성 여부에 대해 연구 중이다. 또한 블록체인 기반의 결제시스템'VISA B2B Connect'를 2017년 중 시범적으로 선보일 예정인데 이 시스템을 통해 글로벌 B2B 결제시장에서 기업들의 빠르고 안전한 결제를 돕는 서비스를 제공한다는 계획이다.

5. 유럽 및 아시아 금융기관 동향

유럽에서도 최근 도이체 방크(Deutsche Bank), HSBC 등 7개의 대형 은행을 중심으로'Digital Trade Chain(DTC)' 컨소시엄을 설립하였다. 블록체인 기반 거래 시스템을 구축하여 유럽 내 중소기업들의 무역 금융과 원활한 국제결제 과정을 지원하고자 하는 것이 목적이다.

영국의 바클레이즈(Barclays)와 핀테크 스타트업인 웨이브(Wave)는 블록체인 기술을 바탕으로 업계 최초로 글로벌 무역 거래를 성사시켰다. 무역 금융거래에 필수인 신용장(letter of credit)을 블록체인 내에 기록해 관리하는 서비스를 만들어 2016년 9월 첫 고객을 유치, 전체 무역거래 대금의 5%를 차지하는 각종 종이서류 작업비용을 획기적으로 줄일 수 있을 것으로 기대된다.

프랑스의 BNP 파리바(BNP Paribas), 소시에테 제네랄(Societe Generale) 등은 유럽 내 중소기업들의 거래 후 처리과정(post-trade processing) 개선을 위한 컨소시엄을 설립하였다. 분산장부 기술로 중소기업들의 자금 조달 환경을 개선하고 각종 거래 비용을 낮출 계획, 증권거래소 유로넥스트(Euronext)는 기술 개발을 통해 증권 등록, 거래 처리 및 결제 대금 청산 등을 실시간으로 처리할 수 있게 되면서 '거래 후 처리 과정'의 효율성이 크게 높아질 것으로 기대된다.

일본 미즈호 은행은 2016년 3월 블록체인 기술 기반 국경 간 증권거래 시스템 테스트를 완료하였다. 미즈호 은행은 해당 시스템 활용 시 매매 체결 이후 최종 결제까지 기존 사흘에서 하루로 소요시간 단축이 가능할 것으로 기대, 자체적인 블록체인 기반 증권거래 시스템 개발을 통해 향후 미즈호 은행의 일본 수탁은행(sub-custodian)으로서의 경쟁우위가 강화될 것으로 예상된다.

6. 국내 금융기관 동향

은행권을 중심으로 블록체인 기술에 대한 투자 및 핀테크 스타트업과의 제휴가 본격적으로 증가하고 있다. 주요 내용은 다음과 같다.

〈표 11-4〉 국내 금융기관 블록체인 관련 사업현황

기업	내 용
KB 국민은행	• 국내 핀테크 업체 '코인플러그(coinplug)'에 15억 원 투자, 인증 및 송금 서비스관련 파트너십 체결(2015.9) • 비대면 실명확인 증빙자료 보관시스템 구축(2016.4) • KB국민카드는 국내 금융사 중 최초로 블록체인 기술을 활용한 간편 개인인증 시스템을 도입(2016.10)
신한은행	• 블록체인 외환송금 서비스 개발 스타트업 '스트리미(Streami)'와 협업(2016.7) • '신한 골드 안심 서비스' 출시를 통해 금 실물거래가 이뤄질 때 블록체인 기술을 바탕으로 구매 교환증과 보증서 발급(2016.8)
NH 농협은행	• FIDO(Fast Identity Online)기반의 공인인증서 대체 기술 및 생체인증 솔루션을 자사 전체 금융 플랫폼에 탑재(2016.8) • 기존의 지문인증 서비스에 블록체인 기술을 결합해 보안성을 높여 인터넷뱅킹으로까지 확대(2016.10)
KEB 하나은행	• 핀테크 스타트업 인큐베이팅 센터인 '원큐랩(1Q Lab)'을 통해 센트비 등 핀테크 기업과 함께 블록체인 기술을 활용한 해외송금 서비스 구축(2015.6) • 국내 지급 결제 및 인증 관련 프로젝트를 진행하고 기술검증을 완료(2016.11)
우리은행	• 미국 송금 전문업체 '머니그램(MoneyGram)'과 협약해 전 세계 200여 개국으로 24시간 송금 가능한 서비스 개시(2017.2) • 디지털전략부 신설을 통해 블록체인과 접목한 사업모델 개발 계획(2017.4)
IBK 기업은행	• 핀테크 기업 '코빗(Korbit)'과 협력해 블록체인 기반 금융서비스 개발 착수(2016.3) • 유럽과 아프리카간 비트코인 송금서비스를 제공하는 케냐의 비트코인 스타트업 '비트페사(BitPesa)'와 공동협력을 위한 업무협약 체결(2016.7)
KRX 한국거래소	• 블록체인 전문기업 '블로코(Blocko)'와 협력하여 장외주식 거래를 위한 'KSM(KRX Startup Market) 시스템' 개발(2016.9) • 블록체인 기술 발전을 위한 글로벌 협력조직인 '하이퍼레저(Hyperledger)' 가입(2017.4)

출처 : 각종 언론보도 정리

한국금융투자협회(이하 "금투협")는 10월 31일(화) 세계 최초로 블록체인 기반 금융투자업권 공동인증 서비스(이하 "Chain ID")를 오픈하였다. Chain ID는 온라인 주식거래와 자금이체 등을 위한 인증서비스로 한 번의 인증절차로 다른 금융기관에서도 바로 금융거래가 가능하고, PIN, PW 및 바이오 인증 등 사용자가 정하는 방식으로 인증이 가능하다. 또한, 보안 취약점을 없애면서 인증서 갱신기간이 3년 이상으로 늘어 사용자 편의성도 높아졌다.

'16.10월 국내 최초로 26개 금융투자회사와 5개 기술업체가 블록체인 컨소시엄을 발족, 첫 사업으로 자본시장 공동인증 서비스 구축을 위한 양해각서를 체결했으며, 11개

회원사가 시범서비스에 참여했다. 컨소시엄은 Chain ID를 연내 전 금융투자업권으로 확대하고, 내년에는 은행, 보험, 카드 등 국내 타 금융권과도 연계해나갈 계획이다.

개발을 진행해온 금투협 산하 IT위원회는 '16.4월부터 회원사와 함께 블록체인 분과를 구성하고 기술분석과 자본시장 활용분야를 연구하였다. 한편, 컨소시엄은 이 날 금융권 최초로 블록체인 기반의 개인정보 노출자 사고예방 시스템도 동시에 오픈했다. 이 시스템은 공인인증서 등 개인정보가 노출될 경우 노출정보를 금융감독원이 접수하고, 해당내용을 각 금융기관에 전파함으로써 추가피해를 방지하기 위한 시스템 이다. 이 시스템의 활용으로 금융소비자 피해정보를 블록체인 망을 통해 실시간으로 회원사와 공유함으로써 금융투자업권의 투자자 보호 시스템을 한층 안정적으로 운영될 전망이다.

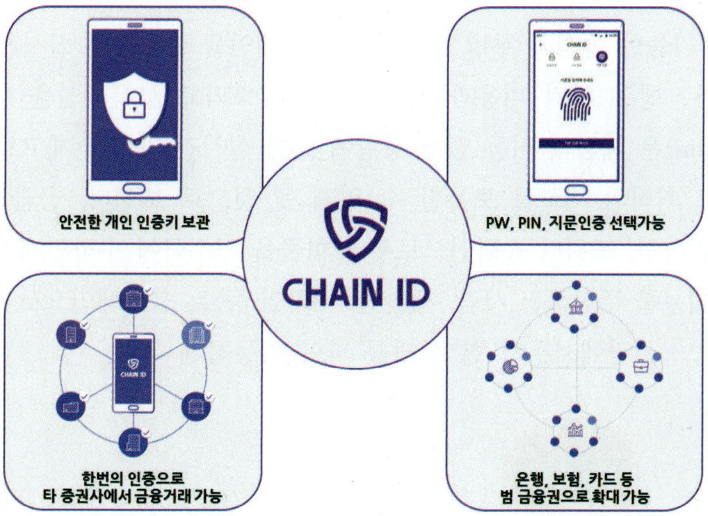

[그림 11-3] Chain ID 서비스 특장점

출처 : 금투협 언론보도 자료(2017.10.31)

은행권 블록체인 컨소시엄 주도로 진행될 예정인 은행 공동 블록체인 오픈 플랫폼이 '18년 초 오픈할 계획이다. 블록체인 플랫폼을 통한 사업은 '공동 인증' 서비스로 은행연합회 산하 은행권 블록체인 컨소시엄 주도로 추진되고 있는 은행 공동 블록체인 플랫폼 사업이 발주되었다. 업계에 따르면 은행연합회는 내년 2월 설연휴를 플랫폼 오픈 시기로 잡은 것으로 알려졌다. 첫 서비스로는 은행 공동 사설망 서비스가 추진된다. 외국환거래은행 지정 서비스 등 다른 서비스의 경우 인증 서비스 운영의 안정성을 우선 확보한 후 논의해보겠다는 것이 금융당국과 일부 은행들의 입장인 것으로 전해졌다.

한편 은행연합회는 블록체인 플랫폼 구축과 관련해선 두 가지 방법을 놓고 고심

학습 11

중인 것으로 알려졌다. 블록체인 플랫폼 구현 방식에 있어 '릴레이' 서버 방식과 '가상사설망(VPN)' 방식을 놓고 저울질하고 있는 것으로 알려졌다. 릴레이 서버 방식은 블록체인 노드를 방화벽(파이어월) 안에 설치하고 인터넷을 사용하기 위해 중계서버를 놓는 방식이다. 이 경우 중계서버 구축을 위한 비용이 추가될 수 있다. VPN 방식은 가상사설망이라는 말 그대로 가상 프라이빗 환경을 구현해 공중인터넷 망을 사설망처럼 사용하는 구조다. 이 경우 VPN에 대한 사용료가 부과될 수 있다. 앞서 은행연합회는 16개 사원은행 및 2개 협력기관 함께 은행권 블록체인 컨소시엄을 구성했다. 이후 컨소시엄 회의를 통해 블록체인을 통해 가능한 금융서비스를 도출한바 있다.

7. 블록체인의 물류 · 유통분야 활용

위변조 불가능한 속성과 투명성을 가진 블록체인을 활용하면 실시간 가시성을 제고하고 서류 · 행정 처리 비용과 처리시간이 감소되고 블록체인을 활용한 공급망(Supply Chain)은 제품의 이동 진행 상황에 대한 실시간 가시성 제고로 업무 효율성을 향상하고 최적의 재고를 보유할 수 있게 될 것으로 보인다. 공급체인 생태계의 각 참여자(송하인, 포워더 송화인으로부터 화물을 인수하여 수하인에게 인도할 때까지 일체의 업무를 주선하는 사람, 세관원, 수화인 등)는 블록체인으로 문서를 공유하는 경우, 어느 기관에서든지 현 상태를 파악 가능하게 된다.

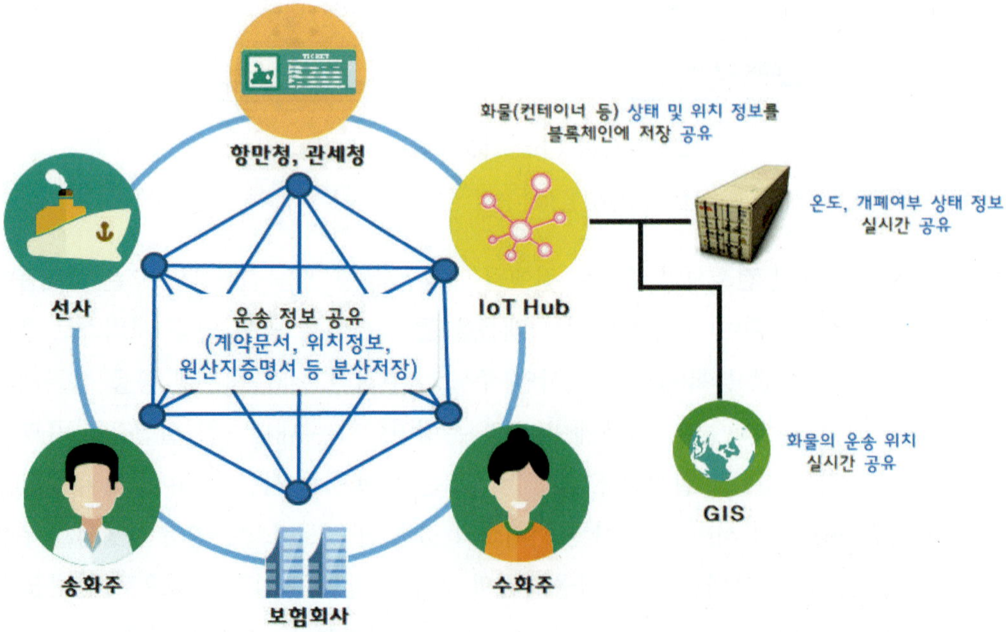

[그림 11-4] 블록체인 기반 물류 서비스 개념도

1) 국외 현황

글로벌 해운회산인 머스크그룹은 IBM과 함께 글로벌 무역물류에 응용 가능한 하이퍼레저 패브릭 기반 블록체인 개발 과제를 2017년 3월부터 착수하였으며 연내 천만 개 컨테이너의 전체 이동 경로 추적을 목표로 추진하고 있다.

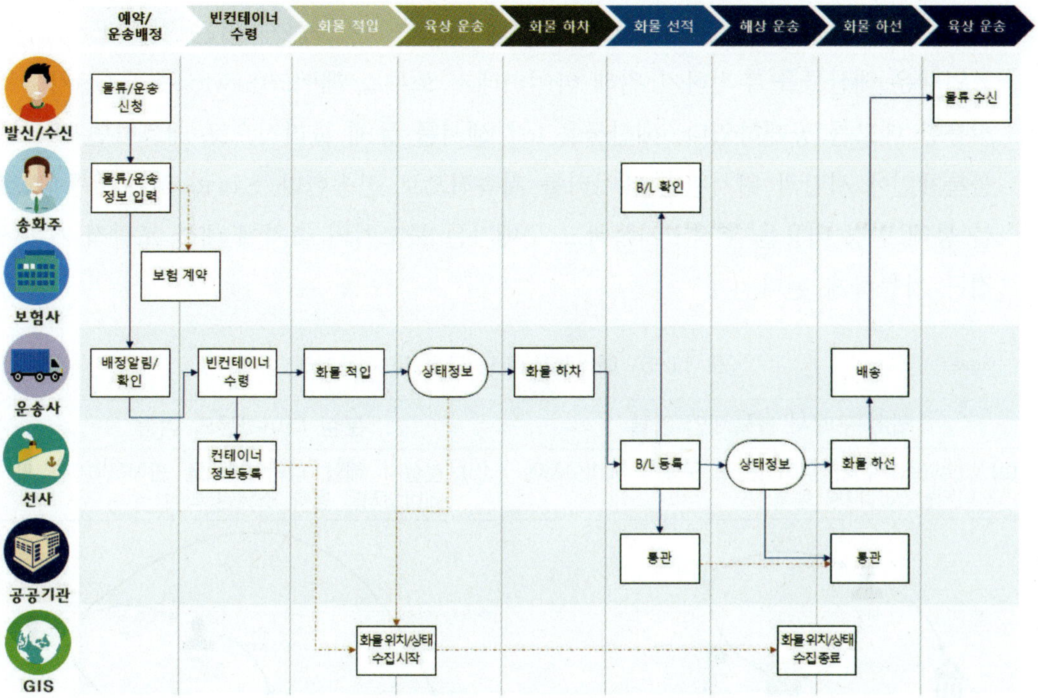

[그림 11-5] 블록체인 기반 물류 서비스 프로세스

네덜란드 로테르담 항, 미국 뉴요크항, 네덜란드 관세청 등이 참여하여 블록체인을 활용한 디지털 공급망 파일럿 과제를 완료하였으며 '17년 말까지 화주, 화물 운송업체, 항구 및 관세청 등으로 확장할 계획이다.

두바이는 정부주도로 중동 교역에서 수출입 물품의 추적 효율성을 향상하기 위해 협업 추진 중이다. 두바이 세관, 두바이 무역(Trade) 등 두바이 정부는 IBM과 IT 업체 DUTECH와 협력하여 하이퍼레저 패브릭과 IBM 클라우드를 활용하여 수출 · 입 프로세스를 위한 무역 금융 및 물류 솔루션을 개발하고 있으며 주요 이해 관계자가 제품 · 배송 상태에 대한 실시간 정보를 수신할 수 있도록 출하 데이터를 전송, 종이 기반 계약을 스마트계약으로 변경하는 것을 목표로 하고 있다.

블록체인 스타트업 Everledger는 보석이나 고급 와인의 출처에 관련한 기록을 하이퍼레저 기반 블록체인으로 관리하여 제품의 출처를 인증하고 추적하여 사기문제

학습 11

를 해결하려고 한다. 종이 인증서의 위조 문제나 출처에 대한 사기를 해결하고 전쟁 지역에서 채굴된 다이아몬드와 같이 갈등문제를 유발할 수 있는 보석을 모니터링 가능하다. 다이아몬드의 거래 내역을 관계자(판매자, 은행, 보험사 등)와 분산 저장하고 개별 다이아몬드의 메타데이터(레이저 기록 및 색, 크기 등)를 유일한 식별자로 만들어 거래 내용과 함께 저장하여 감정서의 위조를 방지, 보험사기를 위한 장부 조작이나 허위보고서, 증명서 작성을 원천적으로 봉쇄가능하게 하는 것이다.

인텔은 해산물을 추적하기 위해 하이퍼레저 쏘투스 레이크(Sawtooth Lake)기술을 적용한 데모를 공개하였다. 해산물을 IoT 센서를 통해 물리적으로 태그하면 센서는 블록체인에 시간과 위치관련 데이터를 지속적으로 전송한다. Sawtooth는 유통 경로를 통해 변경 내용을 추적 · 기록하고 구매자는 물고기의 출처에 대한 포괄적 기록에 접근 가능하게 된다.

〈표 11-5〉 에버렛저 주요 구성 및 적용사례

최초 구매시 블록체인 등록	분실 다이아몬드 검증
(a) Lucy(소유주)가 다이아몬드 구매시 에버렛저에 디지털 시그니처 등록	(b) 분실시 해당 다이아몬드를 판매하려 할 때 에버렛저를 통해 소유권 확인
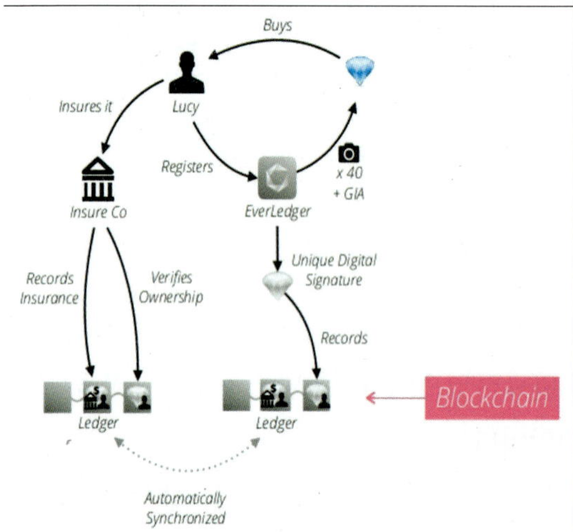	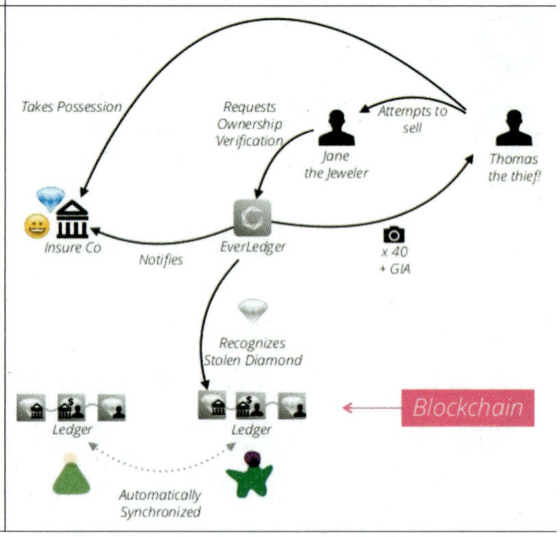

Provenance는 제품의 원산지부터 소비자까지 공급망을 추적하기 위해 이더리움 기반의 블록체인을 활용하고 있다. 인도네시아에서 잡은 2가지 종류의 참치를 공장, 소비자에 이르기까지 블록체인을 활용하여 추적하여 공급망의 투명성을 제고하는 것이다.

BHP Billiton은 세계 최대의 광산 회사로 암석 및 유체(fluid) 샘플의 이동 경로를 기록하고 출하 중에 생성되는 실시간 데이터를 수집하고 관리하기 위해 이더리움을 활용한다.

2) 국내 현황

해운물류 블록체인 컨소시엄이 발족되어 국내 물류 및 IT업체, 정부, 국책 연구기관이 참여하여 기술적 문제와 법제도 현안까지 함께 연구하고 있다. 하이퍼레저 과제를 기반으로 2017년 6월에 시범사업에 착수하고 연내 실제 해운 수출 · 입 물동의 물류 프로세스 전반에 블록체인 기술적용을 합의하였다.

SK주식회사 C&C는 선주와 육상 운송업자 등 물류 관계자 모두가 개인 간(P2P) 네트워크로 물류 정보를 전달받아 블록체인으로 관리하는 서비스를 개발하였다. 컨테이너 화물의 위치 및 관리 정보는 자동으로 수집되고 물류 관계자 모두에게 실시간으로 공유, 선하증권(B/L)과 신용장(L/C) 등 각종 거래원장을 블록체인에 등록해 원본임을 보장하고 유통된다.

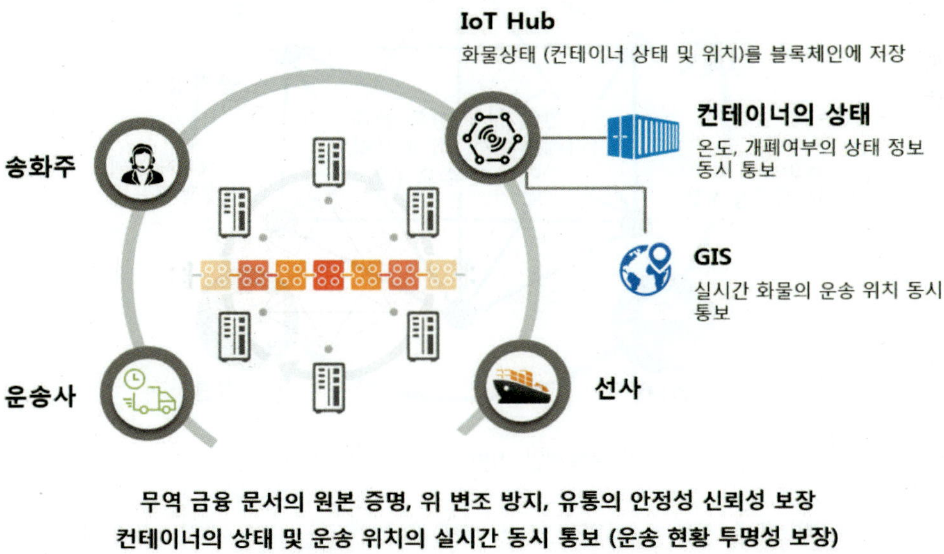

[그림 11-6] SK(주) 블록체인을 활용한 국제물류 서비스 모델

8. 블록체인의 에너지 분야 활용

블록체인 기술을 에너지 분야에 적용하면 생산과 판매, 소비 등 거래의 全 과정이 투명하게 진행될 수 있다. 에너지의 생산량과 판매기록을 블록체인 기반의 분산 원장에 기록하면 누구나 거래 내용을 확인할 수 있으므로 투명한 거래가 가능하다. 특히, 스마트 계약 기능을 이용한다면 에너지의 중간 거래자 없이도 특정 조건만 만족하면 자동으로 거래가 가능해진다.

블록체인 기술은 마이크로 그리드(microgrid) 형태의 신재생 에너지 거래에도 적합하다. 신재생 에너지는 마을 단위에서 생산하고 소비하는 마이크로 그리드 형태이기 때문에 전력거래소 방식은 적합하지 않다. 신재생 에너지의 생산자와 소비자 간 직접 거래를 위해서는 마이크로 그리드 개념이 적합하며 이를 실제 구현하기 위해서는 블록체인의 분산원장 기술과 스마트 계약 기술이 가장 적합한 요소 기술이다. 블록체인의 마이크로 그리드 적용 외에 신재생 전자화폐, 전기차 충전 및 지불, 비트코인 요금 결제, 전력 거래 및 청산 등에 블록체인 응용이 가능하다.

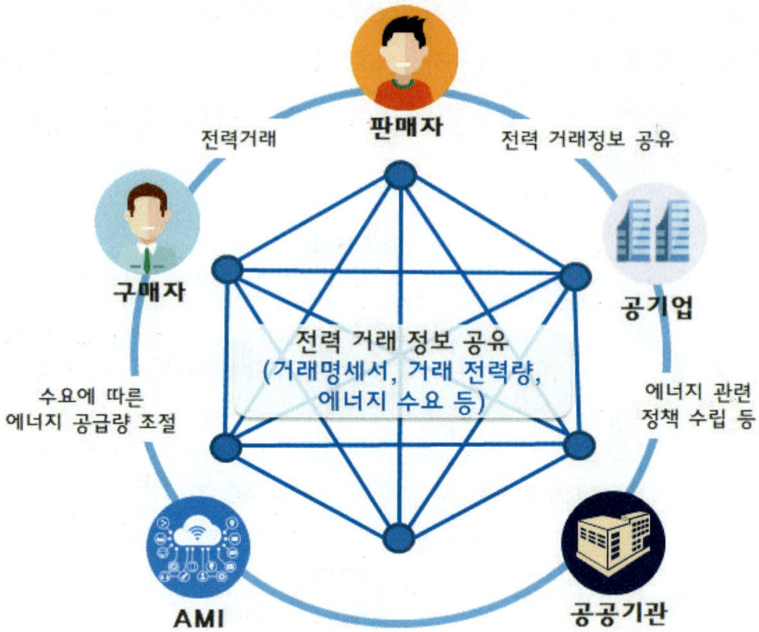

[그림 11-7] 블록체인 기반 P2P 에너지 거래 개념도

P2P 에너지 거래 정보를 기반으로 신재생에너지 공급가격 책정, 수요에 따른 에너지 발전 및 공급량 조절 등이 가능하다. 블록체인 기반 P2P 에너지 거래는 에너지판매/구매 신청, 에너지 거래, 거래정보 수집, 거래정보 활용 등의 단계로 구분 가능하다.

① **에너지 판매/구매 신청** : 신재생에너지 판매 또는 구매를 원하는 이용자가 판매 및 구매, 가격 등에 대한 정보 입력

② **에너지 거래** : 거래 기록을 블록체인化하여 참여자들에게 분산 저장 및 공유

③ **거래정보 수집** : P2P 거래 정보 및 AMI 정보 등 에너지 수요에 따른 공급량 정보 수집 또는 조회

④ **거래정보 활용** : 에너지 발전 및 공급량, 에너지 관련 정책 수립 등 블록체인 기반 P2P 거래정보의 활용

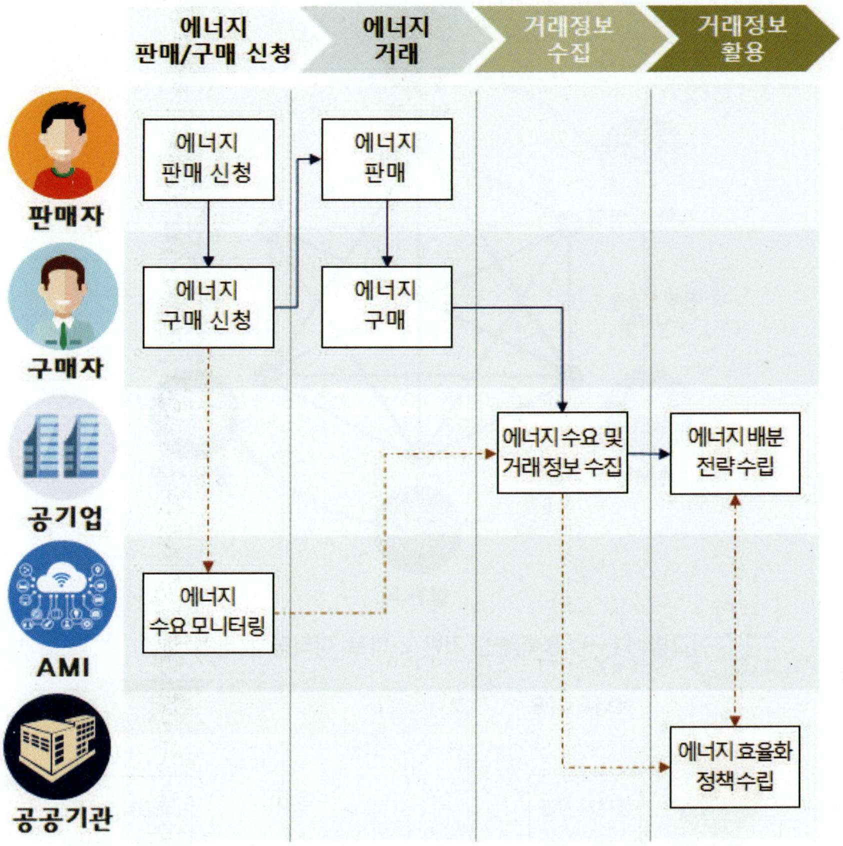

[그림 11-8] 블록체인 기반 에너지 거래 서비스 프로세스

블록체인 기반 스마트 미터링은 전력 사용량의 실시간 모니터링을 통해 효율적인 전력 배분이 가능하도록 하는 서비스이다. 스마트 미터링 서비스를 통해 수집된 정보 분석을 통해 에너지의 효율적 운용이 가능하다.

블록체인 기반 스마트 미터링은 에너지 사용, 모니터링, 수요반응(DR), 활용 등의 단계로 구분 가능하다.

① **모니터링** : 스마트 빌딩 등의 전력 사용량 실시간 모니터링 및 공유

② **수요반응** : 시간대별 전력 사용량 분석을 통해 효율적으로 전력을 배분하고 해당 정보를 저장 및 참여자간 공유

③ **활용** : 서비스 제공 간 수집 및 분석된 정보를 에너지 발전 계획, 에너지 효율화 정책 등에 활용

- AMI(Advanced Metering Infrastructure) : 스마트 계량기
- DR(Demand Response) : 수요반응
- ESS(Energy Storage Service) : 에너지저장시스템

학습 11

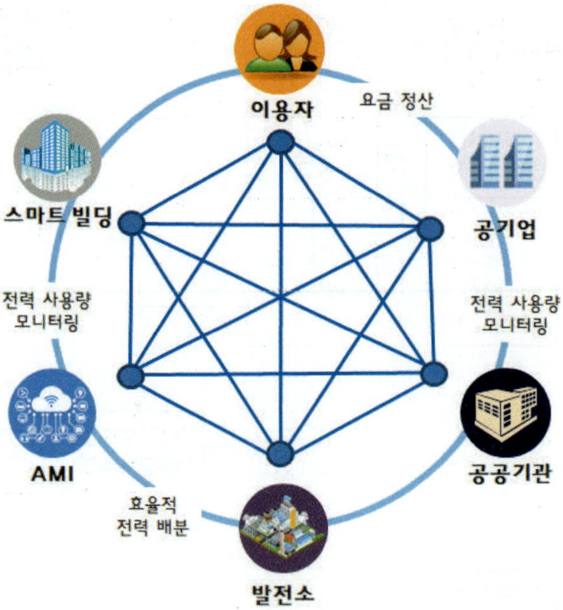

[그림 11-9] 블록체인 기반 스마트 미터링 서비스 개념

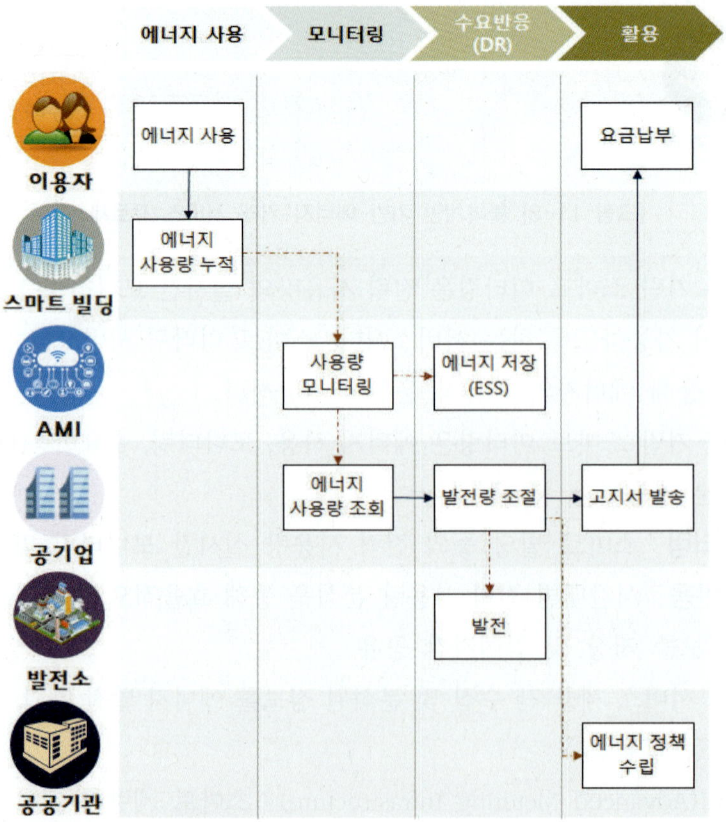

[그림 11-10] 블록체인 기반 스마트 미터링 서비스 프로세스

블록체인 기반 전기차 충전소는 전기차 충전소 이용 간 발생하는 정보를 관계자와 공유하여 업무 효율성을 극대화 하는 서비스이다. 블록체인 기반 충전소는 충전 데이터 관리는 물론 충전 서비스 대외 업무 처리, 충전 이용 고객 지원 서비스 등 다양한 분야에서 효율적인 서비스 제공이 가능하다.

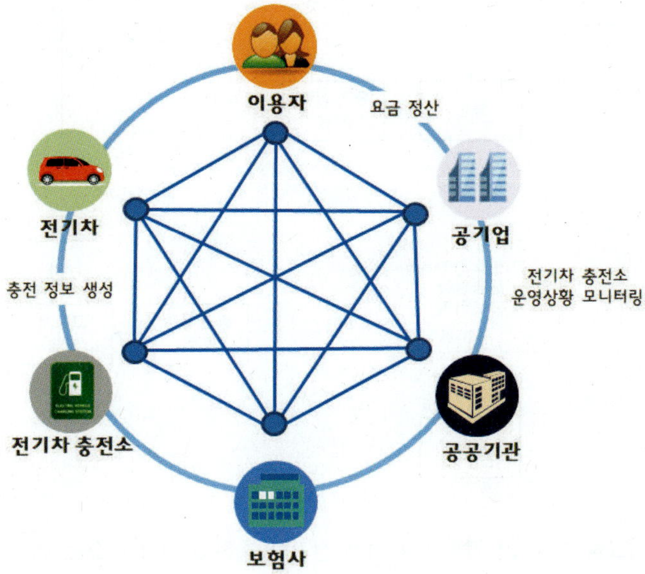

[그림 11-11] 블록체인 기반 전기차 충전소 서비스 프로세스

블록체인 기반 전기차 충전소는 주행/충전, 충전 이력 저장, 충전 이력 조회, 요금 정산, 활용 등의 단계로 구분한다.

① **주행/충전** : 전기차를 이용한 거리 주행 후 블록체인 기반 전기차 충전소에서 충전

② **충전 이력 저장** : 블록체인 기반 전기차 충전소 활용 간 이용자 정보, 충전 정보 등 충전 관련 데이터의 생성 및 참여자간 공유

③ **충전 이력 조회** : 전기 충전 요금 고지서 발송, 충전 이용 고객 지원 서비스 등의 업무 처리를 위한 충전 이력 조회

④ **요금 정산** : 전기차 충전소 이용 요금 정산

⑤ **활용** : 전기차 활용 보조금 지급, 전기차 이용 간 발생한 보험금 지급(위치정보 등 활용) 등을 위해 블록체인 기반 전기차 충전소 이용 정보 조회

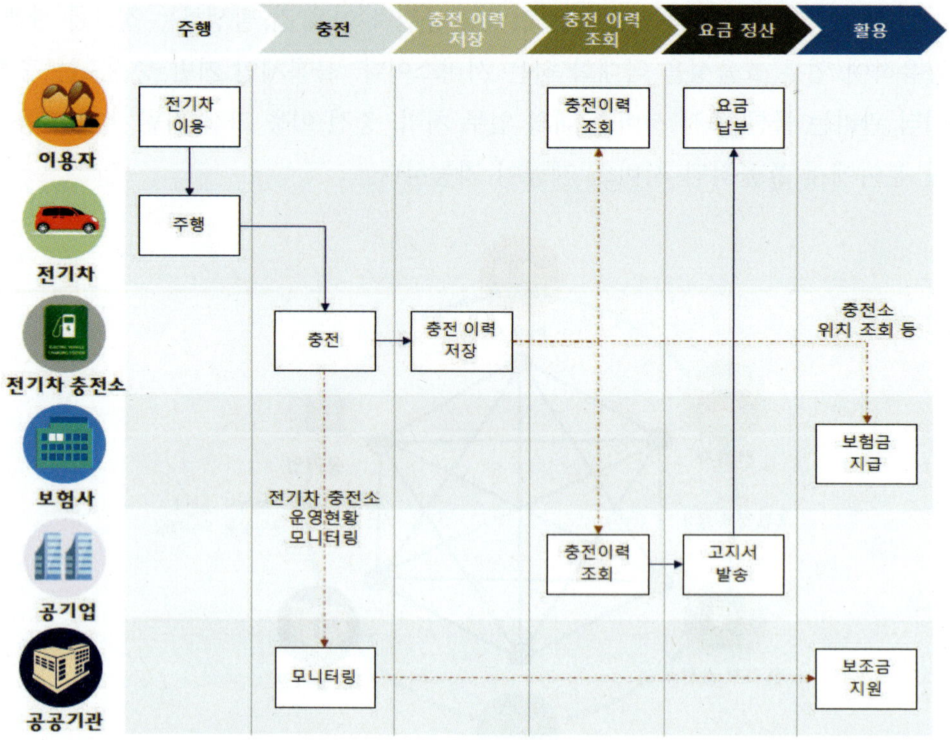

[그림 11-12] 블록체인 기반 전기차 충전소 서비스 프로세스

1) 국외 현황

Grid Singularity는 2016년 오스트리아 빈에 설립된 블록체인 신생기업으로서 이더리움 기반으로 분산된 에너지 데이터 거래 플랫폼을 개발하였다. TransActive Grid라는 신생기업은 LO3 에너지와 컨센스 시스(ConsensSys)의 합작으로 블록체인을 통해 이웃 간 에너지를 판매가능하게 하였다.

Power Ledger는 호주의 블록체인 신생기업으로서 POWER + BLOCKCHAIN을 구호로 이더리움 기반으로 거주형 전력거래 시장을 운영한다. 호주 3곳과 뉴질랜드 1곳에서 가정에 설치된 태양광 발전기로부터 생산된 전기를 다른 사람에게 직접 거래하는 시범 사업을 진행 중이다.

Electron은 영국의 신생기업으로 블록체인 기술을 이용하여 가스나 전기공급자를 변경하는 기간의 단축이 가능해졌다. 가스나 전기 공급자 변경 시 하나로 통합된 등록 서비스 부재로 17~20일 정도 소요되나 블록체인 기술로 단 몇 분 만에 변경이 가능하다.

2) 국내 현황

이젠파트너스는 '17년 한국인터넷진흥원(KISA)에서 발주한 통합 · 융합보안제품 협업개발 사업에 '블록체인 기반 소형 건물군 대상 에너지 서비스 플랫폼 개발' 수행 업체로 선정되었다. 한편, 한국전력공사는 가구 간 직접적인 P2P 전력거래가 가능한 블록체인 기반 전력거래 플랫폼을 구축하여 에너지 신산업 활성화 기반 구축 시범 사업을 추진하였다.

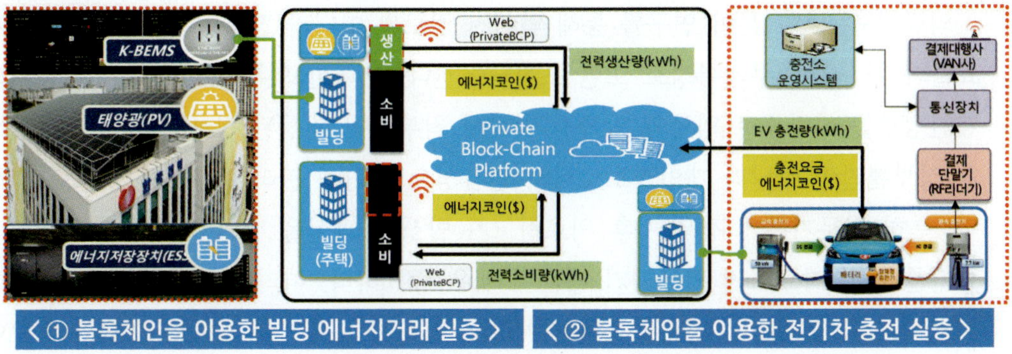

[그림 11-13] 한국전력의 블록체인 기반의 전력거래 서비스모델

출처 : NIA, 「Block Chain 기술과 금융산업의 미래 워크숍 발제자료(2017.8)

9. 블록체인의 헬스케어 분야 활용

블록체인 기반 헬스케어 서비스는 환자의 의무기록을 분산 저장을 통해 진료 효율성을 극대화하며 향후 의무기록 빅데이터 분석을 통한 다양한 서비스 제공이 가능하다. 블록체인은 개인 의료정보의 안전한 저장 및 공유를 가능하게 함으로써 개인 맞춤형 진료 및 데이터 활용을 가능하게 할 것으로 기대 된다.

의료정보란 환자의 진료, 의학교육, 의학연구 및 의료경영에 필요한 각종의 '정보'들을 통칭하고 있다. 이러한 정보들을 체계적으로 관리하는 학문을 '의료정보학' 이라고 한다. 의학에서 다루는 데이터는 잘 정의된 하나의 정보과정(information process)을 거쳐 정보를 수집 · 생성해 낼 수 있다.

의사나 간호사가 다루는 환자의 주관적인 증상(symptom), 객관적인 증후(sign), 혹인 임상병리 검사실에서 나오는 혈액 소견이나 방사선과에서 나오는 X-선 사진, 해부병리에서 보고하는 병리조직학적 소견들 또는 이러한 일들을 뒷받침하고 관리하기 내용들이 데이터(자료)라 볼 수 있다.

이러한 자료를 모으고(collect), 체계화하여(systematization), 필요한 정보(information)

를 생성하고 구체적인 판단(decision)을 내리게 되는데 이러한 일련의 과정을 체계적으로 관리 할 수 있는 시스템을 '의료정보시스템'이라 할 수 있다.

현재 사용되어지고 있는 의료정보시스템으로는 병원정보시스템(HIS, Hospital Information System)으로, 이 시스템은 임상 정보 시스템(CIS), 재무 정보 시스템(FIS), 연구실 정보 시스템(LIS), 간호 정보 시스템(NIS), 약국 정보 시스템(PIS), 의료 영상 저장 전송 시스템(PACS), 방사선과 정보 시스템(RIS), 처방 전달시스템(OCS), 전자 의료 기록(EMR), 광역 의료 정보 시스템(WAMIS) 등의 결합으로 구성되어져 있다.

의료정보는 의료분야 연구를 통해 얻어진 정보뿐 아니라 진료의 서포트를 위한 자료들과 환자의 의무기록정보 또한 포함되어진다. 이러한 의무기록 정보들은 환자의 개인정보를 바탕으로 의사의 의학적 지식이 첨부되어 생성된 정보로써 연구에 필요한 정보뿐만이 아니라 개인정보로서의 민감성으로 인해 관리에 주의를 기울여야 한다. 특히 의무기록에 경우 차후 의료사고가 발생시 과실을 판단하는 기초적인 법적 증거를 가진 자료로써 활용되기 때문에 매우 중요하다. 따라서 환자의 정보에 대한 비밀 엄수와 불법정인 정보유출을 경계하고 있기에 블록체인 기술을 도입하여 보안 관련 사항을 업그레이드 할 수 있다. 이러한 관련 규정들은 의료법 제 20조에서 규정하고 있으므로 개정을 통하여 합리적인 관리를 할 수 있다고 본다.

헬스케어 분야에 블록체인 기술을 적용하는 서비스 흐름은 의료정보의 생성, 저장, 조회, 활용 등 총 4가지 단계로 분류가 가능하다.

① **생성** : 환자 진료 간 발생하는 의료정보를 병원에서 전자문서化하여 블록체인 참여자와 공유

② **저장** : 환자 진료를 통해 생성된 블록체인 기반 전자의무기록을 병원 또는 외부 위탁기관 등에 분산 저장하여 보관

③ **조회** : 약국, 보험회사, 공공기관(건강보험공단 등)에서 진료이력 및 처방내용 조회, 보험금 지급 등을 위한 조회

④ **활용** : 비식별화 처리된 전자의무기록 기반의 신약 개발, 헬스케어 디바이스 기반 환자 상태 모니터링 등의 부가 서비스 제공

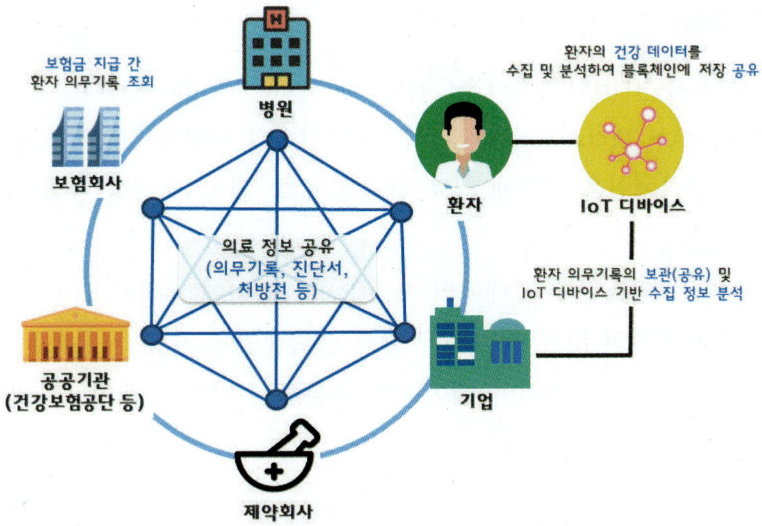

[그림 11-14] 블록체인 기반 헬스케어 서비스 개념도

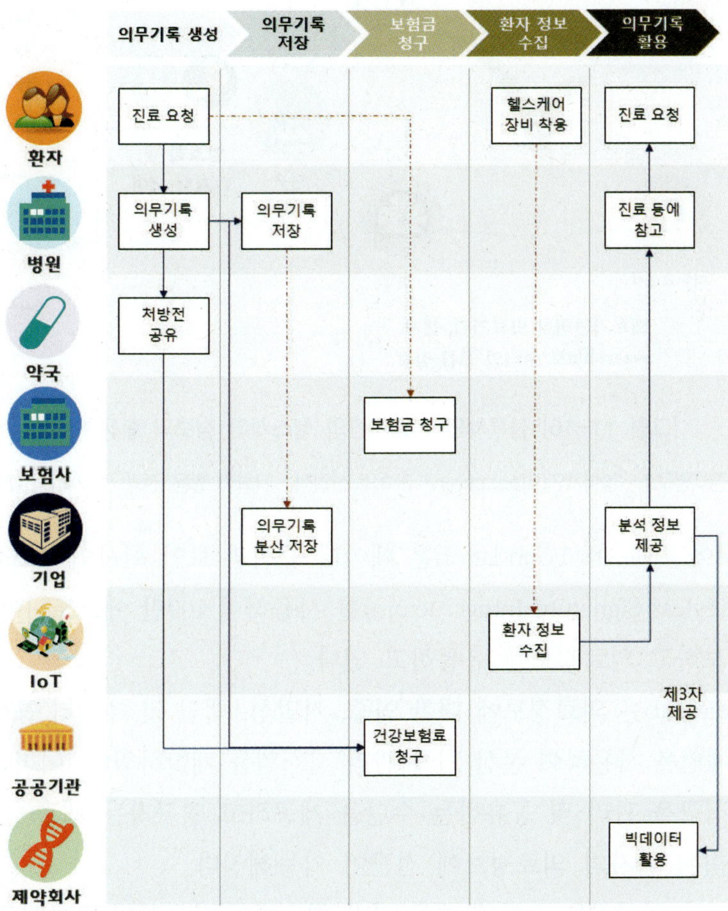

[그림 11-15] 블록체인 기반 헬스케어 서비스 프로세스

학습 11

1) 국외 현황

미국 보건복지부(HHS) 산하 ONC HIT(The Office of the National Coordinator for Health Information Technology)는 건강 정보 기술의 발전과 건강정보교환 촉진을 위한 기관으로 블록체인을 이용해 의료 정보를 보호, 관리, 교환할 방법에 대한 아이디어를 공모하였다.

건강 데이터는 암호화되어 데이터 호수(Data Lake)에 저장되고 건강 레코드에 대한 포인터가 사용자의 고유 식별자와 함께 블록체인에 저장, 사용자는 자신의 데이터에 대한 접근 권한을 가지며 데이터를 공유하는 방법을 제어 · 관리하게 된다.

[그림 11-16] 블록체인 기술기반의 헬스케어 정보의 활용예시

출처 : 소프트웨어 정책연구소 「블록체인(Blockchain) 기술의 산업적 · 사회적 활용 전망 및 시사점」(2017), p25.

에스토니아 E-Health Foundation은 데이터 중심의 보안 회사인 Guardtime과 독점적인 KSI(Keyless Signature Infrastructure)를 사용하여 100만 에스토니아 시민의 건강 기록을 확보하고 의료정보를 유통하고 있다.

MIT Media Lab은 의료정보에 대한 인증, 기밀성, 책임 및 데이터 공유를 관리하기 위해 블록체인을 사용하여 분산 기록 관리 시스템을 개발하였다. 이더리움 기반으로 의료기록 접근을 관리 및 공유하는 수단을 제공하고 연구자는 채굴(Mining)의 결과로 비식별화된 환자의 의료정보에 접근이 가능해진다.

Patientory는 이더리움 스마트 계약 기반 헬스케어 블록체인 솔루션을 개발하였다. 환자 의료정보의 안전한 보관과 빠르고 간편한 제공을 위해서는 솔루션 저장소를 임

대하여 사용 가능하다.

Gem Health는 개인이 헬스케어 데이터 제공 및 저장 권한을 직접 관리하여 요청자(의사 등)에게 부여하는 스마트 계약 기반 EMR(Electronic Medical Record) 데이터 블록체인 솔루션을 개발하였다. 휴대용 앱(App) 기반의 편리한 환자 의료정보 제공을 목표로 자체 개발한 GemOS을 통해 간편한 신원 인증이 가능하다.

Dentacoin은 환자의 치과 치료 경험을 공유하여 치과 치료 품질을 향상하는 것을 목표로 한 이더리움 기반 치과 치료 리뷰 블록체인이다. 환자는 치료경험을 공유하여 token을 받고 협력 치과의사/클리닉의 치료서비스에 사용 가능하다. 향후 글로벌 신뢰리뷰(Global Trusted Reviews) 플랫폼으로 성장을 추진 중에 있다.

Bowhead은 세계 최초 블록체인 기반 의료기기 솔루션으로 검사용 기기(catridge)와 약물 등 분사장치(dispensing device)를 하이퍼레저 기반으로 개발하였다. 환자가 혈당 시험지 등을 검사기기에 삽입하면, 검사 결과가 블록체인에 기록되고 담당 의료인에게 전송, 환자는 token을 받게 된다.

2) 국내 현황

국내는 의료정보 교류 기반이 미흡하고 의료 데이터의 크기에 따른 저장 방식 및 확장성에 대한 검토가 필요하여 산업적 활용에 제약이 많다.

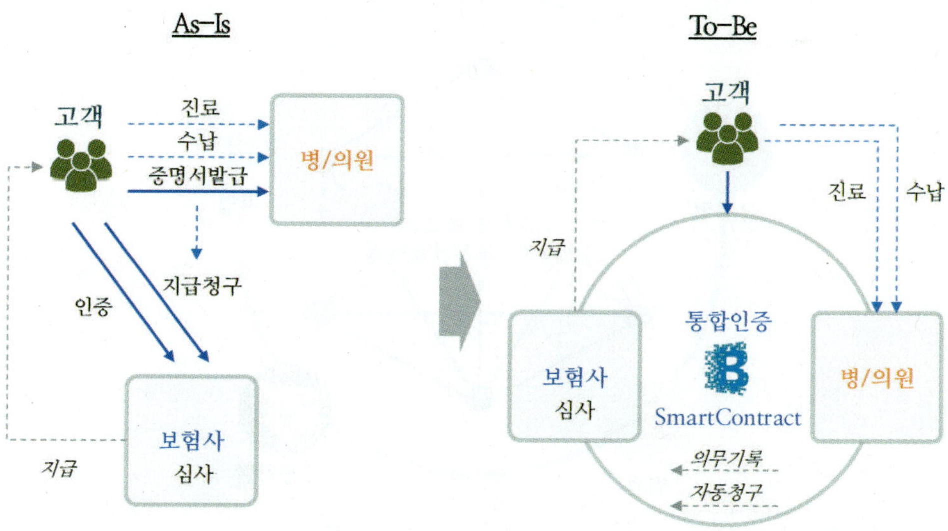

[그림 11-17] 교보생명의 블록체인 기반 스마트 보험청구 서비스 모델

출처 : NIA, 「Block Chain 기술과 금융산업의 미래 워크숍」발제자료(2017.8)

교보생명은 블록체인 인증 기술을 기반으로 실손 의료 보험금 청구의 원스톱 자동화를 구현하여 소액 보험금 청구간편화를 위한 시범사업을 추진하였다.

메디블록(MediBloc)은 의료정보와 블록체인 결합으로 고유 시스템을 만들어 환자의 의료정보를 이전처럼 의료기관에 분산 보관할 필요 없이 의료소비자가 스스로 정보를 관리하고 원하는 곳에 직접 공유할 수 있도록 하는 플랫폼을 개발 중에 있다.

10. 블록체인의 공공 분야 활용

블록체인 기술은 복지, 기부금 관리, 선거 및 여론조사, 조세 관리 등 정부와 공공서비스 분야에서 투명성과 신뢰 확보 및 보안성 강화가 가능하다.

1) 블록체인 기반 공공기록물 관리 서비스

블록체인 기반 공공기록물 관리 서비스는 상업등기, 부동산등기 등 공공기록물에 블록체인 기술을 접목하여 문서의 위변조 방지 및 문서 제출 편의성 제공한다. 블록체인 기반 공공기록물 관리 서비스를 통해 문서의 위변조 방지뿐만 아니라 해당 문서의 발급 및 제출 등의 업무 간소화로 국민 편의성도 향상된다.

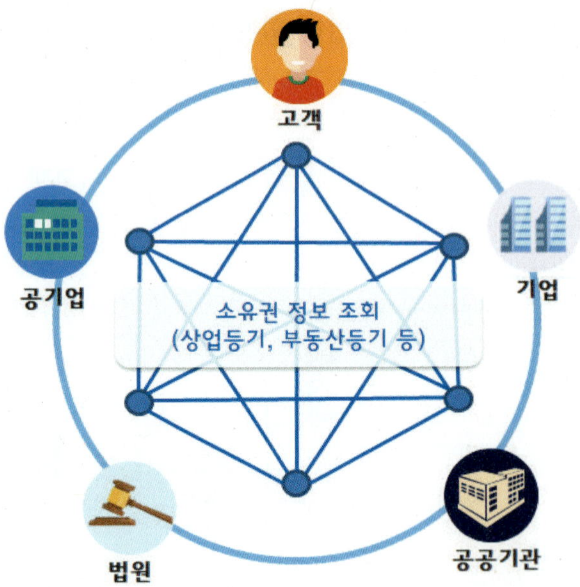

[그림 11-18] 블록체인 기반 공공기록물 관리 서비스 개념도

블록체인 기반 이력추적 서비스는 기록 생성, 기록 저장, 기록 조회 요청, 기록 제공 확인, 기록 제공의 단계로 분류 가능하다.

① **기록 생성/저장** : 블록체인 기반 공공기록물 생성 및 공유(분산 저장 등)

② **기록 조회 요청** : 기업, 법원 등에서 상업등기, 부동산등기 등 공공기록물에 대한 조회 요청

③ **기록 제공 확인** : 공공기록물 서비스 이용 고객은 공공기관에서 해당 문서를 제공(공유)할 수 있도록 허가

④ **기록 제공** : 해당 문서를 보유하고 있는 공공기관은 기록 조회 요청에 따라 정보 제공

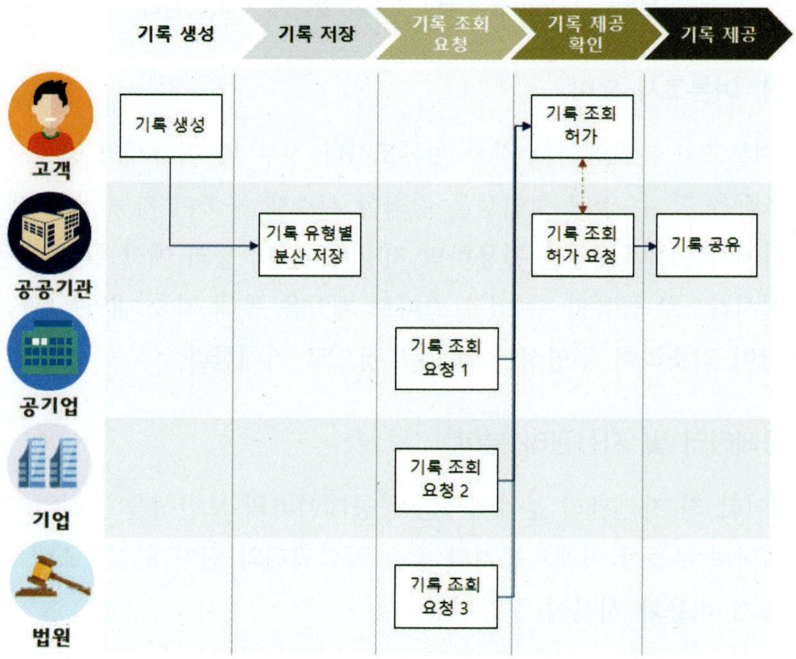

[그림 11-19] 블록체인 기반 공공기록물 관리 서비스 프로세스

학습 11

2) 공공복지분야

공공복지분야에서는 스마트 계약으로 실수를 미리 방지하고 업무처리 효율화 및 부정 수급 문제를 해결하고 공유하여 신뢰도와 투명성을 제고 할 것으로 보인다. 기부금 관리 분야에서는 간편 결제 서비스와 블록체인 기술의 융합은 기부금 관리 단체의 운영 효율성과 투명성을 높여 기부에 대한 신뢰도를 높여 지속가능성을 높일 수 있다.

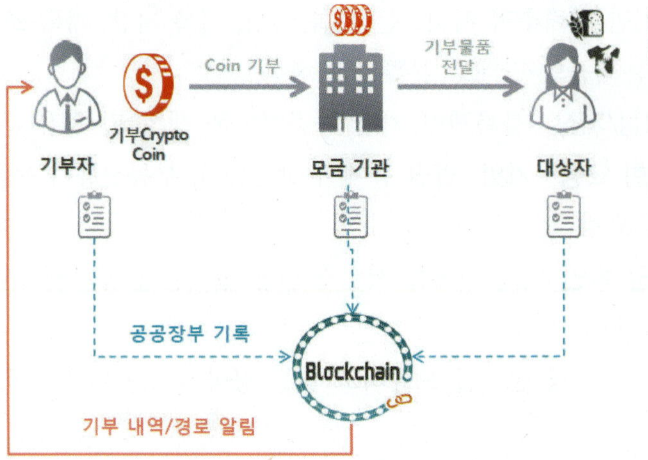

[그림 11-20] 블록체인 기술을 활용한 기부금 관리

3) 선거, 여론조사 분야

선거, 여론조사 분야에서는 각종 여론조사나 정부 및 지자체의 공공 선거에 이르기까지 조작을 할 수 없고 보안성을 강화한 시스템 구축이 가능하다. 세금 및 예산 관리 분야에서는 블록체인을 활용하면 지방자치단체 등의 예산 할당 내용부터 지출 내역을 실시간으로 공유할 수 있고 스마트 계약을 통해 지출 내역을 관리하면 관련 행정 부담이 감소하며 투명성이 제고될 것으로 기대한다.

4) 공공데이터 및 자산관리 분야

공공데이터 및 자산관리 분야에서는 공공데이터의 보안성을 강화하고 투명한 활용을 촉진하며 부동산 거래 · 등기와 같은 자산관리와 전자계약은 스마트 계약을 활용하여 중개 비용과 시간이 절감된다.

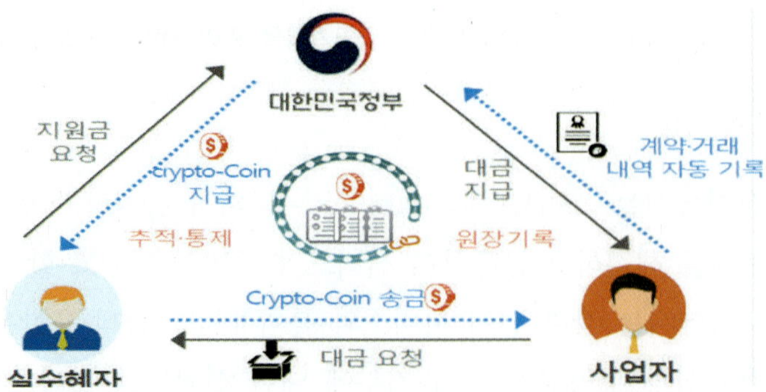

[그림 11-21] 블록체인 기술을 활용한 국가보조금 관리

5) 블록체인 기반 전자투표

블록체인 기반 전자투표는 선거 진행 간 블록체인 기반 전자서명을 통해 본인 인증 후 전자적 방식으로 투표하는 서비스이다. 블록체인 기반 본인확인을 통해 대리 투표, 중복 투표 등 불법투표를 방지하고 집표 · 개표 과정을 투명하게 하여 투표 결과에 대한 신뢰성 확보가 가능해진다.

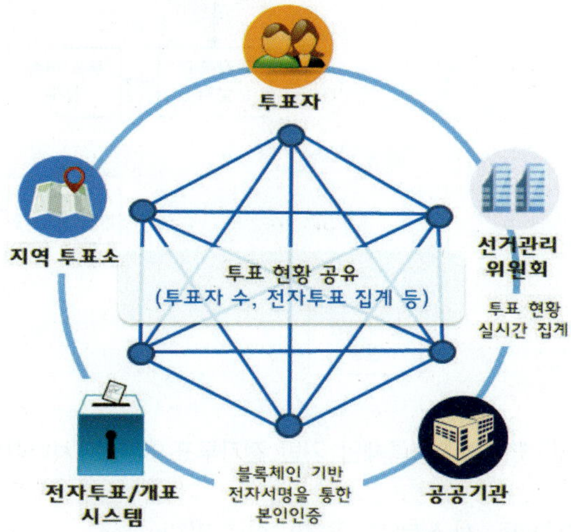

[그림 11-22] 블록체인 기반 전자투표 서비스 개념

블록체인 기반 전자투표 서비스는 투표 신청, 본인 확인, 투표, 집표, 개표 과정으로 분류 가능하다.

① **투표 신청** : 투표자는 지역 투표소 등에 방문하여 투표 신청

② **본인 확인** : 본인 확인 수단으로 공인인증서 외 블록체인 기반 전자서명 활용

③ **투표** : 종이 또는 블록체인 기반 전산시스템을 활용한 투표 수행

④ **집표/개표** : 지역 투표소에 설치된 블록체인 기반 전산시스템 간 집표 상황을 공유하고 투표 종료 후 투표 결과를 조회(개표)

(1) 국외 현황

미국은 연방 및 주 정부는 블록체인 기술이 금융을 포함한 산업과 사회서비스 등에 가져올 파급효과에 주목하고 기관 간 협력을 통해 해결하고자 노력하고 있다. 미 연방 정부는 Emerging Citizen Technology 프로그램에서 블록체인을 활용하여 정부 서비스를 구현하기 위한 블록체인 프로그램 시작하였다.

스페인에서는 신생정당 포데모스가 당내 의사결정 시스템에 블록체인 활용 전자투표 도입하였다. 포데모스 집행부 26명은 모두 아고라 보팅(Agora Voting)이라는

학습 11

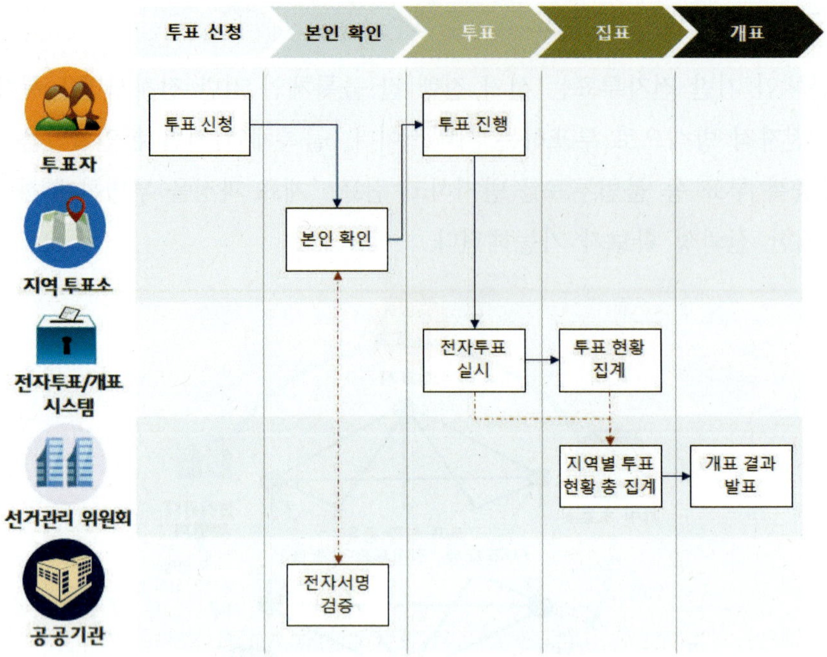

[그림 11-23] 블록체인 기반 전자투표 서비스 시나리오

블록체인 활용 전자투표 시스템을 통해 선출된다.

에스토니아는 전자정부 시스템 구축 후, 키 없는 전자서명 인프라(KSI)를 구축해 블록체인 기술과의 통합을 추구했다. 에스토니아 시민들은 ID카드로 블록체인 활용 전자투표를 활용해 세계 어느 곳에서도 로그인 후 투표가 가능하게 된다.

호주에는 중립 투표 블록(Neutral Voting Bloc, NVB)이라 불리는 기관이 블록체인 활용 전자투표를 활용하여 투표기록과 의사결정 내용을 독립적으로 검증하였다. 스웨덴의 토지 등록 기관인 Lantmateriet은 블록체인을 활용한 부동산 등록 시스템 도입하여 평균 3개월이 걸리는 부동산 판매 과정을 수 일 수준으로 단축하였다.

(2) 국내 현황

행정안전부는 블록체인 기술을 전자정부에 도입하는 방안을 모색하기 위한 전자정부 정책토론회를 개최하여 전자투표, 전자계약, 부동산 등기, 전자문서 관리 등 행정 서비스에 블록체인 도입 방안에 대해 논의('17년 2월)하였다. 경기도는 2017년 '따복공동체 주민제안 공모사업' 심사에 블록체인을 도입하여 다양한 도정 업무에 도입하여 객관성과 투명성을 제고하는 시도를 하였다.

중국 알리바바 그룹의 금융 회사인 Ant Financial은 알리페이와 연계된 'Ant Love' 자선 플랫폼에 기부금을 투명하게 관리하기 위해 블록체인을 도입하였다.

수행 내용

재료 · 자료

- 블록체인의 응용기술 관련 자료

기기(장비 · 공구)

- 컴퓨터, 프린터, 주변기기

안전 · 유의사항

- 컴퓨터, 주변기기 전원을 관리한다.

수행 순서

01 블록체인 기술의 활용사례를 업체별로 분석하라.

1. 록히드 마틴(Lockheed Martin)

방산업체들에게 사이버 보안은 중대한 걱정거리다. 미국 연방정부에 소프트웨어를 공급하는 업체들은 특히나 더 심각한 과제에 직면해 있다. 공격자가 소프트웨어를 겨냥한 무기에 멀웨어를 삽입할 경우, 미국의 군사적 역량이 침해될 수 있기 때문이다.

다국적 방산 기업인 록히드 마틴은 미국 정부를 안심시키기 위해 블록체인 전문업체 가드타임 페더럴(Guardtime Federal)을 선택했다. 두 업체는 이 시스템을 통해 현재 개발 프로세스의 모든 단계를 추적할 수 있고, 개발 생명주기 데이터를 안전하게 저장하면서 코드 문제 발견 시 절차를 가속화할 수 있게 됐다. 이를 회사의 프로세스에 통합함으로써 미 연방 정부가 신뢰할 수 있는 감사를 진행할 수 있도록 한 것이다.

회사 측은 가드타임 페더럴의 블랙 랜턴(Black Lantern)과 폭넓은 페더럴 코어(Federal Core) 블록체인 인프라스트럭처가 '보다 효율적이고 안전한' 소프트웨어 배치, 개선된 공급망 위험 관리 역량을 보장한다고 전했다.

학습 11

2. RBS

RBS(Royal Bank of Scotland)와 FCA(Financial Conduct Authority)는 뉴욕 소재의 소프트웨어 기업 R3와 제휴해 R3의 코다(Corda) 블록체인 플랫폼을 2017년 9월 도입했다. 코다는 은행을 대신해 모기지 납부 영수증 생성 작업을 자동화하며, 이 데이터는 FCA로 전송된다.

3. 토요타

자동차 제조사 토요타의 연구 자회사 TRI(Toyota Research Institute)는 자율주행 차량 개발과 관련해 MIT 미디어랩과 제휴한다고 발표했다. 핵심 아이디어는 차량 사용으로 생성된 주행 데이터를 신뢰할 수 있는 위치에 저장한다는 것이다. 회사는 이러한 데이터가 오늘날 자율주행 기술의 걸림돌 중 하나인 보험요율 정보로 변환될 수 있을 것으로 기대하고 있다.

2017년 5월 TRI의 모빌리티 서비스 디렉터이자 CFO는 "안전하고 신뢰할 수 있는 자율주행 차량을 개발하기 위해서는 수십억 마일의 인간 운전 데이터가 요구된다. 블록체인 및 분산 원장은 차량 소유자, 차량관리자, 제조업체들로부터 이러한 데이터를 보다 빠르게 이끌어낼 수 있도록 할 것이다"라고 말했다.

4. 에스토니아

발트해 연안 국가인 에스토니아는 디지털 및 기술 분야에서 앞서가는 유럽 국가로 알려져 있으며 블록체인도 예외가 아니다. 이 나라는 네트워크, 시스템 및 데이터를 보호하는 개인 정보 중심의 보안 솔루션인 Ksi라는 이름의 자체 블록체인을 개발했다. 법원 자료에서 전자 신원에 이르기까지 다양한 영역에서 활용되고 있으며, 현재 180여 곳 이상의 국가에서 사용 가능하다.

5. 지브롤터

블록체인 기술을 품은 지역은 또 있다. 지브롤터는 엄격한 규제 프레임워크를 갖춘 자체 암호화폐를 생성할 계획이라고 최근 밝혔다. 6,000만 개의 '록 토큰'(Rock Tokens) 발행을 골자로 하는 퍼블릭 토큰 판매 이벤트가 2018년 2월 개시될 예정이다.

지브롤러 블록체인 익스체인지(GBX)의 최고 임원은 블록체인 부문이 안정적인 성숙 단계에 진입하려면 "규칙 기반 시스템 도입"이 절대적으로 요구된다고 말했다. 그는 "지방 분권과 공동체 정신의 원칙에 입각해 GBX는 암호화 산업에 대한 신뢰, 개방성 및 세계적인 수용의 새로운 시대를 창출하고자 한다"라고 말했다.

6. 마스터카드

마스터카드가 출원한 특허는 이미 금융 서비스 기업이 블록체인을 실시간 결제에 활용하려 하고 있음을 시사한다. 해당 특허 문서는 이 분산형 원장 기술을 통해 즉석 지불 시스템을 개발하는 방안을 서술하고 있다. 마스터카드는 예전에도 블록체인에 대한 관심을 표현했던 바 있다.

7. ING

금융 서비스 기업들이 블록체인에 주목하는 이유 중 하나는 공공 원장에 기록된 개인 정보를 보호할 수 있는 가능성이다. 네덜란드 다국적 금융 기업 ING는 '진술서의 실제 정보를 전달하지 않고도 진술의 정확성을 검증'할 수 있는 제로 놀리지 레인지 프루프(Zero-Knowledge Range Proof) 솔루션을 선보였다.

이 기술은 '범위' 요소를 추가함으로써 사용자가 알려진 범위에 속하는 비밀 번호를 가지고 있음을 증명할 수 있게 할 수 있다. 예를 들어 모기지를 신청할 때 신청자는 정확한 금액을 밝히지 않고도 자신의 급여가 자격이 있음을 증명할 수 있게 된다.

ING의 블록체인 프로그램 글로벌 책임자 마리아나 고메즈 데 라 빌라는 "은행 부문에서 분산원장 기술을 적용하려는 주요 이유 중 하나는 데이터 프라이버시를 보호하는 동시에 규제보고 요구 사항을 충족시키는 것이다"라고 전했다.

8. 월마트

세계 최대 규모의 소매업체인 월마트는 블록체인을 사용하여 농산물 공급망의 모든 단계를 추적하고 추적하기 위해 IBM과 테스트 프로그램을 진행하고 있다. 이 아이디어는 기술이 식품 공급망을 보다 효율적으로 만들고 신선한 농산물을 더 빨리 소비자들에게 제공 할 수 있는지 이해하려는 12개월 기간의 프로젝트에서 도출됐다.

식품 안전 VP 프랭크 이아니스는 식품이 어디에서 왔고 농장에서 테이블로 어떻게 이동하는지 추적하고 추적하려는 계획은 업계 수많은 기업들이 관심을 가져온 주제라며, "그러나 지금까지는 일관적이고 지속적인 방안이 없었다"라고 전했다.

그는 이어 "협업을 통해 해결책이 도출될 수 있을 건으로 본다. 푸드 시스템은 매우 복잡하고 많은 관련 당사자가 존재하기 때문에 식품 투명성을 위한 블록체인 솔루션을 공동으로 계획하고 있다. 식량 생산과 유통에 관련된 많은 이들이 참여할 수 있기를 바란다"라고 말했다.

9. IBM

IBM은 금융 기관이 블록체인을 사용해 국경 간 결제를 처리할 수 있도록 돕는 뱅킹 솔루션을 개발했다. 오픈소스 하이퍼레저 패브릭(Hyperledger Fabric) 플랫폼 상에서 개발된 솔루션이다. IBM은 거래가 가능한 루멘스(Lumens)를 생성하기 위해 오픈소스 블록체인 네트워크 Stella.org와 제휴했으며, 이 솔루션을 증명하기 위해서는 금융 서비스 공급사 클릭엑스(KlickEx) 그룹과 제휴했다. IBM은 사모아의 한 농부가 인도네시아의 구매자와 무역 계약을 체결할 수 있게 될 것이라고 표현했다. 설명에 따르면 해당 블록체인 솔루션은 계약 조건을 기록하고 무역 문서를 관리하며 농부가 신용장을 받아 즉시 지불함으로써 거래를 완료하게 하는 과정 전반에서 활용될 수 있다.

10. BNP 파리바

프랑스 은행인 BNP 파리바(BNP Paribas)는 EY와 협력해 글로벌 내부 재무 운영을 위한 사설 블록체인을 모색하고 있다. 이 기업은 최근 파일럿 프로젝트를 성공완료 했다. 지난해 10월 시작된 이 프로젝트는 해당 은행의 내부 거래를 관리하는 ALM 재무부가 진행했다. 목표는 부서간 유연하고 실시간 현금 관리 프로세스를 허용함으로써 운영 효율성을 개선할 수 있는지 확인하는 것이었다.

BNP 파리바는 대규모 배치 가능성을 언급하기에는 아직 시기상조지만 파일럿 프로젝트는 사설 블록체인의 강점과 잠재력을 입증했다.

11. 머스크

덴마크의 해상 물류 기업 머스크는 하이퍼레저에 기반한 블록체인 기술을 이용해 매년 수천만 대에 이르는 컨테이너 선박을 관리하고 추적하고 있다. 오늘날 전세계 상품 운송 물량의 90%가 콘테이너 선박으로 이동하고 있다. 머스크의 2014년 연구에 따르면 동 아프리카에서 유럽으로 유통되는 냉장 제품의 경우 30 명의 사람들과 조직을 통해 수행될 수 있다.

머스크는 지난 9월 개념 증명을 위한 프로세스 디지털화 작업을 위해 IBM에 도움을 요청했다. 이제 각 당사자는 물품이 공급망 상에서 소재한 곳과 세관 서류, 청구서 및 기타 데이터를 정확하게 볼 수 있다. IBM의 투명성은 사기를 줄이면서 낭비와 비용을 줄이는 데 도움이 됐다고 전했다.

12. 노던 트러스트

금융 서비스 기업 노던 트러스트(Northern Trust)는 올해 초 고객과 규제 당국 모두에게 투명성을 지원하는 최초의 사모 사잔 블록체인을 배치했다고 발표했다. 오픈소스 하이퍼레저 패브릭을 기반으로 하고 IBM과의 파트너십을 통해 탄생한 이 플랫폼은 사모 펀드 시장에서 기존 문제를 해결하기 위해 고안됐다.

사모 펀드는 매우 까다롭고 수동적인 자산으로, 승인을 받기 전에 여러 조직과 관련자들 사이에 수많은 문서가 요구된다. 노던 트러스트의 피터 치레위히는 거래 검증의 속도를 높이고 거래 전반에서 투명성을 높이고 있다고 전했다.

13. 에버레저

2013 년에 모조 와인이 전세계 와인 판매의 20 %를 차지하는 것으로 보고된 바 있다. 와인 검증 전문가 모린 다우니(Maureen Downey)는 고가 와인의 '출처'를 판단하고 포도주의 경로를 추적하기 위해 블록체인 회사 에버레저와 협력해 2016년 후반에 '차이 와인 볼트'(Chai Wine Vault)를 선보였다. 이 솔루션은 고해상도 사진 촬영, 소유권 기록 및 저장과 같은 90개 이상의 데이터 포인트를 수집하여 블록체인에서 인증된 디지털 '지문'을 생성한다.

에버레저는 IBM 블루믹스(Bluemix) 위에 디지털 방식으로 다이아몬드를 검증하는 플랫폼을 구축했다.

킴벌리 프로세스는 81 개국이 합의해 2003년 결의된 3 단계 검증 시스템이다. 업계에서는 이 프로세스가 도움이 된다고 믿고 있지만 에버레저는 다이아몬드 출처 대한 심각한 윤리적 우려를 해소하지 못했다는 비판이 있다고 지적했다. 에버레저는 자사의 플랫폼이 이 문제를 해결할 수는 없지만 보험사기 및 킴벌리 프로세서 인증서의 변조로 인한 문제는 축소시킬 수 있다고 전했다.

에버레저 창립자인 리안 켐프는 "다이아몬드 공급망과 마찬가지로 와인 업계는 위조품으로 인해 어려움을 겪고 있다. 우리는 이러한 문제를 해결하고 상품에 투명성과 신뢰의 레이어를 추가할 잠재력을 보유하고 있다"라고 말했다.

14. 마이크로소프트의 코코 프레임워크

블록체인은 모든 당사자가 동의하는 신뢰할 수 있는 디지털 원장을 만들어 데이터 관리를 단순화할 수 있다. 예를 들어, 정부 데이터에 대한 블록체인은 공공 부문 기관이 공식 데이터의 검증된 기록을 보관하는 데 도움이 될 수 있다. 또 해당 레코드에 대한 데이터를 쉽게 변경해 사용자가 한 정부 부서에서 다른 부서로 데이터를 전송하고 블록체인과 교차 점검할 수 있도록 해준다.

2017년 8월 발표된 마이크로소프트의 코코 프레임워크(Coco Framework)는 기업들의 블록체인 도입을 쉽게 해주는 존재 중 하나다. 'confidential consortium'에서 명명된 이 프레임워크는 성능을 희생하지 않으면 서 데이터 기밀성을 강화할 수 있다고 마이크로소프

학습 11

트는 전했다. 특히 초당 1,600건의 트랜잭션을 처리할 수 있다는 설명이다. 마이크로소프트 측은 이 프레임워크가 여러 실행 환경과 호환된다는 점을 강조하며 2018년 기트허브를 통해 오픈소스화될 것이라고 밝혔다. 초기 구현 단계인 현재 인텔 하이퍼레저 소투스(Sawtooth), JP 모건 쿼럼(Quorum), 이더리움, R3 코다(Corda)를 포함하고 있다.

15 코옵 푸드

코오퍼레이티브 푸드 그룹(Co-operative Food Group)은 작년 중반에 프루브넌스(Provenance)와 함께 알파 단계 블록체인 플랫폼을 구축하기 시작했다. 캐치에서 플레이트까지 생선 제품의 지속 가능성을 추적할 수 있도록 하는 플랫폼이다.

양사의 파트너십은 농장, 공장에서 생성된 데이터와 코옵의 창고 및 소매점의 시스템 데이터를 연결시켜 "실시간 디지털 기록"을 구축하려는 데 목적을 두고 있다.

16. BHP 빌리턴(BHP Billiton)

호주 최대 규모의 광산 기업인 BPP 빌리턴은 이더리움 기반 블록체인을 사용해 바위와 유체 샘플을 추적한다. 일반적으로 스프레드 시트 및 전자 메일 통신과 같은 보다 전통적인 프로세스로 기록됐던 작업이다.

AFR(Australian Financial Review)에 따르면, 이 블록체인 기술을 사용하면 기술자가 수집 시간과 같은 데이터를 첨부하거나 기존 항목에 메모를 추가할 수 있으면서도 모든 사람에게 표시되는 레코드를 만들 수 있다. 이 솔루션은 블록체인 스타트업인 블록앱스(BlockApps)에 의해 만들어졌다.

17. 시큐어키

신원 관리 기업 시큐어키(SecureKey)는 하이ㅓ레저 패브릭 v1.0에 기반한 IBM의 "서비스로서의 블록체인" 플랫폼을 사용해 고객이 신원을 쉽게 확인할 수 있도록 할 것이라고 발표했다.

현재 시험 단계 상태로 캐나다에서 서비스되고 있는 이 제품은 연말 공식 출시될 예정이다. 확보된 고객사로는 BMO,CIBC, 데자르뎅(Desjardins), RBC, 스코티아뱅크(Scotiabank), TD와 같은 곳이 있다.

설명에 따르면 스마트폰 앱을 사용해 새로운 인증 방식을 이용할 수 있다. 이 앱을 사용하면 사용자가 새로운 서비스에 액세스할 때 사용자의 확인 및 검증을 빠르게 할 수 있다.

학습활동.11 교수 · 학습 방법

교수 방법

- 블록체인의 응용기술에 대한 관련 용어, 구성, 방식 이해 정도를 파악한 후 수업을 진행한다.
- 교수자의 주도로 블록체인의 응용기술 등의 내용을 PPT 자료로 제시한 후 설명한다.
- 가능하면 사전에 개인별 학습 자료를 준비하여 모든 학생이 참여할 수 있는 문제 해결식 수업, 협력 수업이 가능하도록 한다.
- 블록체인의 응용기술 전 과정을 작업의 순서에 따라 단계적으로 실습이 이루어질 수 있도록 지도한다.
- 교재를 통해 수업을 준비하는데 있어서 필요한 모든 정보나 팁, 힌트 등 도움이 될 만한 내용들을 확인할 수 있다.
- 학생들이 만들게 될 각 모델들은 수업시간에 중점적으로 다뤄질 부분과 어휘, 질문, 답을 포함하고 있으며 또한 탐구할만한 추가적인 아이디어들도 포함하고 있다.

학습 방법

- 블록체인의 응용기술에 대한 관련 용어를 숙지하고, 블록체인의 응용기술에 대해 이해한다.
- 블록체인의 응용기술의 각 단계별 중점 사항을 체계적으로 학습한다.
- 블록체인의 응용기술의 수행순서의 전 과정을 실습한다.
- 블록체인의 응용기술의 내용을 이해한다.
- 블록체인의 응용기술을 이해하고 숙달이 될 때까지 학습한다.

학습활동.11 평가 및 피드백

평가 준거

- 평가자는 피평가자가 수행 준거 및 평가 내용에 제시되어 있는 내용을 성공적으로 수행할 수 있는 지를 평가해야 한다.

학습내용	평가항목	성취수준		
		상	중	하
블록체인의 응용기술	블록체인의 응용기술을 이해할 수 있다.			

학습 11

평가 방법

• 작업 포트폴리오

학습내용	평가항목	성취수준		
		상	중	하
블록체인의 응용기술	블록체인의 응용기술을 이해할 수 있다.			

• 필기시험

학습내용	평가항목	성취수준		
		상	중	하
블록체인의 응용기술	블록체인의 응용기술을 이해할 수 있다.			

• 체크리스트를 통한 관찰

학습내용	평가항목	성취수준		
		상	중	하
블록체인의 응용기술	블록체인의 응용기술을 이해할 수 있다.			

• 피드백

1. 작업 포트폴리오
   – 제출한 보고서를 평가한 후 주요 사항에 대하여 표시하여 돌려준다.
2. 필기시험
   – 평가 결과 성적이 저조한 학생은 보고서 제출 기회를 부여한다.
3. 체크리스트를 통한 관찰
   – 실습 과정에서 평가한 후 개선해야 할 사항 등을 정리하여 돌려둔다.

참고자료

1. "Tamlin Magee" 개념증면 끝났다. 현실 속 블록체인 활용처 18선, http://www.ciokorea.com/news
2. 금융위원회, 「블록체인 금융분야 도입방안을 위한 연구」, 2016.6.
3. 소프트웨어정책연구소, "블록체인 기술의 산업적 · 사회적 활용 전망 및 시사점", 「Issue Report」, 2017.9.
4. 삼정KPMG, "블록체인이 가져올 경영 패러다임의 변화, 금융을 넘어 전 산업으로", 「ISSUE MONITOR」, 2016.9.
5. 선거연수원, 「블록체인 방식을 활용한 온라인 투표시스템 적용 가능성 연구」, 2017.9.
6. 오세현, 김종승, 『블록체인노믹스』, 한국경제신문, 2017.11.
7. 윌리엄 무가야, 『비즈니스 블록체인』, 한빛미디어, 2017.11.
8. 한국법제연구원, 「디지털사회 법제연구(Ⅱ)-블록체인 기반의 스마트계약관련 법제연구」, 2017.8.
9. 한국은행, 「분산원장 기술의 현황 및 주요 이슈」 2016.12.
10. 経済産業省, 「ブロックチェーン技術を利用したサービスに関する国内外動向調査」, 2017.
11. 野口悠紀雄, 『ブロックチェーン革命』´ 日本経済新聞出版社, 2017.

학습 11

학습 1	4차 산업혁명과 블록체인
학습 2	블록체인의 개요
학습 3	블록체인의 핵심기술
학습 4	블록체인의 P2P 네트워크 기술
학습 5	블록체인의 합의 알고리즘 기술
학습 6	블록체인의 스마트 계약
학습 7	블록체인의 분산원장 기술
학습 8	블록체인의 활용 암호화폐
학습 9	차세대 블록체인, 큐브체인
학습 10	블록체인의 표준화 동양
학습 11	블록체인의 응용기술
학습 12	**블록체인의 법제도와 기술이슈**
학습 13	블록체인의 산업동향과 특허동향

학습 목표	12. 블록체인의 법제도와 기술이슈를 이해할 수 있다.

12-1 블록체인의 법제도 동향

1. 해외 블록체인 법제도 관련 현황

해외 주요국은 정부에서 블록체인 산업 육성을 위한 기반을 조성하고 민간에서 관련 서비스를 지속 창출하고 있다.

미국을 중심으로 비금융 분야의 블록체인 적용·확산 기반 마련을 위해 관련법 제·개정 지속 추진 중이다. 아리조나주는 전자거래법 개정을 통해 블록체인 기술 기반의 서명, 계약, 기타 거래기록 등의 법적 효력 규명하였다. 버몬트 주는 블록체인 기반 기록의 유효성과 증거적 효력 인정을 위한 법을 제정하였다. 델라웨어 주는 일반 기업법과 관련된 델라웨어 규약 8번 개정을 통해 블록체인 기반 기술의 적격성을 인정하는 법령을 마련하였다.

또한, 민간 기업을 중심으로 블록체인 관련 플랫폼 및 서비스 실증을 통해 발생하는 문제점을 파악하고 개선해나가는 등 패러다임 변화에 빠르게 대응하고 있다.

2. 국내의 경우

국내의 경우의 블록체인 산업 육성을 위한 법제도적 기반이 미흡한 상황이다.

국내의 경우 Positive 형태의 입법방식으로 인해 기업들이 블록체인 관련 서비스 개발 · 적용에 어려움을 겪고 있는 상황이다. 블록체인 기반 문서, 전자서명 등이 법적 효력 발휘에 대한 내용이 부재하여 국내 기업들이 관련 서비스 개발 및 제공이 불가능한 상황으로 법제도 개선이 시급하다.

국내 블록체인 산업 육성을 위해서는 현행 법제도적 규제를 발견하고 이를 개선하는 조치가 필수적이다. 블록체인 기술은 全산업영역에 적용 · 확산이 가능할 것으로 보여, 블록체인에 대한 최소 규정을 우선적으로 마련하는 것이 가장 시급하다. 현행 positive 형태의 입법을 취한다면 향후 예상하지 못하는 블록체인 기반 신산업 · 신서비스가 등장할 경우 블록체인 근거조항이 새로운 규제로 작동 하게 될 가능성이 높다.

3. 블록체인에 대한 각국의 법적 정의

미국, 영국, 일본 등 해외 주요국은 블록체인 기술 및 산업활성화를 위한 법률 제 · 개정을 위해 블록체인 기술에 대한 법적 정의를 마련 중에 있다. 미국은 블록체인 기술 활용 비즈니스 확산을 위해 네바다주, 아리조나주에서 블록체인 관련 법령을 제 · 개정하였다. 대표적으로 네바다주는 2017년 6월 블록체인 거래에 세금이나 수수료 부과를 금지하여 블록체인 거래를 보호하고 확산을 위한 블록체인 지원 관련 법령을 제정하였다.

또한 애리조나주는 2017년 3월 애리조나주 전자거래법개정을 통해 블록체인 기술 기반의 서명, 계약, 기타 거래기록의 법적 효력 규정하였다.

영국의 Office for Science는 블록체인과 분산원장 기술을 각각 구분하여 정의하였다. 일본은 '16년 4월 금융산업 내 블록체인 기술 적용 확산을 위한 JBA(Japan Blockchain Association) 출범 후 블록체인에 대한 법적 정의를 마련하였다. 홍콩은 2017년 현재, 스마트 계약 및 지재권, 헬스케어 등 산업 육성을 위해 홍콩 대통령을 중심으로 협의체 구성 후 블록체인 관련 정의를 마련하였다.

〈표 12-1〉 국내/외 주요국 블록체인 관련 개념 정의

국가	구분	블록체인 개념정의
미국	네바다 주법	블록체인은 거래 데이터 혹은 기타 데이터의 전자적 기록으로서 ① 균등하게 정렬된 것 ② 하나 이상의 컴퓨터나 기기에서 중복 관리 혹은 처리된 거래 기록이나 기타 데이터의 일관성 혹은 부인방지성이 보장되는 것, 그리고 ③ 암호화 절차를 사용하여 인증되는 것을 의미한다.
	아리조나 주법	블록체인 기술은 분산기록 기술로서 공개/비공개 처리되었거나, 허가를 받았거나 받지 않았거나, 토큰화된 암호경제로 운영되거나 토큰 시스템이 없는 등 다양한 형태의 분산, 탈중심화, 공유된 복제 기록을 사용하는 것을 의미한다.
	버몬트 주법	블록체인 기술은 인터넷 거래, 개인 간 네트워크 혹은 기타의 수단으로 유지되는 수학적 안정성을 확보한 시간대별 분산 기록이나 데이터베이스의 총체를 의미한다.
	일리노이 주법	분산 데이터베이스 및 기록의 발달은 공개 증명 가능한 오픈소스 암호화 알고리즘으로 인한 변형이나 구어적으로 "블록체인"이라 부르는 분산기록 공유에 의한 데이터 손실로부터 보호된다.
	하와이 주법	블록체인은 새로운 개인 간 네트워킹 및 분산 데이터 저장 기술로, 1차 제어권이 중앙집중형 서비스에서 개인, 혹은 다수의 키 홀더(암호화 열쇠를 보유한 자)로 옮겨가는 원인이 된다.
영국	Office of Science	블록체인은 다수의 기록을 하나의 블록으로 저장하는 데이터베이스 형태를 의미한다.
		분산기록은 다수의 사이트, 국가, 혹은 기관 간에 분산된 데이터베이스 형태로서 일반적으로 공공에 공개된 형태이다.
일본	JBA	블록체인은 비잔티움 장애가 있는 불특정 다수의 노드가 사용하며, 시간경과에 따른 데이터 총체의 회귀 가능성이 0에 수렴하는 프로토콜, 혹은 프로토콜의 구현으로 정의된다.
		넓은 관점에서 블록체인은 데이터 신호와 해시 포인터를 이용한 데이터 변조를 쉽게 검출할 수 있으며 네트워크상에 분산된 다수의 노드를 바탕으로 데이터의 유효성과 완전성이 극히 높아진 데이터 구조를 바탕으로 하는 기술을 의미한다.
싱가포르	Monetary Authority of Singapore	다수의 사이트, 국가, 혹은 기관 간에 분산된 데이터베이스 형태이다. 근본적으로 탈중심적이며, 거래의 처리과정이나 인증, 증명 절차에 중개자가 불필요하다.
한국	금융위원회	블록체인은 분산원장(Distributed Ledger) 기술로, 거래정보를 기록한 원장을 특정 기관의 중앙 서버가 아닌 P2P(Peer-to-Peer)네트워크에 분산하여 참가자가 공동으로 기록하고 관리하는 기술을 의미한다.

시스템을 사용할 때 발생할 수 있는 위험에 대해 경고하고 있다. 또한 2017년 7월 1일부터 중국내 가상통화 거래소에 대한 연간 최대 해외송금 한도를 설정하고 거래소를 이용하는 모든 개인이 거래기록을 주기적으로 제출하도록 하는 규제를 시작하였다.

12-2 블록체인의 소비자 이슈

1. 기술적 이슈

암호화된 정보에 접근할 수 있는 사람은 개인키를 가진 자만이 가상통화를 소유할 수 있다. 즉, 가상통화를 담는 전자지갑(Wallet)을 소홀히 관리하거나 누군가의 악의로 훔쳐가는 일이 발생하게 되면 금전적 피해가 발생하며 사고가 훨씬 확대될 것이다. 전자지갑은 모바일, USB 등에 저장하는데 해커가 이 전자지갑을 훔쳐가는 것이다.

또한 가상통화 거래소 역시 해커에게 지속적으로 공격 받는 추세이다. 특히 가상통화를 현찰로 환전하려다가 사기를 당하거나, 바꾸려다가 실패할 확률이 45%에 달한다고 한 연구팀이 발표하였다.[2)]

연구에 따르면, 총 33종류의 외화(달러, 엔 등)와 바꿔주는 40개의 비트코인 거래소를 추적했는데, 이 중 9개가 해커 등에게 보안 관련 위협을 받았으며, 18곳은 연구기간 중에 공식적으로 폐업하였다. 또 다른 13곳은 아무런 공지 없이 갑자기 문을 닫았다. 조사 결과 남아있는 거래소는 4곳뿐이었으며, 폐업한 거래소들이 환불해 주었다는 증거는 거의 없었다고 발표하였다. 결과적으로 비트코인 환전 거래는 평균 381일간 유효하며 현찰을 받지 못할 확률이 45%라고 분석되어진다.

P2P 분산네트워크 구조에 대해 사이버 공격이 증가하고 있으며, 특히 금융과 IT 융합의 가속화에 따른 신종 보안위협이 등장하고 있다. 대표적인 사례로 일본의 마운트 곡스 비트코인 거래소는 수십억 달러에 해당하는 해킹 피해로 파산 신청을 하였고, 미국의 Input.io사는 1백 2십만 달러 상당의 비트코인을 해킹 당한 바가 있다. 국내에서는 '14년 처음, 비트코어 거래소에서 해킹으로 의심되는 사건이 발생하였다. 본인의 동의 없이 비트코인 여러 개가 다른 사람의 전자지갑 주소로 빠져나갔다는 피해가 발생한 것이다. 이러한 해킹 사실을 알렸으나, 익명으로 운영되는 비트코인

2) 과학동아, '비트코인도 털린다', 2014.01. (서던메소디스트대 테일러 무어 교수팀 연구)

학습 12

전자계좌의 특성상 경찰의 수사 협조 없이는 IP추적이 불가능하다고 언급하며 보상을 받지 못한 것으로 알려졌다.

P2P 분산네트워크의 사이버공격뿐만 아니라, 분산형의 책임주체가 될 수 있는 중앙 서버가 없는 구조여서 범죄수단이나 비자금용도 등 불법자금의 세탁으로 사용될 우려가 높다. 가장 활발히 이용 중인 비트코인의 유명세로 익명성을 범죄 수단으로 악용하는 사건도 발생하였다. 2013년에 버락 오바마 미국 대통령 등 주요 요인 암살을 위해 자금을 모으는 사이트에서 비트코인으로 모금해 논란이 됐다. 이는 익명의 회원들로부터 블록체인기반의 비트코인을 기부 받는 방법으로 정치자금을 모으기 때문에 법적인 제재가 힘들다는 점을 노린 것이다.

국내에서는 '15년 3월, 비트코인을 이용한 대마초 밀수 거래를 적발한 사건 최초로 발생하였다. 이는 구매자들에게 국내 비트코인 거래소에 회원으로 가입시켜 대마초 대금을 비트코인으로 결제했으며 외환거래 절차를 밟지 않고 국제 유통이 가능하고 자금 추적이 어려운 점을 악용한 것이다. 그 외, 유사 가상통화를 발행하여 불법 다단계 방식으로 판매하는 사기 범죄 및 피해 사례가 다수발생하고 있다.

2. 관리적 이슈

사용자가 소유한 모바일 기기나 PC 등의 보안 관리미흡으로 사고가 발생할 수 있다. '15년 랜섬웨어[3] '크립토락커'가 국내 온라인 커뮤니티의 광고 서버를 통해 유포되었으며 많은 이용자들이 감염되었다. 그리고 감염된 PC 사용자들이 암호화 해제를 위해서는 1.84338 비트코인(한화 약 44만원)을 크립토락커 측이 명시한 비트코인 주소로 송금하게 했다. 이는 해커가 추적 불가한 비트코인을 이용 했다기보다 근본적으로 국내 이용자들의 보안 환경이 취약했다고 보인다. 또한 크랍토락커는 토르(Tor) 웹브라우저까지 사용하여 전세계 IP를 가져다 사용하여 실제 이용자 IP를 알아내기 어렵게 하였다. 하지만 이는 구버전(IE6, 7 등)의 익스플로러와 어도비 플래시 플레이어의보안 취약점을 노린 것으로, 사용자가 마이크로소프트사의 인터넷 익스플로러를 업그레이드를 지속적으로 했다면 피해갈 수 있었다. 즉, 보안업데이트 등 기본적 보안조치만 하였다면 사건이 커지지 않았을 것이다. 국내는 해외에 비해 블록체인에 대한 전문인력 및 투자가 활발한 편이 아니다. 이미 해외에서는 대형 글로벌 은행들이 핀테크 기업과 제휴를 통해 블록체인 기술을 도입했거나 개발을 본격화하는 상황

3) PC 자료를 암호화해 열 수 없게 만들고, 해당 PC의 주인에게 암호화 해제 대가로 금품을 요구하는 악성코드

이다. 국내의 경우, 최근 주요은행들이 본격적으로 블록체인 기술을 활용하기 위한 제휴 및 기술개발에 나서고 있다는 것을 보면 아직 해외에 비하여 비트코인 등 가상통화의 가맹점이나 이용자가 활발한 편이 아니다. 즉 기술개발에 필요한 전문인력 수급이 불안정하다는 것을 우려해야 한다. 이러한 어려움을 해결하기 위해 외부 인력을 영입하려 하지만 실제적으로 업무를 수행할 수 있는 경험을 가진 전문가가 미흡하다는 것이다. 내부 인력을 전문가로 양성하기 위해 교육을 진행한다 하더라도 블록체인 환경 및 집중교육시간을 위한 투자 여력 역시 쉽지 않다.

블록체인의 특징인 분산형 네트워크망은 금융기관처럼 중앙 관리 주체가 되는 기관 없이도 사용자끼리 금융거래를 할 수 있는 환경이 만들어지는 것이다. 중앙집중식 거래에 대해서는 어디선가 잘못 거래되거나 결제되었을 경우에 책임소재가 명확하여 해결할 수 있으나, 블록체인 방식에는 책임자가 없어 잘못된 거래가 발생해도 책임을 묻거나 거래를 철회할 수 있는 방법이 없다는 것이다. 미국의 싱크탱크인 전략국제문제연구소(CSIS)에 따르면 2014년에 실시한 조사 보고서에서 사이버 범죄가 전세계 경제에 가져오는 손실은 연간 약 3,750억~5,750억 달러에 이른다고 추정하고 있다. 이와 관련하여 네트워크망을 통해 사용자가 작동하는 블록체인도 잠재적인 사고발생에 피할 수는 없을 것이다. 기존의 중앙집중식의 관리체계가 달라지면서 역할 및 책임이 불분명해져 사고 발생 시 법적 책임을 질 주체가 모호해질 수 있다는 것이다.

3. 법제도적 이슈(포괄적)

가상통화는 높은 시스템 안정성을 확보하고 있는 반면 개별 사용자를 해킹, 분실 등으로부터 보호하는 장치는 크게 미흡하다. 개인키(Private Key)를 분실하거나 PC 또는 모바일기기 해킹 등으로 도난당하는 경우 가상통화를 복구할 수 있는 방법이 현재로서는 없다. 또한 가상통화를 별도로 규제하는 정책이나 법규가 미비하여 제도적 관리나 정책 지원의 사각지대가 존재한다.

그리하여 하여 탈세 및 자금세탁, 테러자금 조달과 관련하여 사고 발생 시 법적 책임을 질 주체가 모호하다. 비트코인과 같은 가상통화를 통화 내지는 통화에 유사한 지급수단으로 볼 것인가, 재화로 볼 것인가는 관련 법령상 규제 여부를 좌우하는 핵심적인 쟁점이 될 것이다

또 다른 이슈는 현재 국내 금융시스템은 중앙집중화된 전산환경을 기반으로 전자금융거래법 및 감독규정이 정해져있다는 것이다. 전자금융과 관련하여 가장 우선적

으로 적용되는 전자금융거래법 및 감독규정 자체가 중앙집중화된 현재의 전산환경을 기반으로 하고 있기 때문에, 이를 분산원장 방식인 블록체인에 적용하는 것은 문제가 있을 뿐 아니라, 부분적인 개정으로 이를 보완하기에는 다소 어려운 부분이 존재한다. 또한 선제적으로 법규를 개정하려해도 이를 블록체인의 유형에 따라 다양한 형태의 금융서비스를 만들 수 있기에 이를 사전에 예측하여 법령을 개정하기에는 어려움이 존재한다.

4. 스마트 계약의 법적 이슈

1) 계약(코드)설계

스마트계약은 청약과 승낙의 합치로 성립하는 일반계약과는 달리 일방이 제공하는 프로그램(코드)을 의미하므로 계약의 성질을 가지지 않는다. 스마트 계약을 설계한 자가 제공한 코드에 참여하고자 하는 자는 프로그램에서 요구하는 일정한 조건을 입력하면 프로그램이 자동실행 된다.

예를 들어 신생재생에너지 활용을 위한 회사를 설립하기 위해 자금을 조달하려고 할 경우 코드 개발자(Contract Creator, A)는 이더리움 플랫폼에서 자신의 계약주소(Contract Address)를 이용해 자본금 1백만 이더를 선착순 모집하면서,

① 1이더는 1토큰의 가치를 가지며, ② 1이더를 투자할 경우 1토큰에 해당하는 주식을 가지며, ③ 1백만 이더가 모금되면 이를 자본금으로 한 회사가 설립되며, ④ 자본금으로 투자할 사업에 관해서는 이더리움을 통해 토큰 소유자의 과반수의 결의를 통해 의사결정을 하기로 하고, ⑤ 사업의 소득은 토큰 지분에 비례해서 분배한다는 정책(policy)을 내용으로 하는 메시지를 적절한 방법으로 게시한다.

코드설계자는 1이더가 자신의 전자지갑주소에 도달하면 1토큰이 발생되도록 설계된 코드를 블록체인에 기록한다.

2) 거래의 성립

B가 동 사업에 관심이 있어 100이더를 구매하려는데 이를 위해 B는 가상화폐거래소의 웹페이지에 인터넷을 통해 접속해서 거래소에서 정한 방식에 따라 원화를 입금하여 이더를 구매하여 100이더를 A의 전자지갑주소로 송금하게 된다.

이 과정에 거래소의 전자지갑에서 B의 전자지갑으로 이동되어 있던 100이더가 A의 전자지갑으로 이동하게 된다. 100이더가 A의 전자지갑으로 이동하는 순간 자동적으로 B의 명의로 100토큰이 발행되어 B의 전자지갑으로 이동한다. 이 과정을 사법적

관점에서 검토하면, A가 코드를 작성하여 이를 일반인이 접근할 수 있도록 오픈소스로 공개하고 B가 메시지에서 요구하고 있는 조건에 따라 행동할 경우 자동적으로 토큰 구매가 실현되었다고 볼 수 있다.

3) 거래 과정

거래를 구분해서 보면, ① A의 코드작성, ② 코드의 공개, ③ B의 조건성취, ④ 토큰의 이전으로 구분된다. A의 코드작성은 A와 이더리움 플랫폼과의 관계에서 이루어지는 작업으로서 B와는 무관하다.

① A의 코드작성을 오프라인거래에 대비해보면, B와의 관계에서는 A의 내심적 효과의사 상태에 있다고 볼 수 있다.

② 다음으로 코드의 공개는 내심적 효과의사의 표시에 해당하고 단지 특정인에 대한 의사표시가 아니라 불특정 다수인에 대한 의사표시로 볼 수 있다. 이는 오프라인거래에 대비하면, 청약의 유인으로 볼 것인지 아니면 청약으로 볼 것인지 문제가 있지만 B의 일정한 행위가 있으면 A의 의사를 묻지 않고 바로 계약이 실행되므로 A의 코드공개는 청약에 유사한 성질을 가진다고 볼 수 있다.

③ B의 조건성취행위는 승낙의 의사표시의 성질을 가지고 있으나 의사표시에 그치지 않고 100이더의 송금이라는 사실행위이므로 이는 승낙의 묵시적 의사표시와 함께 계약의 이행이 함께 일어난 것으로 이해할 수 있다. 이는 마치 음료수 자동판매기에 동전을 투입하는 것과 같이 승낙이라는 의사를 가지고 동전을 투입하는 것과 흡사하다.

④ 토큰의 이전은 A의 의사에 의한 행위가 아니라 이미 코드를 공개하는 시점에 그러한 결과가 발생하도록 이미 예정되어 있다는 점에서 이미 조건이 주어진 이행행위라 할 수 있다. 이 역시 동전을 투입하면 음료수가 자동적으로 고객에게 제공되는 것과 같이 청약자의 의사의 개입 없이 바로 계약이 이행되는 특수한 계약이라 볼 수 있다. 요컨대 A의 코드 자체(스마트 계약)는 전통적 개념에서 볼 때 계약에 해당하지는 않으며 코드의 공개는 계약의 청약에 해당하고, B의 코드에 따른 조건의 실행행위가 승낙에 해당하며 A의 이행행위는 자동화된 계약의 실행행위라 볼 수 있다.

4) 급부의 현실가치성

스마트 계약의 급부는 현실의 계약과 달리 급부가 가상세계에서 통용되는 재화(디지털 자산)가 된다. 앞의 예에서 보듯 A의 급부는 토큰이고 B의 급부는 이더라는 가상화폐이다. 결국 스마트 계약은 가상의 재화의 거래행위가 되어서 가상화폐(이더)와 토큰의 가치에 따라 계약의 유상성을 인정할 수 있다.

그런데 이더는 거래소를 통해 현실의 통화에 의해 판매가 되므로 이더의 성질을 자유화폐로 보든 물건으로 보든지 간에 그 가치가 평가될 수 있고 다시 현금으로 환금도 가능하므로 재화성을 인정하는데 큰 어려움이 없다.

이에 반해(비상장)토큰은 가상세계에서만 통용될 수 있고 현실 세계에서 그 가치를 평가하는 것 자체가 용이하지 않을 뿐만 아닐 현실세계와의 접점이 없어 재화성에 의문이 있을 수 있다. 굳이 토큰의 재화성을 발견하려고 한다면, 토큰 역시 가상세계에서 수요와 공급의 원리에 따라 정해지는 가치로 이더와 교환될 수 있고 그 이더는 다시 현실의 화폐로 환금이 가능하므로 토큰 역시 간접적으로(이더를 매개로 하여) 현실의 재화성을 가진다고 이해할 여지도 있다. 다만 토큰도 거래소에 상장될 경우 이더와 유사하게 거래가 될 수 있어 재화성을 인정하기 용이하다고 본다.

5) 가상가치 창조

이더리움 플랫폼이라는 가상 세계에서 그 끝단은 이더와 통화의 교환이라는 현실세계의 가치와 연결되지만 가상세계 내부에서 가치의 창조와 교환이 이뤄지고 있다. 즉 앞서 든 예에서 토큰은 가상세계에서 창조된 재화로서 가상세계에서 그 가치가 증감하면서 일정한 역할을 수행한다. 즉 토큰은 가상세계에서 설립되는 회사의 지분 역할을 하면서 회사의 성과와 가치에 따라 가치가 변화된다. 많은 사람이 더 많은 대가(이더)를 지급하고 토큰을 구매하고자 할 경우 토큰의 가치는 상승하고 토큰이 매력이 없다고 생각하여 많은 사람이 토큰을 매각하고자 할 경우에는 토큰의 가치는 하락하게 된다. 하지만 토큰의 가치가 하락한다고 하더라도 현실세계에서 손해가 발생한 것은 아니며 상승할 경우에도 현실세계의 이익이 실현된 것도 아니라는 점에 특징이 있다. 단지 토큰과 교환되는 이더의 양이 변화되게 되고 이더를 현실의 통화로 환금하지 않고 다시 가상세계의 다른 재화를 구매하는 용도로 사용할 경우 가상세계에서 이익 손해는 현실세계의 이익 손해와 직접 연결되지 않고 다시 순환하게 된다.

6) 이더와 토큰의 차이

가상세계에서 특히 이더리움 플랫폼에서 이더는 현실세계의 통화의 역할을 한다. 모든 재화는 이더로 교환될 수 있고 가치를 측정하는 단위가 될 수 있다. 현실세계의 관점에서 보면 이더나 토큰 모두 동일한 전자정보이지만 이더는 가상세계 내에서 통화의 기능을 하고 토큰은 단순히 재화의 역할을 하게 된다.

이는 토큰이 거래소에서 현실의 통화로 환금이 되지 않지만 이더는 통화로의 환금이 보장되어 있다는 점에서 차이가 있기 때문이다. 하지만 가상세계에서 다시 토큰이 통용되는 거래계의 범위 내에서 토큰은 다시 작은 통화의 기능을 할 여지가 없지 않다.

즉 A의 전자지갑을 통해서 토큰이 발행되므로 토큰은 다시 자유화폐적 기능을 하면서 다른 가상세계의 재화를 구입하고 그 대가로 교환될 가능성이 없지 않다. 다만 그렇다고 하더라도 이더와의 가장 큰 차이점은 이더는 분산형으로 발생되고 거래소는 거래의 중계 역할을 하는데 반해 토큰은 집중형으로 발행되므로 A의 전자지갑은 거래소의 기능을 하지만 신뢰할 수 있는 제 3당사자(Trusted Third Party)에 해당하게 된다.

7) 토큰의 신뢰성

이더는 블록체인에 기반하여 발행되므로 중앙에 이더를 발행하는 기관이나 이를 관리하는 기관이 존재하지 않고 분산형으로 발행되고 분산형원장에 의해 관리된다. 하지만 이더리움 플랫폼에서 발행되는 토큰은 그 발행인(코드 개발자, A)의 신뢰에 기반하여 발행되므로 발행인의 신뢰성이 무너지면 가상세계 내에서 교환되는 가치의 불균형이 발생할 수 있다. 따라서 발행인의 신뢰는 다시 보증되어야 하므로 이를 위해 이더에 의한 가상세계 내의 담보제공 등의 수단이 요구된다.

즉 A는 토큰 과 교환으로 이더를 취득하지만 발행인인 A가 무단으로 활용할 수 없도록 하고 스마트 계약 당사자들의 합의에 의해 이더를 사용할 수 있도록 이더의 사용을 제한할 필요가 있다. 즉 토큰의 신뢰성의 기반은 계약행위에 관해서는 블록체인 기술에 있지만 토큰의 대가인 이더의 관리의 신뢰성을 위해 이더의 사용제한 등의 다른 수단이 요구된다. 이를 위해 코드의 설계시 토큰에 대한 대가인 이더에 관한 처분권한을 코드 개발자가 가지지 않고 토큰 소유자가 가지도록 설계가 될 수 있다. 하지만 코드 개발자가 사회적 신용을 가진 자일 경우에는 개발자의 신용하에 개발자가 처분권한을 가지는 코드도 있을 수 있지만 대중의 신용을 얻기란 쉽지 않으리라 본다.

5. 스마트 계약의 신뢰성과 리스크

1) 신뢰할 수 있는 제3자(전통적인 방식)

블록체인 기술이나 스마트 계약의 개념이 도입되기 전 전자거래의 신뢰성은 대체로 신뢰할 수 있는 제3자(Trusted Third Party)의 개입을 전제하였다. 신뢰할 수 있는 제3자가 거래원장을 마련하고 원장에의 기입에 의해 거래가 이뤄지는 것이 일반적이었고 이를 유가증권의 전자화와 관련해서 '전자등록방식'이라고도 하였다.

중앙의 전자등록부에 전자등록함으로써 거래는 효력을 가지게 되고 유가증권은 발행등록, 유통등록을 하고 유가증권이 표창하고 있는 증권 상의 권리의 행사시에도 등록부에 따라 행사하도록 하는 방식이다.

이 방식에서 거래의 안전은 첫째, 중앙의 신뢰할 수 있는 제3자를 법률이 인가 또는 허가함으로써 재정적, 기술적으로 신뢰할 수 있는 자로 제한하고, 둘째, 관련 법규는 중앙의 등록부상의 등록에 일정한 효력(추정력, 증명책임의 전환, 간주 효과) 등을 부여하고, 셋째, 이러한 법규에 위반할 경우 그에 대한 벌칙을 규정하고, 넷째, 등록부에 등록을 신청하는 등 의사표시를 할 경우에는 공인전자서명을 이용하도록 하여 의사표시의 무결성 확보(변조방지), 표의자의 동일성 확인(위조방지), 표의자의 부인방지(항변방지)의 효과가 발생하도록 하여 전자거래의 신뢰성을 확보하였다.

그리고 중앙등록기관은 거래의 당사자가 가지는 상대방의 신용에 대한 위험 즉 채무불이행의 위험, 좀 더 구체적으로 표현하면 자신은 채무를 이행하였는데 상대방은 채무를 이행하지 않아 손해가 발생할 위험을 적절하게 해소해 준다(에스크로우).

요컨대 중앙등록기관은

① 거래내용 무결성 확보(변조 방지)와

② 표의자확인(위조방지),

③ 행위부인방지(항변방지)와 동시 이행실현(에스크로우)을 가능하게 해준다. 하지만 표의자확인과 행위부인방지는 중앙등록기관에 의해 담보되는 기능이 아니라 공인전자서명에 의해 담보된다고 할 수 있다.

2) 분산원장 방식의 신뢰성 확보

① **거래내용의 무결성** : 블록체인 기술과 동 기술을 기반으로 하는 스마트계약은 중앙에 집중된 원장을 사용하지 않고 분산원장 즉 거래에 참여하는 또는 네트워크상의 모든 자가 원장을 보관하는 방식으로 원장이 작성 관리된다. 따라서

참여자가 보관하는 모든 원장을 수정하지 않고는 원장을 변조할 수도 없어 거래내용의 무결성은 확보된다고 할 수 있다. 따라서 중앙에 집중된 원장을 작성하고 이를 관리할 '신뢰할 수 있는 제3자'가 불필요하고 참여자는 자유롭게 신뢰할 수 있는 거래를 할 수 있다. 블록체인은 서로 알지 못하는 당사자간에 중개자의 부존재에 관해 서로 합의한 상태에서 신뢰와 투명성을 실현하고 있다.

② **에스크로우 기능** : 블록체인 기술을 기반으로 계약의 자동실행이 보장된 컴퓨터 프로그램(코드)인 스마트 계약에서 상대방에 대한 신뢰성을 확인할 방법은 없다. 따라서 거래당사자는 상대방의 신용을 확인하지 못한 상태에서 거래를 하고 급부를 이행하게 되므로 거래상대방의 신뢰성에 대한 담보가 요구된다. 여기서 거래당사자가 요구하는 신뢰의 본질은 자신의 급부 이행에도 불구하고 상대방이 급부의무를 이행하지 않을 위험이 있고 이를 극복하기 위해 민법에서는 동시이행항변권을 부여하고 있으며, 신뢰할 수 있는 제3자는 이를 해소할 수 있는 시스템을 도입하고 있다. 그런데 스마트 계약은 계약내용의 실행이 자동화되어 있어 코드 설계자가 정한 조건을 상대방이 이행하면 반대급부는 자동으로 실행되므로 상대방이 자신의 급부에 대한 반대급부의 불이행이라는 위험에 노출되어 있지 않다고 볼 수 있다. 요컨대 계약상의 '급부의 자동실행'이라는 스마트 계약의 특성이 사실상 에스크로우기능을 한다고 볼 수 있어 대부분의 경우 문제가 되지 않는다.

③ **위조 부인방지** : 스마트 계약도 거래당사자가 블록체인에 입력을 하게 되어 의사를 표시하게 된다. 다른 사람의 이름을 사칭하여 일정 내용을 입력하는 경우 또는 자신이 입력하고도 나중에 입력내용에 대한 책임이 문제되면 자신의 행위가 아니라고 부인하는 경우 거래는 당사자 간의 분쟁의 원인이 된다. 따라서 스마트 계약에서도 표의자의 동일성 확인이 이뤄져야 하고 일단 의사표시를 입력하는 경우 본인이 아니면 본인의 명의로 입력할 수 없는 방법이 마련되어야 하고 그 방법대로 의사표시가 입력된 경우 사후에 자신의 행위가 아니라고 항변할 수 없도록 하는 제도가 뒷받침되어야 한다. 블록체인 기술에기반한 스마트 계약은 블록체인 기술만으로도 이러한 위조 부인 방지를 할 수 있어 기존의 전자거래에서 일반적으로 활용되고 있는 전자서명에 활용하고 있다. 즉 공개키 기반구조(PKI) 암호체계를 활용함으로써 공개키는 대중에게 공지되어 있지만 개인키는 본인만이 관리하도록 하여 개인키를 잘 관리함으로써 위조를 방지하고 개인키가 사용된 경우 부인을 방지(Non-Repudiation)하도록 함으로써 스마

트계약은 그 목적을 달성할 수 있게 된다.

④ **다른 참여자의 확인** : 블록체인은 정보의 기록으로 기능을 하면서 네트워크 참여자는 각 당사자(Peers)에 의한 거래를 확인하지만 단지 정당한 자산보유자(Rightful Asset Holder)만이 자신의 계좌에 대한 암호키(Cryptographic Keys)를 가진다. 자산보유자가 블록체인 상에서 거래를 하면, 그것은 원장의 수정을 제안하는 것이고 네트워크의 다른 참여자들은 그 거래가 합법적이라는 것을 확인한다. 이러한 방법으로 네트워크는 그들이 컴퓨팅 프로세스를 신뢰하는 한 다른 자를 신뢰할 필요는 없게 된다. 요컨대 블록체인 또는 스마트 계약도 공개키 암호화 방식을 활용하여 거래의 보안을 유지하고 블록체인의 거래확인 절차를 신뢰함으로써 거래상대방에 대한 신뢰를 대신할 수 있다.

6. 계약법상 문제점

스마트 계약은 아직 그 정의가 명확하지 않은 상태이지만 전통적인 계약 개념과의 차이에서 발생하는 문제를 보다 구체적으로 해결하기 위해 수단적으로 협의의 스마트 계약(통상의 스마트 계약)과 구별하여 광의의 스마트 계약 이라는 개념을 도입하였다. 광의의 스마트 계약이란 통상(협의)의 스마트계약에 대해 그 상대방이 조건을 실행하여 계약 체결과 동일한 효과가 발생한 상태를 의미한다. 협의든 광의의 스마트 계약이든 양자를 모두 전통적인 계약 개념에 포함시킬 수 있는가 그리고 전통적인 계약법의 원리를 스마트 계약에 적용할 수 있는가 하는 점을 살펴본다.

1) 협의의 스마트 계약

협의의 스마트 계약은 프로그램 코드를 의미하고 이는 전통적 의미의 계약과는 무관하다. 코드의 입력은 아직 거래상대방에 도달하지 않은 의사표시에 지나지 않는다. 하지만 자신만이 알 수 있고 다른 사람에게 공개되지 않는 코드는 법적 의미를 가질 수 없으므로 코드의 작성에 따른 공개, 즉 공개된 코드를 협의의 스마트 계약으로 보는 것이 적절하다고 본다. 이렇게 보면 공개된 코드(스마트계약)는 청약의 의사표시로 이해된다. 다만 코드는 의사표시에 대한 상대방의 조건성취가 있을 경우 코드 작성자의 이행행위까지 내재되어 있어 통상의 의사표시와 구별된다. 이를 좀 더 분석적으로 보면, 표의자의 이행행위가 자동적으로 실행될 것이 예정된 청약의 의사표시로 볼 수 있다.

2) 의사표시의 특정

스마트 계약은 코드 설계자가 일정한 프로젝트의 내용을 담아 컴퓨터언어로 소스코드를 설계한다. 이를 컴파일링 함으로써 실행파일로 되어 블록체인에 입력되고 거래상대방의 조건 실현에 의해 계약이 자동 이행된다. 여기서 실행파일은 인간이 인식할 수 없고 컴퓨터만이 인식할 수 있는 대상이고 소스코드는 컴퓨터언어를 이해하는 자는 그 의미를 이해할 수 있지만 일반의 거래상대방은 소스코드 역시 이해할 수 없는 컴퓨터언어로 작성되어 있다. 따라서 코드 설계자는 소스코드의 내용을 언어로 설명하는 문서(백서, white paper)를 작성하여 이를 자신의 블로그에 올리거나 SNS 등을 통해 타인이 인식할 수 있게 한다. 이는 (광의의) 스마트 계약에서 약관과 유사한 기능을 하며 여기서는 코드 설계자의 제안서(proposal)라 칭한다. 이렇게 인간의 언어로 된 제안서와 컴퓨터언어로 된 소스코드와 실행파일 셋 중 무엇을 코드설계자의 효과의사로 이해할 것인가 하는 문제가 발생한다. 스마트 계약에서 코드(프로그램)는 법적으로 볼 때 일종의 청약에 해당한다고 본 바 있는데, 청약의 의사표시는 인간이 이해할 수 있는 언어로 표시되어야 한다고 볼 때 설사 소스코드가 더 표의자인 코드 설계자의 의사와 밀접하게 관련되었다고 하더라도 이를 의사표시로 볼 수는 없고 제안서를 코드 설계자의 의사표시로 보아야 한다.

3) 광의의 스마트 계약

공개된 코드에 따라 상대방이 긍정적 반응 즉 코드에서 제시한 조건을 실현한 경우 코드 작성자의 의사표시와 상대방의 의사표시가 합치된 것으로 볼 수 있어 계약의 구조를 가질 수 있고 이를 광의의 스마트 계약이라 한다. 광의의 스마트 계약은 계약의 성질을 가질 수 있으나, 일반 계약은 체결되면 이행의무가 발생하는데 반해 상대방의 의무이행(조건의 성취)과 함께 코드 작성자의 의무이행이 자동적으로 실현된다는 점에서 특성을 가지는 계약이다. 상대방의 급부(앞서 든 예에서는 100이더의 송금)는 승낙의 묵시적 의사표시이자 코드 작성자의 이행행위의 자동이행의 조건이어서 상대방의 급부에 의해 계약의 이행까지 완료된다. 코드 작성자(A)와 상대방(B) 간의 계약 즉 광의의 스마트 계약은 이행행위를 요하지 않는 일종의 의사실현계약이 된다.

협의의 스마트 계약이든 광의의 스마트 계약이든 모두 전통적인 계약 개념과는 구별된다. 전통적 계약이론에 입각해서 보면, 협의의 스마트 계약은 청약의 의사표시에 가깝고 광의의 스마트 계약은 계약이 체결되어 이행까지 완료된 계약(예를 들어 현실매매)에 가깝다. 양자 모두 의사의 자동실행이라는 것을 본질로 하고 있고 의사의 합치가 확인된 상태에서 '상대방의 채무불이행에 관한 위험'이라는 계약의 본질 즉 불확실성을 제거하고 있다. 즉 청약과 계약의 이행완료만 있을 뿐이지 그 중간단계인 승낙, 계약의 성립, 계약의 이행이라는 단계가 컴퓨터에 의해 자동으로 실행되어 채무불이행의 위험에 따른 민법상 많은 제도들이 적용될 여지가 없게 되었다.

7. 개인정보보호 이슈

1) 개인 식별

스마트 계약은 익명성을 보장하기 위해 블록체인 상에 개인정보를 직접적으로 기록하지는 않지만 거래된 내용은 모든 블록체인 노드 참여자에게 공개된다. 스마트 계약 및 거래에 사용된 주소(contract address) 또는 지갑주소(wallet address)를 알면 계약 당사자가 아닌 다른 사람들도 조회가 가능하다. 개인정보보호법 제2조(정의)에 따르면 '개인정보'란 살아 있는 개인에 관한 정보로서 성명, 주민등록번호 및 영상 등을 통하여 개인을 알아볼 수 있는 정보를 말하며, 해당 정보만으로는 특정 개인을 알아볼 수 없더라도 다른 정보와 쉽게 결합하여 알아볼 수 있는 것을 포함하고 있다.

한편 신용정보의 이용 및 보호에 관한 법률상의 '개인 신용정보'는 신용정보 중 기업 및 법인에 관한 정보를 제외한 살아 있는 개인에 관한 정보로서 성명 주민등록번호 등을 통하여 개인을 알아볼 수 있는 정보를 말하며, 해당 정보만으로는 특정 개인을 알아볼 수 없더라도 다른 정보와 쉽게 결합하여 알아볼 수 있는 정보를 포함하고 있다. 즉, 특정 신용정보주체를 식별할 수 있는 정보가 신용정보주체의 거래내용을 판단할 수 있는 정보, 신용정보주체의 신용도를 판단할 수 있는 정보, 신용정보주체의 신용거래 능력을 판단할 수 있는 정보 등과 결합한 것을 의미하고 있다.

이와 같은 의미를 살펴볼 때, '개인 신용정보'및 '개인 식별정보'는 개인정보보호법과 정보통신망 이용촉진 및 정보보호 등에 관한 법률 에서 말하는 개인정보의 개념과 다르지 않다. 현행 신용정보보호법은 개인 신용정보를 '개인을 알아볼 수 있는 정보'일 것을 명시적으로 요구하지는 않지만, 개인을 알아볼 수 없는 신용정보는 개인 신용정보에 포함되지 않는다고 보아야 합리적이다. 또한 개인 식별정보는 생존하는 개인의 성명, 주소 및 주민등록번호, 여권번호, 운전면허번호, 외국인등록번호, 국내거소 신고번호 등 개인을 식별할 수 있는 정보를 의미한다.

EU의 경우 개인정보보호 규정(General Data Protection Regulation)에 '개인정보'란

식별되었거나 또는 식별가능한 자연인 즉 정보주체에 관련된 모든 정보를 의미하고 있다.

또한 GDPR 제안이유서(recital) 23(a)에서는 "식별가능성을 결정하기 위해서는 관리자 또는 다른 어떤 사람이 개인을 직간접적으로 식별하기 위하여 사용할 것이라고 합리적으로 예상되는 모든 수단을 고려하여야 한다.

개인을 식별하기 위하여 사용될 것으로 합리적으로 예상되는지를 판단하기 위해서는 정보를 처리하는 시점의 가능한 기술 수준과 기술의 발전을 고려하여 식별에 소요되는 시간과 비용과 같은 모든 객관적 요소를 고려하여야 한다."라고 설명하고 있다. 하지만 서문에서는 익명화된(Anonymized) 정보는 동 지침의 규제 대상이 아니라고 명시하고 있다.

블록체인 기술의 인증 기능을 활용하여 최근 여권이나 운전 면허증과 같은 신원 확인방법과 동일한 목적을 달성하는 디지털 신원을 만들고 검증하는 방법으로도 사용하고자 금융사 및 핀테크 스타트업들은 블록체인 기반의 신원확인 및 인증 기술을 선보이고 있다.

암호화된 디지털 ID 및 인증서를 블록체인 상에 저장하고, 필요시 복호화 하여 신원확인 및 본인인증에 활용하는 방식으로 고객의 인증정보를 블록체인으로 공유해, 한 번 본인인증을 받으면 모든 은행에서 인터넷뱅킹 등 전자금융 서비스를 쓸 수 있도록 하는 방법이 추진되고 있다. 이러한 인증기능은 다른 정보와 결합하여 개인을 식별할 수 있도록 하는 방법으로 블록체인 자체에는 개인정보를 기록하고 있지는 않지만, 특정 데이터가 한 개인과 대응(Single Out)할 수 있는 형태로 사용된다.

블록체인에 기록되는 정보가 개인정보인지 여부에 대해서는 판단하지 않더라도 블록체인 상의 신분증에 해당하는 지갑주소의 소유자가 누구인지 여부는 거래소를 비롯한 거래 당사자 간에는 알 수 있고, 해당 지갑주소의 모든 거래내역은 투명하게 공개되어 조회가 가능하다는 점은 경우에 따라서 '입수가능성'이 있고 '결합가능성'이 높아서 특정 개인과의 관련성을 식별할 수 있다고 볼 수 있다. 이와 같은 점을 감안할 때 블록체인에 저장된 정보가 개인정보에 해당하는지는 블록체인의 유형별로 판단이 필요해 보인다.

영 지식 증명(Zero-knowledge Proof) 암호화를 활용한 Zcash는 거래(트랜젝션)의 익명성 보장을 위해 거래당사자의 정보를 암호화하고 이행 결과만을 공개하는 차폐 거래(Shielded Transactions)로 참여자의 개인정보보호와 선택적 투명성을 제공할 수 있는 대안으로 연구 개발되고 있는 프로젝트이다.

2) 위 수탁 및 제3자 제공

개인정보보호법 상의 '개인정보처리시스템'이란 개인정보를 처리할 수 있도록 체계적으로 구성한 데이터베이스시스템을 말하고 있고, 이는 중앙 집중화 형태에서 개인정보를 처리하는 데이터베이스관리시스템(DBMS)을 배경으로 제정되어 있어 분산화된 블록체인 환경에서 적용하기에는 관리주체가 누구인지 판단하기 어렵다.

비트코인과 이더리움과 같은 공개된 블록체인의 경우 그 특성상 모든 노드 참여자들이 거래와 관련된 정보를 기록 관리하게 된다.

금융권에 특화된 블록체인 플랫폼인 R3 CEV의 Corda의 경우는 거래정보의 기밀성을 제공하기 위해 거래정보를 네트워크 전체에 전파하지 않고 허가받은 노드와 공증인(Notray) 및 거래 당사자만 접근 가능하도록 구현하고 있다.

각 노드 참여들이 위수탁 관계인지 제3자 제공인지 여부는 스마트 계약과 블록체인의 서비스 유형에 따라 개인정보보호 관련 법률 적용에 대한 검토가 필요하고 이에 따라 어떻게 동의를 받아야 할지도 고민해야 할 사항이다. 특히 정보보안 사고가 발생할 경우 법적 지위가 모호한 점으로 인해 개인정보보호 관련 법 적용의 사각지대가 발생할 수 있다.

3) 접근통제 및 접근권한 부여

개인정보 침해사고 방지를 위한 행정자치부고시 "개인정보의 안전성 확보조치 기준" 및 방송통신위원회고시 "개인정보의 기술적 관리적 보호조치 기준"에서는 취급중인 개인정보가 인터넷 홈페이지, P2P, 공유설정, 공개된 무선망 이용 등을 통하여 열람권한이 없는 자에게 공개되거나 유출되지 않도록 개인정보처리시스템, 업무용 컴퓨터, 모바일 기기 및 관리용 단말기 등에 접근 통제 등에 관한 조치를 하도록 하고 있다.

또한 금융위원회 고시 "전자금융감독규정" 제13조(전산자료 보호대책)에서는 정보처리시스템 및 정보통신망을 외부통신망과 분리 차단 및 접속 금지하고 있고, 금융위원회 고시 "신용정보의 안전성 확보를 위한 신용정보업 감독규정" 제20조(기술적 물리적 관리적 보안대책) 별표 3의 기술적 물리적 관리적 보안대책 마련 기준에 따르면 신용정보회사 등은 취급 중인 개인 신용정보가 인터넷 홈페이지, P2P, 공유설정 등을 통하여 열람 권한이 없는 자에게 공개되지 않도록 개인 신용정보 처리시스템 및 개인 신용정보 취급자의 PC에 필요한 조치를 하도록 하고 있다.

이와 같은 법적 기준들은 블록체인 노드들이 P2P기반으로 운영되고 블록체인에 참여하는 비즈니스 네트워크 내 모든 거래를 기록 공유하는 특성을 볼 때 배치되는 내용이다. 거래내역 공유 시 참여자들의 개인정보를 보호하고 인가된 사용자만 거래 내역을 처리하도록 통제하는 보안 기능 등은 프라이빗(private) 블록체인을 통해 해결하기 위해 연구되고 있고 향후 계속 개발되어야 할 기술적인 과제이다.

4) 정보의 파기

개인정보보호법 에서는 목적 달성이 된 개인정보는 데이터가 복원되지 않도록 초기화 또는 덮어쓰기를 수행하여 파기하도록 하고 있다. 또한 전자금융거래법 상에서 금융회사 등은 보존하여야 하는 기간이 경과하고 금융거래 등 상거래관계가 종료된 경우에는 5년 이내에 전자금융거래기록을 파기하도록 하고 있다.

신용정보의 이용 및 보호에 관한 법률 에서는 신용정보제공 이용자는 금융거래 등 상거래관계가 종료된 날부터 최장 5년 이내(해당 기간 이전에 정보 수집 제공 등의 목적이 달성된 경우에는 그 목적이 달성된 날부터 3개월 이내)에 해당 신용정보주체의 개인 신용정보를 관리대상에서 삭제하도록 하고 있다.

하지만 위변조와 해킹방지를 위해 한번 기록되면 수정하거나 지울 수 없는 블록체인의 불변성과 비가역성은 데이터 무결성을 위한 고유한 특성이지만 이로 인해 현재의 개인정보보호 관련 법규를 준수하기 어려운 점이기도 하다.

수행 내용

재료 · 자료

• 블록체인의 법제도와 기술이슈 관련 자료

기기(장비 · 공구)

• 컴퓨터, 프린터, 주변기기

안전 · 유의사항

• 컴퓨터, 주변기기 전원을 관리한다.

수행 순서

01 블록체인 관련 위치 정보법의 국내법의 문제점에 대한 대응방안에 대하여 분석하라.

위치 정보에 대한 수집 활용에 관한 위치 정보법에서 현재는 위치정보 서비스 제공 간 수집된 위치정보는 파기되어야하나, 블록체인 기반 전자문서는 기술 특성상 파기가 불가능하다.

물류, 공공, 에너지 등 다양한 산업에서 블록체인 기술 활용을 통한 행정 프로세스 간소화로 사회적 비용을 절감시키기 위한 방안 지속 모색 중이다. 그러나 블록체인 서비스 제공 간 블록에 저장되는 위치정보를 현행 법령에 따라 일괄 파기하여야하나, 기술 특성상 파기가 불가능한 문제가 발생한다. 이에 따라, 위치 정보법에 블록체인 기술 특성을 고려한 파기 방식을 명시하는 것이 필요하다.

개선방안으로 위치 정보법에 기술적 조치를 통해 정보의 식별 또는 원본 조회가 불가능한 경우 역시 파기와 동일한 행위로 인정하는 규정을 삽입한다.

02 블록체인 관련 개인정보보호법의 국내법의 문제점에 대한 대응방안에 대하여 분석하라.

개인정보보호법에서는 제18조의 개인정보의 목적 외 이용 · 제공 등에 대한 범위를 통계 작성 및 학술연구 등으로 제한적으로 명시한다.

문제점은 개인정보보호법에서 개인정보 활용 범위를 통계 또는 학술적 목적으로만 제한함에 따라 ICT 새로운 기술 기반 새로운 서비스 창출에 제약이 발생한다. 비식별화 처리된 개인정보 빅데이터를 활용하여 다양한 산업분야에서 개인 맞춤형 서비스 제공이 가능해지는 등 개인정보 활용에 대한 이슈 지속적으로 제기되고 있다. 특히 의료 분야의 경우 구글 DeepMind와 IBM Watson 사례를 통해 의료 빅데이터 분석을 실제 진료에 접목 가능함이 검증됨에 따라 개인 의무기록 활용에 대한 수요 지속적으로 증가한다. 그러나 현재의 개인정보 보호법에서 개인정보의 활용 범위를 한정적으로 제한함에 따라 비식별화 처리된 개인정보 기반 서비스 제공 자체가 불가능한 상황이다.

개선방안으로 본인 동의하에 개인정보를 의료 서비스 또는 공공 서비스 품질향상 등 공공의 이익을 위한 경우 빅데이터 분석 자료로 활용 가능함을 명시해야 한다.

03 블록체인 관련 공급인증서 발급 규칙의 국내법의 문제점에 대한 대응방안에 대하여 분석하라.

현재 공급인증서 발급 규칙에서는 제4장 19조의 공급인증서 발급에 관련된 내용을 명시하고 있으나, 전자문서 형태의 발급 가능 여부에 대한 내용이 부재이다.

문제점은 공급인증서 발급 규칙 상 공급인증서를 전자적 방식으로 발급 또는 공유가 가능한지에 대한 법적 명시(또는 해석)가 부재하여 블록체인 기반 공급인증서 발행이 불가능하다.

현재 해당 규칙에서는 별지 서식을 활용한 공급인증서 발행에 대한 규정을 명시하고 있으나, 블록체인 기반 전자문서는 발급이 아닌 공유 또는 조회의 개념이다. 또한, 해당 규칙에서 공급인증기관의 장은 공급인증서 발급내용을 운영 시스템에 등록하여 관리하도록 제한적으로 명시한다. 이에 따라, 시스템 구성원 간 공급에 대한 내용을 분산 저장하여 공유하는 블록체인 기반 공급인증서 활용이 불가능한 상황이다.

개선방안으로 해당 규칙에 공급인증서를 블록체인 기반 전자 문서 형태로 발급 및 공유가 가능함을 명시하고, 기술 특성에 따른 파기 규정을 추가한다. 공급인증서의 발급 형태에 전자문서를 포함하도록 명시하고, 해당 문서를 서비스 구성원 간 분산 저장이(공유) 가능하도록 개정한다. 또한, 블록체인 기반 전자문서 특성을 고려하여 공급인증서 파기 규정에 블록체인 기반 공급인증서 파기 방식에 대한 내용 추가 삽입한다.

04 블록체인 관련 전자서명법의 국내법의 문제점에 대한 대응방안에 대하여 분석하라.

현재 전자서명법의 제2조와 제18조의 공인인증기관이 발행한 공인인증서를 활용하여 본인을 확인할 수 있도록 명시하고 있다.

문제점은 최근 보안성과 편의성 향상을 위한 블록체인 기반 전자서명의 필요성이 증대되고 있으나 현행 법령에서 본인 확인 수단으로 공인인증서만 제한적으로 명시함에 따라 규제로 작용 한다, 블록체인 기반 전자서명은 해당 전자서명을 블록체인 서비스 구성원 간 공유하는 개념으로 원본 수정이 불가능하도록 조치된 전자문서이다.

현행 전자서명법에서는 본인 확인 수단으로 공인인증서만을 명시하고 있으며, 전자서명의 분산 저장 등에 대한 명시가 부재하여 관련 서비스 제공이 불가능하다 또한, 전자서명법상에 블록체인 기반 전자서명 활용에 대한 명시 부재로 인하여 전자서명법을 참조하는 관련 법령 개정 간 애로사항으로 작용한다.

개선방안으로는 전자서명법에 분산 저장하여 원본을 수정하지 못하도록 조치한 공인 전자서명 역시 본인 확인 수단으로 활용 가능함을 명시해야만 한다. 전자서명법 상에 공인인증기관이 발행한 공인인증서 외에 분산 저장하여 원본을 수정하지 못하도록 조치한 공인전자서명 역시 활용 가능함을 명시해야만 한다.

05 블록체인 관련 분산 저장된 전자문서 및 전자 거래 기본법의 국내법의 문제점에 대한 대응방안에 대하여 분석하라.

현행 전자문서 및 전자거래 기본법의 제4조 전자문서의 효력에서 기록 · 보고 · 보관 · 비치 또는 작성 등의 행위가 전자문서로 행하여진 경우에만 법적 효력을 인정한다.

전자문서법상에 분산 저장된 전자문서에 대한 진정 성립 또는 원본성 인정 규정이 부재하여 법적 효력 발휘가 불가능하다. 전자문서 및 전자거래 기본법에서는 기록 · 보고 · 보관 · 비치 또는 작성 등의 행위가 전자문서로 행하여진 경우 해당 법률에 따른 행위가 이루어진 것으로 인정한다. 그러나 해당 조항에서 분산 저장된 전자문서의 법적 효력에 대한 명시가 부재하여 블록체인 기반 전자문서에 대한 진정 성립이 인정되지 않는 사항이다. 대부분의 산업특별법에서 전자 문서를 활용하는 경우 전자문서 및 전자거래 기본법을 참조하도록 명시하고 있으므로, 전자 문서법 개정 없이는 모든 산업에서 블록체인 기반 전자문서 활용을 제약 받는 상황이다.

개선방안으로 전자서명법에 블록체인 참여자들에게 분산 저장되는 전자문서의 진정성 성립 또는 원본성을 인정하기 위한 신규 조항을 삽입해야한다. 전자서명법 상에 분산 저장하여 원본을 수정하지 못하도록 조치한 전자문서 역시 원본으로 간주하며, 원본과 동일한 법적 효력을 가진다는 조항을 신설해야 한다.

06 블록체인의 기술 이슈 중 블록체인 트랜잭션 처리성능이 문제시 되는데 이를 위한 향상방안에 대하여 분석하라.

이더리움 창시자 비탈릭 부테린이 블록체인의 트랜잭션 처리 성능을 향상시키기 위한 새로운 아이디어를 '플라즈마 캐시를 제시했다.

'플라즈마 캐시'는 블록체인의 확장성(Scaling) 문제를 해결하기 위해 개발한 '플라즈마' 솔루션의 업그레이드 버전이다. 플라즈마라는 '온-체인 스케일링 솔루션'을 공개했다.

메인 블록체인과 연결된 레이어를 만들고, 거기에서 데이터를 최적화해 메인 블록체인으로 전달하는 방식이다. 이렇게 하면 스마트 계약과 분산앱(Daap)이 지불해야 하는 트랜잭션 비용을 줄일 수 있다.

하지만, 플라즈마는 모든 사용자가 반드시 각각의 플라즈마 블록을 다운로드하고 유효성을 인증해야 한다. 때문에 획기적으로 확장성을 향상시키는 데 한계가 있었다.

'플라즈마 캐시'는 클라이언트가 처리해야 할 데이터의 양을 크게 줄이기 위해 등장했다.

새로운 아이디어는 사용자가 스마트 계약에서 보증금을 이더(이더리움 암호화폐)로 보내 '플라즈마 코인'을 생성하고, 이 코인만 추적하면 된다.

'플라즈마 캐시'는 사용자가 추적하고 싶은 코인이 포함된 블록에만 관심을 갖도록 만들어, 전체 플라즈마 히스토리를 다운로드하고 확인해야 하는 기존 플라즈마 보다 효율적이다. 플라즈마 캐시 모델은 암호화폐 거래소나 외부 서비스에 이더를 보관하면, 해당 이더

학습 12

가치만큼의 플라즈마 코인이 생성된다. 이와 함께 병합하거나 쪼갤 수 없는 고유 ID도 만들어진다. 사용자는 플라즈마 체인에서 자신이 소유한 코인과 관심 갖는 코인의 가용성과 정확성만 확인하면 된다.

플라즈마 캐시가 실제 응용될 수 있는 영역으로 암호화폐 거래소이다. 거래소가 대규모 해킹 방지를 위해 이 기술을 활용할 수 있다.

거래소 이용자의 자금을 직접 다루지 않고, 거래소는 주문 기능을 제공하고, 플라즈마 컨트랙트를 통해 손실 방지를 보장할 수 있다.

코인 소유자는 코인 히스토리에 대한 '증명 데이터'를 제시해 사기적인 출금을 예방할 수 있다. 거래소에서 어떤 일이 발생하든 사용자는 '플라즈마 엑시트' 절차를 통해 자신의 돈을 출금할 수 있다.

또 플라즈마 캐시를 이용하면 수십억 달러의 거래가 이뤄지는 암호화폐 거래소가 해킹당할 때마다, 누구도 돈을 잃지 않게 될 것이다.

학습활동.12 교수 · 학습 방법

교수 방법

- 블록체인의 법제도와 기술이슈에 대한 관련 용어, 구성, 방식 이해 정도를 파악한 후 수업을 진행한다.
- 교수자의 주도로 블록체인의 법제도와 기술이슈 등의 내용을 PPT 자료로 제시한 후 설명한다.
- 가능하면 사전에 개인별 학습 자료를 준비하여 모든 학생이 참여할 수 있는 문제 해결식 수업, 협력 수업이 가능하도록 한다.
- 블록체인의 법제도와 기술이슈 전 과정을 작업의 순서에 따라 단계적으로 실습이 이루어질 수 있도록 지도한다.
- 교재를 통해 수업을 준비하는데 있어서 필요한 모든 정보나 팁, 힌트 등 도움이 될 만한 내용들을 확인할 수 있다.
- 학생들이 만들게 될 각 모델들은 수업시간에 중점적으로 다뤄질 부분과 어휘, 질문, 답을 포함하고 있으며 또한 탐구할만한 추가적인 아이디어들도 포함하고 있다.

학습 방법

- 블록체인의 법제도와 기술이슈에 대해 이해하고 관련 용어를 숙지한다,
- 블록체인의 법제도와 기술이슈의 각 단계별 중점 사항을 체계적으로 학습한다.
- 블록체인의 법제도와 기술이슈의 수행순서의 전 과정을 실습한다.
- 블록체인의 법제도와 기술이슈의 내용을 이해한다.
- 블록체인의 법제도와 기술이슈를 이해하고 숙달이 될 때까지 학습한다.

학습활동.12 평가 및 피드백

평가 준거

- 평가자는 피평가자가 수행 준거 및 평가 내용에 제시되어 있는 내용을 성공적으로 수행할 수 있는 지를 평가해야 한다.

학습내용	평가항목	성취수준		
		상	중	하
블록체인의 법제도와 기술이슈	블록체인의 법제도와 기술이슈를 이해할 수 있다.			

평가 방법

• 작업 포트폴리오

학습내용	평가항목	성취수준		
		상	중	하
블록체인의 법제도와 기술이슈	블록체인의 법제도와 기술이슈를 이해할 수 있다.			

• 필기시험

학습내용	평가항목	성취수준		
		상	중	하
블록체인의 법제도와 기술이슈	블록체인의 법제도와 기술이슈를 이해할 수 있다.			

• 체크리스트를 통한 관찰

학습내용	평가항목	성취수준		
		상	중	하
블록체인의 법제도와 기술이슈	블록체인의 법제도와 기술이슈를 이해할 수 있다.			

• 피드백

1. 작업 포트폴리오
   – 제출한 보고서를 평가한 후 주요 사항에 대하여 표시하여 돌려준다.
2. 필기시험
   – 평가 결과 성적이 저조한 학생은 보고서 제출 기회를 부여한다.
3. 체크리스트를 통한 관찰
   – 실습 과정에서 평가한 후 개선해야 할 사항 등을 정리하여 돌려둔다.

학습 1	4차 산업혁명과 블록체인
학습 2	블록체인의 개요
학습 3	블록체인의 핵심기술
학습 4	블록체인의 P2P 네트워크 기술
학습 5	블록체인의 합의 알고리즘 기술
학습 6	블록체인의 스마트 계약
학습 7	블록체인의 분산원장 기술
학습 8	블록체인의 활용 암호화폐
학습 9	차세대 블록체인, 큐브체인
학습 10	블록체인의 표준화 동양
학습 11	블록체인의 응용기술
학습 12	블록체인의 법제도와 기술이슈

학습 13 블록체인의 산업동향과 특허동향

학습 목표

13. 블록체인의 산업동향과 특허동향을 이해할 수 있다.

13-1 블록체인의 산업동향

1. 해외 주요국 블록체인 정책 추진 동향

해외의 정부정책 추진 방향 특징은 세 가지로 요약할 수 있다.

첫째, 미래 성장 동력으로서, 여러 국가기관에서 준비하고 있다는 것이다.

특히 이러한 경향을 영국과 러시아에서 이러한 모습을 찾아 볼 수 있다. 이는 블록체인 시장과 기술이 초기 단계이기 때문이다. 비트코인을 제외하면 아직까지 블록체인 서비스는 크게 안정적이지 않다. 최근 등장한 코다, 하이퍼레저는 베타 수준으로 진행되고 있다. 아울러 이더리움 또한 해킹 위협이라는 이슈가 있다. 그래서 후발주자도 격차를 좁힐 수 있다고 판단해서, 블록체인 사업을 적극 추진하고 있다. 이는 국내도 마찬가지이다.

둘째, 신뢰도 향상이다.

부정부패로 유명한 국가들이 있다. 대표적인 예가 온두라스 이다. 다른 국가로 예

학습 13

를 들자면 조지아 공화국 또한 부정부패가 심하다. 그래서 이를 개선하고자 블록체인을 도입한 것이다. 전자투표 또한 신뢰도를 주기 위함이다. 스페인의 포데모스 정당이 대표 사례라고 할 수 있다.

셋째, 비용절감과 서비스 개선이다.

스웨덴, 미국, 두바이 등이 이에 해당한다. 데이터를 공유함으로서 정보전달에 드는 비용을 감소시킬 수 있고, 데이터 위변조 공격을 막을 수 있다. 이 또한 보안에 드는 비용을 줄 일 수 있다. 아울러 정보전달 간소화는 서비스 속도를 빠르게 해주기 때문에 서비스 질의 향상에도 기여한다.

〈표 13-1〉 주요기업의 블록체인 활용 현황 및 계획

구 분		주요 블록체인 활동 현황
R3 CEV		• 세계 최대의 블록체인 컨소시엄으로 2015년 9월, J.P. Morgan 등 9개 금융기관을 중심으로 출범하여, 현재 분산장부 구축에 IBM과 인텔, 클라우드 인프라에 아마존, IBM, MS 등 50여개 기업이 참여 • 2016년 4월, 금융기관간 계약을 기록하고 동기화하는 재무 서비스용 분상원장 'R3 Corda TM'을 개발하여 공개 및 활용방안 모색
IBM		• IBM은 블록체인 기술을 산업 전반으로 활용하기 위해 자체 컴퓨팅 기술과 자원을 총동원하여 R3 CEV에서 주도적 역할을 담당 • IoT 적용을 위한 ADEPT(Autonomous Decentrailized Peer-to-Peer Telemetry) 플랫폼 개발('15년 CES에서 프로토타입 공개) 및 하이퍼레저(Hyperledger) 프로젝트에 적극 참여
MS		• 자사 클라우드인 애저(Azure)에서 블록체인 기술을 활용할 수 있는 'BaaS'를 구축하고 블록체인 관련 스타트업(ConsenSys 등)과 개발자를 끌어안고 생태계를 구축 • MS는 블록체인 기술이 전 산업에 확산될 것으로 단정하고 애저 플랫폼을 블록체인 생태계로 유치하려는 전략을 추구
Intel		• 인텔은 후발주자이지만 R3 CEV 컨소시엄과 하이퍼레저 프로젝트에 적극 참여하여 블록체인 IoT 칩과 연계 SW 개발 • 분산원장 기술로 'Sawtooth Lake'플랫폼을 개발하여 코드를 제공하고 시장 지배력 확대를 위해 소프트웨어 SGX를 지원하는 모든 인텔프로세스에서 효율적으로 작동되도록 알고리즘을 개발

* 출처 : 블록체인 기술의 활용 동향 분석(ETRI, 임명환, 2016. 11)

2. 한국의 블록추진 동향

한국의 경우 블록체인 후발주자라고 할 수 있다. 그러나 기술격차가 크지 않기 때문에, 블록체인 산업을 주도하기 위해서 다양한 산업을 전개하고 있다. 정부가 블록

체인에 관심을 가지게 된 것은 2016년 6월부터라고 할 수 있다. 과학기술정보통신부는 블록체인 사업을 선도하기 위해서, 2016년 11월 30일에 블록체인 활성화 방안을 논의하였다. 그리고 2017년 4월 과학기술정보통신부는 보도 자료를 통해 KISA(한국인터넷진흥원)의 블록체인 확산팀과 NIA(한국정보화진흥원)와 함께 블록체인 사업을 추진하고 있다.

금융위원회는 금융권 공동 블록체인 컨소시엄을 출범하고 효율적인 관련 공동연구 및 파일럿 프로젝트 등을 추진하고 있다.

2. 금융서비스산업

블록체인은 금융거래의 효율성 및 안정성을 제고시킬 혁신적인 기술로 주목받고 있으며, 지급결제, 송금, 주식, 금융거래 기록 관리 등 다양한 금융관련 분야에 활용될 수 있다.

블록체인 기술은 중앙서버 및 보안 시스템 구축비용은 물론 거래절차 및 시간 단축 등으로 전자금융서비스 비용이 2022년 기준 약 200억 달러 절감될 것으로 예측된다.

1) 해외금융권

블록체인 기술을 활용해 해외 송금, 부동산 및 금 · 다이아몬드 등 실물자산의 거래가 가능하며, 거래 가능한 모든 자산으로 확대되는 추세이다.

① 나스닥은 2015년부터 비상장 주식 거래에 블록체인 기술 시범 도입하여 전문투자자용 장외 시장에 블록체인 도입 결과 주문-결산-승인 등에 있어서 최소 3일 걸리던 시간을 10분으로 단축한다.

② 미국 핀테크 기업 Ripple은 블록체인 기술을 활용해 중개기관에 의한 수수료 부담을 최소화하는 해외송금 서비스를 제공하고 있으며, Fidor Bank(독일), Westpac/ANZ(호주) 등의 은행들이 본 서비스를 이용 중이거나 테스트 중이다.

③ 핀테크 기업 Chain은 항공 마일리지 등 로열티 포인트를 가상 화폐화하여, 블록체인을 통해 연결된 국내외 어디에서나 보유 포인트를 사용할 수 있도록 하는 로열티 프로그램 개발 중이다.

〈표 13-2〉 블록체인을 활용한 금융거래사례

현 황	자 산	사 례
현재 거래 중	이체	(MeXBT) 송금/인출 가능
	해외송금	(Ripple) 은행간 송금시스템
	금	(RealAsset) 소유기록 등재
	다이아몬드	(Everledger) 등재 및 거래
	부동산	(Factom) 소유기록 인증
준비단계	주식	(Nasdaq) 개인 주식거래
	채권	(DigitalAsset) 미 국채 거래
	로열티	(Chain) 항공 마일리지

2) 국내금융권

국내 은행과 금융투자업 블록체인 컨소시엄은 상반기 중 블록체인 플랫폼을 구축하고 연내 파일럿 서비스를 시작할 계획이다.

〈표 13-3〉 국내금융사들의 블록체인 관련 기술개발 현황

<table>
<tr><th colspan="2">기관명</th><th>블록체인 활용 현황</th></tr>
<tr><td colspan="2">증권</td><td>• 금융투자협회와 25개 국내 증권사 공동 블록체인 컨소시엄 구성
• 17년 하반기 중 블록체인활용인증 시범서비스 시작
• 3년간 금융투자상품의 청산 및 결제, 주식거래 등 실시간 금융거래 확대 적용 방안 검토</td></tr>
<tr><td colspan="2">카드</td><td>블록체인 활용 간편인증 시스템 도입 및 개발</td></tr>
<tr><td rowspan="5">은행</td><td>KEB하나은행</td><td>• 블록체인과 연동하여 공인인증서를 대체하는 생체 인증서비스, 디지털 캐시 출시 계획
• 핀테크 기업 육성센터 '원큐랩'에 블록체인 플랫폼을 구축하는 방안을 검토 중</td></tr>
<tr><td>KB국민은행</td><td>블록체인 활용 해외송금서비스 기술검증 완료, 비대면 실명확인 증빙자료 보관시스템 구축</td></tr>
<tr><td>신한은행</td><td>• 블록체인을 적용해 골드바 구매 교환증, 보증서 발급, 외화 송금에 블록체인 방식 도입예정
• 블록체인 외환송금 시스템 개발 스타트업 스트리미와 협업</td></tr>
<tr><td>우리은행</td><td>핀테크 사업부를 중심으로 블록체인 기술의 활용가능성 및 도입 타당성 검토</td></tr>
<tr><td>HN농협은행</td><td>국내 최고 비트코인 거래소인 '코빗'과 제휴해 블록체인 기술을 접목하는 방안을 검토</td></tr>
</table>

非금융권에서는 블록체인 기술개발에 대한 투자를 확대하고 있으며, ICT 기술을 적용한 다양한 서비스 모델 개발하고 있다. 글로벌 기업을 비롯해 국내 스타트업 기업들 간 공동협력체계를 구축하여 블록체인 기반 송금, 지급결제, 인증 등 IT,금융, 사물인터넷(IoT) 기술 활용한 다양한 서비스 제공하고 있다.

〈표 13-4〉 국내 비금융기관의 블록체인 활동 현황

기관명		블록체인 활용 현황
비금융기관	삼성전자	• IBM과 블록체인 기술을 이용한 사물인터넷(IoT) 적용을 추진하고, 자회사 삼성 리서치 아메리카(SRA)는 블록체인 온라인 거래 인증기술 개발 (2015.4) • 삼성금융일류화 추진단도 금융 계열사간 블록체인 도입방안을 검토 (2016.8)
	LG CNS	국내 최초로 LG CNS는 블로코, 바이터그룹, 슈퍼스트링, 오메카, 스마트 포캐스트 등 스타트업 5개사와 함께 블록체인 기반의 금융상품 오픈 플랫폼을 개발하고 전자증권 발행에 성공(2015.11)
	페이게이트	글로벌 기업을 비롯해 국내 스타트업 기업들 간 공동협력체계를 구축하여 블록체인 기반 송금, 지급결제, 인증 등 다양한 서비스 제공(2015.6)
	코인플러그	• 국내 최초로 안드로이드 및 iOS 기반 비트코인 전자지갑, 비트코인 ATM을 개발하고, KB국민카드와 함께 "카드 포인트리-비트코인 전환 서비스"를 개발 • 국내에서 50억 원 투자유치(2015.10.)
	코빗	한국 최초의 비트코인 스타트업 회사로 국내 최대의 비트코인 거래소를 운영하고, 블록체인 컨설팅 사업, 국제송금 서비스, 글로벌 결제 서비스를 제공하며 회원 수 3만 명, 가맹점 1,300개를 확보(2016.4)
	스트리미	글로벌 기업을 비롯해 국내 스타트업 기업들 간 공동협력체계를 구축하여 블록체인 기반 송금, 지급결제, 인증 등 다양한 서비스 제공(2015.9)
	블로코	• 국내 최초로 블록체인 기반의 문서공증 애플리케이션 '클라우드 스탬프' 서비스 출시(2015.11) • 전북은행이 제공하는 '뉴스마트뱅킹' 앱에 블로코 기술을 탑재(2016.4) 블록체인 개발 플랫폼 '코인스택 v3.0' GS인증 획득(2016.12)
	디바인랩	글로벌 기업을 비롯해 국내 스타트업 기업들 간 공동협력체계를 구축하여 블록체인 기반 송금, 지급결제, 인증 등 다양한 서비스 제공(2015.3)
	코인원	글로벌 기업을 비롯해 국내 스타트업 기업들 간 공동협력체계를 구축하여 블록체인 기반 송금, 지급결제, 인증 등 다양한 서비스 제공(2016.4)
	핀샷	핀테크 및 블록체인 기술을 기반으로 금융·IT·사물인터넷 등에 활용할 수 있는 Copycat Block 콘텐츠 인증 서비스를 제공(2016.4)

* 출처 : 금융보안원(2015.11), 금융신문(2016.10), 미래금융센터(2016.9) 및 각 기관 홈페이지 자료(2016.12)

학습 13

3. 제조 · 유통 산업

사물인터넷의 기반 기술로 블록체인을 활용하여 제품 제조 및 유통에 관한 모든 과정을 관리할 수 있다.

① 블록체인상의 기록을 사물인터넷에 적용하면 제조사, 제품을 구성하고 있는 원자재들에 대한 정보 파악이 용이해졌다. IBM은 삼성과 함께 블록체인 개념을 사물인터넷(IoT)에 적용하려는 시도로 ADEPT플랫폼을 제안하였다. ADEPT플랫폼은 삼성전자의 스마트 세탁기를 IoT에 연결하여 주변사물들과 소통을 통해 소모품 교체를 위한 주문, 자체 점검 시스템을 통한 유지 관리 등을 스스로 해결하는 솔루션이다.

② 거래에 있어서는 스마트 계약이 가능해지므로 공급사슬 가시성 및 투명성 향상에 기여할 것이다.

4. 공공서비스

각국에서 토지 · 주택 · 차량관리, 선거 및 투표관리, 의료정보관리 등 다양한 공공서비스 영역에 블록체인기술을 적용하기 위한 검토 작업을 진행 중이다.

블록체인 기술이 확대 · 적용되면 정부예산의 투명성이 제고되고, 전 국민을 대상으로 정부가 보유하고 있는 정보를 공유하는 것을 지향하는'공유정부'의 모습으로 각국의 정부형태가 변화될 전망이다.

〈표 13-5〉 세계 각국의 블록체인 공공분야 활용 현황 및 계획

국 가	활용 현황 및 계획
한국	• 블록체인기반의 QR코드로 결제할 수 있는 서울시의 '에스코인(S-Coin)' 시범사업계획 • 경기도는 블록체인 시범사업으로 전자 투표를 실시하는 등 다양하게 적용 중
영국	• 영국과학부의 블록체인관련 분석보고서를 토대로 공공서비스 전 영역에 블록체인기술 도입 논의 • 각종 공과금 및 과징금의 징수, 납세, 공공서비스 관련 시민행정, 여권 발급, 토지등기 내역 등 일선 공공업무와 기록들을 통합 관리
미국	우편서비스나 의료정보의 기록 및 공유 등에 블록체인기술 활용 검토
일본	일본FSA(Financial Service Agency)에서 정부차원의 블록체인활용 지원 검토
러시아	부정 투표 방지를 포함하여 블록체인기술을 다양한 사례에 어떻게 적용할 것인지 모색

우크라이나	투표 관리 및 운영에 블록체인기술을 적용하기 위한 논의
에스토니아	'키없는 전자서명 인프라스트럭처(KSI)'를 공공서비스분야에 도입해 현장업무에 활용하고 있음
온두라스	국가 토지대장 관리를 기존의 단순 전산 데이터베이스 방식에서 블록체인 방식으로 전환하여 안전한 주택담보, 대출, 계약, 광물권리에 적용시킬 계획
호주	블록체인을 활용한 전자투표 도입논의, 증권거래소 청산 결제 시스템에 블록체인 도입 검토

5. 문화 콘텐츠 산업

블록체인기반의 콘텐츠 인증서비스를 통해 작품출처의 정확성과 거래의 투명성 확보가 가능해진다.

① 블록체인 기술을 통해 소유자들의 이력을 포함한 모든 거래 내역을 기록할 수 있기 때문에 소유권에 대한 추적을 가능하게 한다는 점에서 저작권 측면의 활용 가능성이 높다.

② 미술, 음악 등 예술작품의 인증에 블록체인 기술을 이용하면 작품의 출처파악이 쉽고 사용이 투명하게 이루어지게 되므로 불법적인 복제와 유통을 미연에 방지가 가능하다.

③ 디지털 음원 유통에 블록체인 기술을 활용하면 음원 유통사의 개입 없이 저작료 지급이 이루어진다.

④ 미국의 버클리음대는 저작권료 지급시스템을 블록체인기술로 구축할 예정으로 곡마다 은행 계좌 같은 결제 체계를 갖추고 있어 음악을 소비하는데 지불하는 비용은 모두 원작자에게 돌아가다.

6. 국내외 시장 동향

비트코인 등 암호화폐의 이용이 확대되면서 자체 시장과 관련시장 모두 크게 증가하고 있으며, 향후에도 매년 30% 이상 높은 성장률이 예상되므로 R&D와 생태계 구축을 통해 시너지 창출이 필요하다.

세계경제포럼(WEF)은 2027년 기준 전 세계 GDP의 10%인 8조 달러가 블록체인 플랫폼에서 발생할 것으로 전망하고 있다. 블록체인 기술로 금융업계의 비용절감 규모는 2022년 기준으로 약 200억 달러에 달할 것으로 전망된다. 금융업계 참가자 중 80%는 분산원장 기술이 업계를 변화시킬 것이며 2020년내 도입될 것으로 예측하고 있다.

시장 조사 기관 가트너(Gartner)는 블록체인의 연간 성장률을 2020년 기준 120%로 예상하며 사업적 부가가치는 2030년에는 3조 달러를 초과할 것으로 예측하였다. 또한 2017년 가트너가 선정한 Top 10 전략 기술에 블록체인이 포함되었다.

[그림 13-1] 블록체인의 성과 및 전망

블록체인과 비트코인에 대한 글로벌 투자는 매년 증가 추이를 보이고 있다. 2015년부터 투자 건수와 규모가 증가하고 있으며 블록체인 기술을 활용한 새로운 투자방식인 ICO(Initial Coin Offerings)가 2017년 2분기에 7억 5천만 달러로 일반 적인 벤처캐피털의 3배 규모 수준으로 증가하였다.

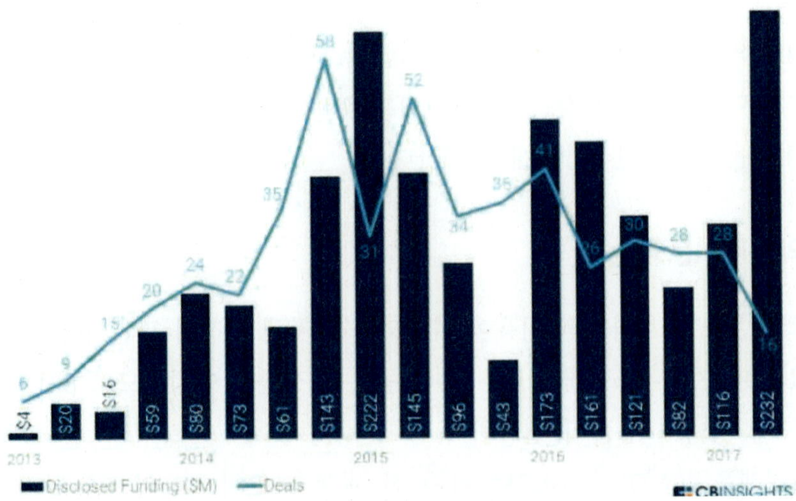

[그림 13-2] 블록체인 글로벌 투자 현황(2013~17년 2분기)

출처 : CB Insight, 2017.

2017년 2분기 벤처캐피털(VC) 투자금은 2억 3천만 달러를 기록하였다.

골드만삭스는 글로벌 투자 보고서(2016.5)에서 블록체인은 기존 시장을 간소화하며, 시장을 재분배하고 신시장을 창출할 것으로 이제 막 시장에 도입되는 기술임을 강조하였다.

〈표 13-6〉 시장규모 전망 및 예측

구 분	시장규모
비용절감	부동산 거래 비용 : 연간 20~40억 달러 현금 거래 비용 : 연간 110~120억 달러 돈세탁 방지 비용 : 연간 30~50억 달러
시장재분배	스마트 그리드 분야 : 25~70억 달러
신시장 창출	'20년 숙박 공유경제 시장 : 30~90억 달러

출처 : 골드만 삭스 글로벌 투자 보고서, 2016.05

피델리티 보고서에 의하면 미국 내 블록체인 시장은 2019년 4억 달러가 투자될 것으로 예상되며 성장률은 연평균 69%에 육박한다고 언급하였다.

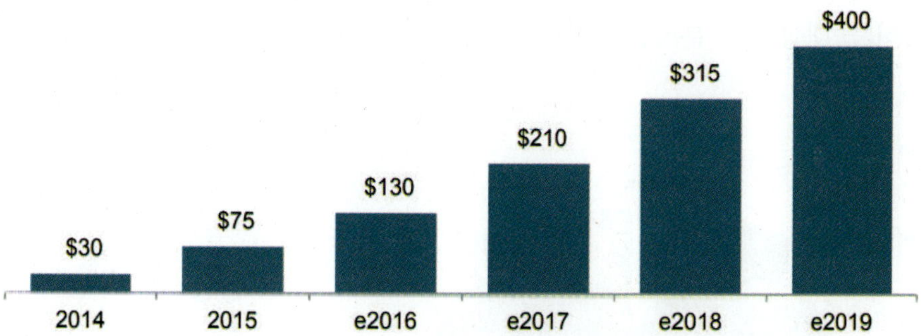

[그림 13-3] 블록체인 시장 규모 예측

출처 : Aite Group, Estimated Capital Markets Spending on Blockchain Technology, 2015

블록체인 기반의 금융분야 BFSI(Banking, Financial Service, Insurance) 시장은 2015년 1억8,040만 달러에서 연평균 37.8%의 증가율로 2021년 12억1,660만 달러, 블록체인 전체 시장은 2021년 31억2,440만 달러로 성장할 것으로 전망하고 있다. 블록체인 기술을 활용한 금융, 공급사슬, 헬스케어, 기타 분야를 포함한 전체 시장은 2024년 약 77.4억 달러 규모를 예상한다.

학습 13

〈표 13-7〉 블록체인 활용 분야별 시장 전망

(단위 : 백만$)

분야 구분	2016년	2017년	2018년	2019년	2020년	2021년	CAGR
BFSI(금융분야)	65.8	102.3	161.2	255.8	408.1	654.8	58.3%
Supply Chain	40.6	61.1	92.8	141.8	216.9	337.2	52.8%
Healthcare	15.3	22.5	33.0	48.3	71.0	104.6	46.6%
Others	64.1	62.7	152.3	238.2	375.4	597.1	57.7%
블록체인 전체	185.8	248.6	439.3	684.1	1,071.4	1,693.7	55.6%

출처 : Global Blockchain Technology Market 2017-2021, Technavio, 2017.2.16.)

13-2 블록체인의 특허 현황 및 전망

1. 특허 분석의 개요

블록체인 분야에 있어서, 2017년 8월 현재까지 한국, 미국, 일본, 유럽, 국제 공개(등록)된 특허들을 대상으로 앞서 제시된 표준화 항목에 따라 검색/추출된 총 365건의 특허를 대상으로 분석을 수행하였다.

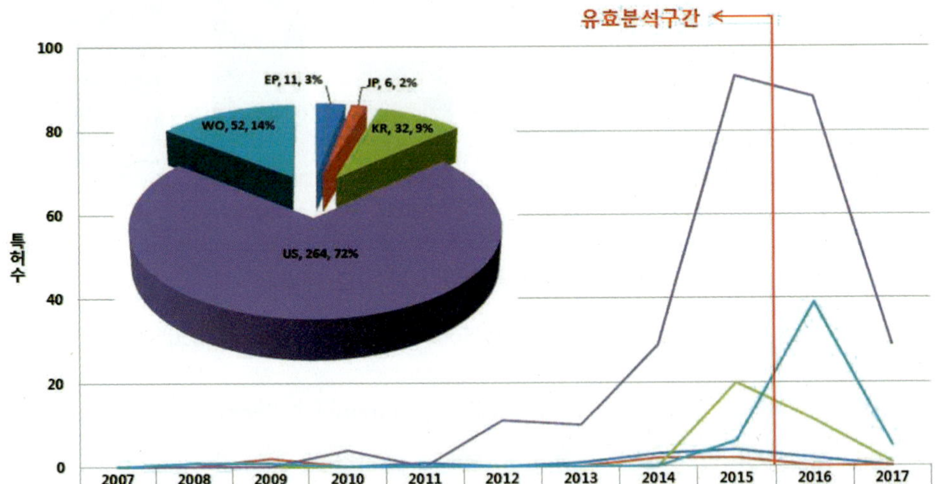

	2007	2008	2009	2010	2011	2012	2013	2014	2015	2016	2017
EP	0	0	0	0	1	0	1	3	4	2	0
JP	0	0	2	0	0	0	0	2	2	0	0
KR	0	0	0	0	0	0	0	0	20	11	1
US	0	0	0	4	0	11	10	29	93	88	29
WO	0	1	1	0	0	0	0	0	6	39	5

[그림 10-4] 특허 출원 년도별 특허공고별 동향

참고 : ICT 표준화 전략맵 Ver. 2018.

블록체인 기술 분야는 2008년부터 특허출원 활동이 시작된 것으로 조사되었으며, 2014년부터 특허출원 활동이 급격히 증가하여 2015년 특허출원 활동이 가장 활발한 것으로 나타났다. 2016년도에는 전년도에 비해 특허출원 활동이 다소 감소한 것으로 조사되었으나 출원 특허에 대한 미공개 특허가 존재하는 구간인 것을 감안하면 2016년 이후 구간에서도 특허출원 활동이 증가할 것으로 예상된다.

국가별 특허출원 활동을 살펴보면, 미국에서의 특허출원 활동이 매우 활발한 것으로 조사되었으며, 다음으로 국제특허, 한국, 유럽 및 일본 순으로 특허활동이 활발한 것으로 나타났다. 국가별 특허출원 점유율을 살펴보면, 미국의 특허출원 점유율이 전체 출원의 72%를 차지하는 것으로 조사되어, 미국이 블록체인 기술 분야 주요 시장이며 기술을 주도할 것으로 예상되고, 다음으로 국제출원이 전체 특허출원의 14%를 차지한 것은 국제특허 출원 주체들의 해외시장 선점 또는 표준화 대비 등이 예상된다.

1) 표준화 항목별 연도별 특허 공보별 출원 동향

표준화 항목에 대한 연도별 특허출원 동향을 살펴보면, 개인정보보호 지침 표준화 기술에 가장 많은 특허를 출원하고 있는 것으로 조사되었으며, 다음으로 클라우드 기반 블록체인, 블록체인 기반의 금융시스템에 대한 보안위협 및 보안요구사항 기술, 블록체인 ID Management 표준기술 등의 순으로 특허출원 활동이 활발한 것으로 나타났다.

개인정보보호 지침 표준화 기술에 대한 특허출원 활동이 가장 활발한 이유로는, 암호화(Cryptography) 및 익명화(Anonymity) 기술에 기반하고 있는 블록체인 기술의 상용화를 위한 원천 기반 기술로 인식되어 향후 블록체인 기술에 대한 원천기술에 대한 특허권 확보를 위하여 특허출원 활동이 가장 활발한 것으로 분석된다.

표준화 항목의 개인정보보호 지침, 블록체인 ID Management, 클라우드 기반 블록체인, 블록체인 기반 시스템에 대한 신뢰성 평가 기준 및 블록체인 기반 전자문서 유통 등의 순으로 미국특허에 특허출원 활동이 집중된 것으로 조사되었다.

한국특허의 경우, 블록체인 기반 온라인 투표 관련 기술에 대한 특허활동이 가장 미흡한 것으로 조사되었으며, 개인정보보호 지침 관련 기술에 특허출원 활동이 가장 활발한 것으로 나타났다.

2. 해외 주요 특허 동향

해외 출원된 특허의 표준화 기술 항목의 주요 출원인을 살펴보면, Monegraph, IBM, Bank of America, Mastercard 등의 순으로 특허출원 활동이 활발한 것으로 나타났다. 표준화 기술 항목에 대한 최다 출원인인 Monegraph는 디지털 자산(digital asset)의 라이센싱, 구매, 미디어 관리 및 거래 지불 프로세싱 등을 처리하는 플랫폼 회사로 디지털 자산의 관리와 관련된 기술에 대한 특허출원 활동을 활발히 한 것으로 조사되었다. 표준화 기술 항목의 주요 출원인을 분석해 보면, 플랫폼 및 금융 관련 출원인의 특허출원이 활발한 것으로 나타나, 블록체인 표준화 기술 항목과 관련하여서 초기 기술은 플랫폼 및 금융 관련 분야에서 주도하고 있는 것으로 분석되었다.

골드만삭스는 블록체인기반 '세틀코인(SETLcoin)'특허출원('15.12)이다.

세틀코인은 주식 · 채권 등의 실시간 거래뿐만 아니라 거래 내역 역시 블록체인과 같은 분산된 네트워크 원장(ledger)에 바로 기록돼 이력 확인이 용이한 데다 위 · 변조도 불가능한 첨단 핀테크 기술을 반영한 것이다.

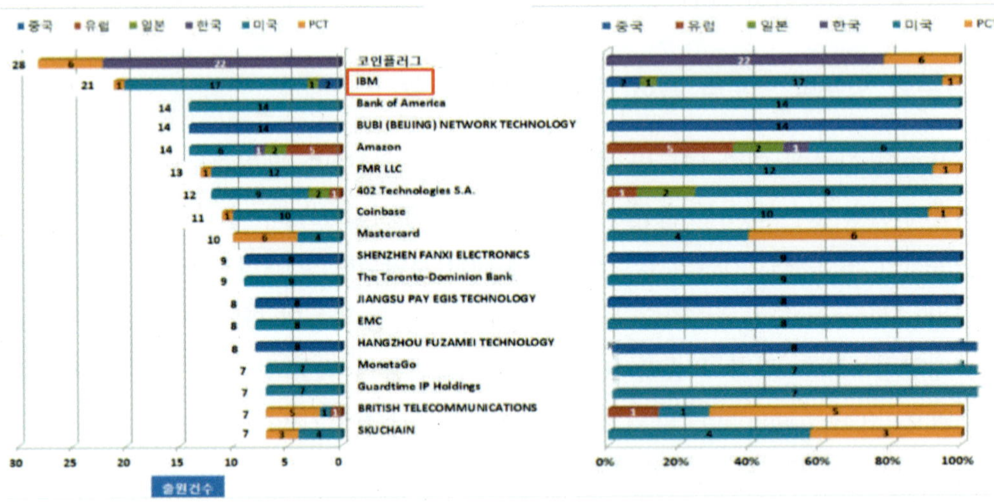

[그림 13-5] 주요 출원인 현황

골드만삭스는 블록체인관련 금융 플랫폼을 선점해 특허 사용료 등의 이익을 기대하고 있다.

골드만삭스의 금융시장 인프라 구축관련 특허는 90건으로 비슷한 규모의 경쟁사인 모건스탠리의 2배에 해당 뱅크 오브 아메리카(BoA)는 43건의 블록체인 관련 특허를 출원했다.

3. 국내 주요 특허동향

최근 비트코인을 비롯한 가상 화폐에 대한 관심이 고조되고 있는 가운데 가상 화폐의 핵심 기술인 블록체인을 이용한 특허 출원이 증가하고 있는 것으로 나타났다.

1) 블록체인 가술의 출원인 주체별 연도별 출원 현황

블록체인 기술에 대한 특허출원은 2013년부터 2017년 8월까지 모두 240건이었다.

연도별 출원 현황을 보면, 2013년 3건, 2014년 5건으로 2년간 8건에 불과하였으나, 이후 2015년 24건, 2016년 94건, 2017년 1~8월 114건으로 최근 출원이 급증하고 있는 것으로 나타났다.

출원 주체별로는, 국내기업이 176건(73.3%), 개인이 39건(16.3%), 대학이 19건(7.9%), 연구소가 3건(1.3%), 외국기업이 3건(133%)을 출원한 것으로 조사되었다

〈표 13-8〉 블록체인 기술 출원인 주체별 연도별 출원 현황(2013~17년.8월)

구 분	2013	2014	2015	2016	2017.1~8.	계	비율
국 내	2	4	23	94	114	237	98,8%
- 기 업	1	3	17	76	79	176	73,3%
- 대 학			3	6	10	19	7,9%
- 연구소					3	3	1,3%
- 개 인	1	1	3	12	22	39	16,3%
외국기업	1	1	1			3	1,3%
계	3	5	24	94	114	240	

2) 다출원 기업별 출원 현황

다출원인 순위를 살펴보면, 코인플러그 84건, 케이티 12건, 삼성 에스디에스 11건, 서강대 산학협력단 7건, 케이뱅크은행 5건 순으로 집계되어, 국내 기업을 중심으로 특허출원이 활발하게 이루어지고 있는 것으로 나타났다.

① 국내에서는 코인플러스가 84건으로 가장 많은 블록체인 특허를 보유하고 있다 '블록체인 기반의 콘텐츠 저작권리 위변조 감시시스템'과 '와이파이망을 기반으로 하는 디지털 가상화폐 결제 시스템'을 비롯한 12건의 특허를 보유하고 있다. 블록체인 기술을 바탕으로 가상화폐인 비트코인 거래소, 비트코인 ATM, 모바일 · 웹을 통한 비트코인 결제 솔루션 상용화를 목표로 하고 있다.

〈표 13-9〉 블록체인 기술 다출원인별 출원 현황(2013~17.8)

순위	출 원 인	출원건수	순위	출 원 인	출원건수
1	주식회사 코인플러그	84건	6	주식회사 더블체인	3건
2	주식회사 케이티	12건	7	주식회사 페이게이트	3건
3	삼성에스디에스 주식회사	11건	8	한국전자통신연구원	3건
4	서강대학교산학협력단	7건	9	한전케이디엔주식회사	3건
5	주식회사 케이뱅크은행	5건			

② KB금융그룹은 '블록체인을 활용한 모바일 앱 보안 솔루션 관련 기술특허'를 출원(2017. 3) 서비스 부문과 보안부분을 분리해 보안부문의 암호화키를 블록체인망에 보관해 안정성을 높이고 있다

③ 국내 금융관련 특허는 주로 정보시스템을 이용한 영업방법 특허의 형태로 출원되고 있으나, 국외 금융권은 영업방법으로 특허 출원 뿐 아니라, 최근 핀테크 개발에 힘쓰기 위해 금융시장 인프라 관련한 특허의 보유가 증가하고 있다.

3) 산업분야별로 출원 동향

산업분야별로 출원 동향을 살펴보면 다음과 같다.

① e-커머스(57.5%), 통신(28.3%), 컴퓨터(11.7%) 같은 ICT 분야에서 특허 출원이 집중되었고, 전기(1.3%), 정밀기기(0.4%), 전자(0.4%), 자동차(0.4%) 순으로 특허출원된 것으로 집계되었다

〈표 13-10〉 블록체인 기술 산업분야*별 출원 현황(2013~17.8)

산업분야	2013	2014	2015	2016	2017.1~8.	계	비율
e-커머스	3	4	17	52	62	138	57.5%
통신		1	3	31	33	68	28.3%
컴퓨터			2	10	16	28	11.7%
전기			2		1	3	1.3%
정밀기기				1		1	0.4%
전자					1	1	0.4%
자동차					1	1	0.4%
계	3	5	24	94	114	240	

* 산업분야는 특허청 '산업(KSIC)-특허분류(IPC) 연계표'를 참고하여 작성

② e-커머스 분야의 특허출원 중 지불(61.6%), 금융(15.9%), 거래(8.7%), 경영(2.9%) 분야 순으로 특허출원이 주를 이루고 있는 것으로 나타났다.

③ 한편, 블록체인 기술 출원은 2013년~2014년에는 e-커머스 분야에 집중되었으나, 통신과 컴퓨터를 비롯한 타 산업분야의 출원이 점차 증가하고 있는 것으로 조사되었다.

④ 한국의 경우, 블록체인을 기운용 기술과 블록체인 기반 사용자 인증 기술에 특허가 집중됐다. 블록체인 특허가 최근 급증하는 것은 이 기술이 초반에는 비트코인과 같은 가상화폐에 한정되어 사용됐으나, 최근 다른 응용 분야에 적용해 사용할 수 있는 기술로 인식되고 있기 때문이다.

〈표 13-11〉 e-커머스 세부분야별 출원 현황(2013~2017.8)

세부분야	2013	2014	2015	2016	2017.1~8.	계	비율
지 불	2	3	12	23	45	85	61.6%
금 융			2	16	4	22	15.9%
거 래	1	1	2	5	3	12	8.7%
경 영				1	3	4	2.9%
기 타			1	7	7	15	10.9%
계	1	4	17	52	62	138	

⑤ 한국도 원천 기술이 될 수 있는 블록체인 기반 기술 특허에 집중하는 것이 필요하다.

4. 표준화별 특허향후 전망

1) 블록체인 ID Management

특허출원이 2015년 급격히 증가하여 이후 감소하는 추세를 나타내고 있으나, 2016년 이후 구간은 미공개 특허를 포함하고 있는 구간으로, 기 공개된 2016년도 특허 출원 경향을 감안하면 이후에도 ID Management 기술에 대한 특허출원이 증가할 것으로 예상된다.

2) 개인정보보호 지침

특허출원이 미공개 특허를 포함하고 있는 2016년에 가장 많이 출원된 것을 감안하면 이후에도 개인정보보호 관련 기술에 대한 특허출원이 증가될 것으로 예상된다.

3) 블록체인 기반의 금융시스템에 대한 보안 위협 및 보안 요구사항

특허출원이 2015년 가장 활발한 것으로 조사되었고, 2016년 다소 감소한 것으로 나타났으나. 해외 출원인이 다수의 IP 보유한 것으로 조사되어 향후 한국 출원인의 IP 보유가 요구되는 분야이며, 지속적으로 특허출원이 증가할 것으로 예상된다.

4) 분산원장기술을 활용한 온라인 투표에 대한 보안 위협

특허출원이 미미한 분야로 조사되었으며, 2015년부터 2016년까지 특허출원이 증가하는 것으로 나타났으며, 미공개 특허가 포함된 구간인 2016년도에 특허출원이 증가한 것을 감안하면 지속적으로 특허출원이 증가할 것으로 예상된다.

5) 클라우드 기반 블록체인

2009년부터 특허출원이 시작되었으며, 2016년 가장 활발한 것으로 조사되었고 미공개 특허가 포함된 구간에서 특허출원이 가장 활발한 것을 감안하면 이후에도 지속적으로 특허출원이 증가할 것으로 예상된다.

6) IoT 블록체인의 trust 구조 및 가이드라인

2008년부터 특허출원이 시작되었으나 이후 특허출원이 미미하다가, 2016년 가장 활발한 것으로 조사되었고, 미공개 특허가 포함된 구간에서 특허출원이 가장 활발한 것을 감안하면 이후에도 지속적으로 특허출원이 증가할 것으로 예상된다.

7) 블록체인 기반 전자문서 유통

2009년부터 특허출원이 시작되었으나 이후 특허출원이 미미하다가, 2016년 가장 활발한 것으로 조사되었고, 미공개 특허가 포함된 구간에서 특허출원이 가장 활발한 것을 감안하면 이후에도 지속적으로 특허출원이 증가할 것으로 예상된다.

8) 콘텐츠 블록체인 표준

2012년부터 특허출원이 시작되었으나, 2015년 특허출원이 가장 활발한 것으로 조사되었고, 2016년에도 특허출원이 활발한 것으로 나타나, 미공개 특허가 포함된 구간에서 특허출원이 활발한 것을 감안하면 이후에도 지속적으로 증가할 것으로 예상된다.

9) 블록체인 기반 시스템에 대한 신뢰성 평가 기준

2010년부터 특허출원이 시작되었으나 이후 특허출원이 미미하다가, 2015년부터 급격히 증가하여 2016년 가장 활발한 것으로 조사되었고, 미공개 특허가 포함된 구간에서 특허출원이 가장 활발한 것을 감안하면 이후에도 지속적으로 특허출원이 증가할 것으로 예상된다.

10) 블록체인 기반 전자투표

2015년부터 특허출원이 가장 활발한 것으로 나타났고, 2016년 특허출원이 미미한 것으로 조사되었으나, 2016년 특허출원은 미공개 특허가 포함된 구간으로서, 이후에도 지속적으로 특허출원이 증가할 것으로 예상된다.

수행 내용

재료 · 자료

• 블록체인의 산업동향과 특허동향 관련 자료

기기(장비 · 공구)

• 컴퓨터, 프린터, 주변기기

안전 · 유의사항

• 컴퓨터, 주변기기 전원을 관리한다.

수행 순서

01 해외 각국의 블록체인 정책추진 동향에 대하여 분석하라.

1. 미국

미국은 블록체인 선도 국가 중 하나이다. 그러나 국가 특성상 정부가 아닌 민간주도로 블록체인 산업이 고도화 됐다. 코다를 구축한 R3CEV, 블록체인 기술 선도기업 IBM, 하이퍼레저 운영기관인 리눅스 재단 등 미국에서는 민간기관이 블록체인 산업을 주도하고 있다. 그렇다고 미국 정부가 블록체인 산업을 민간에 전적으로 의존해서 관망만 한 것은 아니다. 현재 미국정부는 의료정보 기록의 위변조를 방지해서 환자 생명의 안전을 보호하기 위해 의료정보 시스템에 블록체인 도입을 검토하고 있다. 미국 우정청 역시 블록체인 기반의 가상화폐인 '포스트 코인'을 개발하고 있다. 미국 우정청은 포스트 코인을 더욱더 확대시켜서 물품구매 및 환전 지급을 더욱더 효율화할 계획이다. 미국 버몬트 주에서는 블록체인에 기록한 데이터를 법으로 인정하는 법안이 2016년 6월에 통과됐다. 이로써 개인 간 계약을 블록체인으로 보관을 할 수 있게 됐다. 연방준비은행(FRB)은 IBM과 협력하여 블록체인 기술을 반영한 새로운 지급결제 시스템 개발 및 은행과 증권 관련 금융기관들이 실제 금융거래에 적용할 수 있는 플랫폼을 개발하고 있다.

2. 영 국

영국은 블록체인 선도국가라고 말할 수 있다. 비트코인을 세계최초로 국가화폐로 인정한 국가이기 때문이다. 이는 영국이 유럽의 핀테크 중심지 역할을 하기 때문으로 볼 수 있다. 그래서 엄밀히 말하면 비트코인 선도국가라고 할 수 있다. 그러나 영국은 블록체인의 잠재성을 보고 금융산업 이외의 분야에 블록체인을 적용하려는 움직임을 보이고 있다. 최근 영국 과학부는 블록체인에 대한 보고서를 출간하게 되는데 블록체인이 영국 산업에 중요하다는 내용이 주로 담겨있다. 블록체인 분석 보고서를 통해서 영국정부가 적극적으로 블록체인을 추진해야할 것을 강조하고 있다. 추친해야 할 항목은 아래와 같이 8가지이다.

① 정부(경제관련 부)는 블록체인 로드맵을 반드시 구상해야 한다.
② 연구 단체는 블록체인의 효용성을 반드시 평가해야 한다(안정성, 확장성).
③ 실증을 위해서 지방정부가 추진할 수 있게 지원해야 한다.
④ 블록체인에 대한 규제 사항을 명확히 고려해야 한다.
⑤ 보안성과 통합성을 위해서 산학협력을 이뤄야 한다.
⑥ 효과적이고 실용적인 보안 프로토콜 사용을 위해 산학협력을 구성해야 한다.
⑦ 정부는 블록체인이 연구수준이 아니라, 실제 적용될 수 있게 지원해야 한다.
⑧ 탑 다운 방식뿐만 아니라 협력으로 정부가 블록체인 역량을 쌓아야 한다.

3) 일본

경제산업성은 노무라 종합연구소와 협력해 금융 · 非금융 서비스 분야의 블록체인 활용하여 응용영역 확대에 따른 자국 내 잠재적 시장규모는 80조 엔에 이를 것으로 전망하고 있다. 일본 정부는 가상통화 거래소(Mt. Gox) 파산 등으로 소비자보호 및 불법 거래 방지 필요성이 제기되자 자금 결제법을 개정(2017.4월 시행)하여 가상통화업자를 규제하고 있다. 다만, 개정 자금 결제법은 이용자 보호, 자금세탁 및 테러자금조달 방지를 주목적으로 하고 있을 뿐 가상통화를 법정화폐 내지 지급수단으로 인정하지는 않는다. 또한, 일본 금융기관 중심으로 가상화폐인 'J코인'을 발행할 예정이며, 일본 중앙은행과 금융감독청의 지원을 받아 일본 내 상품결제 및 스마트폰 송금 등의 금융 서비스에 이용될 예정이다.

가상통화 교환업자는 고객이 가상통화를 자국통화나 외국통화로 오인하지 않도록 충분한 설명과 수수료 및 기타 계약에 관한 정보를 제공해야 하며 고객 보호 조치 강구 필요하다고 한다.

4) 중국

가상화폐에 대해 소극적이었으나 사이버관리국(CAC)이 블록체인 기술의 혁신적 변화를 분석한 보고서 발표이후, 최근에 블록체인의 활용을 넘어 중국인민은행(PBoC)에서 자체 암호통화 발행을 고려중이다.

비트코인을 일종의 '상품'으로 규정하고 비트코인 거래 플랫폼을 제공하는 인터넷 운영기관은 정부당국에 등록 의무를 부과하고 있다.

비트코인 거래 관련 모든 기관에 대해 고객확인(Know Your Customer : KYC), 자금세탁방지(Anti Money Laundering : AML), 불법의심거래의 관계 당국 보고 등의 의무를 부과하고 있다.

최근에는 가상통화가 ICO(Initial coin Offering)를 통해 피라미드 금융 사기나 불법 자금조달 수단으로 악용되는 것으로 판단하여 당분간 ICO를 중단시키고 가상통화 ICO업체를 통한 가상통화 및 화폐 교환도 금지하고 있다.

5) 온두라스

중앙아메리카에 위치한 온두라스는 부패로 유명한 국가이다. 2016년 기준으로 부패인식지수는 180개국 중에 123위이나 된다. 특히 온두라스에서 가장 심한 부패는 '토지 대장 조작'이다. 정부 고위 관료들이 토지 대장을 조작해서 빼앗는 일이 빈번하게 발생하고 있다. 온두라스는 토지 조작 부정을 방지하고자, 토지 계약 시스템을 블록체인에 적용하는 과제를 진행하고 있다. 2015년부터 과제를 시작하고 있다. 개발은 미국의 블록체인 개발사인 팩텀(Factom)이 맡았다.

6) 두바이

스마트시티 선두 도시인 두바이는 2016년 2월 '글로벌 블록체인 의회(Global Blockchain Council)'를 설립했다. 그리고 당해 년도 5월에 두바이는 스마트시티 구축과제의 목적으로 블록체인 추진전략을 발표했다. 기술구현은 IBM이 중점적으로 맡고 있다. 두바이의 블록체인 주요 추진 목표는 전자정부를 구현해서 종이자원을 절약하는 것이다. 이를 위해서는 신뢰할 만한 시스템이 필요한데 그것이 바로 블록체인 것이다. 두바이는 블록체인 기반으로 전자문서가 구축되면 연간 약 1조 7천억 원을 절감시킬 수 있는 것으로 나타났다. 환경에도 긍정적인 영향을 준다. 연간 발생하는 이산화탄소 양을 줄일 수 있을 것으로 기대되는데 그 양이 114 메가톤이다. 아울러 블록체인 공유 시스템으로 인해서 업무 효율도 증가할 것으로 전망하고 있는데, 2천 5백만 시간이 절감될 것으로 추정하고 있다. 이외에도 두바이는 환자 이력과 같은 중요정보들을 블록체인으로 관리해서 위변조 위협을 막고 간편한 거래를 제공하는 것이다. 관광객들에게는 블록체인 기반 관리 시스템을 제공해서 관광객의 편의성을 향상시켜 관광산업을 육성하겠다는 방안도 발표했다.

7) 스웨덴

스웨덴도 온두라스처럼 토지대장을 블록체인으로 관리할 예정이다. 현재 이를 시스템으로 구축하고 있다. 그러나 추진 목적은 온두라스와 다르다. 온두라스는 부정부패가 주요목적인 반면 스웨덴은 비용절감이 주된 목적이다. 두바이처럼 문서를 블록체인으로 관리하면 종이가 필요 없다. 그래서 비용을 줄일 수 있다. 그리고 블록체인은 관련자들이 참여한 형태로 네트워크를 구성하고 있기 때문에 정보공유도 빠르게 일어난다. 정보가 공유되기 때문이다. 이는 토지대장에 걸리는 시간을 단축시키는 역할을 한다. 2016년 6월에 토지대장에 적용 가능성 테스트를 완료한 상태이다. 개발담당은 스타트업인 크로마웨이(ChromaWay)가 맡고 있다.

8) 네덜란드

네덜란드 정부는 블록체인이 사회에 변화를 가져올 기술로 바라보고 블록체인 활성화를 위한 정책을 추진하고 있다. 2016년 9월에 블록체인 해커톤을 추진했다. 아울러 같은 해 9월에는 블록체인을 추진할 수 있게 캠퍼스도 조성했다. 아울러 네덜란드 자동차 등록청인 RDW에서는 2016년 6월에 IBM과 함께 자전거 등록을 블록체인으로 등록하는 실증을 마쳤다. 그린환경을 위해서 네덜란드 시민들은 자전거를 주로 이용하고 있다. 그런데 e-bike와 같은 고가 자전거의 경우가 도난 사고가 많았다. 그래서 이를 방지하고자 자전거 등록을 블록체인으로 관리하는 사업을 추진하고 있다. 블록체인 참여자는 상점, 소유자, 지방정부, 경찰청, 보험기관, 자전거 생산자 이다. 기존 ICBM 방식이 아니라 블록체인으로 추진한 이유는, 참여자들 간에 공유하는 비용을 줄일 수 있기 때문인 것으로 추정된다. 그 뿐만 아니라 네덜란드는 개인 정보 인증 플랫폼인 PIMN(Platform Identity Management Netherlands)에 블록체인을 적용하는 방안을 모색하고 있다. 이러한 방안에 대한 첫 회의는 네덜란드 수도 암스테르담에서 2016년 4월 26일에 처음으로 진행됐다.

9) 스위스

스위스는 블록체인 산업을 조성하기 위해서 스위스 중부에 위치한 '추크(Zug)'에 블록체인 단지를 조성하겠다고 밝혔다. 현재 이미 톰슨 로이터(Thomson Reuters), UBS, PWC와 같은 유수 기업들이 참여해있다. 아울러 2017년에 들어서 스위스는 이더리움을 기반으로 한 장외거래 시스템을 개발하고 있다. 컨소시엄을 이뤄서 진행하고 있는데 통신 운영자인 스위스콤(Swisscom), 거래 운영자익 식스(SIX), 스위스에서 네 번째로 큰 은행이 ZKB(Zürcher Kantonalbank)가 참여해있다. 스위스 연방 연구 사업을 이끌고 있는 CTI(Commission for Technology and Innovation)가 과제를 후원하고 있다. 스위스 블록체인 사업 방향은 대체적으로 금융 산업에 초점을 맞춰서 진행되고 있다.

10) 에스토니아

에스토니아는 에스토니아 시민이 아닌 거주자를 위해서 이 레지던시(e-Residency)를 발급하고 있다. 이 레지던시는 인터넷으로 신청이 가능한데 양식을 작성 후 여권과 함께 보내면 빠른 기간 내에 처리된다. 그리고 발급카드가 나온다. 추가로 이 레지던시에 블록체인을 적용해서 인터넷으로 어디에서든지 간에 공증할 수 있게 했다. 이 레지던시 사용자는 본인의 카드 ID 번호와 전자서명을 블록체인에 이용하면, 이를 이용할 수 있다. 참고로 비트코인의 블록체인방식을 사용했다. 이외에도 에스토니아는 전자투표에도 블록체인 방식을 사용했다. 에스토니아는 2007년도에 처음으로 전자투표를 시행했는데 2015년 의원선거에서 전자투표율은 무려 30.5% 이다. 전자투표는 간편하다는 장점이 있지만 공정성과 투명성에 무제가 제기돼왔다. 시스템을 조작할 우려가 있기 때문이다. 이에 에스토니아 정부는 전자투표에 블록체인 방식을 적용하였다. 블록체인 방식을 적용하면 익명으로 투표결과가 공유되기 때문에 투명하고 투표내용을 공유하고 있기 때문에 조작이 불가능 하다.

11) 스페인

2014년 3월 스페인에서 신생정당 포데모스(Podemos)가 출마했는데 큰 주목을 받았다. 블록체인 기반의 전자투표로 정당인을 선출하기 때문이다. 일명 아고라 보팅(Agora Voting)이라고 하는데 블록체인 기반의 전자투표를 도입한 것이다. 이를 통해 정당의 신뢰성과 투명성을 가지고 있다는 인식을 심어주고 있다

12) 러시아

2017년 5월 러시아는 2019년까지 블록체인 사용에 대한 법안을 마련하겠다고 밝혔다. 블록체인 담당부서인 통신부(Ministry of Communication)는 블록체인을 위한 조항을 만들어나갈 계획임을 밝혔다. 아울러 러시아 정부 소유 은행인 스브르뱅크(Sberbank)는 이더리움 기반의 '마스터 체인(Masterchain)'을 개발했다. 스브르뱅크는 마스터체인으로 금융거래를 더욱더 안전하고 빠르게 하는 것이 목적이라고 밝혔다. 그 뿐만 아니라 러시아 정부는 블록체인 기반의 문서관리 시스템도 개발하고 있다. 러시아 반독점청(Federal Antimonopoly Service)과 스브르뱅크는 문서교환을 블록체인으로 관리하는 솔루션을 함께 개발하고 있다. 2016년에 이미 테스트를 마친 상태이다. 이처럼 러시아가 블록체인에 열을 올리는 이유는,

블록체인을 국가 신성장 동력으로 보고 있기 때문이다. 블록체인의 이제 막 초기 진입단계 기술이기 때문에 기술격차가 크지 않다. 그래서 러시아 정부의 주요 목표는 "기술격차를 좁히고 블록체인 산업을 주도해서 국가 경쟁력을 강화 하겠다"는 것이다.

13) 호주

호주 우정청과 신권관리청은 '블록체인 기반의 신원관리' 구현방안을 모색하고 있다. 현재 호주 우정청은 호주시민의 90% 가량 되는 여권을 관리하고 있다. 주된 목적은 신원관리를 더욱 신속하게 해서 업무 능률을 향상시키는 것이다. 블록체인 기반의 정치를 표방하는 정당도 등장했다. 플럭스(Flux)는 2016년 3월 29일에 정식으로 정당으로 등록됐다. 플럭스의 최종 목표는 직접 투표이다. 블록체인의 신뢰성으로 모든 정책에 직접 투표가 가능하기 때문에 이러한 목표는 절대 불가능 한 것은 아니다. 플럭스는 1,536명의 자원봉사자와 6,374명의 당원으로 구성돼 있다. 참고로 자원봉사자는 플럭스의 진행을 보조하는 역할을 한다.

02 블록체인 특허를 최다 보유한 업체는 은행인 경우에 대하여 분석하라.

비트코인의 가치가 작년 한 해 4500%나 오르며 블록체인이라는 말이 세상에 널리 알려졌다. 놀라운 사실은 블록체인 기술특허를 최다 보유한 회사가 커뮤니케이션이나 테크놀러지 회사가 아니라는 점이다. 그 주인공은 전통적인 은행이다.

블록체인 특허신청이 현재까지 1,045건이다. "블록체인 전문업체"들이나 스타트업들이 신청한 사례가 대부분이지만, 예외도 있다. 특히 1, 2위는 일반인에게도 익숙한 세계적인 대기업들이다. 테크놀러지 업계의 IBM과 마스터카드가 각각 27개의 특허로 2위다. 1위는 놀랍게도 미국 은행 뱅크오브아메리카다. 총 43개의 특허/특허신청을 보유한 상태다.

그런데 왜 은행은 '블록체인' 기술을 필요로 하는 이유는 블록체인이 3가지 장점이 있다.

1. 분산 관리

블록체인은 데이터가 중앙에 집중돼 있지 않고 글로벌 네트워크 전체에 퍼져있는 상태를 의미한다. 따라서 단일 개체로 인한 조작이 불가능하며 초대형 금융/데이터 사기가 발생할 확률이 낮다. 예로서 블록체인은 개인간의 모든 거래정보를 담은 일종의 공공 장부다. 따라서 새로운 거래가 발생하면 기존의 거래내역은 암호화되고 새로운 거래내역에 더해 새로운 블록이 형성된다.

2. 금융거래상, 제삼자 개입 불필요

은행이나 증권회사 같은 금융업체는 거래 수수료로 먹고 산다. 블록체인 기술에 기반한 금융거래상에선 이런 제삼자가 필요 없다. 따라서 고객의 금융비용도 절감된다.

3. 초고속 거래 속도

블록체인 기술의 가장 큰 장점은 초고속 인증 · 처리 절차다. 해외 송금이 며칠씩 지연될 이유가 없어진다. 실시간 인증 · 처리 체계를 갖춘 블록체인 기술을 이용해 몇 초 만에 거래를 마칠 수 있다.

이러한 장점들을 가진 블록체인에 은행이나 카드회사가 특히 높은 관심을 보이는 이유는 그만큼 블록체인이 기존까지의 보안 패러다임을 바꿔버리는 새로운 개념을 제시했기 때문으로 보인다. 블록체인 기술은 이미 온두라스의 국가 토지대장, 그리고 버클리 음대 저작권료 지급시스템에도 도입됐다. 비트코인은 망하더라도 블록체인 기술은 살아남을 것이다.

03 블록체인 관련하여 특허 전략 수립에 대하여 분석하라.

블록체인 관련하여 글로벌 환경변화에 대비하여 특허 경쟁력 확보를 위한 새로운 전략이 필요한 시점이다.

① BM의 특허성 기준이 엄격화 됨에 따라 BM 특허출원 형태에서 금융시장 인프라와 관련된 특허출원을 통한 경쟁력 확보가 필요하다.

② 글로벌 특허 트랜드를 선행적으로 파악하고 특허 전략 수립 시 보유 기술 분석과 회피 기술 설계들을 반영한 특허 맵 구축이 필요하다.

③ 효율적인 특허 투자 전략 수립을 위해 자사가 필요로 하는 특허 기술 보유 기업과의 M&A 및 타 기업과의 연합을 통해 라이선스 획득으로 인접분야 기술까지 포함한 특허권 획득 고려가 필요하다.

04 한국 조폐공사의 블록체인 관련 특허동향을 분석하라.

한국조폐공사가 작년에 블록체인 관련 기술 특허 5건의 출원은 보유 지식재산권의 대부분은 위변조를 방지할 수 있는 기술에 관한 것이다.

조폐공사는 특히 4차 산업혁명 시대에 대비 블록체인 기술을 활용해 온라인과 모바일 등 사이버 세계에서 정보가 진본임을 증명할 수 있는 기술 5건을 출원했다. '블록체인 기반 문서관리 방법', '블록체인 기반 전자상품권 발급시스템과 저장 및 사용 방법' 등 공공 영역에서 교환되는 정보의 진본성을 확인할 수 있게 하는 공공 플랫폼 기술이다. 조폐공사는 공공 블록체인 기술 분야에서 선두라는 평가를 듣고 있다.

조폐공사는 이와 함께 주유기 불법 조작을 원천적으로 차단하는 주유기 보안모듈 · 원격으로 전력 사용량 등을 측정할 수 있는 스마트 미터기 · 사생활 침해를 방지하는 CCTV(폐쇄회로 TV) 해킹방지 시스템 등 IoT(사물인터넷) 관련 기술도 지식재산권으로 확보, 공공 영역에서 적용을 확대하고 있다. 블록체인과 IoT 관련 기술은 조폐공사가 기술연구원을 통해 미래 비즈니스 모델 기반 기술로 꾸준히 연구개발 중인 분야다.

이밖에 조폐공사는 위변조를 방지할 수 있는 특수물질과 특수인쇄기법, 제지 및 펄프 기술 등도 지식재산권으로 확보하고 있다. 은행권의 수명과 내구성을 늘리고 위변조 요소를 첨단화하는 연구 역시 활발히 진행 중이다. 조폐공사는 확보한 신기술을 협력 중소기업에 전수해 동반 성장도 꾀하고 있다.

조폐공사 기술연구원은 "올해는 기능성 색 변환 안료, 필름처럼 눈으로 식별할 수 있는 보안 요소와 IoT 보안기술 등의 개발을 추진할 계획"이라며, "4차 산업혁명 시대에도 공공의 신뢰를 지켜나가는 첨병 역할을 할 것"이라고 말했다.

05 중국의 블록체인 특허 관련 사항을 분석하라.

블록체인 기술에 대한 관심이 급속도로 높아지고 있는 가운데, 중국이 최근 블록체인 분야에서 특허 강국으로 부상하고 있는 것으로 나타났다.

한국특허전략개발원이 최근 발표한 '주요 국가들(한국, 미국, 일본, 중국, 유럽)의 블록체인 특허 분석'에 따르면, 지난 2013년부터 시작된 주요 국가가 획득한 블록체인 특허 수는 2015년 이후 급격히 증가하고 있는 것으로 파악됐다.

특허전략개발원은 2013년부터 2017년 5월까지 총 457건의 유효 특허를 추출하였으며, 특허내용과 블록체인의 활용 분야를 '블록체인 기반 기술, 블록체인 기반 암호화폐 운용 기술, 블록체인 기반 사용자 인증 기술, 블록체인 기반 금융 서비스 기술, 블록체인 기반 기타 서비스 기술'로 구분하여 조사했다.

국가별로는 중국이 2015년 이후 블록체인 분야에서 특허 강국으로 급부상했다. 2015년의 경우, 미국 국적 특허는 33건, 한국 국적은 18건, 중국 국적은 10건이 각각 출원된 것으로 나타났다. 2016년에는 미국(30건)과 한국(13건)은 특허 수가 감소한 반면, 중국은 237건으로 폭발적으로 증가했다. 한국 국적의 코인플러그와 미국 국적의 델 프로덕트(DELL PRODUCTS), 아메리카 은행(BANK OF AMERICA)을 제외하면, 주요 특허출원인도 대부분 중국이 차지한 것으로 나타났다.

이에 대해 특허전략개발원은 "중국에서 비트코인 거래소 일부는 은행 라이선스가 없이도 대출할 수 있고, 최근 들어 블록체인 관련 중국 스타트업이 급격히 증가하고 있는 데 따른 영향으로 판단된다."고 분석했다.

06 블록체인 기술의 주요 특허 분석을 위한 선정기준에 대하여 분석하라.

블록체인 기술의 주요 핵심 특허 선정 기준은 다음과 같다.

① 블록체인 이용, 생성, 처리 등, 즉 블록체인 자체에 관한 기술

② 블록체인을 응용 서비스로서의 활용성 및 효율성

③ 침해 입증 용이성 및 회피 가능성

학습활동.13 교수 · 학습 방법

교수 방법

- 블록체인의 산업동향과 특허동향에 대한 관련 용어, 구성, 방식 이해 정도를 파악한 후 수업을 진행한다.
- 교수자의 주도로 블록체인의 산업동향과 특허동향 등의 내용을 PPT 자료로 제시한 후 설명한다.
- 가능하면 사전에 개인별 학습 자료를 준비하여 모든 학생이 참여할 수 있는 문제 해결식 수업, 협력 수업이 가능하도록 한다.
- 블록체인의 산업동향과 특허동향 전 과정을 작업의 순서에 따라 단계적으로 실습이 이루어질 수 있도록 지도한다.
- 교재를 통해 수업을 준비하는데 있어서 필요한 모든 정보나 팁, 힌트 등 도움이 될 만한 내용들을 확인할 수 있다.
- 학생들이 만들게 될 각 모델들은 수업시간에 중점적으로 다뤄질 부분과 어휘, 질문, 답을 포함하고 있으며 또한 탐구할만한 추가적인 아이디어들도 포함하고 있다.

학습 방법

- 블록체인의 산업동향과 특허동향에 대한 관련 용어를 숙지하고, 블록체인의 산업동향과 특허동향에 대해 이해한다.
- 블록체인의 산업동향과 특허동향의 각 단계별 중점 사항을 체계적으로 학습한다.
- 블록체인의 산업동향과 특허동향의 수행순서의 전 과정을 실습한다.
- 블록체인의 산업동향과 특허동향의 내용을 이해한다.
- 블록체인의 산업동향과 특허동향을 이해하고 숙달이 될 때까지 학습한다.

학습활동.13 평가 및 피드백

평가 준거

- 평가자는 피평가자가 수행 준거 및 평가 내용에 제시되어 있는 내용을 성공적으로 수행할 수 있는 지를 평가해야 한다.

학습내용	평가항목	성취수준		
		상	중	하
블록체인의 산업동향과 특허동향	블록체인의 산업동향과 특허동향을 이해할 수 있다.			

평가 방법

• 작업 포트폴리오

학습내용	평가항목	성취수준		
		상	중	하
블록체인의 산업동향과 특허동향	블록체인의 산업동향과 특허동향을 이해할 수 있다.			

• 필기시험

학습내용	평가항목	성취수준		
		상	중	하
블록체인의 산업동향과 특허동향	블록체인의 산업동향과 특허동향을 이해할 수 있다.			

• 체크리스트를 통한 관찰

학습내용	평가항목	성취수준		
		상	중	하
블록체인의 산업동향과 특허동향	블록체인의 산업동향과 특허동향을 이해할 수 있다.			

• 피드백

1. 작업 포트폴리오
   - 제출한 보고서를 평가한 후 주요 사항에 대하여 표시하여 돌려준다.
2. 필기시험
   - 평가 결과 성적이 저조한 학생은 보고서 제출 기회를 부여한다.
3. 체크리스트를 통한 관찰
   - 실습 과정에서 평가한 후 개선해야 할 사항 등을 정리하여 돌려둔다.

참고자료

1. 곽현. "블록체인 기술의 산업동향 및 특허동향". 한국지식재산연구원
2. 특허청 보도 자료 "블록체인 기술을 이용한 특허출원 증가 추세" 2017.10.23.
3. KEA 특허지원센터, "핀테크 특허분석 최종보고서", 2016.12

■ 저자약력 ■

■ 남 상 엽

- 공학박사
- 삼성종합기술원 정보시스템연구소 근무
- 모토로라반도체통신 기술연구소 근무
- 국제대학교 교수(1998～현재)
- Head Of Cube System Lab(현재)

■ 강 민 구

- 공학박사(연세대학교 전자공학과)(1994)
- 삼성전자연구원(1985～1987)
- 국무총리실 산하 방송통신융합추진위원회 전문위원(2006～2007)
- 방송통신위원회 전파연구소 정보통신기술규격 심의위원(2007～현재)
- 한신대학교 교수(2000～현재)

■ 민 경 식

- 경제학박사(일본 메이지대학교)
- 성균관대학교 경제학부 박사후 연구원
- 한국정보보호진흥원 근무(2003~2009)
- 한국인터넷진흥원 연구위원/블록체인확산팀장(2009~현재)

■ 이 규 대

- 공학박사(고려대학교 전자공학과)
- 미국 조지아텍 연구교수(2001)
- 한국국방기술학회 회장(2015~현재)
- 공주대학교 교수(현재)

■ 안 병 구

- 공학박사(New Jersey Institute of Technology(NJIT))
- 포항산업과학연구원(RIST) 선임연구원 근무
- 홍익대학교 컴퓨터정보통신공학과 교수(현재)

블록체인 기술 활용

2018년 4월 15일 1판 1쇄 발행

저 자 남상엽 · 강민구 · 민경식
이규대 · 안병구

발행인 남 승 우

발행처 도서출판 상尙 학學 당堂

서울시 동작구 사당로9가길 6(사당동)

TEL : 02) 595-1692~4

FAX : 02) 595-1394

E-mail : namdoo6@unitel.co.kr

신고 : 2-155호 (1968. 11. 29)

정가 30,000원

ISBN 978-89-6587-168-2 93000

〈디자인〉 편집 엄해숙 / 표지 토틀컴